计算机系列教材

魏金岭 韩志科 周苏 等 编著

软件测试技术与实践

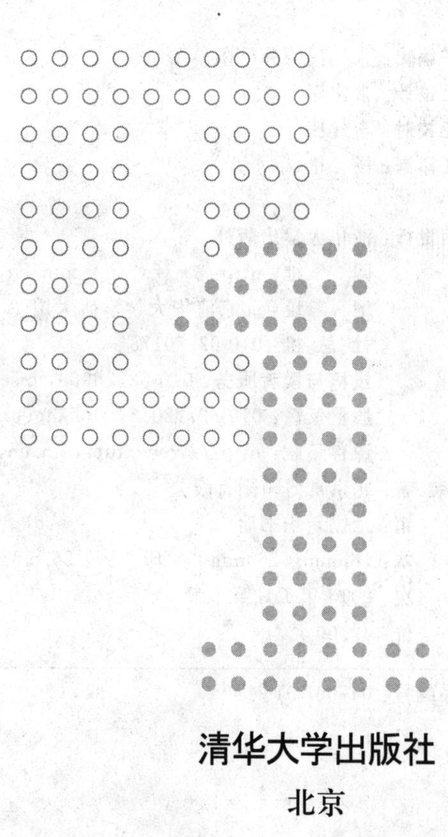

清华大学出版社
北京

内容简介

本书是为高等院校软件工程及IT各专业“软件测试技术”课程编写的以实验实践为主线开展教学的教材，全书理论联系实际，通过一系列与教学内容紧密结合的实验练习，把软件测试的概念、理论知识与技术融入实践当中，从而加深对该课程的认识和理解。内容涉及软件测试技术的各个方面，包括软件测试概述、软件质量与质量保证、软件评审技术、软件测试策略、测试依据和规范、测试传统应用系统、单元测试技术、集成测试与配置项(确认)测试技术、系统测试技术、验收测试与回归测试技术、测试面向对象应用系统、测试Web应用系统、设计和维护测试用例、测试团队与测试环境、软件测试自动化及软件测试管理等，全书共16章和1个包括部分习题与实验参考答案的附录。

全书各章均由教学内容、习题、实验与思考、阅读与分析等部分组成，具有较好的知识性、实践性和实用性，其所体现的知识水平与全国计算机等级考试的四级“软件测试工程师”相当。

图书在版编目(CIP)数据

软件测试技术与实践/魏金岭等编著. —北京：清华大学出版社，2013.1(2021.7重印)
计算机系列教材
ISBN 978-7-302-29646-1

Ⅰ.①软… Ⅱ.①魏… Ⅲ.①软件－测试－高等学校－教材 Ⅳ.①TP311.5

中国版本图书馆CIP数据核字(2012)第184233号

责任编辑：张 民 薛 阳
封面设计：常雪影
责任校对：李建庄
责任印制：杨 艳

出版发行：清华大学出版社
网 址：http://www.tup.com.cn，http://www.wqbook.com
地 址：北京清华大学学研大厦A座 **邮 编**：100084
社 总 机：010-62770175 **邮 购**：010-83470235
投稿与读者服务：010-62776969，c-service@tup.tsinghua.edu.cn
质量反馈：010-62772015，zhiliang@tup.tsinghua.edu.cn
课件下载：http://www.tup.com.cn，010-83470236
印 装 者：北京富博印刷有限公司
经 销：全国新华书店
开 本：185mm×260mm **印 张**：25.5 **字 数**：636千字
版 次：2013年1月第1版 **印 次**：2021年7月第7次印刷
定 价：43.00元

产品编号：047091-01

前言

高等教育的大众化、普及化对强调应用型、教学型的相关课程的教学工作提出了更高的要求，新的高等教育形势需要我们积极进行教学改革，研究和探索新的教学方法。

本教材是我们一系列教育教学改革项目成果的结晶之一。2007 年，学院“软件工程”本科精品课程建设项目顺利结题；2008 年，浙江省高等教育重点建设教材——软件工程基础项目顺利完成；2009 年，“面向应用型人才培养的程序设计系列课程”教学团队成功入选“浙江省省级教学团队”等。

在长期的教学实践中，我们体会到“因材施教”是教育教学的重要原则之一，把实验实践环节与理论教学相融合，抓实验实践教学促进学科理论知识的学习，是有效地提高教学效果和教学水平的重要方法之一。随着教改研究的不断深入，我们已经开发了数十本以实验实践方法为主体开展教学活动的具有鲜明教学特色的课程主教材和实验教材，相关的数十篇教改研究论文也赢得了普遍的好评，并多次获得教学优秀成果奖。

本书是为高等院校软件工程及 IT 相关各专业“软件测试技术”课程开发的具有实践特色的新教材，相关教学内容主要依据信息技术国家标准 GB/T 15532—2008《计算机软件测试规范》进行设计，通过一系列在网络环境和实际开发环境下学习和熟悉软件测试技术知识的实验练习，把软件测试技术的概念、理论、技术和工具运用融入实践当中，从而加深对软件测试技术知识的认识、理解和掌握。教学内容与实验内容紧密结合，每个实验均留有“实验总结”和“教师评价”部分；全部实验完成后的实验总结部分还设计了“课程学习能力测评”等内容。希望以此方便师生交流对学科知识、实验内容的理解与体会，以及教师对学生学习情况进行必要的评估。

袁鹤、张丽娜、王文、俞雪永、左伍衡、吴艳等参加了本书的部分编撰工作。本书的编撰得到了浙江大学城市学院、浙江工业大学之江学院、浙江商业职业技术学院、温州大学城市学院等多所院校师生的支持，在此一并表示感谢！本书相关的实验素材可以从清华大学出版社网站上(www. tup. com)下载。欢迎教师索取为本书教学配套的相关资料和交流：E-mail 地址是 zhousu@qq. com，QQ 号码是 81505050，个人博客网址是 http://blog. sina. com. cn/zhousu58。

周　苏

2012 年 10 月于西子湖畔

目录

第1章　软件测试概述

软件开发的最基本要求是按时、高质量地发布软件产品，而软件测试是致力于提高软件产品质量的重要手段之一，也是软件工程不可缺少的重要部分。就软件而言，不论采用什么技术和什么方法来组织开发，其产品中仍然会存在或多或少的错误和问题。采用先进的开发方式和较完善的开发流程，可以减少错误的引入，但是不可能杜绝软件中的错误，这些引入的错误就需要通过测试来发现。软件测试是对软件产品及其阶段性工作成果进行质量检查，力求发现其中的各种缺陷，并督促缺陷得到修正，从而控制软件产品的质量。

1.1　软件工程与软件测试

国家标准《软件工程术语》(GB/T11457—2006)定义了软件生存周期，即：从设计软件产品开始到产品不能再使用时为止的时间周期。亦即：一个计算机软件，从出现一个构思之日起，经过开发成功投入使用，在使用中不断增补修订，直到最后决定停止使用，并被另一项软件代替之时止，这被认为是该软件的一个生存周期(或称生命周期、生存期，life cycle)。

一个软件产品的生存周期可以划分成若干个互相区别而又有联系的阶段，每个阶段中的工作均以上一阶段工作的结果为依据，并为下一阶段的工作提供了前提。

由于工作的对象和范围的不同以及经验的不同，对软件生存周期中各阶段的划分也不尽相同。但是，这些不同划分中有许多相同之处。《计算机软件开发规范》(GB/T8566—1988，《软件生存周期过程》GB/T8566—2001的前身)将软件生存周期划分为以下8个阶段，即：可行性研究与计划、需求分析、概要设计(即结构设计)、详细设计、实现(包括单元测试)、组装测试(即集成测试)、确认测试、使用和维护。

图1-1和图1-2分别说明了在典型情况下，软件生存周期各阶段的工作量所占的比重。图1-1说明运行维护工作量要占整个生存周期工作量的一半以上，图1-2则说明了测试阶段(组装测试和确认测试)的工作量约占整个开发期工作量的近一半。

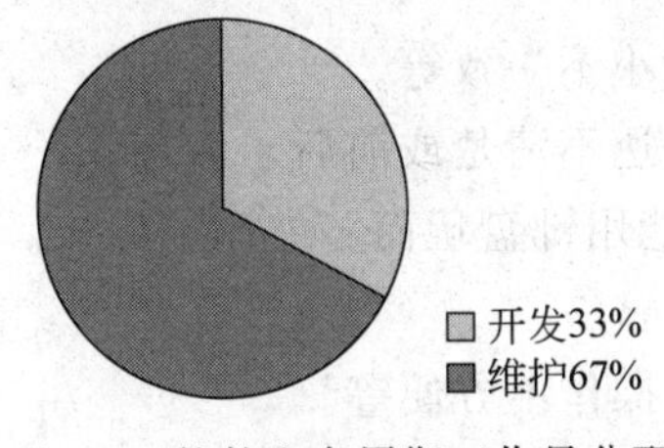

图1-1　软件生存周期工作量分配

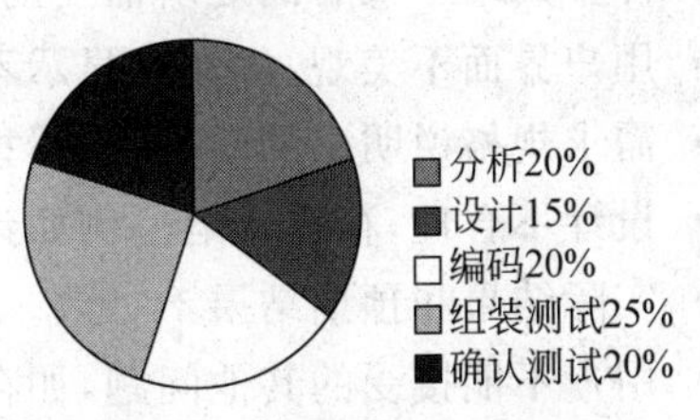

图1-2　开发阶段工作量分配

在软件生存周期中的每个阶段、每个时刻都存在着软件测试活动，软件测试伴随着软件开发，检验每一个阶段性的成果是否符合质量要求和达到预先定义的目标，以尽可能早地发现错误并及时改正。

一项对软件测试实践的研究结果表明：失误造成的差错越是发生在生存周期的前期，在系统交付使用时造成的影响和损失就越大，要纠正它所花费的代价也越高。而越早发现软件中存在的问题，开发费用就越低。在编码后修改软件缺陷的成本是编码前的10倍，在产品交付后修改软件缺陷的成本是交付前的10倍。软件质量越高，软件发布后的维护费用越低。另外，根据对国际著名IT企业的统计，它们的软件测试费用占整个软件工程所有研发费用的50%以上。

1.2 软件测试的定义

国家标准GB/T11457—2006《软件工程术语》定义了"软件测试(testing)"，是指"由人工或自动方法来执行或评价系统或系统部件的过程，以验证它是否满足规定的需求；或识别出期望的结果和实际结果之间有无差别。"与之相关，所谓排错、调试(debugging)，是指"查找、分析和纠正错误的过程"。

1.2.1 软件缺陷

所谓"软件缺陷"(Bug)是指计算机系统或者程序中存在的任何一种破坏正常运行能力的问题、错误，或者隐藏的功能缺陷、瑕疵，其结果会导致软件产品在某种程度上不能满足用户的需要。

- 从产品内部看，软件缺陷是软件产品开发或维护过程中所存在的错误、毛病等各种问题。
- 从产品外部看，软件缺陷是系统所需要实现的某种功能的失效或违背。

软件缺陷不仅表现在功能失效方面，还包括：

- 运行出错，包括运行中断、系统崩溃、界面混乱。
- 计算错误，导致结果不正确。
- 功能、特性没有实现或部分实现。
- 在某种特定条件下没能给出正确或准确的结果。
- 计算的结果没有满足所需要的精度。
- 用户界面不美观，如文字显示不对齐、字体大小不一致等。
- 需求规格说明书的问题，如漏掉某个需求、表达不清楚或前后矛盾等。
- 设计不合理，存在缺陷。例如计算机游戏只能用键盘玩而不能用鼠标玩。
- 实际结果和预期结果不一致。
- 用户不能接受的其他问题，如存取时间过长、操作不方便等。

由于软件系统自身越来越复杂，不管是需求分析还是程序设计等都面临越来越大的挑战，这决定了在软件开发过程中出现软件缺陷是不可避免的。此外，虽然原因有很多，但研究表明，软件需求说明书是软件缺陷出现最多的地方，如图 1-3 所示。

美国商务部国家标准和技术研究所(NIST)进行的一项研究表明，软件中存在的缺陷所造成的损失是巨大的。即使在软件企业内部，软件缺陷同样会给企业带来很大的成本。根据统计数据，多数软件企业的这种劣质成本甚至占开发总成本的 40%～50%。有鉴于此，必须足够地重视软件缺陷所引起的代价，强调软件测试尽早介入项目，尽快修复所发现的缺陷。

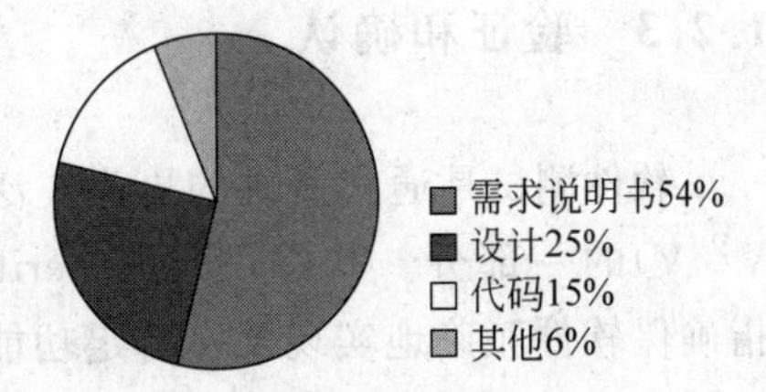

图 1-3 软件缺陷构成示意图

1.2.2 软件测试的定义

在早期的软件开发过程中，软件工程的概念和思想还没有形成，也没有明确的分工，软件开发等于编程，开发过程随意和无序，测试和调试混淆在一起，没有独立的测试，所有的工作基本都是由程序员完成，一面写程序，一面调试程序。这时，测试活动往往发生在代码完成之后，测试被认为是一种产品检验的手段，成为软件生存周期中最后一项活动而进行。在这一时期，对测试的投入还很少，也缺乏有效的测试方法，所以，软件产品交付到客户那里，仍然存在很多问题，软件产品的质量无法保证。

1972 年，软件测试领域的先驱 Bill Hetzel 博士为软件测试下了一个定义："软件测试就是为程序能够按预期设想运行而建立足够的信心"。1983 年，他又将软件测试的定义修改为："软件测试就是一系列活动，这些活动是为了评估一个程序或软件系统的特性或能力，并确定其是否达到了预期结果"。

在上述定义中，至少可以看到以下几点：

- 测试是试图验证软件是"工作的"，也就是验证软件功能执行的正确性。测试的目的是验证软件是否符合事先定义的要求。
- 测试活动以人们的"设想"或"预期的结果"为依据。这里的"设想"或"预期的结果"是指需求定义、软件设计的结果。

Bill Hetzel 的观点受到了业界一些权威的质疑和挑战，例如 Glenford J. Myers 认为：测试不应该着眼于验证软件是工作的，相反，应该用逆向思维去发现尽可能多的错误。他认为，从心理学的角度看，如果将"验证软件是工作的"作为测试的目的，非常不利于测试人员发现软件的错误。因此，1979 年 Myers 给出了软件测试的不同定义："测试是为了发现错误而执行一个程序或者系统的过程"。从这个定义可以看出，假定软件总是有错误的，测试就是为了发现缺陷，而不是证明程序无错误。发现了问题说明程序有错，但如果没有发现问题，并不能说明问题就不存在，而是至今尚未发现软件中所潜在的问题。

从 Myers 的定义延伸出去，一个成功的测试必须是发现了软件的问题，否则测试就没有价值。Myers 提出的"测试的目的是证伪"这一概念，和 Bill Hetzel 的观点"测试是试图验证软件是正确的"，为软件测试的发展指出了不同的努力方向。

1.2.3 验证和确认

软件测试是通常所讲的更为广泛的主题——验证与确认(Verification and Validation, V&V)的一部分。其中,验证(Verification)是指确保软件正确地实现某一特定功能的一系列活动,而确认(Validation)是广义上的软件测试,指的是确保开发的软件可追溯到客户需求的另外一系列活动和过程。确认所包含的内容如图1-4所示。概括起来,"软件测试"又可定义为"由'验证'和'有效性确认'活动所构成的整体"。

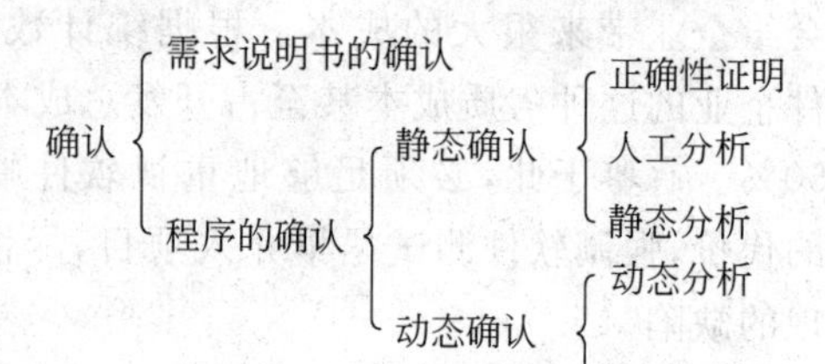

图1-4 确认所包含的内容

- "验证"是检验软件是否已正确地实现了软件需求说明书所定义的系统功能和特性。验证过程提供证据表明软件相关产品与所有生命周期活动的要求(如正确性、完整性、一致性、准确性等)相一致,相当于以软件需求说明书为标准进行软件测试的活动。
- "有效性确认"是确认所开发的软件是否满足用户真正需求的活动。一切从客户出发,理解客户的需求,对软件需求定义、设计的怀疑,发现需求定义和产品设计中的问题。这主要通过各种软件评审活动来实现,包括让客户参加评审、测试活动。

因为没有办法证明软件是正确的,软件测试本身总是具有一定的风险性,所以被认为是对软件系统中潜在的各种风险进行评估的活动。从风险的观点看,软件测试就是对风险的不断评估,引导软件开发的工作,进而将最终发布的软件所存在的风险降到最低。基于风险的软件测试可以被看做是一个动态的监控过程,对软件开发全过程进行检测,随时发现问题、报告问题,并重新评估新的风险,设置新的监控基准,不断地持续下去,包括回归测试。这时,软件测试完全可以看做是软件质量控制的过程。

实际上,具体是由哪些类型的测试构成了确认,对此观点存在较大的分歧。一些人认为所有的测试都是验证,而确认是在对需求进行评审和认可时进行的,也许更晚一些,当系统投入运行时由用户进行的。另外一些人将单元测试和集成测试看成验证,而将高阶测试(确认测试和验收测试)看做确认。

验证与确认包含广泛的SQA(软件质量保证)活动,如正式技术评审、质量和配置审核、性能监控、仿真、可行性研究、文档评审、数据库评审、算法分析、开发测试、易用性测试、合格性测试、验收测试和安装测试。虽然测试在验证与确认中起到了非常重要的作用,但是很多其他的活动也是必不可少的。

测试确实为软件质量的评估(更实际地说是错误的发现)提供了最后的堡垒。但测试不应当被看做是安全网。正如人们所说的那样:"你不能测试质量。如果开始测试之前质量不佳,那么当你完成测试时质量仍然不佳。"在软件工程的整个过程中,质量已经被包含在软件之中。方法和工具的正确运用、有效的正式技术评审、坚持不懈的管理与测量,这些都形成了在测试过程中所确认的质量。

Miller 将软件测试和质量保证联系在一起，他认为："无论是大规模系统还是小规模系统，程序测试的根本动机都是使用经济且有效的方法来确认软件质量"。

1.3 软件测试的分类

对于软件测试，可以从不同的角度加以分类，例如可以根据测试的方法进行分类，也可以根据测试的对象、测试的目标和测试的阶段进行分类。

1.3.1 软件测试与软件开发的关系

在软件开发的瀑布模型（见图 1-5）中，软件测试处在"编码"的下游和"软件维护"的上游，先有编码（程序设计），后有测试。瀑布模型强调测试是对程序的检验，测试只有等到程序完成了才可以执行。但是，属于传统软件工程的瀑布模型有很大的局限性，与软件开发的迭代（iteration）思想、敏捷（agile）方法存在很大的冲突，也不符合软件工程的最佳实践。

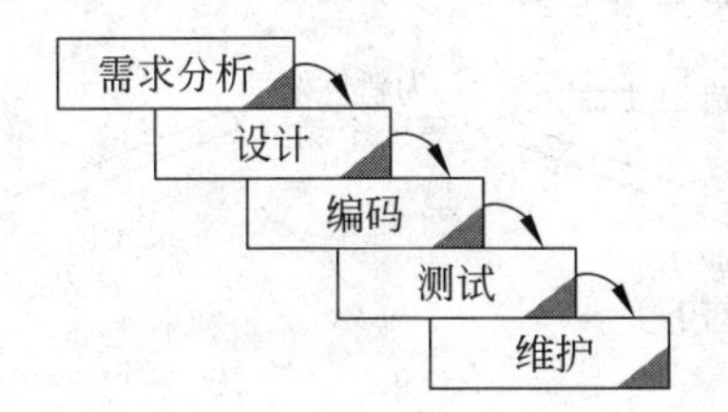

图 1-5 软件开发瀑布模型简单示意

需求分析在软件开发的最前端，说明它对后期的影响最大，所以说，软件需求分析很重要。要想成功开发一个软件产品，首先要做好需求分析。但另一方面，在需求分析阶段，往往很难彻底弄清楚用户对产品的各项具体的要求。由于大多数使用或将要使用计算机产品的用户不是计算机方面的专业人员，甚至对计算机一点都不了解，所以对计算机能做哪些事情、不能做哪些事情、善于做哪些事情、不善于做哪些事情等都不清楚，只能给出软件的一般性功能或目标要求，不能提出具体的要求，也不能给出规范的、科学的、详细的输入和输出需求。

现在人们普遍认为，软件测试应该贯穿于整个软件生存周期，从需求评审、设计评审开始，测试就介入到软件产品的开发活动或软件项目实施中。测试人员借助于需求定义的阅读、讨论和审查，不仅可以发现需求定义的问题，而且可以了解产品的设计特性、用户的真正需求，确定测试目标，准备测试用例并策划测试活动。同理，在软件设计阶段，测试人员可以了解系统是如何实现的、构建在什么样的平台之上等各类问题，以衡量系统的可测试性，检查系统的设计是否符合系统的可靠性要求、是否存在单点实效的严重问题等。

以瀑布模型为例，为了发现软件需求分析、设计、编码阶段的不同错误，软件测试可分成与需求分析、概要设计、详细设计/编码相对应的 3 步，即配置项（确认）测试、集成（组装)测试和单元测试(见图 1-6)。

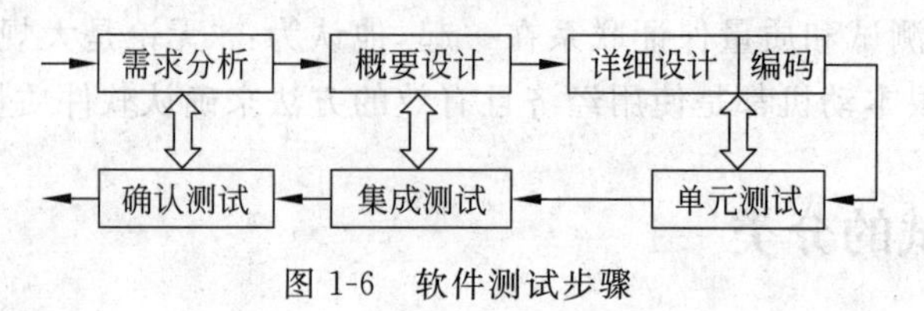

图 1-6　软件测试步骤

1.3.2　测试驱动开发(TDD)

在目前比较流行的敏捷方法(如极限编程)中,提出了"测试驱动开发(Test Driven Development, TDD)",即测试在先、编码在后的开发方法。TDD 方法有别于以往的"先编码后测试"的开发过程,而是在编程之前先写测试脚本或设计测试用例。TDD 在敏捷方法中被称为"测试第一的开发(test-first programming)",而在 IBM Rational 统一过程(Rational Unified Process, RUP)中被称为"测试第一的设计(test-first design)"。所有这些,都在强调"测试先行",使得开发人员对所写的代码有足够的信心,同时也有勇气进行代码重构。TDD 具体实施过程如图 1-7 所示。

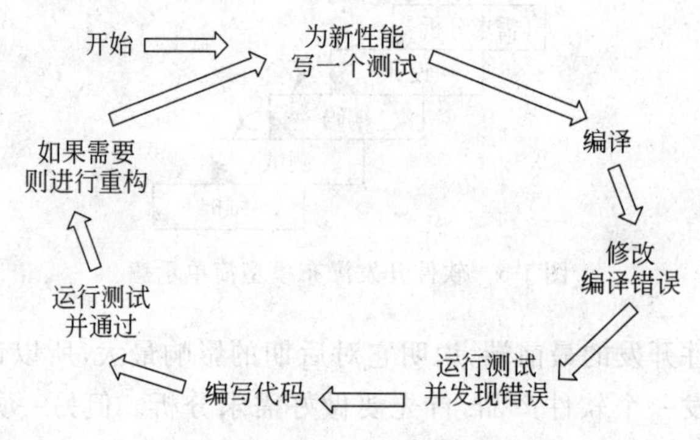

图 1-7　测试驱动开发的软件过程

在打算为软件添加某项新功能时,先不急于写程序代码,而是将各种特定条件、使用场景等想清楚,为待编写的代码先写一段测试用例。然后,利用集成开发环境或相应的测试工具来执行这段测试用例,结果自然是失败。利用没有通过测试的错误信息反馈,来了解代码没有通过测试用例的原因,有针对性地逐步添加代码。要使该测试用例通过,就要补充、修改代码,直到代码符合测试用例的要求,获得通过。测试用例全部执行成功,说明新添加的功能通过了单元测试,可以进入下一个环节。

TDD 从根本上改变了开发人员的编程态度,开发人员不再像过去那样随意写代码,要求写的每行代码都是有效的代码,写完所有的代码就意味着完成了编码任务。而在此之前,代码写完了,实际上编程工作还没有结束,因为还有许多错误等待去修正。测试驱动开发在于保障代码的正确性,能够迅速发现、定位程序问题,大大减少返工的可能性,降低开发成本。

1.3.3 软件测试的类别

通过分类,可以对软件测试有一个较为完整的认识。

(1) 按测试的对象或范围(单元/组件、文档、子系统、系统等)分类,有:需求审查、设计审查;单元测试,包括组件测试、模块测试等;程序测试;系统测试;文档测试;Web应用测试、客户端测试;数据库测试、服务器测试。

(2) 按测试目的分类,有:

- 集成测试:完成系统内单元之间接口和将单元集组装成为一个完整系统的测试。
- 功能测试,也称正确性测试:验证每个功能是否按照事先定义的要求那样正常工作。
- 压力测试,也称负载测试:用来检查系统在不同负载(如数据量、并发用户、连接数等)条件下的系统运行情况,特别是高负载、极限负载下的系统运行情况,以发现系统不稳定、系统性能瓶颈、内存泄漏、CPU使用率过高等问题。
- 性能测试:测定系统在不同负载条件下的具体的性能指标。
- 可靠性测试:包括强壮性测试和异常处理测试。检验系统是否能保持长期稳定、正常的运行,如确定正常运行时间,即平均失效时间。
- 灾难恢复性测试:在系统崩溃、硬件故障或其他灾难发生之后,重新恢复系统和数据的能力测试。
- 安全性测试:测试系统在应对非授权的内部/外部访问、故意损坏时的系统防护能力。
- 兼容性测试:测试在不同运行环境(网络、硬件、第三方软件等)下的实际表现。
- 回归测试:为保证软件中新的变化(新增加的代码、代码修改等)不会对原有功能的正常使用有影响而进行的测试。
- 验收测试:验证是否是用户真正需要的产品特性。
- 安装测试:验证系统是否能按照安装说明书成功地完成系统的安装。

GB/T8566—2001将测试的类别分为单元测试、集成测试、配置项(确认)测试、系统测试、验收测试和回归测试。回归测试可出现在其他各个测试类别中。

此外,根据测试过程中被测软件是否被执行,软件测试可分为静态测试和动态测试。动态测试是在系统运行时进行测试。根据是否针对系统的内部结构和具体实现算法来完成测试,软件测试可分为白盒测试和黑盒测试。白盒测试需要了解系统的内部结构和具体实现。

1.3.4 基于软件活动的测试级别

实际上,不同的测试级别,伴随着不同的软件开发活动。图1-8展示了各个测试级别的一个典型场景,以及这些测试级别与分步的软件开发活动是如何分别对应关联的。每个测试级别中的信息都典型地由相应关联的开发活动所派生出来。综合与分析这些活动可以广泛地应用于任何开发过程。通常，我们建议在开发每个活动的同时就把相应的测试用例设计好，尽管在编码实现阶段以前软件还是不可执行的。明确、清晰地说明测试的流程可以识别设计决策的缺陷。

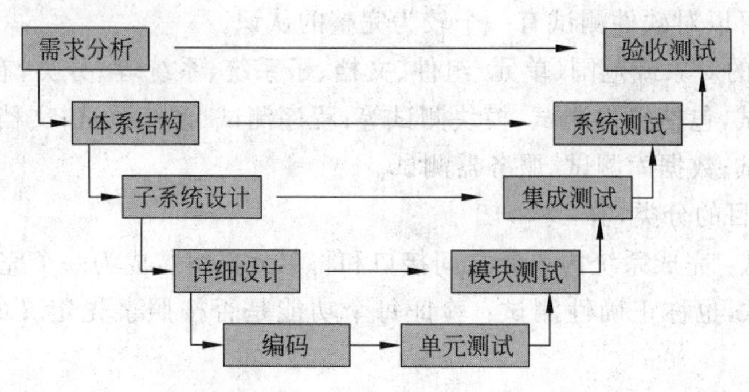

图 1-8　软件开发活动与测试级别的"V 模型"

软件开发过程的需求分析阶段是为了捕捉用户的需求，而设计验收测试是为了确定软件产品事实上是否满足了这些需求。验收测试必须有用户或那些拥有很好的领域背景知识的其他人员参加。

软件开发过程的体系结构设计阶段主要任务是选择构件(组件)和连接器，两者结合起来实现一个系统，以便符合先前所确定的需求。设计系统测试是为了确定集成后的完整系统是否与设计规约相一致。系统测试假设各个部分单独工作正常，而进一步了解系统作为一个整体是否工作正常。这一级别的测试通常是为了寻找设计中存在的问题，由独立的测试组来完成。

软件开发过程的子系统设计阶段详细说明子系统的结构和行为，每个子系统分别实现整个体系结构中的某部分的功能。通常，子系统采用之前已开发好的软件。设计集成测试是为了评估子系统内模块之间接口是否一致、通信是否正确，其前提是各个模块能正确工作。集成测试通常由开发组成员负责。

软件开发过程的详细设计阶段确定各个模块的结构和行为。一个程序单元(unit)或过程(procedure)是由一个或多个连续的程序语句组成，并有一个名字，软件其他部分使用该名字对程序单元进行调用。在 C 和 C++ 中单元被称为函数，在 Java 中称为方法，在 FORTRAN 中称为子例程。

将一系列相关联的单元组合在一个文件、包或者类中，就称为一个模块。模块相当于 C 中的文件，C++ 和 Java 中的类。设计模块测试是为了独立评估各个模块，包括组件单元间如何相互作用，以及关联的数据结构。大多数软件开发组织将模块测试的职责交给程序员。

软件开发过程的实现阶段是实际产生代码的阶段。设计单元测试是为了评定实现阶段所产生的单元的正确性，它是最底层的测试。有些时候，比如在建一些通用的库模块时，单元测试无需封装软件应用的知识。跟模块测试一样，大部分软件开发组织会把单元测试的责任交给程序员。

图 1-7 中没有描述回归测试，它是软件开发维护阶段的一个标准部分。回归测试是

在对软件进行一些修改之后进行的测试,目的在于确保更新后的软件仍然具备更新前所拥有的功能。

在需求和高级别设计中存在的错误会导致最终实现的程序中的缺陷,通过测试可以揭露出这些缺陷。但是,由于需求和设计中的错误而导致的缺陷,常常是在之后的数月或数年内通过测试才发现,这些错误的影响往往会蔓延到多个软件构件中,因此,这样的错误通常很难加以约束并且修正的代价很高。从积极的一面看,即使不进行测试,定义测试用例的过程本身就已经可以鉴别出一些重大的需求和设计错误。因此,在需求分析和设计的同时就并行地推行测试计划是很重要的。在标准的软件实践中,用一些像用例分析(use case analysis)这样的技术,测试计划能更好地与需求分析相结合。

此外,面向对象(Object-Oriented,OO)软件改变了测试的分级。OO 软件的单元和模块间界限模糊,因此,在 OO 软件测试中,方法内测试是为各个独立的方法构造测试,方法间测试是将同一个类里的成对方法一起进行测试,类内测试是针对一个完整的类构造的测试,通常是顺序调用类内的方法,类间测试是同时测试多个类。前 3 个属于单元和模块测试,而类间测试是一种集成测试。

1.3.5 基于测试过程成熟度的 Beizer 测试级别

另一种级别分类是基于一个组织的测试过程成熟度水平,每个级别体现了测试工程师的不同测试目的。

- 0 级:没有区分测试与调试。
- 1 级:测试的目的是证明软件能用。
- 2 级:测试的目的是证明软件不能用。
- 3 级:测试的目的不是为了具体证明什么,而是为了降低软件使用的风险。
- 4 级:测试是一种智力训练,能够帮助专业人员开发出更高质量的软件。

0 级测试是一种将测试等同地视为调试的观点。许多计算机专业的学生都抱有这样的看法。在一些专业的编程课上,学生编译程序后,随意取几个输入值调试一下。这种模型并不区分一个程序的不正确行为和程序中的错误,因而对于软件的可靠性和安全性没有多大帮助。

1 级测试的目的是说明正确性。相对原始的 0 级有了重要提升。事实上,除了非常小的程序外,正确性其实是根本无法达到或证明的。正因为正确性这个目标是不现实的,测试工程师往往就没有严格的目标或正规的测试技术。

2 级测试的目的是找出错误。虽然找错显然是个合理的目标,但这也是个负面目标。测试人员可能喜欢找出问题,但是开发人员却不希望找出问题——他们希望软件能正常工作(开发人员会很自然采取 1 级测试的思维方式)。因此,2 级测试会将测试人员与开发人员放在对立的位置上。

3 级测试的想法是基于这样的认识,即测试能够展示失败的存在。这意味着必须接受这样的事实,当我们使用软件时,必然会面临一些风险。风险可能比较小而结果也并不重要的,风险也可能比较大而后果是灾难性的,但无论如何风险是一定存在的。这使我们意识到整个开发团队都有着同样的目标——降低使用软件的风险。在3级测试中，测试人员和开发人员一起协同工作来降低风险。

一旦测试人员与开发人员身处同一个“团队”中，组织就可以向真正的4级测试前进。4级测试是将测试定义为一种提高质量的智力训练。提高质量的方式有多种，创建能够使软件出错的测试用例只是其中之一。有了这样的思想准备，测试工程师就可以成为项目的技术领队了(这在很多其他工程学科中很普遍)。他们对度量和提高软件质量担负着主要责任，并且应该用他们的专业才能帮助开发人员。Beizer把这比喻为一个拼写检查器。人们常常认为拼写检查器的目的是找出拼错的单词，但事实上，它最终的目的是提高我们的拼写能力。每次用拼写检查器找到一个拼错的单词，我们都获得了一次机会来学习如何正确地拼写该单词。拼写检查器是拼写质量方面的“专家”。同样，4级测试意味着测试的目的在于提高开发者生产高质量软件的能力，测试人员应该训练团队的开发人员。

1.4 测试的基本流程与原则

软件测试的基本流程包括：

(1) 设计一组测试用例。每个测试用例由输入数据和预期输出结果两部分组成。

(2) 用各个测试用例的输入数据实际运行被测程序。

(3) 检查实际输出结果与预期的输出结果是否一致。若不一致则认为程序有错。

通常程序输入数据的可能值的个数很多，再加上程序内部结构的复杂性，要彻底地测试一个程序是不可能的。我们只能执行有限个测试用例，并求尽可能多地发现一些错误。能尽可能多地发现错误的测试用例被称为是“高产的”。

软件测试的一些基本原则如下：

(1) 在开始测试时，不应默认程序中没有错误。这是由测试的定义决定的。测试前应明确程序中含有错误，测试的目的就是要找出其中尽可能多的错误。但测试一般不可能找出程序中的所有错误。测试只能证明程序中存在错误，但不能证明程序中不存在错误。

(2) 测试不应由编写程序的个人或小组来承担。由其他人(非程序本身的编制者)来进行测试，会获得更好的效果。由于测试的目的是查错，因此，大多数程序员不能有效地测试他们自己的程序，这一方面是由于心理上的因素，另一方面也是由于对所编制程序的理解有习惯性。作为这一基本原则的推论，则最好由程序作者之外的其他人，或更一般地，由软件系统设计编程部门以外的另一个独立部门来进行测试，但查出错误之后的排错，仍应由程序的原编写者自己进行。

(3) 测试文件必须说明预期的输出结果。一个测试用例不仅仅是一个输入数据，只有把输入数据和预期的输出结果结合起来才形成一个完整的测试用例。

(4) 要对合理的和不合理的输入数据都进行测试。忽略后一种情形会降低程序的可靠性。对不合理的输入数据程序应拒绝执行。

(5) 除检查程序功能是否完备外，还应检查程序功能是否有多余。换句话说，我们还应当检查该程序是否产生了我们所不希望的副作用。

(6) 应该完整地保留所有的测试文件(包括测试数据集、预期的结果、程序执行的记录等等),直至该软件产品废弃不用为止。因为在对该软件产品进行维护时,十分需要这种测试文件,以便修改后再测试。

(7) 一个模块或多个模块中有错误的概率与已发现错误的个数成正比。

1.5 软件测试的组织

对每个软件项目而言,在测试开始时就会存在固有的利害关系冲突。要求开发软件的人员对该软件进行测试,这本身似乎是没有恶意的。毕竟,谁能比开发者本人更了解程序呢?遗憾的是,通常开发人员感兴趣的是急于显示他们所开发的程序是无错误的,是按照客户的需求开发的,而且能按照预定的进度和预算完成。这些利害关系会影响软件的充分测试。

从心理学的观点来看,软件分析和设计(连同编码)是建设性的任务。软件工程师分析、建模,然后编写计算机程序及其文档。与其他任何建设者一样,软件工程师也为自己的“大厦”感到骄傲,而蔑视企图拆掉大厦的任何人。当测试开始时,有一种微妙的但确实存在的企图,试图摧毁软件工程师所建造的大厦。以开发者的观点来看,可以认为(心理学上)测试是破坏性的。因此,开发者精心地设计和执行测试,试图证明其程序的正确性,而不是注意发现错误。但遗憾的是,错误是存在的,而且,即使软件工程师没有找到错误,客户也会发现。

软件开发人员总是要负责程序各个单元(构件)的测试,确保每个单元完成其功能或展示所设计的行为。在多数情况下,开发者也进行集成测试。集成测试是一个测试步骤,它将给出整个软件体系结构的构造(和测试)。只有在软件体系结构完成后,独立测试组才开始介入。

独立测试组(Independent Test Group,ITG)的作用是为了避免开发人员进行测试所引发的固有问题,独立测试可以消除利益冲突。然而,在整个软件项目中,开发人员和测试组要密切配合,以确保进行充分的测试。在测试进行的过程中,必须随时可以找到开发人员,以便及时修改发现的错误。

从分析与设计到策划和制定测试规程,ITG参与整个项目过程。从这种意义上讲,ITG是软件开发项目团队的一部分。然而,在很多情况下,ITG直接向软件质量保证组织报告,由此获得一定程度的独立性。如果ITG是软件工程组织的一部分,这种独立性将是不可能获得的。

1.6 测试工程师的职业素养

测试人员是测试工作中最有价值也是最重要的资源,只有保证测试工程师具有良好的职业素质,才能保证所测试产品的质量。

1.6.1 测试工程师的工作

测试工程师是专业的信息技术人员，负责一到多项技术型测试活动，包括设计测试输入，生成测试用例，执行测试脚本，分析测试结果，以及向开发人员和经理报告测试结果。参与软件开发的每个工程师在某些时候都扮演着测试工程师的角色。因为在产品开发过程中所产生的软件工件都有（或应该有）相应的测试用例集，而最适合定义这些测试用例的通常是工件的设计者。一个测试经理负责一到多个测试工程师。测试经理制定测试策略和过程，在项目上与其他经理相互合作沟通，另外还会帮助测试工程师们工作。

图1-9说明了测试工程师的一些主要活动。测试工程师必须创建测试需求，以此来设计测试用例。这些需求之后会转化成用于测试执行的实际值和脚本。这些可执行的测试是在软件上运行的，在图中用P表示，而对测试结果的评估决定了这些测试是否揭露出软件的错误。这些活动是由一人或多人完成的，测试的整个过程由测试经理进行监控。

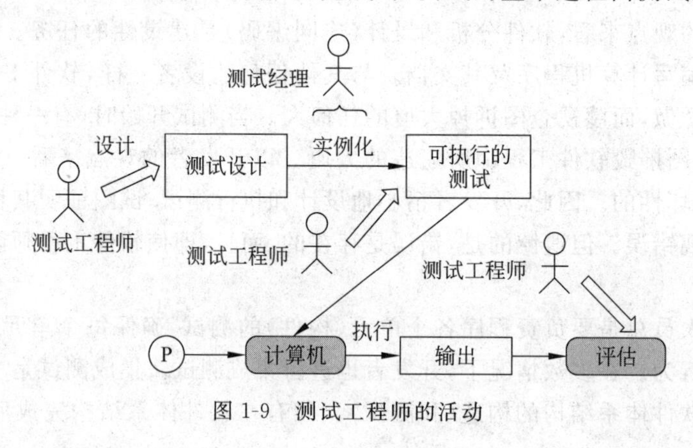

图1-9 测试工程师的活动

测试工程师最有力的工具之一就是正式的覆盖标准。正式的覆盖标准给测试工程师提供方法，来决定在测试中要用哪些测试输入，使测试人员更有可能发现程序中的问题，并且能够对软件的高质量和高可靠性提供更强有力的保障。覆盖标准也为测试工程师提供了测试停止准则。

1.6.2 职业和道德责任

"职业化"也被称为"职业特性"、"职业作风"或"专业精神"等，通常被认为是从业人员、职业团体及其服务对象之间的三方关系准则，该准则是从事某一职业，并得以生存和发展的必要条件。具体到某一个行业时，"职业化"还应考虑其自身特殊的要求。虽然职业道德规范没有法律法规所具有的强制性，但遵守这些规范对行业的健康发展是至关重要的。

道德准则被设计来帮助计算机专业人士决定其有关道德问题的判断。许多专业机构（诸如美国计算机协会、英国计算机协会、澳大利亚计算机协会以及美国计算机伦理研究所等)都颁布了道德准则,每种准则在细节上存在着差别,但是为专业人士行为提供了整体指南。

美国计算机伦理研究所颁布的最短准则是:

(1) 不要使用计算机来伤害他人。

(2) 不要干扰他人的计算机工作。

(3) 不要监控他人的文件。

(4) 不要使用计算机来偷窃。

(5) 不要使用计算机来提供假证词。

(6) 不要使用或者复制你没有付费的软件。

(7) 不要在没有获得允许的情况下使用他人的计算机资源。

(8) 不要盗用他人的智能成果。

(9) 应该考虑到自己所编写程序的社会后果。

(10) 使用计算机时应该体现出对信息的尊重。

美国计算机协会(ACM)为专业人士行为制订的道德准则包含 21 条,包括"美国计算机协会成员必须遵守现有的本地、州、地区、国家以及国际法律,除非有明确准则要求不必这样做"。

在计算机日益成为各个领域及各项社会事务中心角色的今天,那些直接或间接从事软件设计和软件开发的人员,有着既可从善也可从恶的极大机会,同时还可影响着周围其他从事该职业的人的行为。为能保证使其尽量发挥有益的作用,这就必须要求软件工程师致力于使软件工程成为一个有益的和受人尊敬的职业。为此,1998 年,IEEE-CS 和 ACM 联合特别工作组在对多个计算学科和工程学科规范进行广泛研究的基础上,制订了软件工程师职业化的一个关键规范《软件工程资格和专业规范》。该规范不代表立法,它只是向实践者指明社会期望他们达到的标准,以及同行们的共同追求和相互的期望。该规范要求软件工程师应该坚持以下 8 项道德规范。

原则 1:公众。从职业角色来说,软件工程师应当始终关注公众的利益,按照与公众的安全、健康和幸福相一致的方式发挥作用。

原则 2:客户和雇主。软件工程师应当有一个认知,明确什么是其客户和雇主的最大利益。他们应该总是以职业的方式担当他们的客户或雇主的忠实代理人和委托人。

原则 3:产品。软件工程师应当尽可能地确保他们开发的软件对于公众、雇主、客户以及用户是有用的,在质量上是可接受的,在时间上要按期完成并且费用合理,同时没有错误。

原则 4:判断。软件工程师应当完全坚持自己独立自主的专业判断并维护其判断的声誉。

原则 5:管理。软件工程的管理者和领导者应当通过规范的方法赞成和促进软件管理的发展与维护,并鼓励他们所领导的人员履行个人和集体的义务。

原则 6:职业。软件工程师应该提高他们职业的正直性和声誉,并与公众的兴趣保持一致。

原则 7:同事。软件工程师应该公平合理地对待他们的同事,并应该采取积极的步骤支持社团的活动。

原则8：自身。软件工程师应当在整个职业生涯中积极参与有关职业规范的学习，努力提高从事自己的职业所应该具有的能力，以推进职业规范的发展。

另外，在软件开发的过程中，软件工程师及工程管理人员不可避免地会在某些与工程相关的事务上产生冲突。为了减少和妥善地处理这些冲突，软件工程师和工程管理人员就应该以某种符合道德的方式行事。1996年11月，IEEE道德规范委员会指定并批准了《工程师基于道德基础提出异议的指导方针草案》，草案提出了9条指导方针：

(1) 确立清晰的技术基础：尽量弄清事实，充分理解技术上的不同观点，而且一旦证实对方的观点是正确的，就要毫不犹豫地接受。

(2) 使自己的观点具有较高的职业水准，尽量使其客观和不带有个人感情色彩，避免涉及无关的事务和感情冲动。

(3) 及早发现问题，尽量在最低层的管理部门解决问题。

(4) 在因为某事务而决定单干之前，要确保该事务足够重要，值得为此冒险。

(5) 利用组织的争端裁决机制解决问题。

(6) 保留记录，收集文件。当认识到自己处境严峻的时候，应着手制作日志，记录自己采取的每一项措施及其时间，并备份重要文件，防止突发事件。

(7) 辞职：当在组织内无法化解冲突的时候，要考虑自己是去还是留。选择辞职既有好处也有缺点，作出决定之前要慎重考虑。

(8) 匿名：工程师在认识到组织内部存在严重危害，而且公开提请组织的注意可能会招致有关人员超出其限度的强烈反应时，对该问题的反映可以考虑采用匿名报告的形式。

(9) 外部介入：组织内部化解冲突的努力失败后，如果工程人员决定让外界人员或机构介入该事件，那么不管他是否决定辞职，都必须认真考虑让谁介入。可能的选择有：执法机关、政府官员、立法人员或公共利益组织等。

1.6.3 软件测试工程师的素质

软件测试工作是一项技术工作，例如在进行集成测试和功能测试时，测试人员必须明白被测软件系统的实现原理、方法及其所涉及的各种系统平台、技术等内容，同时还要开发相应的测试脚本、测试工具等。拥有编程或开发经验的测试人员会对软件开发过程有更深的理解，对与开发人员、项目经理的沟通和测试工作改进等会有很大帮助。在进行性能测试、安全性测试、可靠性测试和兼容性测试等工作时，要求测试人员掌握系统架构设计、系统特性标识、系统环境设置等方面的知识。测试方法常常需要结合黑盒测试方法、白盒测试方法或开发所需的测试工具，这就要求测试人员具有一定的编程经验。

对软件测试人员的要求，虽然在程序设计能力方面会不同于对程序员的要求，但对测试人员在沟通能力、理解能力、分析问题能力等方面的要求会高些。而且，对不同层次的测试人员的要求也不相同。例如：数据库测试工程师需要有数据库设计、开发和性能优化等能力；自动化测试工程师需要有良好的编程经验；测试组长除了需要有良好的编程经验、测试经验之外，还需要良好的项目管理能力和组织能力等。

对于软件测试人员来说，除了向测试职业方向发展(测试经理、测试总监等)之外，还比较容易向质量管理、过程改进和项目管理等多个方向发展。例如，软件测试更强调流程和沟通，对整个软件开发过程各个环节进行跟踪和审查等，及时发现问题和解决问题，有利于向项目经理、软件企业高层管理人员等方向发展。另外，数据库测试人员很容易转为数据库开发人员、数据库管理员(DBA)，自动化测试工程师可以转为开发人员，而资深的测试工程师也可以转去做产品经理。

为了高质量地完成测试任务，软件测试工程师应具有很好的素质和能力，包括沟通能力、技术能力、自信心、耐心、怀疑一切的精神、勤奋精神、洞察力、适度的好奇心、反向思维和发散思维能力、记忆力等，甚至需要很好的幽默感、自我学习能力和创新能力。

(1) 责任感。测试人员需要高度的责任感，本着对质量一丝不苟的追求，坚持用客户的观点看待问题，不放过任何一个可能存在的疑点，充分关注细节。也只有具有高度的责任感，才能经受得住来自进度或其他方面的压力，始终把质量放在第一，以保证测试工作的充分性和可靠性。

(2) 沟通能力。测试工程师需要同软件开发过程中各种角色进行沟通，具有与技术(开发者)和非技术人员(包括客户、市场人员和培训人员等)的交流能力。和用户沟通的重点是了解系统要实现哪些功能、哪些功能是无关紧要的，应尽量不使用专业术语；而和开发者交流时应该关心技术上的实现，常常使用专业术语。而且，也只有深入沟通，才能完整地理解用户的需求和待实现的产品特性，才能真正掌握产品设计和实现的技术细节。

由于测试工作本身的一个重要任务，就是找出程序、系统中的缺陷，有些开发人员觉得是挑毛病，这时和开发人员沟通更需要技巧，这样才能将与开发人员之间可能发生的冲突和对抗减少到最低程度。测试人员应该把精力集中在查找错误上面，而不是找出由哪个开发人员引入的错误，即测试的结果是针对产品，而不是针对编程人员，使用一种公正和公平的方式指出具体错误，对于测试工作是有益的。一般来说，武断地对产品进行攻击是错误的。

(3) 技术能力。软件测试本质上是技术性工作，技术是其基础。如果没有技术，就只能进行黑盒的功能测试，有些测试任务就无法实现，某些时候测试效率比较低，个人的发展也会受到限制。有了良好技术，在早期就可以和开发人员一起讨论系统架构设计，验证系统是否具有可测性，发现单点失效、性能瓶颈等设计问题。有了良好技术，就可以开发所需要的测试工具、自动化测试框架和自动化测试脚本等。技术能力，不局限于开发经验、编程能力，还应包括操作系统配置和排错能力、网络技术等。

(4) 自信心。测试工程师对自己所持有的正确观点要有足够的自信心。如果缺乏信心，则容易受开发人员的影响，使测试工作缺乏独立性，程序中的漏洞或缺陷就容易被忽略过去，导致软件产品质量的降低。

(5) 耐心。有些软件测试工作需要难以置信的耐心，有时需要花费大量的时间去分离、识别一个错误，需要对其中一个测试用例运行几十遍，甚至几百遍，了解错误在什么特别的情况下才发生。测试人员需要保持耐心，尤其是在集中注意力解决困难问题的时候，特别是在测试执行阶段，面对成百上千个测试用例，要一个个去执行，还要在不同的测试环境上重复，耐心是必要的。

(6) 怀疑精神。可以预料，开发人员会尽自己最大的努力将所有的错误解释过去，测试人员在耐心听取解释的时候，还要保持高度警惕，直到自己的分析结果或亲自测试之后，才做出决定。有时，对一些功能的设计和实现，可以持怀疑态度，看看是否有更好的实现方法，可以和产品设计人员、开发人员进行更深入的讨论。

(7) 适度的好奇心。开发测试用例时所使用的方法，需要积极探索。设计出那些导致系统边界出错的测试用例，往往需要一定的好奇心。测试工程师在审查《需求说明书》时，可以与开发人员一起讨论各种“假设”的场景，并在大脑中反复演练被测试系统，以找到可能出现的例外或边界问题。测试人员善于从不同的角度来进行探索性测试，包括采用错误猜测法，设计一些试图破坏系统的测试用例。

在及时完成测试执行任务和编写灵活高效的测试用例之间，在进度的压力和探究错误发生根源之间，优秀的测试人员能够取得平衡。怀疑精神和好奇心有一定的联系，都需要适度。

(8) 洞察力。具有适度的怀疑精神和好奇心，如果缺乏洞察力，测试能力还会受到较大的限制。一个好的测试工程师具有一种先天的敏感性，并且能尝试着通过一些巧妙的变化去发现问题。例如，测试人员能够捕获用户使用系统的一些特定场景，发现一些隐藏较深的严重缺陷。如果能够洞察开发人员的弱点或系统的薄弱环节，对更快地发现问题也会有很大帮助。良好的洞察力也有助于识别测试的风险，从而降低测试的风险，确保测试项目的成功。

(9) 反向思维和发散思维能力。测试工程师应想尽办法来考虑产品可能出现失败的各种方式，最大限度地暴露其存在的问题，用严格的边界条件来检验它，让系统经受压力测试，或者是强迫它处理“不可能发生的”错误。所有这样的负面测试都需要反向思维和良好的发散思维能力。

(10) 记忆力。如果测试工程人员有能力将以前曾经遇到过的类似的错误从记忆深处挖掘出来，这对以后的测试有很大帮助，因为不少错误是由开发人员的不良习惯导致的。在测试一个产品的新版本时，如果清楚已发布的各种版本的产品功能，就比较容易了解新版本的功能做了哪些改动、为什么改、这样改了之后会对其他特性有哪些影响等一系列问题。如果熟悉软件各种老版本所出现的缺陷，就有助于对新版本的用例设计和测试执行。

1.7 全国计算机等级考试(四级)——软件测试工程师

全国计算机等级考试(National Computer Rank Examination，NCRE)是经原国家教委(现教育部)批准、由教育部考试中心主办，面向社会，用于考查应试人员计算机应用知识与能力的全国性计算机等级水平考试体系。

NCRE Examination 全国计算机等级考试

举办全国计算机等级考试目的在于推进计算机知识的普及，促进计算机技术的推广应用，以适应经济建设的需要，为用人部门录用和考核工作人员服务。该考试面向社会，服务于劳动力市场，为人员择业、人才流动提供其计算机应用知识与能力的证明，以便用人部门录用和考核工作人员时有一个统一、客观、公正的标准。

教育部考试中心聘请全国著名计算机专家组成"全国计算机等级考试委员会"，负责设计考试，审定考试大纲、试题及评分标准。教育部考试中心组织实施该项考试，组织编写考试大纲及相应的辅导材料、命制试卷，研制上机考试和考务管理软件，开展考试研究等。教育部考试中心在各省（自治区、直辖市）设立省级承办机构，各省（自治区、直辖市）承办机构根据教育部考试中心的规定设立考点，组织考试。考生在考点报名、考试、获取成绩通知单和合格证书。

此项考试根据各工作岗位使用计算机的不同要求，分为4个等级。其中"四级"分为软件测试工程师、数据库工程师和网络工程师3科。

"软件测试工程师"考核软件测试的基本概念、结构覆盖测试、功能测试、单元测试、集成测试、系统测试、性能测试、可靠性测试、面向对象软件测试、Web应用软件测试以及兼容性测试、构件测试、极限测试和文档测试等。考生要能结合软件测试过程管理平台和软件分析与测试工具，增加软件测试工程的实践经验，胜任软件测试岗位的要求。

全国计算机等级考试采用全国统一命题、统一考试，笔试和上机操作考试相结合的形式。目前，四级的3个科目暂不考上机，笔试时间为120分钟。四级软件测试工程师的笔试考试题型为：选择题25题（50%）和论述题3题（50%）。

全国计算机等级考试每年考两次。上半年笔试考试时间为3月最后一个星期六上午9:00，下半年笔试考试时间为9月倒数第二个星期六上午9:00，上机考试从笔试的当天下午开始（一级上机考试从上午开始），期限定为5天（至周三），由考点具体安排。

每次考试报名的具体时间由各省（自治区、直辖市）省级承办机构规定。考生不必先通过第一（二、三）级再报考第二（三、四）级，可任选其中一个等级报考。如果一个级别中有不同类别，考生必须选择其中一类。如考生在前一次考试只通过笔试或上机中的一科，在本次报名时可以凭单科成绩单免考该科目，保留成绩仅保留一次。一般四级只可在部分考点报名考试，请留意当地教育考试部门发布的计算机等级考试报考简章。

全国计算机等级考试合格证书用中、英两种文字书写，全国通用。它是持有人计算机应用知识和能力的证明，可供用人部门录用和考核工作人员时参考。成绩合格者由教育部考试中心颁发合格证书。成绩均优秀者，合格证书上注明"优秀"字样。

等级考试的证书是终身有效，等级考试的大纲会在每两至三年更新一次，但更新并不影响以前证书的效力。

1.8 习题

请参考课文内容以及其他资料，完成下列选择题。

(1) 软件测试的目的是（　　）。

A. 软件编写完成以后的后续工作　　B. 寻找软件缺陷而执行程序的过程

C. 使软件能更好工作　　D. 保证程序能完全正确地被执行

(2) Myers在1979年提出了一个重要观点,即软件测试的目的是为了(　　)。

A. 证明程序正确　　B. 查找程序错误

C. 改正程序错误　　D. 验证程序无错误

(3) 程序独立测试的人员应是(　　)。

A. 程序员自己　　B. 同一开发组的测试成员

C. 第三方测试人员　　D. 同一开发组的其他成员

(4) 如果一个软件产品的功能或特性没有实现,包括主要功能部分丢失、次要功能完全丢失或错误的声明,这是属于软件缺陷级别中的(　　)。

A. 致命的缺陷　B. 严重的缺陷　C. 一般的缺陷　D. 微小的缺陷

(5) 下列有关软件测试的叙述中,正确的是(　　)。

A. 测试是软件开发中一个单独的阶段,其目的是对已实现的程序编码进行正确性检验

B. 一个成功的测试能够验证程序的确做了它应该做的事情

C. 根据80/20原则,优秀的软件开发人员所编写的程序错误少,因此对于他们的程序重点不应放在缺陷测试上

D. 在软件过程的早期寻找尽可能多的错误符合软件测试的原则

(6) 下列关于测试设计与开发的说法中不正确的是(　　)。

A. 软件测试设计与开发活动是软件测试过程中对技术要求比较高的关键阶段

B. 软件测试设计与开发主要包括测试技术方案的制订、测试用例设计

C. 测试用例特定集合的设计、测试开发和测试环境的设计,这些都是软件测试设计与开发的范畴

D. 测试设计与开发活动对软件进行需求确定性估算

(7) 如果软件出现修改设计的严重错误,那么软件质量和可靠性就不能保证,应对软件进一步测试。如果经过测试,软件功能完善,错误率数据很少,并易于修改,可能的结果是(　　)。

A. 软件的质量和可靠性可以接受　B. 所做的测试不充分

C. 先前做出的改正是错误的　　D. A或者B

(8) 经验表明,在程序测试中某模块与其他模块相比,若该模块已发现并改正的错误数目较多,则该模块中残存的错误数目与其他模块相比通常应该(　　)。

A. 较少　B. 较多　C. 相似　D. 不确定

(9) 对程序中已发现的错误进行错误定位和确定出错性质,并改正这些错误同时修改相关的文档,称为(　　)。

A. 测试　B. 调试　C. 错误分析　D. 验证

(10) 软件生存周期过程中,修改错误代价最大的阶段是(　　)。

A. 需求阶段　B. 设计阶段　C. 编程阶段　D. 发布运行阶段

(11) 下面有关测试原则的说法中正确的是(　　)。

A. 测试用例应由测试的输入数据和预期的输出结果两部分组成

B. 测试用例只需选取合理的输入数据

C. 程序最好由编写该程序的程序员自己来测试

D. 使用测试用例进行测试是为了检查程序是否做了它应该做的事

(12) 软件测试的目的是(　　)。软件排错的目的是(　　)。

A. ① 证明程序中没有错误　　② 发现程序中的错误

③ 测量程序的动态特性　　④ 检查程序中的语法错误

B. ① 找出错误所在并改正之　　② 排除存在错误的可能性

③ 对错误性质进行分类　　④ 统计出错的次数

(13) 从下列关于软件测试的叙述中,选出3条正确的叙述。(　　)

① 测试最终是为了证明程序没有错误

② 在进行同等测试后,若发现A部分有错并改正了10个错误,B部分发现并改正了5个错误,则再进行测试时,A部分中发现错误的可能性比B部分中大

③ 对一个模块测试的根本依据是测试用例

④ 据统计,通常软件测试的费用约占软件开发费用的1/2

⑤ 对程序的穷举性测试在一般情况下是可以做到的

(14) 以下哪一种选项不属于软件缺陷?(　　)

A. 软件没有实现产品规格说明所要求的功能

B. 软件中出现了产品规格说明不应该出现的功能

C. 软件实现了产品规格说明没有提到的功能

D. 软件实现了产品规格说明所要求的功能,但因受性能限制而未考虑可移植性问题

(15) 软件验证和确认理论是测试过程的理论依据,其中验证是检查我们是否正在正确地建造一个产品,它强调的是(　　)。

A. 过程的正确性　　B. 产品的正确性

C. 测试的正确性　　D. 规格说明的正确性

(16) 软件验证和确认是保证软件质量的重要措施,它的实施应该针对(　　)。

A. 程序编写阶段　　B. 软件开发的所有阶段

C. 软件调试阶段　　D. 软件设计阶段

(17) 可跟踪性分析是一种重要的软件验证和确认方法。不属于可跟踪性分析的活动是(　　)。

A. 正确标识在需求规格说明中的每项需求

B. 从需求规格开始的正向跟踪应确保完全支持需求规格

C. 每个当前阶段产品的规格或特性应确保被可跟踪的前驱规格所支持

D. 确保所有不同接口规格说明的完整性

1.9 实验与思考

1.9.1 实验目的

本节“实验与思考”的目的：

(1) 熟悉软件测试技术的基本概念和基本内容。

(2) 通过因特网(Internet)搜索与浏览，了解网络环境中主流的软件测试技术网站，掌握通过专业网站不断丰富软件测试技术最新知识的学习方法，尝试通过专业网站的辅助与支持来开展软件测试技术应用实践。

1.9.2 工具/准备工作

在开始本实验之前，请认真阅读课程的相关内容。

需要准备一台带有浏览器、能够访问因特网的计算机。

1.9.3 实验内容与步骤

1) 概念理解。

(1) 请根据你的理解和看法，给出“软件测试”的定义：

____

____

____

(2) 软件测试领域的先驱 Bill Hetzel 博士 1983 年为软件测试给出的定义是：

____

____

____

Bill Hetzel 的观点受到了业界一些权威的质疑和挑战，其中，1979 年 Glenford J. Myers 给出了软件测试的不同定义：

____

____

____

试简单分析关于软件测试这两种观点的不同特点。

____

____

____

(3) 请简单分析各种软件特性(比如信息隐蔽、耦合性、内聚性、程序长度以及复杂性度量)对一个模块的可测试性的影响。你能否制定一些准则，使所设计的模块便于测试？

答：______

______

______

(4) 请简单表述软件测试工程师所需要具备的基本职业素质。

______

______

______

2）上网搜索和浏览。

看看哪些网站在支持软件测试的技术工作。请在表1-1中记录搜索结果。

表1-1 软件测试技术专业网站实验记录

网站名称	网址	主要内容描述

你习惯使用的网络搜索引擎是：______

你在本次搜索中使用的关键词主要是：______

______

提示：一些软件测试技术的专业网站的例子包括：

http://www.51testing.com（软件测试网）

http://www.testage.net（测试时代）

http://testing.csdn.net（CSDN-软件测试频道）

http://testing.csai.cn（希赛网-软件测试频道）

http://www.iceshi.com（中国软件测试联盟）

http://www.17testing.com（一起测试网）

http://www.btesting.com（北大测试）

http://www.cntesting.com（中国软件测试基地）

http://www.cstc.org.cn（中国软件评测中心）

http://www.rjzl.gov.cn（中国软件质量网）

请记录：在本实验中你感觉比较重要的2个软件测试技术专业网站是：

(1) 网站名称：______

(2) 网站名称：______

请分析：你认为软件测试技术专业网站当前的技术热点是：

(1) 名称：______

技术热点：______

(2) 名称：____________________

技术热点：____________________

(3) 名称：____________________

技术热点：____________________

1.9.4 实验总结

1.9.5 实验评价(教师)

1.10 阅读与分析：从程序员到软件测试工程师

国内软件公司对软件测试的态度令人担忧。软件测试工程师不足，开发测试人员比例不合理。据调查，最好的企业中测试人员和开发人员的比例是1∶8，有的是1∶20，有的甚至没有专职的测试工程师。

曾经参与微软 Windows 95、Exchange Server 4.0 和 4.5、Internet Explorer 4.0 和 5.0、SQL Server 2000 开发与测试工作的陈宏刚博士，尽管已经升任微软亚洲研究院商务及高校关系高级经理，但仍然对国内软件测试水平的落后深有感触。

国内很多企业还处在探索阶段，小企业的运作方式造成其主要精力是要尽快完成初始资本积累。有些企业也了解软件测试的重要性，很努力、很认真地在学，但因为很多原因而学不到精髓，不知道如何去做。于是只能局限于书本上学来的简单的黑箱、白箱测试而已。很多人知道有压力测试和性能测试，但针对产品具体如何去做就不清楚了。

陈宏刚表示，重视测试首先需要有开放性的软件文化，而在很多公司中，测试工程师只是绝对服从的听命角色，没有开发他们的积极性和创造性。一些管理人员对软件开发的流程管理经验不足，仍然用传统企业的方法进行管理，再加上对软件质量的控制理解不对，认为编完程序经过程序员自己简单的测试就可以使用了，而没有认识到软件测试是控制质量最好的方法。

不过，国内还是有一些大型公司和专业公司已经在软件测试方面走上正轨，1994 年开始接包 IBM 软件测试项目，1999 年软件测试成为公司主体软件外包业务之一的和腾软件就是其中之一。因为客户就是 IBM 这样的大型软件公司，和腾软件高级副总裁刘忠表示，他们在软件测试管理上，同国外的公司相差不大，同时也研究和应用了多种软件测试技术。

软件测试工程师

一提到软件测试工程师，很多人就会想到那些反复使用软件，试图在频繁操作中寻找到错误发生的低层次人员或者软件用户。其实这是一种错误的概念，软件测试早已超越了通过用户使用来发现 Bug 的基本测试阶段。

陈宏刚介绍说，微软的软件测试工程师分为 3 种：测试执行者（Basic Software Tester）、测试工具软件开发工程师（Software Development Engineer in Test）和高级软件测试工程师（Ad_hoc Tester）。

测试执行者负责理解产品的功能要求，然后根据测试规范和测试案例对其进行测试，检查软件有没有错误，决定软件是否具有稳定性，属于最低级的执行角色。

测试工具软件开发工程师负责写测试工具代码，并利用测试工具对软件进行测试，或者开发测试工具为软件测试工程师服务。产品开发后的性能测试、提交测试等过程，都有可能要用到开发的测试工具。对技术要求最强的是这些人，因为他们要具备写程序的技术。“因为不同产品的特性不一样，对测试工具要求也是不同的，就像 Windows 的测试工具不能用于 Office，Office 的也不能用于 SQL Server，微软很多测试工程师就是负责专门为某个产品写测试程序的。”

而 Ad_hoc Tester 属于比较有经验，自己会找方向并做得很好的测试工程师，这要求具有很强的创造性。刚进入微软时，老板也是只给陈宏刚一个操作流程，每天就按照这个规程去做，几天下来，一个 Bug 都没有发现。陈宏刚也很沮丧，觉得这样挺对不起公司，后来自己问自己：“为什么非要这样做！”于是换了其他的方法试试，令他吃惊的是，一下就找到很多严重的 Bug，当时也不敢声张。有一天，他找到 10 多个非常严重的 Bug，开发经理一下就惊呆了，怒气冲冲地跑到陈宏刚面前问：“你是不是改变了测试方式和测试步骤？”陈宏刚有些吓住，说道：“可能改变了一点。”对方说：“我非常生气，但我不是生你的气，而是因为以前测试人员水平太差，或者以前的测试方面有问题，软件中有些 Bug 存在了半年甚至一年，但直到现在才发现，现在修补这些错误要困难很多！”后来陈宏刚得到了老板的赞许，可以按照自己的想法去做测试。对此，陈宏刚感受颇深：“一方面我体会到了微软非常鼓励创造的文化，同时也感到只遵守教条的不是好的测试人员，那样就和用户一样了。做软件测试工程师同样需要开拓和创造性。”

在开发管理上，测试不应该归属于项目管理，也不应该归属开发人员。这三个部门应该是并驾齐驱、相互协作，测试工程师最终决定产品是否能够发布。

软件测试工程师的素质

因为软件测试仍然处在发展阶段，还没有上升到理论层次。对人员的评测，包括微软在内，都还没有一个统一标准，因此评定软件测试工程师只能根据工作实践进行自然淘汰。

软件测试对逻辑思维、学习能力、反应要求很高，是否有严密的思维和逆向思维也非常重要。陈宏刚介绍说，在五六个人的测试小组时，一半以上的 Bug 都是他找到的。他认为这同自己数学专业的背景关系密切，数学中有逻辑思维的培训，要善于找出来各方面的因素。比如要证明一个定理，各个方面都考虑到，一个条件不满足就无法证明；但如果证明其不成立，最常用的就是找到一个反例，只要有一点证明不成立就可以了，软件测试也是找这一点。

做测试还要考虑到所有出错的可能性，还要做一些不是按常规做的、非常奇怪的事。除了漏洞检测，测试还应该考虑性能问题，也就是要保证软件运行得很好，没有内存泄漏，不会出现运行越来越慢的情况；在不同的使用环境下，考虑软件的兼容性同样重要。软件测试与产品的规模也有很大的关系，因为软件的 Bug 往往出在大型软件的连接处。

做软件测试工程师需要对软件抱有怀疑态度。这是因为开发人员喜欢想当然，总是找一些有利于自己程序执行的数据，有些开发人员甚至认为不利于程序执行的数据是对代码的玷污和亵渎。而软件测试却要策略性地准备各种数据，从每个细节上设计不同的应用场景，不去想当然地假定任何一个数据是可行的。

在职业素质和交际方面，并不是测试工程师爱挑别人毛病才好，这个工作反而要求很强的沟通能力。经常和开发人员进行沟通，说话办事要很得当，不能指责别人，否则会事倍功半。性格随和才能和开发人员顺畅地沟通，对人和对事是完全不同的两个问题。

培养优秀的软件测试工程师

朗川软件测试工程师张建阳从北大力学系毕业之后，曾开发流体力学分析软件，软件缺少测试而产生的问题给她留下了很深的印象。后来去大唐电信做 UIM(统一消息管理系统)，她发现尽管公司为了鼓励员工找 Bug 采取了很多奖励方法，但还是很少人愿意去做系统测试。而张建阳却从那时查阅翻译了很多国内外的资料，对软件测试产生了浓厚的兴趣。

像张建阳这样在工作中将自己定位在软件测试领域的开发人员并不多见，因为程序员更愿意去做开发而不是测试，从大环境上，测试人员收入水平低也是原因之一。而在微软，测试人员和开发人员的工资水平是相同的。

如何改变这种现状呢？有人说可以派人去国外先进的软件企业学习，但这种方式因为牵涉到商业秘密，可操作性不大。陈宏刚博士认为更好的方法是引进人才，把在国外大型软件公司工作过、有经验的人才引进来，甚至要高薪聘请。他表示，这不仅仅是一个人的问题，关键是能够把整个软件测试的水准提高一个层次。

引进人才只是开始，更重要的是培养一批软件测试人才。软件开发的教育培训都是比较正规的，各个学校也都设有专业，但软件测试还没有正规的专业毕业生，而且没有评判的标准。陈宏刚博士给很多软件学院建议，开设四方面的软件测试专业基础课：软件测试基础、软件测试开发、高级软件测试案例和行业软件特色测试方法。国内现在已经有了一些软件测试基础的教材，但其他的教材还没有。高级软件测试案例主要是大型软件测试案例，大型软件出现的问题具有很强的代表性。而行业特色软件测试的课程可以开阔学生的视野。陈博士介绍说，在国外，也是极少的高等院校开设测试专业，但可以借鉴民间的培训机构课程。在有一批专业的测试人才出现之后，人们会认识到他们的重要性。

如果你已经开始从事软件测试工作，千万不要认为软件测试没有什么发展的潜力和前途。刘忠从1995年接下IBM的OS2汉化版本的测试开始到现在，一直工作在软件测试领域，并升到了公司高级副总裁的位置。和腾软件也培养了一批测试工程师，他们从对测试职业将信将疑到明确自己的测试方面的职业目标。刘忠介绍说："很多人开始做测试执行工作时会说很麻烦、很枯燥，只是一味地埋怨，而不是主动地去学习，他们没有看到软件测试背后所隐藏的知识。因为学习可以做这些工作，不学习也可以做这些工作，但质量是不同的。有些人自学和请教了很多测试技术和管理方面的知识，公司自然就会在下个项目中去培养他们。"

因此，对于一个新手，要在各方面培养自己的能力。首先是要理解各种测试流程，并在理解的基础上转化为自己的知识，以后遇到相似的问题能自己去解决。在测试技能上，要知道测试有哪些手段，比如压力测试有哪些方法，哪些工具可以辅助做测试。从专业技能上，面向不同的技术方向，像操作系统、网络、通信等都要从专业上深入了解。这三方面要同步去成长。

软件测试工程师未来的发展

从事软件测试有没有前途，未来的职业发展方向怎样呢？

陈宏刚博士表示，软件测试工程师在微软的发展有几种途径。一种走技术路线，成为高级软件测试工程师，这时能够独立测试很多软件，再向上可以成为软件测试架构设计师。第二种就是向管理方向发展，从测试工程师到组长(Leader)，再到项目经理(Manager)，到更高的职位。第三种可以换职业，做项目管理，做开发人员都可以，很多测试工具软件开发工程师在写测试软件的过程中，因为开发方面积累了经验，同时对软件产品本身产生了自己的看法，所以很容易转去做产品编程。

陈宏刚博士现在还带着一个测试小组，两个清华软件学院的学生，一个南开的专门做软件测试的博士生，一个北邮的学生，他们负责总部一个产品的测试。陈博士表示，在自己简单地讲讲思路，共同探讨之后，他们一星期就找出了70多个Bug，也感觉学了很多知识，并表示以后专注于软件测试专业，因为他们感觉软件测试真的是一门很深的学科，有很多可以研究的课题。其实微软的测试人员很多也都是硕士、博士，他们同样在做创造性的工作，保证着程序质量，推动着软件的进步。

软件测试是正在快速发展、充满挑战的领域。尽管现在单机版桌面软件的测试已经成熟了很多，但对于网络时代的来临，包括微软在内的公司对基于网络的测试也没有一套完整的体系，也是处于探索中，网络被攻击的可能性太大，这就是为什么黑客在网络上能兴风作浪的原因。网络测试是一个新环境，而且面临很大的挑战。

软件测试未来的发展空间很大，软件测试工程师的职业之路同样充满希望。

资料来源：软件测试网(http://www.51testing.com/)，有删改。

第2章　软件质量与质量保证

随着软件应用逐渐融入社会日常生活的各个方面，人们越来越关注软件的质量，但是，却很难对软件质量给出一个全面的描述。于是，多年来提出的各种各样的软件质量度量和因素，都试图定义一组属性，以推动实现较高的软件质量，这些质量因素特性包括可靠性、易用性、维护性、功能性和可移植性等。

从本质上说，每个人都希望建立高质量的系统，但生产“完美”软件所需的时间和工作量在市场主导的世界里根本无法达到。这个问题就转化成为，是否应该生产“足够好”的软件呢？虽然许多公司是这样做的，但这样也会有很大的负面影响。

此外，不管选择什么方法，从预防、评估和失效等方面来考虑，质量都是有成本的。预防成本包括所有被设计成将预防缺陷放在首位的软件工程活动；评估成本是与评估软件工作产品以确定其质量的活动有关的成本；失效成本包括失效的内部代价和低劣质量造成的外部影响。软件质量是通过软件工程方法、扎实的管理措施和全面质量控制的应用达到的——所有这些都需要软件质量保证基础设施的支持。

2.1 质量与软件质量

事实上，人们可以用不同的方式来看待质量。哈佛商学院的 David Garvin 指出：“质量是一个复杂多面的概念”，可以从 5 个不同的观点来描述：

- 玄妙观点认为质量是马上就能识别的东西，却不能清楚地定义；
- 用户观点是从最终用户的具体目标来说的，如果产品达到这些目标，就显示出质量；
- 制造商观点是从产品的原始规格说明的角度来定义质量，如果产品符合规格说明，就显示出质量；
- 产品观点认为质量是产品的固有属性（比如，功能和特性）；
- 最后，基于价值的观点根据客户愿意为产品支付多少钱来评测质量。

实际上，质量涵盖所有这些观点，甚至更多。

设计质量是指设计师赋予产品的特性。原料等级、公差和性能等规格说明决定了设计质量。如果产品是按照规格说明书制造的，那么使用了较高等级的原料，规定了更严格的公差和更高级别的性能，产品的设计质量就能提高。在软件开发中，设计质量包括设计满足需求模型规定的功能和特性的程度。符合质量关注的是实现遵从设计的程度以及所得到的系统满足需求和性能目标的程度。但是，设计质量和符合质量是软件工程师必须考虑的唯一问题吗？Robert Glass 认为它们之间比较“直观的”关系符合下面的公式：

用户满意度＝合格的产品＋好的质量＋按预算和进度安排交付

Glass 认为质量是重要的。但是，如果用户不满意，其他任何事情就都不重要了。DeMarco 同意这个观点，他认为："产品的质量是一个函数，该函数确定了它在多大程度上使这个世界变得更好。"这个质量观点的意思就是：如果一个软件产品能给最终用户带来实质性的益处，他们可能会心甘情愿地忍受偶尔的可靠性或性能问题。

2.1.1 什么是软件质量

高质量的软件是一个重要目标，但如何定义软件质量呢？一般地，软件质量可以定义为：在一定程度上应用有效的软件过程创造有用的产品，为生产者和使用者提供明显的价值。

该定义强调了以下 3 个重要的方面：

(1) 有效的软件过程为生产高质量的软件产品奠定了基础。软件工程实践允许开发人员分析问题、设计可靠的解决方案——二者皆为生产高质量软件的关键所在。最后，诸如变更管理和技术评审等普适性活动与其他部分的软件工程活动密切相关。

(2) 有用的产品是指满足最终用户要求的内容、功能和特征，但最重要的是，以可靠、无误的方式交付这些东西。有用的产品总是满足利益相关者明确提出的那些需求，另外，也要满足一些高质量软件应有的隐性需求(例如易用性)。

(3) 通过为软件产品的生产者和使用者增值，高质量软件为软件组织和最终用户群体带来了收益。软件组织获益是因为高质量的软件在维护、改错及客户支持方面的工作量都降低了，从而使软件工程师减少返工，将更多的时间花费在开发新的应用系统上，软件组织因此而获得增值。用户群体也得到增值，因为应用系统提供有用的能力，在某种程度上加快了业务流程。最后的结果是：

① 软件产品的收入增加；

② 当应用系统支持业务流程时，收益更好；

③ 提高了信息可获得性，这对商业来讲是至关重要的。

2.1.2 Garvin 的质量维度

David Garvin 建议采取多维的观点考虑质量，包括从符合性评估到抽象的(美学)观点。尽管 Gravin 的 8 个质量维度不是专门为软件制定的，但考虑软件质量时依然可以使用：

性能质量。软件是否交付了所有的内容、功能和特性？这些内容、功能和特性在某种程度上是需求模型所规定的一部分，可以为最终用户提供价值。

特性质量。软件是否首次提供了使最终用户满意的特性？

可靠性。软件是否无误地提供了所有的特性和能力，当需要(使用该软件)时，它是否是可用的，是否无错地提供了功能？

符合性。软件是否遵从本地的和外部的与应用领域相关的软件标准，是否遵循了事实存在的设计惯例和编码惯例？例如，对于菜单选择和数据输入等用户界面的设计是否符合已接受的设计规则？

耐久性。是否能够对软件进行维护（变更）或改正（改错），而不会粗心大意地产生意料不到的副作用？随着时间的推移，变更会使错误率或可靠性变得更糟吗？

适用性。软件能在可接受的短时期内完成维护（变更）和改正（改错）吗？技术支持人员能得到所需的所有信息以进行变更和修正缺陷吗？

审美。毫无疑问，关于什么是美的，每个人有着不同的、非常主观的看法。可是，我们中的大多数都同意美的东西具有某种优雅、特有的流畅和醒目的外在，这些都是很难量化的，但显然是不可缺少的。

感知。在某些情况下，一些偏见将影响人们对质量的感知。例如，有人给你介绍了一款软件产品，该软件产品是由过去曾经生产过低质产品的厂家生产的，你的自我保护意识将会增加，你对于当前软件产品质量的感知力可能受到负面影响。类似地，如果厂家有极好的声誉，你将能感觉到好的质量，甚至在质量实际并不存在的时候。

Garvin 的质量维度提供了对软件质量的"软"评判。这些维度的多数（不是所有）只能主观地考虑。正因如此，也需要一套"硬"的质量因素，这些因素可以宽泛地分成两组：

① 可直接测量的因素（例如，测试时发现的缺陷数）；

② 只能间接测量的因素（例如，可用性或可维护性）。在任何情况下，必须进行测量，应把软件和一些基准数据进行比较来确定质量。

2.1.3 McCall 的质量因素

McCall、Richards 和 Walters 提出了影响软件质量因素的一种有用的分类。这些软件质量因素侧重于软件产品的 3 个重要方面，即操作特性、承受变更的能力以及对新环境的适应能力，如图 2-1 所示。

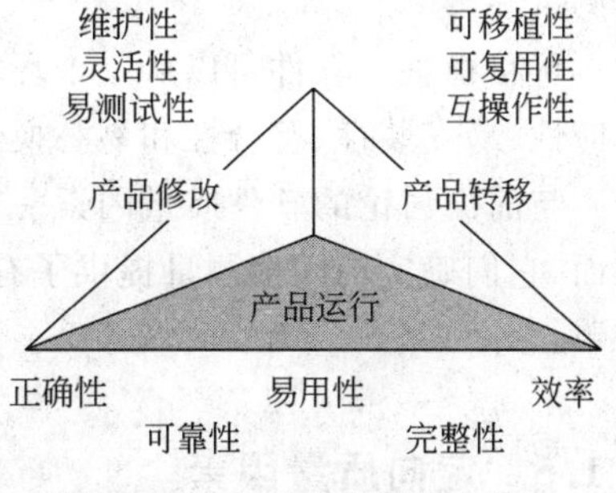

图 2-1 McCall 的软件质量因素

针对图 2-1 中所提到的因素，McCall 及他的同事提供了如下描述：

正确性。程序满足其需求规格说明和完成用户任务目标的程度。

可靠性。期望程序以所要求的精度完成其预期功能的程度。需要注意的是，还有更完整的可靠性定义。

效率。程序完成其功能所需的计算资源和代码的数量。

完整性。对未授权的人员访问软件或数据的可控程度。

易用性。对程序进行学习、操作、准备输入和解释输出所需要的工作量。

维护性。查出和修复程序中的一个错误所需要的工作量。

灵活性。修改一个运行的程序所需的工作量。

易测试性。测试程序以确保它能完成预期功能所需要的工作量。

可移植性。将程序从一个硬件和（或）软件系统环境移植到另一个环境所需要的工作量。

可复用性。程序(或程序的一部分)可以在另一个应用系统中使用的程度。这与程序所执行功能的包装和范围有关。

互操作性。将一个系统连接到另一系统所需要的工作量。

要想求得这些质量因素的直接测度(这意味着存在一个简单可计算的值,该值为被考察的属性提供直接的指标。例如程序的“规模”可以通过计算代码的行数直接测量)是困难的,且在有些情况下是不可能的。事实上,由 McCall 等人定义的度量仅能间接地测量。不过,使用这些因素评估应用系统的质量可以真实地反映软件的质量。

2.1.4 ISO 9126 质量因素

国际标准 ISO 9126 的制定是试图标识计算机软件的质量属性。这个标准标识了 6 个关键的质量属性:

功能性。软件满足已确定要求的程度,由以下子属性表征:适合性、准确性、互操作性、依从性和安全保密性。

可靠性。软件可用的时间长度,由以下子属性表征:成熟性、容错性和易恢复性。

易用性。软件容易使用的程度,由以下子属性表征:易理解性、易学习性和易操作性。

效率。软件优化使用系统资源的程度,由以下子属性表征:时间特性和资源利用特性。

维护性。软件易于修复的程度,由以下子属性表征:易分析性、易改变性、稳定性和易测试性。

可移植性。软件可以从一个环境移植到另一个环境的容易程度,由以下子属性表征:适应性、易安装性、符合性和易替换性。

与前面讨论的软件质量因素一样,ISO 9126 中的质量因素不一定有助于直接测量。然而,它们确实为间接测量提供了有价值的基础,并为评估系统质量提供了一个优秀的检查单。

2.1.5 定向质量因素

前面所提出的质量维度和因素关注于软件整体,可以用其作为应用系统质量的一般性指标。软件团队可以提出一套质量特征和相关的问题以调查满足每个质量因素的程度(这些特征和问题将作为软件评审的一部分来对待)。例如:McCall 把易用性看做重要的质量因素,当要求评审用户界面和评估易用性时,可能要从 McCall 提出的子属性——易理解性、易学习性和易操作性开始。为了进行评价,需要说明白界面的具体的、可测量的(或至少是可识别的)属性。例如:

直觉。界面遵照预期使用模式的程度,使得即使是新手,不经过专门培训也能使用。

- 界面布局易于理解吗?

- 界面操作容易找到和上手吗？
- 界面使用了可识别的隐喻吗？
- 输入安排得节约敲击键盘和点击鼠标吗？
- 界面符合3个重要原则吗？
- 美学的运用有助于理解和使用吗？

效率。定位或初步了解操作和信息的程度。

- 界面的布局和风格可以使用户有效地找到操作和信息吗？
- 一连串的操作(或数据输入)可以用简单动作达到吗？
- 输出的数据和显示的内容是否能立即被理解？
- 分层操作是否组织得能使用户完成某项工作所需导航的深度最小？

健壮性。软件处理有错的输入数据或不恰当的用户交互的程度。

- 如果输入了规定边界上的数据或恰好在规定边界外的数据，软件能识别出错误吗？更为重要的是，软件还能继续运行而不出错或性能不下降吗？
- 界面能识别出常见的错误，并能清晰地指导用户回到正确的轨道上来吗？
- 当发现了与软件功能有关的错误，界面是否提供有用的诊断和指导？

丰富性。界面提供丰富特征集的程度。

- 界面是否能按照用户的特定要求进行客户化？
- 界面是否提供宏操作以使用户将单个的行为或命令当做一连串的常用操作？

当界面设计展开后，软件团队将评审设计原型，询问关注的问题。如果对这些问题的大多数回答是“肯定的”，用户界面就显示出了高质量。应该为每个待评估的质量因素开发出类似的一组问题。

2.1.6 过渡到量化观点

前面讨论了一组测量软件质量的定性因素。软件界也力图开发软件质量的精确的测度，但有时又会为活动的主观性而受挫。Cavano 和 McCall 讨论了这种情形：

质量的确定是日常事件(如葡萄酒品尝比赛、运动赛事(例如，体操)、智力竞赛等)中的一个关键因素。在这些情况下，质量是以最基本、最直接的方式来判断的：在相同的条件和预先决定的概念下将对象进行并列对比。葡萄酒的质量可以根据清澈度、颜色、酒花和味道等来判断。然而，这种类型的判断是很主观的，最终的结果必须由专家给出。

主观性和特殊性也适用于软件质量的确定。为了帮助解决这个问题，需要对软件质量有一个更精确的定义，同样，为了客观分析，需要产生软件质量的定量测量方法。既然没有绝对知识这种事物，就不要期望精确测量软件质量，因为每一种测量都是部分地不完美的。Jacob Bronkowski 是这样描述知识(认识)的自相矛盾现象：“年复一年，我们设计更精准的仪器用以更精细地观察自然界，可是当我们留心这些观察数据时，却很不愉快地发现这些数据依然是模糊的，我们感到它们还和过去一样不确定。”

2.2 软件质量困境

在网上发布的一篇访谈中,Berttand Meyer 这样论述所谓的质量困境:

如果生产了一个存在严重质量问题的软件系统,你将受到损失,因为没有人想去购买。另一方面,如果你花费无限的时间、极大的工作量和高额的资金来开发一个绝对完美的软件,那么完成该软件将花费很长的时间,生产成本是极其高昂的,以至于破产。要么错过了市场机会,要么几乎耗尽所有的资源。所以企业界努力达到奇妙的中间状态:一方面,产品要足够好不会立即被抛弃(比如在评估期);另一方面,又不是那么完美,不需花费太长时间和太多成本。

软件工程师应该努力生产高质量的系统,但 Meyer 所讨论的情况是现实的,甚至对于最好的软件工程组织,这种情况也表明了一种两难的困境。

2.2.1 "足够好"的软件

坦率地说,如果准备接受 Meyer 的观点,那么生产"足够好"的软件是可接受的吗?对于这个问题的答案只能是"肯定的",因为大的软件公司每天都这么做。这些大公司生产带有已知缺陷的软件,并发布给大量的最终用户。他们认识到,1.0 版提供的一些功能和特性达不到最高质量,计划在 2.0 版改进。他们这样做,知道有些客户会抱怨,但他们认识到上市时间胜过更好的质量,只要交付的产品"足够好"。

"足够好"的软件提供用户期望的高质量功能和特性,但同时也提供了其他更多的包含已知错误的难解的或特殊的功能和特性。软件供应商希望广大的最终用户忽视错误,因为他们对其他的应用功能是如此满意。

诚然,"足够好"可能在某些应用领域和几个主要的软件公司起作用。毕竟,如果一家公司有庞大的营销预算,并能够说服足够多的人购买 1.0 版本,那么该公司已经成功地锁定了这些用户。可以认为,公司将在以后的版本提高产品质量。通过提供足够好的 1.0 版,公司垄断了市场。

但对于一些小公司来说,就要警惕这一观念,当你交付一个足够好(有缺陷)的产品时,是冒着永久损害公司声誉的风险,你可能再也没有机会提供 2.0 版本了,因为不良言论可能会导致销售暴跌和公司关门。

在某个应用领域(如实时嵌入式软件)或者建造的是与硬件集成的应用软件(如汽车软件、电信软件),如果因为疏忽而交付了带有已知错误的软件,有可能使公司处于代价昂贵的诉讼之中。在某些情况下甚至可以是刑事犯罪——没有人想要"足够好"的飞机航空电子系统软件!因此,如果认为"足够好"是一个可以解决软件质量问题的捷径,则要谨慎行事。

2.2.2 质量成本

我们知道,质量是重要的,但是花费时间和金钱——花费太多的时间和金钱才能达到实际需要的软件质量水平。表面上看,这种说法似乎是合理的。毫无疑问,质量是有成本的,但缺乏质量也有成本——不仅是对必须忍受缺陷软件的最终用户,而且是对已经开发且必须维护该软件的软件组织。真正的问题是:我们应该担心哪些成本。要回答这个问题,就必须既了解实现质量的成本,又了解低质量软件的成本。

质量成本包括追求质量过程中或在履行质量有关的活动中引起的费用以及质量不佳引起的下游费用等所有费用。为了解这些费用,一个组织必须收集度量数据,为目前的质量成本提供一个基准,找到降低这些成本的机会,并提供一个规范化的比对依据。质量成本可分为预防成本、评估成本和失效成本。

预防成本包括:

① 计划和协调所有质量控制和质量保证所需管理活动的成本;

② 为开发完整的需求模型和设计模型所增加的技术活动的成本;

③ 测试计划的成本;

④ 与这些活动有关的所有培训成本。

评估成本包括为深入了解产品"第一次通过"每个过程的条件而进行的活动。评估成本的例子包括:

- 对软件工程工作产品进行技术审查的成本。
- 数据收集和度量估算的成本。
- 测试和调试的成本。

失效成本是那些如果在将产品发给客户之前或之后没有错误就不会存在的费用。失效成本可分为内部失效成本和外部失效成本。内部失效成本发生在当你在发货之前发现错误时,内部失效成本包括:

- 为纠正错误进行返工(修复)所需的成本。
- 返工时无意中产生副作用,必须对副作用加以缓解而发生的成本。
- 组织为评估失效的模型而收集质量数据,由此发生的相关成本。

外部失效成本是在产品已经发给客户之后发现了缺陷时的相关成本。外部成本的例子是解决投诉,产品退货和更换,帮助作业支持,与保修工作相关的人力成本。不良的声誉和由此产生的业务损失是另一个外部失效成本,是很难量化但非常现实的。生产了低质量的软件产品时,不好的事情就要发生。

正如预料的那样,当我们从预防到检查内部失效和外部失效成本,找到并修复错误或缺陷的相关成本急剧增加。根据 Boehm 和 Basili 收集的数据和 Cigital Inc 的阐述,图 2-2 说明了这一现象。

有研究发现:在代码生成期纠正缺陷的行业平均成本是每个错误大约 977 美元,如果发现在系统测试期,纠正同样的错误,行业平均成本是每个错误 7136 美元。Cigital Inc 认为,一个大型应用程序在编码期会引入 200 个错误。根据行业平均水平的数据,在编码

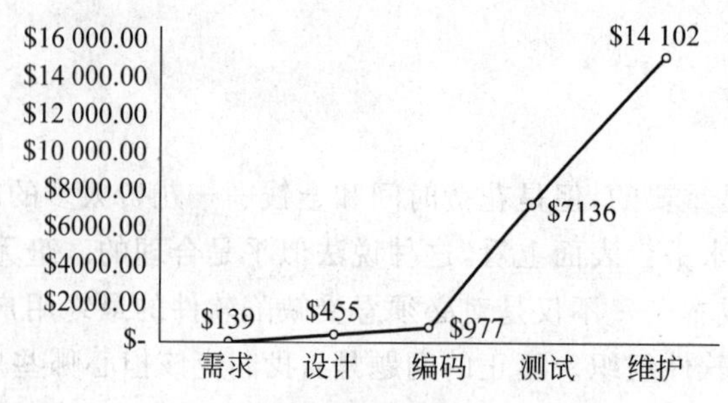

图 2-2 改正错误和缺陷的相对成本

阶段发现和纠正缺陷的成本是每个缺陷 977 美元，因此，在本阶段纠正这 200 个“关键”缺陷的总费用大约是 195 400 美元(200×977 美元)。

行业平均水平数据显示，在系统测试阶段发现和纠正缺陷的代价是每个缺陷 7136 美元。在这种情况下，假定该系统测试阶段发现大约 50 个关键缺陷(或者 Cigital 在编码阶段只发现了这些缺陷的 25%)，发现和解决这些缺陷的代价将是大约 356 800 美元(50×7136 美元)。这将导致 150 处关键错误会未被发现和矫正。在维护阶段发现和解决这些遗留的 150 个缺陷的代价将是 2 115 300 美元(150×14 102 美元)。因此，在编码阶段之后发现和解决这 200 个缺陷的代价将是 2 472 100 美元(2 115 300 美元＋356 800 美元)。

2.2.3 风险

低质量的软件为开发商和最终用户都增加了风险，但设计和实现低劣的应用系统所带来的损失并不总是限于金钱和时间。一个极端的例子可能有助于说明这一点。

2000 年 11 月份，在巴拿马的一家医院里，28 位病人在治疗多种癌症过程中接受了过量的伽马射线照射。此后数月内，其中 5 例死于辐射病，15 人发展成严重的并发症。是什么造成了这一悲剧？为了计算每位病人接受的辐射剂量，医院的技术人员对一家美国公司开发的软件包进行了修改。

为了提供额外的能力，这 3 个巴拿马医疗物理学家“调整”了软件，他们被指控犯有二级谋杀罪，后来，这家美国公司在两个国家面临着严重的诉讼。Gage 和 McCormick 评论道：

这不是一个对医疗技术人员的警示故事，即使他们可以找到使自己不进监狱的一线机会，如果他们误解或误用了技术。尽管有很多例子说明这一点，这也不是一个关于人类如何被伤害的故事，或者更糟的是被设计不良或说明不清的软件伤害。这是对任何一个计算机程序创作者的教训：软件质量问题很重要，不管是嵌入在汽车引擎中的，工厂里的机械手臂中的，还是嵌入在医院的治疗设备中的，这些应用必须做到万无一失，低劣部署的代码可以杀人。

质量低劣导致风险，其中一些非常严重。

2.2.4 疏忽和责任

政府或企业常常雇用一个较大的软件开发商或咨询公司来分析需求，然后设计和建造一个基于软件的“系统”，用以支撑某个重大的活动。系统可能支持主要的企业功能(例如，养老金管理)，或某项政府职能(例如，卫生保健管理或国土安全)。

工作始于双方良好的意愿，但是到了系统交付时，情况已变得糟糕。系统延期，未能提供预期的特性和功能，易出错，不能得到客户的认可。接下来就要打官司。

在大多数情况下，顾客称开发商马虎大意(已带到了软件实践中)，因此拒绝付款。而开发商则常常声称，顾客一再改变其要求，并在其他方面破坏了开发伙伴关系。无论是哪一种情况，交付系统的质量都会有问题。

2.2.5 质量和安全

随着基于 Web 的系统和应用的重要性的增加，应用系统的安全性已变得日益重要。简而言之，没有表现出高质量的软件比较容易被攻击。因此，低质量的软件会间接地增加安全风险，随之而来的是费用和问题。

在 ComputerWorld 的一篇访谈中，安全专家 Gary McGraw 这样评论：

软件安全完全与质量有关系。必须一开始就在设计、构造、测试、编码阶段以及在整个软件生命周期(过程)中考虑安全性、可靠性、可得性、可信性。即使是已认识到软件安全问题的人们也主要关注生命周期的晚些阶段。越早发现软件问题越好。有两种类型的软件问题，一种是隐藏的错误，这是实现的问题。另一种是软件缺陷，这是设计中的构造问题。人们对错误关注太多，却对缺陷关注不够。

要构造安全的系统，就必须注重质量，并在设计时必须开始关注。通过消除架构缺陷(从而提高软件质量)，将会使攻击软件更加困难。

2.2.6 管理活动的影响

软件质量受管理决定的影响往往和受技术决定的影响是一样的，即使最好的软件工程实践也能被糟糕的商业决策和有问题的项目管理活动破坏。

估算决策。在确定交付日期和制定总预算之前，给软件团队提供项目估算数据是很少见的。反而是团队进行了“健康检查”，以确保交付日期和里程碑是合理的。在许多情况下，存在着巨大的上市时间压力，这迫使软件团队接受不现实的交付日期。结果，抄了近路，可以获得更高质量软件的活动被忽略掉了，产品质量受到损害。如果交付日期是不合理的，坚持立场就是重要的。这就是解释为什么你需要更多的时间，或者也可以建议在指定的时间交付一个(高质量的)功能子集。

进度安排决策。当建立了软件项目时间表时，按照依赖性安排任务的先后顺序。例如，由于 A 构件依赖于 B、C 和 D 构件中的处理，直到 B、C 和 D 构件完全测试后，才能安排A构件进行测试。项目计划将反映这一点。但是,如果时间很紧,为了做进一步的关键测试,A必须是可用的。在这种情况下,可能会决定在没有其附属构件(这些附属构件的运行要稍落后于时间表)的情况下测试A,这样对于交付前必须完成的其他测试,就可以使用A了。毕竟,期限正在逼近。因此,A可能有隐藏的缺陷,只是晚些时候被发现,质量会受到影响。

面向风险的决策。风险管理是成功软件项目的关键特性之一。软件开发商真的需要知道哪儿可能会出问题,并建立一项如果确实出问题时的应急计划。太多的软件团队喜欢盲目乐观,在什么都不会出问题的假设下建立开发计划。更糟的是,他们没有办法处理真的出了差错的事情。结果,当风险变成现实,一片混乱,并且随着疯狂程度的上升,质量水平必然下降。

Meskimen定律能最好地概括软件质量面临的困境——从来没有时间做好,但总是有时间再做一遍。事实上,花点时间把事情做好,这几乎从来都不是错误的决定。

2.3 WebApp设计质量

早期的WWW(大约从1990年到1995年)Web站点仅包含链接在一起的一些超文本文件,这些文件使用文本和有限的图形来表示信息。随着时间的推移,一些开发工具(例如,XML、Java)扩展了HTML的能力,使得Web工程师在向客户提供信息的同时也能提供计算能力。基于Web的系统和应用(总称为WebApp)诞生了。今天,WebApp已经发展成为成熟的计算工具,这些工具不仅可以为最终用户提供独立的功能,还可以与公司数据库和业务应用集成在一起。

WebApp是一种独特的软件类型,Powell提出了基于Web的系统和应用"涉及印刷出版和软件开发之间、市场和计算之间、内部通信和外部关系之间以及艺术和技术间的混合"。绝大多数WebApp具备下列属性:

网络密集性:WebApp驻留在网络上,服务于不同客户群体的需求。网络提供开放的访问和通信(如因特网)或者受限的访问和通信(如企业内联网)。

并发性:大量用户可能同时访问WebApp。很多情况下最终用户的使用模式存在很大差异。

无法预知的负载量:WebApp的用户数量每天都可能有数量级的变化。周一显示有100个用户使用系统,周四就可能会有10000个用户。

性能:如果一位WebApp用户必须等待很长时间(访问、服务器端处理、客户端格式化显示),该用户就可能转向其他地方。

可用性:尽管期望百分之百的可用性是不切实际的,但是对于热门的WebApp,用户通常要求能够全天候访问。澳大利亚或亚洲的用户可能在北美传统的应用软件脱机维护时间要求访问。

数据驱动:许多WebApp的主要功能是使用超媒体向最终用户提供文本、图片、音频及视频内容。除此之外,WebApp还常被用做访问那些存储在Web应用环境之外的数据库中的信息(例如,电子商务或金融应用)。

内容敏感性：内容的质量和艺术性仍然在很大程度上决定了 WebApp 的质量。

持续演化：传统的应用软件是随一系列规划好的时间间隔发布而演化的，而 Web 应用则持续地演化。对某些 WebApp 而言（特别是其内容），按分钟发布更新，或者对每个请求动态更新页面内容，这些都是司空见惯的事情。

即时性：尽管即时性（也就是将软件尽快推向市场的迫切需要）是很多应用领域的特点，然而将 WebApp 投入市场可能只是几天或几周的事。

安全性：由于 WebApp 是通过网络访问来使用的，因此要限制访问的最终用户的数量，即使可能非常困难。为了保护敏感的内容，并提供保密的数据传输模式，在支持 WebApp 的整个基础设施上和应用本身内部都必须实施较强的安全措施。

美观性：不可否认，WebApp 的用户界面外观很有吸引力。对于是否能将产品或是思想成功地推向市场，界面美观和技术设计同样重要。

其他应用类型可能也具备上述某些特性，但 WebApp 几乎具备了上述的所有属性。

每个上网或者用过内部网的人都对什么是"好的"WebApp 有自己的看法，大家看待这一问题的角度也相差甚远。有些用户喜欢闪烁的图示，有些人则喜欢简单的文本；有些用户想看到丰富的内容，而有些人只是渴望看到简略的陈述；有些人喜欢高级的分析工具或者数据库访问，而有些人只是需要一些简单应用。实际上，用户对于"好的 WebApp"的理解（基于这种理解而接受或拒绝 WebApp），比起从技术角度讨论 WebApp 的质量，前者可能更为重要。

实际上，前面讨论的软件质量的所有技术特征，以及通用质量属性都适用于 WebApp。然而，其中一些最相关的通用特性——可用性、功能性、可靠性、效率及可维护性——为评估基于 Web 的系统的质量提供了有用基础。

Olsina 和他的同事设计了一个"质量需求树"，它定义了一组可产生高质量 WebApp 的技术属性，包括可用性、功能性、可靠性、效率和可维护性，如图 2-3 所示。图中提及的标准对于必须长期从事设计、构造和维护 WebApp 的工程师是有帮助的。Offutt 又对图 2-3 描述的 5 个质量属性进行了扩展。

安全性：WebApp 已经和重要的公司及政府数据库高度集成。电子商务应用系统提取敏感的客户信息，然后将这些信息存储起来。由于这些及许多其他原因，WebApp 的安全性在很多情况下变得极为重要。安全性的关键度量标准是 WebApp 和服务器环境拒绝非授权访问和（或）阻挡恶意攻击的能力。

可用性：如果不可用的话，即使是最好的 WebApp 也不能满足用户的要求。从技术的角度说，可用性是对 WebApp 的可用时间占总时间的百分比的一种度量。一般最终用户期望 WebApp 一天 24 小时、一周 7 天、一年 365 天都是可用的，对可用性的任何减少都是不可接受的。但"正常运行时间"并不是可用性的唯一指标。Offutt 认为：使用仅限于在一种浏览器或平台上可用的特性，会使 WebApp 在那些具有不同浏览器或平台的配置中变得不可用，用户会毫无例外地转向其他地方。

可伸缩性：WebApp 和其服务环境能否伸缩来处理 100 个、1000 个、10 000 个或 100 000 个用户？WebApp 和为其提供接口的系统能不能承受访问数量上的巨大波动？响应速度是否会因此而剧减（或者完全停止）？开发成功的 WebApp 是远远不够的，开发

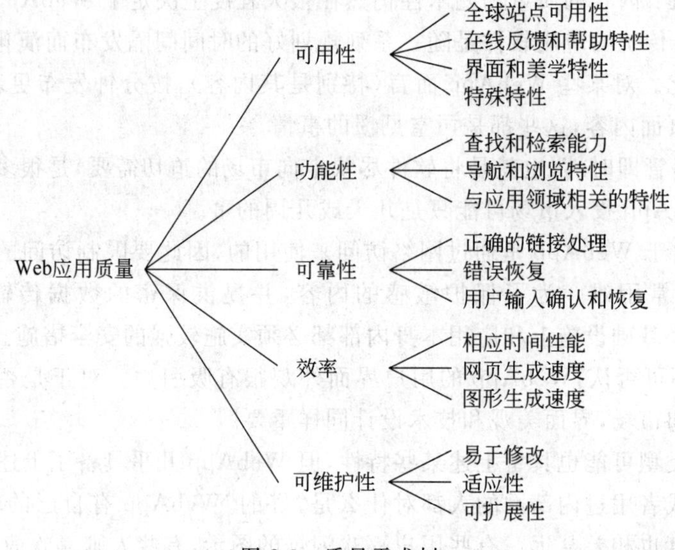

图 2-3 质量需求树

能够成功调节负载(相当多的最终用户)的 WebApp 同样重要,而且会变得越来越重要。

投放市场时间:虽然这并不是真正的技术方面的质量属性,仅仅是从商业角度考虑的一种质量度量,但是,市场上的第一个 WebApp 往往能够吸引非常多的最终用户。

下面的清单中列出了一组问题来帮助 Web 工程师和最终用户评估总体的 WebApp 质量。

- 内容、功能和(或)导航选项能否按照用户的喜好而定制?
- 内容和(或)功能能否按照用户通信所用的带宽进行定制?
- 图形和其他非文本媒体能否正确使用?是否出于显示效率方面的考虑而对图形文件的大小进行了优化?
- 是否用可以理解的、有效显示的方式来组织表格,并按大小进行排序?
- 是否对 HTML 进行优化来消除低效率?
- 总体页面设计是否容易阅读和导航?
- 是否所有的指针都提供了指向用户感兴趣信息的链接?
- 是否大部分的链接在 Web 中都具有持久性?
- WebApp 是否提供了站点管理工具?包括使用跟踪、链接测试、本地搜索和安全性工具。

在 WWW 上查找信息的人们可以获得数以亿计的网页。即使是很好地命中目标的 Web 查找也会得到大量内容。要从这么多的信息源中选择所需要的信息,用户如何评价 WebApp 所展示内容的质量(例如,准确性、精确性、完整性、适时性)呢?Tillman 提出了评价内容质量的一组有用标准:

- 能否很容易地判断内容的范围和深度,确保满足用户的要求?
- 是否容易识别内容作者的背景和权威性?
- 能否决定内容的通用性?最后的更新时间及更新内容是什么?

• 内容和位置是否稳定(即它是否一直保存在引用的 URL 处)?

除了这些与内容相关的问题,下面的一些问题也需要考虑:

• 内容是否可信?
• 内容是否独特?也就是说,WebApp 能否给使用它的用户带来一些特别的好处?
• 内容对于目标用户群体是否有价值?
• 内容的组织是否合理?是否有索引?是否容易选取?

上述清单也只是设计 WebApp 时应该考虑的问题中的一小部分。

2.4 实现软件质量

良好的软件质量是良好的项目管理和扎实的软件工程实践的结果。帮助软件团队实现高质量软件的四大管理和实践活动是:软件工程方法、项目管理技术、质量控制活动以及软件质量保证。

2.4.1 软件工程方法

建立高质量的软件必须理解所要解决的问题,还需要能够创造一个符合问题的设计,该设计同时还要有一些性质,以创造具有前面讨论过的质量维度和因素的软件。

软件工程的一些概念和方法,可能导致对问题合理完整的理解和综合性设计,从而为构造活动建立了坚实的基础。如果应用这些概念并采取适当的分析和设计方法,那么创造高质量软件的可能性将大大提高。

2.4.2 项目管理技术

不良管理决策对软件质量的影响,其含义是明确的。如果:

① 项目经理使用估算以确认交付日期是可以达到的;

② 进度依赖关系是清楚的,团队能够抵抗走捷径的诱惑;

③ 进行了风险规划,这样出了问题就不会引起混乱,软件质量将受到积极的影响。

此外,项目计划应该包括明确的质量管理和变更管理技术。

2.4.3 质量控制

质量控制包括一套软件工程活动,以帮助确保每个工作产品符合其质量目标。评审模型以确保它们是完整的和一致的。检查代码,以便在测试开始前发现和纠正错误。应用一系列的测试步骤以发现处理逻辑、数据处理以及接口通信中的错误。当这些工作成果中的任何一个不符合质量目标时,测量和反馈的结合使用使软件团队调整软件过程。

2.5 软件质量保证

质量保证建立基础设施，以支持坚实的软件工程方法，合理的项目管理和质量控制活动——如果你打算建立高品质软件，所有这些都是关键活动。此外，质量保证还包含一组审核和报告功能，用以评估质量控制活动的有效性和完整性。质量保证的目标是为管理人员和技术人员提供所需的数据，以了解产品的质量状况，从而理解和确信实现产品质量的活动在起作用。当然，如果质量保证中提供的数据出现了问题，处理问题和使用必要的资源来解决质量问题是管理人员的职责。

2.5.1 软件质量保证(SQA)的定义

软件质量保证是在软件过程中的每一步都进行的"普适性活动"。SQA 包括：对方法和工具有效应用的规程，对诸如技术评审和软件测试等质量控制活动的监督，变更管理规程，保证符合标准的规程，以及测量和报告机制。

为了正确地进行软件质量保证，必须收集、评估和发布有关软件工程过程的数据。基于统计的 SQA 有助于提高产品和软件过程本身的质量。软件可靠性模型将测量加以扩展，能够由所收集的缺陷数据推导出相应的失效率和进行可靠性预测。

总之，应该注意"软件质量保证就是将质量保证的管理规则和设计规范映射到适用的软件工程管理和技术空间上"。质量保证的能力是成熟的工程学科的尺度。当成功实现上述映射时，其结果就是成熟的软件工程。

软件质量保证包括：

(1) SQA 过程；

(2) 具体的质量保证和质量控制任务(包括技术评审和多层次测试策略)；

(3) 有效的软件工程实践(方法和工具)；

(4) 对所有软件工作产品及其变更的控制；

(5) 保证符合软件开发标准的规程(当适用时)；

(6) 测量和报告机制。

其中的管理问题和特定的过程活动，使软件组织确保"在恰当的时间以正确的方式做正确的事情"的具体活动。

2.5.2 SQA 的背景

对于任何为他人生产产品的企业来说，质量控制和质量保证都是必不可少的活动。在 20 世纪以前，质量控制只由生产产品的工匠承担。随着时间推移，大量生产技术逐渐普及，质量控制由生产者之外的其他人承担。

第一个正式的质量保证和质量控制方案于 1916 年由贝尔实验室提出，此后迅速风靡整个制造行业。在 20 世纪 40 年代，出现了更多正式的质量控制方法，这些方法都将测量和持续的过程改进作为质量管理的关键成分。如今，每个公司都有保证其产品质量的机制。事实上，公司重视质量的明确声明已经成为过去几十年中市场营销的策略。

软件开发质量保证的历史同步于硬件制造质量的历史。在计算机发展的早期(20世纪50年代和60年代)，质量保证只由程序员承担。软件质量保证的标准是20世纪70年代首先在军方的软件开发合同中出现的，此后迅速传到整个商业界的软件开发中。延伸前述的质量定义，软件质量保证就是为了保证软件高质量而必需的"有计划的、系统化的行动模式"。对软件来说，各个参与者都对软件质量负有责任——包括软件工程师、项目管理者、客户、销售人员和SQA小组成员。

SQA小组充当客户在公司内部的代表。也就是说，SQA小组成员必须从客户的角度来审查软件。软件是否充分满足各项质量因素？软件开发是否依照预先制定的标准进行？作为SQA活动一部分的技术规范是否恰当地发挥了作用？SQA小组的工作将回答上述这些问题以及其他问题，以确保软件质量得到维持。

2.5.3 SQA的要素

SQA涵盖了广泛的内容和活动，这些内容和活动侧重于软件质量管理，可以归纳如下：

标准：IEEE、ISO及其他标准化组织制定了一系列广泛的软件工程标准和相关文件。标准可能是软件工程组织自愿采用的，或者是客户或其他利益相关者责成采用的。软件质量保证的任务是要确保遵循所采用的标准，并保证所有的工作产品符合标准。

评审和审核：技术评审是由软件工程师执行的质量控制活动，目的是发现错误。审核是一种由SQA人员执行的评审，意图是确保软件工程工作遵循质量准则。例如，要对评审过程进行审核，确保以最有可能发现错误的方式进行评审。

测试：软件测试是一种质量控制功能，它有一个基本目标——发现错误。SQA的任务是要确保测试计划适当和实施有效，以便尽可能地实现软件测试的基本目标。

错误/缺陷的收集和分析：改进的唯一途径是衡量如何做。软件质量保证人员收集和分析错误和缺陷数据，以便更好地了解错误是如何引入的，以及什么样的软件工程活动最适合消除它们。

变更管理：变更是对所有软件项目最具破坏性的一个方面。如果没有适当的管理，变更可能会导致混乱，而混乱几乎总是导致低质量。软件质量保证确保进行足够的变更管理实践。

教育：每个软件组织都想改善其软件工程实践。改善的关键因素是对软件工程师、项目经理和其他利益相关者的教育。软件质量保证组织牵头软件过程改进，并是教育计划的关键支持者和发起者。

供应商管理：可以从外部软件供应商获得3种类型的软件：

① 简易包装软件包(例如，微软 Office)；

② 定制外壳——提供可以根据购买者需要进行定制的基本框架结构；

③ 合同软件——按客户公司提供的规格说明书定制设计和构造。软件质量保证组

的任务是,通过建议供应商应遵循的具体的质量做法(在可能的情况下),并将质量要求作为与任何外部供应商签订合同的一部分,确保高质量的软件成果。

安全管理:随着网络犯罪和新的关于隐私的政府法规的增加,每个软件组织应制定政策,在各个层面保护数据,建立防火墙保护 Web 应用系统,并确保软件在内部没有被篡改。软件质量保证确保应用适当的过程和技术来实现软件安全。

安全:因为软件几乎总是人设计系统(例如,汽车应用或飞机应用)的关键组成部分,潜在缺陷的影响可能是灾难性的。软件质量保证可能负责评估软件失效的影响,并负责启动那些减少风险所必需的步骤。

风险管理:尽管分析和减轻风险是软件工程师考虑的事情,但是软件质量保证组应确保风险管理活动适当进行,且已经建立风险相关的应急计划。

此外,软件质量保证还确保将质量作为主要关注对象的软件支持活动(如维修、求助热线、文件和手册)高质量地进行和开展。

2.5.4 SQA 的任务

SQA 是由与两个不同人群相联系的多种任务组成——这两个人群分别是做技术工作的软件工程师和负有质量策划、监督、记录、分析和报告责任的软件质量保证组。软件工程师通过采用可靠的技术方法和措施进行技术评审,并进行周密计划的软件测试来获得质量(和执行质量控制活动)。

SQA 组的行动纲领是帮助软件团队实现高品质的目标产品。质量保证活动,即从事质量保证策划、监督、记录、分析和报告,这些活动由独立的软件质量保证组执行(和完成)。

编制项目质量保证计划。该计划作为项目计划的一部分,并经所有利益相关者评审。软件工程组和 SQA 组进行的质量保证活动都受该计划支配。该计划确定要进行的评估、要进行的审核和评审、适用于项目的标准、错误报告和跟踪的规程、SQA 组产出的工作产品以及将提供给软件团队的反馈意见。

参与项目的软件过程描述的编写。软件团队选择完成工作的过程。SQA 组审查该过程描述是否符合组织方针、内部软件标准、外部要求的标准(例如,ISO 9001),以及是否和软件项目计划的其他部分一致。

评审软件工程活动,以验证是否符合规定的软件过程。SQA 组识别、记录和跟踪偏离过程的活动,并验证是否已作出更正。

审核指定的软件工作产品以验证是否遵守作为软件过程一部分的那些规定。SQA 组审查选定的产品,识别、记录并跟踪偏差,验证已经作出更正,并定期向项目经理报告其工作成果。

确保根据文档化的规程记录和处理软件工作和工作产品中的偏差。在项目计划、过程描述、适用的标准或软件工程工作产品中可能会遇到偏差。

记录各种不符合项并报告给高层管理人员。跟踪不符合项,直到解决。

除了这些活动,SQA 组还协调变更的控制和管理,并帮助收集和分析软件度量。

2.5.5 目标、属性和度量

执行上述软件质量保证活动，以实现一套务实的目标：

需求质量。需求模型的正确性、完整性和一致性将对所有后续工作产品的质量有很大的影响。软件质量保证必须确保软件团队严格评审需求模型，以达到高水平的质量。

设计质量。软件团队应该评估设计模型的每个元素，以确保设计模型显示出高质量，并且设计本身符合需求。SQA 寻找能反映设计质量的属性。

代码质量。源代码和相关的工作产品（例如，其他说明资料）必须符合本地的编码标准，并显示出易于维护的特点。SQA 应该找出那些能合理分析代码质量的属性。

质量控制有效性。软件团队应使用有限的资源，在某种程度上最有可能得到高品质的结果。SQA 分析在评审和测试上的资源分配，评估是否以最有效的方式进行分配的。

对于所讨论的每个目标，表 2-1 标出了现有的质量属性。可以使用度量数据来标明所示属性的相对强度。

表 2-1 软件质量目标、属性和度量

目标	属性	度量
需求质量	歧义	引起歧义地方的修改数量（例如许多、大量、与人友好）
	完备性	TBA、TBD 的数量
	可理解性	节/小节的数量
	易变性	每项需求变更的数量
		变更所需要的时间（通过活动）
	可追溯性	不能追溯到设计/代码的需求数
	模型清晰性	UML 模型数
		每个模型中描述文字的页数
		UML 错误数
设计质量	体系结构完整性	是否存在现成的体系结构模型
	构件完备性	追溯到结构模型的构件数
		过程设计的复杂性
	接口复杂性	挑选一个典型功能或内容的平均数
		布局合理性
	模式	使用的模式数量
代码质量	复杂性	环路复杂性
	可维护性	设计要素
	可理解性	内部注释的百分比
		变量命名约定
	可重用性	可重用构件的百分比
	文档	可读性指数
质量控制效率	资源分配	每个活动花费的人员时间百分比
	完成率	实际完成时间与预算完成时间之比

续表

目　标	属　性	度　量
质量控制效率	评审效率 测试效率	评审度量 发现的错误及关键性问题数 改正一个错误所需的工作量 错误的根源

2.5.6 SQA 计划

SQA 计划为软件质量保证提供了一张路线图。该计划由 SQA 小组(或者软件团队)制定,作为各个软件项目中 SQA 活动的模板。

IEEE 公布了一个 SQA 计划标准,该标准建议 SQA 计划应包括:

(1) 计划的目的和范围;

(2) SQA 覆盖的所有软件工程工作产品的描述(例如,模型、文档、源代码);

(3) 应用于软件过程中的所有适用的标准和习惯做法;

(4) SQA 活动和任务(包括评审和审核)以及它们在整个软件过程中的位置;

(5) 支持 SQA 活动和任务的工具和方法;

(6) 软件配置管理的规程;

(7) 收集、保护和维护所有 SQA 相关记录的方法;

(8) 与产品质量相关的组织角色和责任。

2.5.7 统计软件质量保证

统计质量保证反映了一种在产业界不断增长的趋势:质量的量化。对于软件而言,统计质量保证包含以下步骤:

(1) 收集软件的错误和缺陷信息,并进行分类。

(2) 追溯每个错误和缺陷形成的根本原因(例如,不符合规格说明、设计错误、违背标准、缺乏与客户的交流)。

(3) 使用 Pareto 原则(80%的缺陷可以追溯到所有可能原因中的 20%),将这 20%("重要的少数")原因分离出来。

(4) 一旦找出这些重要的少数原因,就可以开始纠正引起错误和缺陷的问题。

"统计质量保证"这个比较简单的概念代表的是创建自适应软件过程的一个重要步骤,在这个过程中要进行修改,以改进那些引入错误的过程元素。

举一个普通的例子来说明统计方法在软件工程工作中的应用。假定软件开发组织收集了为期一年的错误和缺陷信息,其中有些错误是在软件开发过程中发现的,另外一些(缺陷)则是在软件交付给最终用户之后发现的。尽管发现了数以百计的不同问题,所有问题都可以追溯到下述原因中的一个(或几个):

- 不完整或错误的规格说明(IES)。

- 与客户交流中所产生的误解(MCC)。
- 故意违背规格说明(IDS)。
- 违反程序设计标准(VPS)。
- 数据表示有错(EDR)。
- 构件接口不一致(ICI)。
- 设计逻辑的错误(EDL)。
- 不完整或错误的测试(IET)。
- 不准确或不完整的文档(IID)。
- 将设计转换为程序设计语言实现时的错误(PLT)。
- 不清晰或不一致的人机界面(HCI)。
- 其他(MIS)。

为了使用统计质量保证方法,需要建一张如表2-2所示的表格。表中显示IES、MCC和EDR是造成所有错误的53%的"重要的少数"原因。但是需要注意,在只考虑严重错误时,应该将IES、EDR、PLT和EDL作为"重要的少数"原因。一旦确定了这些重要的少数原因,软件开发组织就可以开始采取改正行动了。例如,为了改正MCC错误,软件开发者可能要采用需求收集技术,以提高与客户交流和规格说明的质量。为了改正EDR错误,开发者可能要使用工具进行数据建模,并进行更为严格的数据设计评审。

表2-2 统计SQA数据收集

错误	总计		严重		中等		微小	
	数量	百分比%	数量	百分比%	数量	百分比%	数量	百分比%
IES	20.5	22	34	27	68	18	103	24
MCC	156	17	12	9	68	18	76	17
IDS	48	5	1	1	24	6	23	5
VPS	25	3	0	0	15	4	10	2
EDR	130	14	26	20	68	18	36	8
ICI	58	6	9	7	18	5	31	7
EDL	45	5	14	11	12	3	19	4
IET	95	10	12	9	35	9	48	11
IID	36	4	2	2	20	5	14	3
PLT	60	6	15	12	19	5	26	6
HCI	28	3	3	2	17	4	8	2
MIS	56	6	0	0	15	4	41	9
总计	942	100	128	100	379	100	435	100

值得注意的是,改正行动主要是针对"重要的少数"。随着这些"重要的少数"的改正,新的"重要的少数"原因将提到改正日程上来。

已经证明统计软件质量保证技术确实使质量得到了提高。在某些情况下,应用这些技术后,软件组织已经取得每年缺陷减少50%的好成绩。

统计SQA及Pareto原则的应用可以用一句话概括:将时间用于真正重要的地方,

但首先必须知道什么是真正重要的！

2.5.8 软件工程中的六西格玛

六西格玛是目前产业界应用最广泛的基于统计的质量保证策略。20 世纪 80 年代在摩托罗拉公司最先普及，六西格玛策略"是严格且规范的方法学，它运用数据和统计分析，通过识别和消除制造以及服务相关过程中的'缺陷'来测量和改进企业的运转状况"。"六西格玛"一词来源于 6 个标准偏差——每百万个操作发生 3.4 个偏差（缺陷），它意味着非常高的质量标准。六西格玛方法有 3 个主要的核心步骤。

- 定义：通过与客户交流的方法来定义客户需求、可交付的产品及项目目标。
- 测量：测量现有的过程及其产品，以确定当前的质量状况（收集缺陷度量信息）。
- 分析：分析缺陷度量信息，并挑选出重要的少数原因。

如果某个现有软件过程是适当的，只是需要改进，六西格玛还需要另外 2 个核心步骤：

- 改进：通过消除缺陷根本原因的方式来改进过程。
- 控制：控制过程以保证以后的工作不会再引入缺陷原因。

以上 3 个核心步骤和另外 2 个附加步骤有时叫做 DMAIC（定义、测量、分析、改进和控制）方法。

如果某组织正在开发软件过程（而不是改进现有的过程），则需要增加下面 2 个核心步骤：

- 设计：设计过程，以达到避免缺陷产生的根本原因以及满足客户需求两个目标。
- 验证：验证过程模型是否确实能够避免缺陷，并且满足客户需求。

上述步骤有时称为 DMADV（定义、测量、分析、设计和验证）方法。

2.6 软件可靠性

毫无疑问，计算机程序的可靠性是其整个质量的重要组成部分。如果某个程序经常反复不能执行，那么其他软件质量因素是不是可接受的就无所谓了。

与其他质量因素不同，软件可靠性可以通过历史数据和开发数据直接测量和估算出来。按统计术语所定义的软件可靠性是："在特定环境和特定时间内，计算机程序正常运行的概率"。举个例子来说，如果程序 X 在 8 小时处理时间内的可靠性估计为 0.999，也就意味着，如果程序 X 执行 1000 次，每次运行 8 小时处理时间（执行时间），则 1000 次中正确运行（无失效）的次数可能是 999 次。

无论何时谈到软件可靠性，都会涉及一个关键问题，即术语"失效"（failure）。在有关软件质量和软件可靠性的任何讨论中，失效意味着与软件需求的不符。但是这一定义是有等级之分的。失效可能仅仅是令人厌烦的，也可能是灾难性的。有的失效可以在几秒钟之内得到纠正，有的则需要几个星期甚至几个月的时间才能纠正。让问题更加复杂的是，纠正一个失效事实上可能会引入其他错误，而这些错误最终又会导致其他失效。

2.6.1 可靠性和可用性的测量

早期的软件可靠性测量工作试图将硬件可靠性理论中的数学公式外推来进行软件可靠性的预测。大多数与硬件相关的可靠性模型依据的是由于"磨损"而导致的失效，而不是由于设计缺陷而导致的失效。在硬件中，由于物理磨损（如温度、腐蚀、震动的影响）导致的失效远比与设计缺陷有关的失效多，而软件恰好相反。实际上，所有软件失效都可以追溯到设计或实现问题上，磨损在这里根本没有影响。

硬件可靠性理论中的核心概念以及这些核心概念是否适用于软件，对这个问题的争论仍然存在。尽管在两种系统之间尚未建立不可辩驳的联系，但是考虑少数几个同时适用于这两种系统的简单概念却很有必要。

当我们考虑基于计算机的系统时，可靠性的简单测量是"平均失效间隔时间"(Mean Time Between Failure,MTBF)：

$$MTBF = MTTF + MTTR$$

其中，MTTF(Mean Time To Failure)和MTTR(Mean Time To Repair)分别是"平均失效时间"和"平均维修时间"（尽管失效可能需要进行调试，进行相关的改正，但在大多数情况下，软件不做任何修改，经过重新启动就可以正常工作）。

许多研究人员认为MTBF是一个远比其他与质量有关的软件度量更有用的测量指标。简而言之，最终用户关心的是失效，而不是总缺陷数。由于一个程序中包含的每个缺陷所具有的失效率不同，总缺陷数难以表示系统的可靠性。例如，考虑一个程序，已运行3000处理器小时没有发生故障。该程序中的许多缺陷在被发现之前可能有数万小时都不会被发现。隐藏如此深的错误的MTBF可能是30 000甚至60 000处理器小时。其他尚未发现的缺陷，可能有4000或5000小时的失效率。即使第一类错误（那些具有长时间的MTBF）都去除了，对软件可靠性的影响也是微不足道的。

然而，MTBF可能会产生问题的原因有两个：

① 它突出了失效之间的时间跨度，但不会为我们提供一个凸显的失效率；

② MTBF可能被误解为平均寿命，即使这不是它的含义。

可靠性另一个可选的衡量是失效率(Failures In Time,FIT)——一个部件每10亿机时发生多少次失效的统计测量。因此，1FIT相当于每10亿机时发生一次失效。

除可靠性测量之外，还应该进行可用性测量。软件可用性是指在某个给定时间点上程序能够按照需求执行的概率。其定义为：

$$可用性 = MTTF / (MTTF + MTTR) \times 100\%$$

MTBF可靠性测量对MTTF和MTTR同样敏感。而可用性测量在某种程度上对MTTR较为敏感，MTTR是对软件可维护性的间接测量。

2.6.2 软件安全

软件安全是一种软件质量保证活动，它主要用来识别和评估可能对软件产生负面影响并促使整个系统失效的潜在灾难。如果能够在软件过程的早期阶段识别出这些灾难，就可以指定软件设计特性来消除或控制这些潜在的灾难。

建模和分析过程可以视为软件安全的一部分。开始时，根据危险程度和风险高低对灾难进行识别和分类。例如，与汽车上的计算机巡航控制系统相关的灾难可能有：

(1) 产生失去控制的加速，不能停止。

(2) 踩下刹车踏板后没有反应(关闭)。

(3) 开关打开后不能启动。

(4) 减速或加速缓慢。

一旦识别出这些系统级的灾难，就可以运用分析技术来确定这些灾难发生的严重性和概率。为了达到高效，应该将软件置于整个系统中进行分析。例如，一个微小的用户输入错误(人也是系统组成部分)有可能会被软件错误放大，产生将机械设备置于不正确位置的控制数据，此时当且仅当外部环境条件满足时，机械设备的不正确位置将引发灾难性的失效。失效树分析、实对逻辑及 Petri 网模型等分析技术可以用于预测可能引起灾难的事件链，以及事件链中的各个事件出现的概率。

一旦完成了灾难识别和分析，就可以进行软件中与安全相关的需求规格说明了。规格说明包括一张不希望发生的事件清单，以及针对这些事件所希望产生的系统响应。这样就指明了软件在管理不希望发生的事件方面应起的作用。

尽管软件可靠性和软件安全彼此紧密相关，但是弄清它们之间的微妙差异非常重要。软件可靠性使用统计分析的方法来确定软件失效发生的可能性，而失效的发生未必导致灾难。软件安全则考察失效导致灾难发生的条件。也就是说，不能在真空中考虑失效，而是要在整个计算机系统及其所处环境的范围内加以考虑。

2.7 ISO 9000 质量标准

质量保证体系可以定义为：用于实现质量管理的组织结构、责任、规程、过程和资源。创建质量保证体系的目的是帮助组织以符合规格说明的方式，保证组织的产品和服务满足客户的期望。这些体系覆盖了产品整个生命周期的多种活动，包括计划、控制、测量、测试和报告，并在产品的开发和制造过程中改进质量等级。ISO 9000 标准以通用的术语描述了质量保证体系要素，能够适用于任何行业——不论提供的是何种产品或服务。

某个公司要登记成为 ISO 9000 质量保证体系中的一种模式，该公司的质量体系和实施情况应该由第三方的审核人员仔细检查，查看其是否符合标准以及实施是否有效。成功注册之后，这个公司将获得由审核人员所代表的注册登记实体颁发的证书。此后每半年进行一次监督审核，以此保证该公司的质量体系持续符合标准。

ISO 9001—2000(见表 2-3)中描述的质量要求涉及质量管理体系、管理者职责、资源管理、产品实现、测量、分析和改进等主题。该国际标准已转换为我国国家标准，标准号为 GB/T 19001—2000。

表 2-3 ISO 9001—2000 标准

下面的大纲定义了 ISO 9001—2000 标准的基本要素。标准的有关详细信息可从国际标准化组织(www.iso.com)及其他因特网信息源(如 www.praxiom.com)找到

建立质量管理体系的要素 　建立、实施和改进质量体系 　制定质量方针,强调质量体系的重要性 **编制质量体系文件** 　描述过程 　编制操作手册 　制定控制(更新)文件的方法 　制定记录保持的方法 **支持质量控制和质量保证** 　提高所有利益相关者对质量重要性的认识 　注重客户满意度 　制定质量计划来描述目的、职责和权力 　制定所有利益相关者间的交流机制	**为质量管理体系建立评审机制** 　确定评审方法和反馈机制 　制定跟踪程序 **确定质量资源**(包括人员、培训、基础设施要素) 　建立控制机制 　针对策划 　针对客户需求 　针对技术活动(如分析、设计、试验) 　针对项目监测和管理 **制定补救措施** 　评估质量数据和度量 　为持续的过程和质量改进制定措施

软件组织要登记为 ISO 9001—2000 认证,就必须针对上述每个方面的质量要求(以及其他方面的质量要求)制定相关的政策和规程,并且有能力证明组织活动的确是按照这些政策和规程实施的。

2.8 习题

请参考课文内容以及其他资料,完成下列选择题。

(1) 在指定条件下使用时,软件产品维持规定的性能水平的能力。这是指软件外部质量的(　　)。

A. 效率　　B. 易用性　　C. 功能性　　D. 可靠性

(2) 以下关于软件质量的说法中,错误的是(　　)。

A. 软件产品必须提供用户所需要的功能,并能正常工作

B. 软件质量是产品、组织和体系或过程的一组固有特性,反映它们满足顾客和其他相关方面要求的程度

C. 程序的正确性足以体现软件的价值

D. 越是关注客户的满意度,软件就越有可能达到质量要求

(3) 下列有关软件质量的叙述中,错误的是(　　)。

A. 软件质量不仅包括软件产品的质量,还包括软件过程的质量

B. 明确的软件质量属性是指在合同或行业标准中规定必须实现的质量要求

C. 隐含的软件质量属性在合同或行业标准中没有规定,因此在产品开发时不必专门考虑

D. 软件的功能和性能必须结合在一起考虑

(4) 软件开发过程中必须伴有质量保证活动,而软件测试又是软件质量保证的关键因素。下列说法正确的是(　　)。

A. 发布出去的软件有质量问题，是软件测试人员的错
B. 软件测试技术要求不高，至少比编程容易得多
C. 软件测试是测试人员的事，与开发人员无关
D. 软件测试阶段发现的错误并不只是在编码阶段产生的，需求和设计阶段也会产生错误

2.9 实验与思考

2.9.1 实验目的

本节“实验与思考”的目的：

(1) 熟悉关于软件质量和质量保证的基本概念和内容。

(2) 通过对相关软件质量学术观点和相关质量标准的深入分析，掌握不断丰富软件质量最新知识的学习方法。

(3) 通过网络资料的收集和分析，进一步了解软件质量管理工具。

2.9.2 工具/准备工作

在开始本实验之前，请认真阅读课程的相关内容。

需要准备一台带有浏览器、能够访问因特网的计算机。

2.9.3 实验内容与步骤

1) 理解 Garvin 的质量维度。

参见本章 2.1.2 节，Garvin 建议采取多维的观点考虑质量。请你积极思考，为 Garvin 提出的每个质量维度添加 2 个额外的问题。这些内容、功能和特性在某种程度上是需求模型所规定的一部分，可以为最终用户提供价值。

(1) **性能质量**。软件是否交付了所有的内容、功能和特性？

新问题 1：______________________________

____

新问题 2：______________________________

____

(2) **特性质量**。软件是否首次提供了使最终用户满意的特性？

新问题 1：______________________________

____

新问题 2：______________________________

____

(3) **可靠性**。软件是否无误地提供了所有的特性和能力,当需要(使用该软件)时,它是否是可用的,是否无错地提供了功能?

新问题 1:____

____

新问题 2:____

____

(4) **符合性**。软件是否遵从本地的和外部的与应用领域相关的软件标准,是否遵循了事实存在的设计惯例和编码惯例?

新问题 1:____

____

新问题 2:____

____

(5) **耐久性**。是否能够对软件进行维护(变更)或改正(改错),而不会粗心大意地产生意料不到的副作用?随着时间的推移,变更会使错误率或可靠性变得更糟吗?

新问题 1:____

____

新问题 2:____

____

(6) **适用性**。软件能在可接受的短时期内完成维护(变更)和改正(改错)吗?技术支持人员能得到所需的所有信息以进行变更和修正缺陷吗?

新问题 1:____

____

新问题 2:____

____

(7) **审美**。关于美的问题很难量化,但显然是不可缺少的。

新问题 1:____

____

新问题 2:____

____

(8) **感知**。在某些情况下,一些偏见将影响人们对质量的感知。

新问题 1:____

____

新问题 2:____

____

2) 分析 ISO 9126 质量因素中的"维护性"属性。

ISO 9126 制定了试图标识计算机软件的 6 个关键的质量属性(见 2.1.4 节)。请分析其中"维护性"的子属性:易分析性、易改变性、稳定性和易测试性,提出问题,探讨是否存在这些属性,并简述之。

(1) **易分析性**：

(2) **易改变性**：

(3) **稳定性**：

(4) **易测试性**：

3)“足够好”的软件。

请分析：说出具体公司的名字，以及你认为运用“足够好”思想开发的具体产品。

4) 软件质量管理工具。

使用SQA工具的目的是辅助项目团队评估和改进软件工作产品的质量。SQA工具类通常包含很多软件测试工具，且工具的机制各异。一般情况下，目的是评估特定工作产品的质量。

具有代表性的工具包括：

- ARM，由NASA开发，提供了可用于评估软件需求文档质量的方法。
- QPR Process Guide and Scorecard，由QPR Software开发，提供对六西格玛及其他质量管理方法的支持。
- Quality Tools and Templates，由iSixSigma开发，描述了大量有用的质量管理工具和方法。
- NASA Quality Resources，由Goddard Space Flight Center开发，提供了有用的表格、模板、检查清单和SQA工具。

请记录：通过网络搜索，以进一步了解这些工具，并将搜索情况简单记录如下：

2.9.4 实验总结

2.9.5 实验评价(教师)

2.10 阅读与分析:在软件测试计划中确定测试需求

写测试需求主要为了什么呢?我们的项目中基本都有很细致的功能规格说明,还有其他一些相关的概念设计文档,我们总是会看到这些文档的最新版本。然而,我们的项目多为迭代方式进行,分很多版本提交,1.0.1、1.0.2等,我们并不是每个版本都要测试全部的功能,往往是测试其中的一部分。有的版本主要测业务流程,有的主要测性能。测试需求就是说明,这个版本需要测试哪些东西。

测试需求按照功能性、可靠性、易用性、性能、可维护性、可移植性来分类。同时也要按照优先级来分类,有的是必须测试通过的,有的可以协商。

除了说明我们需要测试的内容以外,测试需求还有一个重要的作用:辅助说明测试接受标准。比如某个版本的功能测试需求有100个功能点,其中30个必须实现,其他70个实现60个即可,假如每个功能点1分,那么,功能测试接受标准就是:总分90分以上并且30个重要功能点必须测试通过。假如没有达到这个接受标准(只有85分),我们就可以负责的说:测试不通过,不能发布。如果要发布,可以,变更项目计划和测试计划。

测试需求最好能细致到功能点的粒度,这样对项目量化管理非常有好处,而且,我认为这是应该在项目版本计划中进行说明的,如果项目计划中没有说得很详细,那我们的测试计划就要写得详细一些。

我们来看一个例子,这是某项目测试报告的一部分,其中列出了功能测试需求的执行情况。

添加专项工作	操作角色仅为系统管理员,正确新建专项工作	通过
编辑专项工作	操作角色仅为系统管理员,正确保存编辑后的专项工作	通过
删除专项工作	操作角色仅为系统管理员,正确删除所选的专项工作	通过
导出某专项工作的警情列表	按照同样的数据字典格式导出保存为.xls文件	通过

可以看出这里的测试需求列得比较细，而且是以用户的角度来进行说明。至于在实际项目中，我们需要写得多细，可以根据项目情况来决定，只是不要忘记我们编制测试计划的主要目的。建议尝试把测试需求写细一些，体会一下量化管理的感觉。以后我们的测试例会可以把测试需求拿出来评审，比较一下不同项目的不同策略。

资料来源：2012-2-28 13:10，51Testing 软件测试网采编，有删改。

第 3 章 软件评审技术

从质量控制的角度出发，技术评审是在软件过程早期进行查错的最有效机制。由软件工程师及其同事一起进行技术评审（也叫同行评审），目的是找出错误和发现可能对将要部署的软件产生负面影响的问题。越早发现并纠正错误，错误传播到其他软件工程产品并扩大，导致需要更多的工作来纠正的可能就越小。软件评审还能够"净化"需求模型、设计模型、源代码和测试数据等软件工程工作产品。

在软件工程过程中进行的评审有很多种，且各有各的作用。在休息室里讨论技术问题的非正式会谈是一种评审方式；将软件架构正式介绍给客户、管理层和技术人员也是一种评审方式。

3.1 软件评审的目的

前面使用"错误"来描绘在软件发布给最终用户（或软件过程内其他框架活动）之前，由软件工程师（或其他人）发现的质量问题。在软件过程的环境中，术语"缺陷"和"故障"是同义词，都是指在软件发布给最终用户（或软件过程内其他框架活动）后发现的质量问题。

软件质量控制的目标是消除软件中存在的质量问题，从广义上讲，这也是一般质量管理的目标。不管怎么说，发现问题的时间点是非常关键的，明确指出"错误"和"缺陷"的差别，是因为它们对经济、商业、心理和人员的影响有很大区别（有时很难明确区分是交付之前还是交付之后，例如敏捷开发中采用的增量过程）。作为软件工程师，我们期望在客户和（或）最终用户遇到问题之前尽可能多地发现并改正"错误"，也同样期望避免"缺陷"。

正式技术评审的主要目标是在软件过程中发现错误，以使它们不会在软件交付之后变成缺陷，其最明显的优点就是可以较早发现错误，以防止将错误传递到软件过程的后续阶段。

产业界的大量研究表明：设计活动引入的错误占软件过程中出现的所有错误（和最终的所有缺陷）数量的 50%～65%。已经证明，评审技术在发现设计缺陷方面的有效性百分比高达 75%。通过检测和消除大量设计错误，评审过程将极大降低软件过程后续活动的成本。

可以用"缺陷放大模型"（见图 3-1）来说明在软件工程过程的设计和编码活动中错误的产生和检测，图中方框表示软件工程活动。在该活动中，可能由于疏忽产生错误，评审也可能没有发现新产生的错误以及来自前面步骤的错误，从而导致一定数量的错误通过了当前步骤。在某些情况下，从前面步骤传过来的错误在当前步骤中会被放大（放大倍数为 x）。将开发步骤方框进一步细分可以说明这些特点及错误检测的有效性百分比。错误检测的有效性百分比是评审完善性的函数。

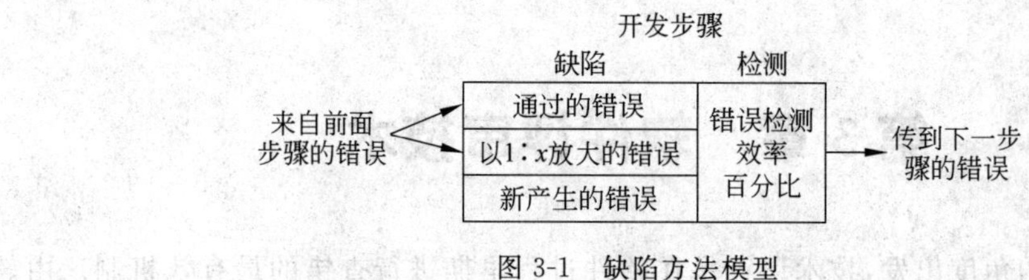

图 3-1 缺陷方法模型

图 3-2 是一个假设在软件过程中不进行任何评审的缺陷放大的示例。如图 3-2 所示，假设每个测试步骤都能够发现和改正 50％的输入错误，而且又不引入任何新的错误(乐观估计)。10 个初步设计阶段的错误在测试开始之前就能放大为 94 个错误，12 个潜伏的错误(缺陷)则随软件发布进入客户现场。

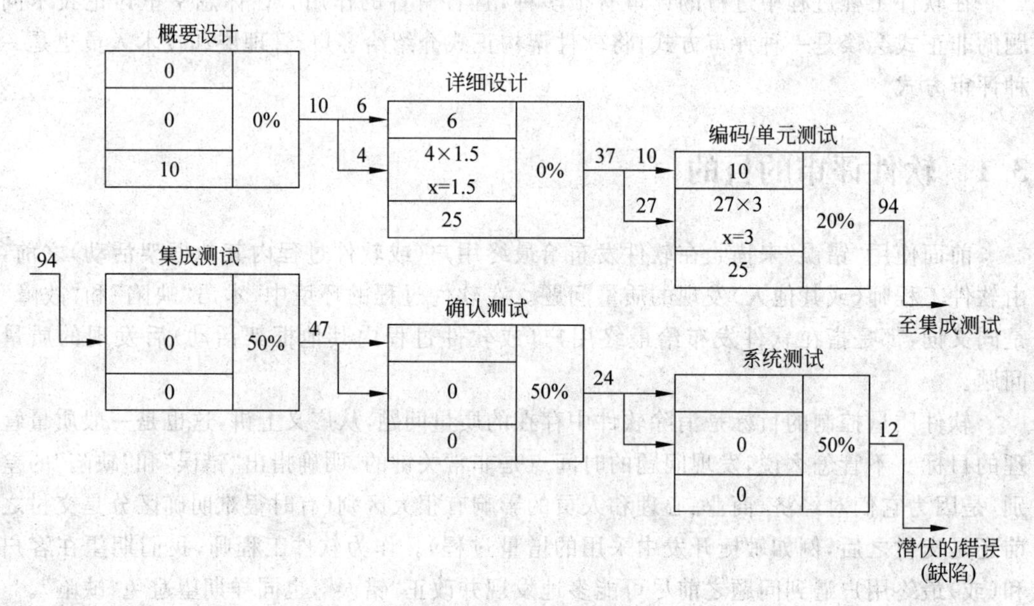

图 3-2 缺陷放大——无评审

图 3-3 的情况与图 3-2 类似，只是在设计和编码开发步骤中引入了评审。在这种情况下，最初的 10 个初步设计错误在测试开始之前放大为 24 个错误，最后只剩 3 个潜伏的错误。回忆一下与发现和改正错误相关的相对成本，将图 3-2 和图 3-3 每个步骤中发现的错误数量乘以消除一个错误所需要的成本(设计是 1.5 个成本单位，测试前是 6.5 个成本单位，测试中是 15 个成本单位，发布后是 67 个成本单位——这些乘数与前面给出的类似例子的数据稍有不同，但它们都很好地例证了缺陷放大成本)，由此可以确定总开发成本(对我们假设的例子而言是有或没有评审情况下的成本)。通过这些数据，在进行了评审的情况下，开发和维护的总成本是 783 个成本单位，而在不进行评审的情况下，总成本是 2177 个成本单位——几乎是前者的 3 倍。

为了进行评审，软件工程师必须花费时间和精力，开发组织也必须提供相应费用。然而上述例子的结果已经证明了我们面临的选择——要么现在付出，否则以后会付出更多。

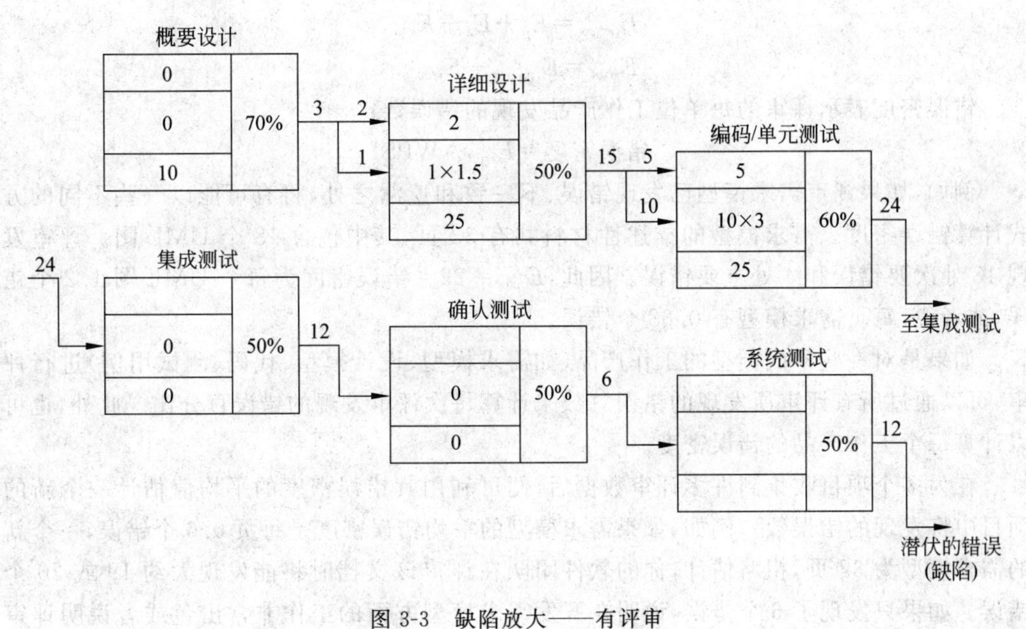

图 3-3 缺陷放大——有评审

3.2 评审度量及其应用

技术评审是软件工程实践所需要的很多活动之一,软件工程组织要定义一套可以用来评估其工作效率的度量来理解每项活动的有效性。相比较,一个相对较小的子集就可以提供有益的见解。可以为所进行的每项评审收集以下评审度量数据。

- 准备工作量 E_p——在实际评审会议之前评审一个工作产品所需的工作量(单位:人时)。
- 评估工作量 E_a——实际评审工作中所花费的工作量(单位:人时)。
- 返工工作量 E_r——修改评审期间发现的错误所用的工作量(单位:人时)。
- 工作产品规模 WPS——被评审的工作产品规模的衡量(例如,UML 模型的数量、文档的页数或代码行数)。
- 发现的次要错误 $E_{rrminor}$——发现的可以归为次要错误的数量(少于预定的改错工作量)。
- 发现的主要错误 $E_{rrmajor}$——发现的可以归为主要错误的数量(多于预定的改错工作量)。

通过将所评审的工作产品类型与所收集的度量数据相关联,这些度量数据可以进一步细化。

3.2.1 分析度量数据

总评审工作量 E_{review} 和发现的错误总数 E_{rrtot} 定义为:

$$E_{review} = E_p + E_a + E_r$$

$$E_{rrtot} = E_{rrminor} + E_{rrmajor}$$

错误密度表示评审的每单位工作产品发现的错误数：

$$错误密度 = E_{rrtot} / WPS$$

例如，如果评审需求模型已发现错误、不一致和遗漏之处，将有可能以一些不同的方式计算错误密度。需求模型的描述性材料共有 32 页，其中包含 18 个 UML 图。评审发现 18 处次要错误和 4 处主要错误。因此，$E_{rrtot}=22$。错误密度为每个 UML 图 1.2 个错误，或者说，每页需求模型有 0.68 个错误。

如果是对一些不同类型的工作产品(如需求模型、设计模型、代码、测试用例)进行评审，可以通过所有评审所发现的错误总数来计算每次评审发现的错误百分比。此外，也可以计算每个工作产品的错误密度。

在为多个项目收集到许多评审数据后，便可利用其错误密度的平均值估计一个新的项目中将发现的错误数。例如，如果需求模型的平均错误密度是每页 0.6 个错误，一个新的需求模型为 32 页，粗略估计，你的软件团队在评审该文档时将能发现大约 19 或 20 个错误。如果只发现了 6 个错误，说明在开发需求模型方面的工作非常出色或者说明评审工作做得不够彻底。在进行测试之后，有可能收集到另外一些错误数据，包括在测试期间发现和纠正错误所需要的工作量，以及软件的错误密度。可以将测试期间发现和纠正错误的相关成本与评审期间的相比较。

3.2.2 评审的成本效益

若要实时地测量任何技术评审的成本效益都是困难的。只有在评审工作已完成，已收集评审数据，计算平均数据，并测量了软件的下游质量(通过测试)之后，软件工程组织才能够对评审的有效性和成本效益进行评估。

再来看前面介绍的例子，需求模型的平均错误密度确定为每页 0.6 个错误。修改一个次要模型错误需要 4 人时(评审后立即修改)，修改一个主要需求错误需要 18 人时。对所收集的评审数据进行分析，发现次要错误出现的频度比主要错误出现的频度高 6 倍。因此，可以估计评审期间查找和纠正需求错误的平均工作量大约为 6 人时。

对于测试过程中发现的与需求有关的错误，查找和纠正的平均工作量为 45 人时(对于错误的相对严重性没有任何数据可用)。使用提到的平均数，我们得到：

$$每个错误节省的工作量 = E_{texting} - E_{reviews} = 45 - 6 = 39 \text{ 人时/错误}$$

由于在需求模型评审时发现了 22 个错误，节省了约 858 人时的测试工作量。这只是与需求有关的错误，与设计和代码相关的错误将加入到整体效益中。无疑，节省的工作量使交付周期缩短了，上市时间提前了。

Karl Wiegers 在他的有关同行评审的书中讨论了从大公司得到的传闻数据，这些大公司已经使用审查(一种比较正式的技术评审)作为软件质量控制活动的一部分。Hewlett Packard 称审查有 10：1 的投资回报率，并指出实际产品交付时间平均提前了 1.8 个月。AT&T 公司表示，审查使软件错误总成本降低到原来的十分之一，质量提高了一个数量级，而且生产率提高了14%。还有类似的其他效益报告。技术评审(为设计和其他技术活动)提供了明显的成本效益，并且确实节省了时间。

但对于许多软件开发人员，这种说法违反直觉。软件开发人员认为"评审需要时间，我们没有多余的时间!"，他们认为，在每个软件项目中，时间是一种宝贵的商品，评审"每个工作产品细节"占用了太多时间。

先前提出的例子显示并非如此。更重要的是，对长期(20年以上)收集的软件评审行业数据，用图形的方式定性地加以概括，如图3-4所示。

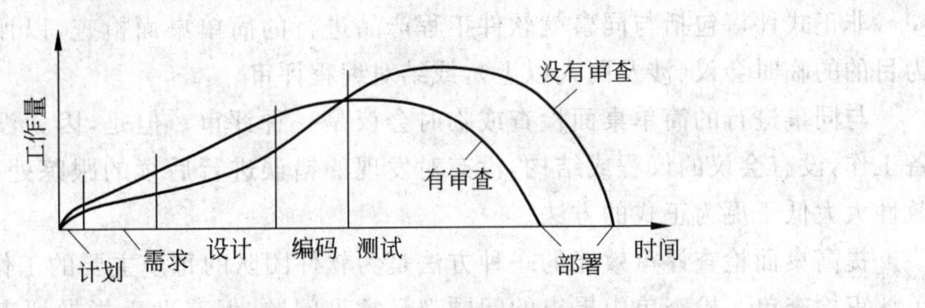

图3-4 有评审和没有评审时花费的工作量

从图3-4可以看到，使用评审时花费的工作量在软件开发的早期确实是增加的，但是评审的早期投入产生了效益，因为测试和修改的工作量减少了。重要的是，有评审开发的发布日期比没有评审时要快。评审不费时间，而是节省时间。

3.3 评审：正式程度

技术评审应该应用某种正式程度，该正式程度应该适合所生产的产品、项目的时间线和做评审工作的人。图3-5描述了技术评审的参考模型，该模型中的4个特性有助于决定进行评审的形式，确定评审的正式程度。评审的正式程度的提高需要：明确界定每位评审人员的不同职责；为评审进行充分的计划和准备；为评审定义清晰的结构(包括任务和内部工作产品)；评审人员对所做修改的后续跟踪。

图3-5 技术评审参考模型

为理解参考模型，我们假设已决定评审某网站的界面设计。可以以各种不同的方式进行评审，从相对非正式的到极其严格的。如果觉得非正式的方法更适合，可以要求一些同事(同行)检查界面原型，努力发现潜在的问题。大家认为将不进行事先准备，但也可以以合理的结构化方式来评估原型——首先查看布局，接下来看是否符合美学，之后是导航选项等。作为设计者，你可以记些笔记，但不用那么正式。

但是，如果界面是整个项目成败的关键呢？如果人的生命依赖于完全符合人体工程学的界面呢？这时可能会认为更严格的做法是必要的。于是成立一个评审小组，小组中的每个人承担特定的职责——领导小组工作、记录发现的问题、提供材料等。评审之前每个评审人员将有机会接触工作产品(该例中即为界面原型),花时间查找错误、不一致和遗漏。按照评审之前制定的议程执行一组任务。正式记录评审的结果,评审小组根据评审结果对工作产品的状态做出决议。评审小组的成员可能还核实是否适当地进行了修改。

3.4 非正式评审

非正式评审包括与同事就软件工程产品进行的简单桌面检查,以评审一个工作产品为目的的临时会议(涉及两人以上),或结对编程评审。

与同事进行的简单桌面检查或临时会议是一种评审。但是,因为没有事先规划或筹备工作,没有会议的议程或结构,没有对发现的错误进行后续的跟踪处理,这种评审的有效性大大低于更为正式的方法。

提高桌面检查评审效能的一种方法是为软件团队的每个主要的工作产品制定一组简单评审检查单。检查单中提出的问题都是常见问题,但有助于指导评审人员检查工作产品。例如,让我们重新就上述网站的界面原型进行桌面检查。设计师和同事使用界面的检查清单来检查原型,而不是在设计者的工作站上简单地操作原型:

- 布局设计是否使用了标准惯例?是从左到右还是从上到下?
- 显示是否需要滚动?
- 是否有效使用了不同的颜色、位置、字体和大小?
- 所有导航选项或表示的功能是否在同一抽象级别?
- 所有导航选择是否清楚地标明了?

⋮

评审人员指出的任何错误和问题由设计人员记录下来,以在稍后进行解决。桌面检查可以以一个特别的方式安排,或者也可以授权作为良好的软件工程实践的一部分。一般来说,桌面检查评审材料的数量相对较少,总体上花费时间大致为一两个小时。

结对编程方式是:极限编程建议,两个人一起在一台计算机工作站上编写一段代码。这提供了一种机制,可以实时解决问题(两人智慧胜过一人)和提供实时的质量保证。

结对编程的特点是持续的桌面检查,它鼓励在创建工作产品(设计或代码)时进行持续的审查,而不是在某个时候安排评审。好处是即时发现错误,结果是得到更好的工作产品质量。在讨论结对编程的效能时,Williams 和 Kessler 这样描述:

初步统计证据表明,结对编程是一种强大的技术,可以有效创造高品质的软件产品。两人一起工作和分享思想共同解决复杂的软件开发。他们不断进行检查彼此的产品,从而以最有效的形式尽早去除缺陷。此外,他们彼此一心一意专注于手头的任务。

一些软件工程师认为,结对编程的固有冗余是浪费资源。毕竟,为什么给两个人指派一个人可以完成的工作?其实,如果结对编程生产出的工作产品的质量明显优于单个人的工作,在质量方面的节约,足以弥补结对编程带来的"冗余"。

3.5 正式技术评审

正式技术评审(FTR)是一种由软件工程师(以及其他人)进行的软件质量控制活动。FTR 的目标是:

(1) 发现软件的任何一种表示形式中的功能、逻辑或实现上的错误;

(2) 验证评审中的软件是否满足其需求;

(3) 保证软件的表示符合预先指定的标准;

(4) 获得以统一方式开发的软件;

(5) 使项目更易于管理。除此之外,FTR 还提供了培训机会,使初级工程师能够了解软件分析、设计和实现的不同方法。由于 FTR 的进行,使大量人员对软件系统中原本并不熟悉的部分更为了解,因此,FTR 还起到了培训后备人员和促进项目连续性的作用。

FTR 实际上是一类评审方式,包括走查和审查。每次 FTR 都以会议形式进行,只有经过适当的计划、控制和参与,FTR 才能获得成功。

3.5.1 桌上检查

桌上检查是一种传统的检查方法,由程序员检查自己编写的程序。程序员在程序通过编译之后,进行单元测试设计之前,对源程序代码进行分析,对照错误列表进行检查,对程序推演测试数据,并补充相关的文档,目的是发现程序中的错误。

程序员进行桌上检查的主要项目如下。

(1) 检查变量的交叉引用表。重点是检查未说明的变量和违反了类型规定的变量;还要对照源程序,逐个检查变量的引用、使用序列;临时变量在某条路径上的重写情况;局部变量、全局变量与特权变量的使用。

(2) 检查标号的交叉引用表。验证所有标号的正确性;检查所有标号的命名是否正确;转向指定位置的标号是否正确。

(3) 检查子程序、宏、函数。验证每次调用与被调用位置是否正确;确认每次被调用的子程序、宏、函数是否存在;检验调用序列中调用方式与参数顺序、个数、类型上的一致性。

(4) 等价性检查。检查全部等价变量类型的一致性,解释所包含的类型差异。

(5) 常量检查。确认每个常量的取值和数制、数据类型;检查常量每次引用同它的取值、数制和类型的一致性。

(6) 标准检查。用编程标准、C++ 或 Java 等编程规范,检查程序或手工检查程序中违反标准的问题。

(7) 风格检查。检查在程序设计风格方面发现的问题,包括命名规则、变量说明、程序格式、注释的使用、结构化程序设计、基本控制结构的使用等。

(8) 比较控制流。比较由程序员设计的控制流图和由实际程序生成的控制流图,寻找和解释每个差异,修改文档和校正错误。

(9) 选择、激活路径。在程序员设计的控制流图上选择路径，再到实际的控制流图上激活这条路径。如果选择的路径在实际控制流图上不能激活，则源程序可能有错。用这种方法激活的路径集合应保证源程序模块的每行代码都被检查，即桌上检查应至少完成语句覆盖。

(10) 对照程序的规格说明，详细阅读源代码。程序员对照程序的规格说明书、规定的算法和程序设计语言的语法规则，仔细阅读源代码，逐字逐句进行分析和思考，比较实际的代码和期望的代码，从它们的差异中发现程序的问题和错误。

(11) 补充文档。桌上检查中的文档是一种过渡性文档，不是公开的正式文档。通过编写文档，也是对程序的一种下意识的检查和测试，可以帮助程序员发现和抓住更多的错误。管理部门可以通过审查桌上检查文档，了解模块的质量、完全性、测试方法和程序员的能力。这种文档的主要内容如下：

- 建立小型的数据词典，描述程序中出现的每一种数据结构、变量和寄存器的用法，建立相应的各种交叉引用表格。
- 描述主要的路径和异常的路径，为覆盖测试准备条件。
- 当测试采用逻辑驱动时，即利用判定表或布尔代数方法来确定逻辑覆盖时，应讨论逻辑情况。此外，在状态测试情形，即考虑模块中状态的组合和状态的迁移时对状态控制变量进行设计，以及利用语法制导的测试，也都要讨论逻辑情况。要使文档编制适应测试技术。
- 以纯粹的功能术语来描述输入与输出。
- 描述全部已知的限制和假定。
- 描述全部的接口和对接口的假定。

这种桌上检查，由于程序员熟悉自己的程序和自身的程序设计风格，可以节省很多的检查时间，但应避免主观片面性。

对大多数人而言，桌上检查的效率相当低。其中一个原因是，它是一个完全没有约束的过程。另一个重要的原因是它违反了软件测试的原则，即人们一般不能有效地测试自己编写的程序。因此桌上检查最好由其他人而非该程序的编写人员来完成(例如，两个程序员可以相互交换各自的程序，而不是检查自己的程序)。但是即使这样，其效果仍然逊色于走查或代码检查。原因在于代码检查和代码走查小组中存在着互相促进的效应。

3.5.2 代码走查

代码互查是日常工作中使用最多的，而走查是一种相对比较正式的代码评审过程。在此过程中，设计者或程序员引导小组部分成员通读编码，其他成员提出问题并对有关技术、风格、可能的错误、是否有违背开发标准/规范的地方等进行评论。走查过程中，由测试成员提出一批测试实例，在会议上对每个测试实例用头脑来执行程序，在纸上或黑板上演示程序的状态。在这个过程中，测试实例并不起关键作用，它们仅作为怀疑程序逻辑与计算错误的参照。大多数走查中，在怀疑程序的过程中所发现的缺陷比通过测试实例本身发现的缺陷更多。编程者对照讲解设计框图和源码图，特别是对两者相异之处加以解释，有助于验证设计和实现之间的一致性。

3.5.3 评审会议

会议审查是一种正式的检查和评估方法，实践证明这是一种有效的检查方法，它是拿代码与标准和规范对照的补充，用逐步检查源代码中有无逻辑或语法错误的办法来检测故障。会议审查不但需要软件开发者自查，还要组织代码检查小组进行代码检查。代码检查小组通常由独立的仲裁人、程序编写小组，其他组程序员和测试小组成员组成。代码检查的程序是：仲裁人提前把程序目录表和设计说明分配给小组各成员，小组成员在开会前先熟悉这些材料，然后开会。在会上的主要工作如下：

- 由程序编写小组成员逐句阐明程序的逻辑，在此过程中可由程序员或测试小组成员提出问题，追踪缺陷是否存在。
- 利用公用程序设计缺陷表来分析讨论。仲裁人负责保证讨论沿着建设性方向进行，而其他人则集中注意力发现缺陷。
- 在会议之后把发现的缺陷填入表中交给程序开发小组。如发现重大缺陷，那么在改正缺陷之后，还要重新开评审会议。

不论选用何种 FTR 方式，每个评审会议都应该遵守以下约束：

- 评审会(通常)应该由 3～5 人参加。
- 应该提前进行准备，但是占用每人的工作时间应该不超过 2 小时。
- 评审会的时间应该少于 2 小时。

考虑到这些限制，显然 FTR 应该关注的是整个软件中的某个特定(且较小的)部分。比如说，只走查各个构件或者一小部分构件，不要试图评审整个设计。FTR 关注的范围越小，发现错误的可能性越大。

FTR 关注的是某个工作产品(例如，一部分需求模型、一份详细的构件设计、一个构件的源代码)。开发这个工作产品的个人(生产者)通知项目负责人“该工作产品已经完成，需要进行评审”。项目负责人与评审主席取得联系，由评审主席负责评估该工作产品是否准备就绪，制作产品材料副本，并将这些副本分发给 2 到 3 位评审员以便事先做准备。每位评审员应该用 1 到 2 个小时来评审该工作产品，通过做笔记或者其他方法熟悉该工作产品。与此同时，评审会主席也应该评审该工作产品，并制定评审会议的日程表，通常会安排在第二天开会。

评审会议由评审会主席、所有评审员和开发人员参加。其中一位评审员还充当记录员的角色，负责记录(书面的)在评审过程中发现的所有重要问题。FTR 一般从介绍会议日程并由开发人员做简单的介绍开始。然后由开发人员“走查”该工作产品，并对材料做出解释，而评审员则根据预先的准备提出问题。当发现了明确的问题或错误时，记录员逐一加以记录。

在评审结束时，所有 FTR 与会者必须做出以下决定中的一个：

① 可以不经修改而接受该工作产品；

② 由于严重错误而否决该工作产品(错误改正后必须再次进行评审)；

③ 暂时接受该工作产品(发现了一些必须改正的小错误,但是不再需要进行评审)。做出决定之后,所有FTR与会者都需要签名,以表示他们参加了此次FTR,并且同意评审小组所做的决定。

评审通过的准则如下:

- 充分审查了所规定的代码,并且全部编码准则被遵守。
- 审查中发现的错误已全部修改。

3.5.4 检查表

检查过程所采用的主要技术是设计与使用缺陷检查表。这个表通常是把程序设计中可能发生的各种缺陷进行分类,以每一类列举尽可能多的典型缺陷,然后把它们制成表格,以供在会议中使用,并且在每次审议会议之后,对新发现的缺陷也要进行分析和归类,不断充实缺陷检查表。缺陷检查表会因项目不同而不同,在实际工作中不断积累完善,使用缺陷检查表的目的是防止人为的疏漏。表3-1就是一个代码检查表的一个例子,这个示例对结构化编程测试具有普遍和通用的意义。

表 3-1 代码评审的通用检查表

代码评审的通用检查表
1. 格式
• 嵌套的if是否正确地缩进?
• 注释是否准确并有意义?
• 是否使用有意义的标号?
• 代码是否基本上与开始时的模块模式一致?
• 是否遵循全套的编程标准?
2. 程序语言的使用
• 是否使用一个或一组最佳动词?
• 模块中是否使用完整定义的语言的有限子集?
• 是否使用了适当的转移语句?
3. 数据引用错误
• 是否引用了未初始化的变量?
• 数组和字符串的下标是整数值吗? 下标总是在数组和字符串大小范围之内吗?
• 是否在应该使用常量的地方使用了变量? 例如在检查数组范围时。
• 变量是否被赋予了不同类型的值?
• 为引用的指针分配内存了吗?
• 一个数据结构是否在多个函数或者子程序中引用,在每一个引用中明确定义了结构了吗?
4. 数据声明错误
• 所有变量都赋予正确的长度、类型和存储类了吗? 例如,在本应声明为字符串的变量声明为字符数组了。
• 变量是否在声明的同时进行了初始化? 是否正确初始化并与其类型一致?
• 变量有相似的名称吗? 是否自定义变量使用了系统变量名?
• 存在声明过、但从未引用或者只引用过一次的变量吗?
• 在特定模块中所有变量都显式声明了吗? 如果没有,是否可以理解为该变量与更高级别的模块共享?

续表

5. 计算错误
- 计算中是否使用了不同数据类型的变量？例如，将整数与浮点数相加。
- 计算中是否使用了不同数据类型相同但长度不同的变量？例如，将字节与字相加。
- 计算时是否了解和考虑到编译器对类型和长度不一致的变量的转换规则？
- 赋值的目的变量是否小于赋值表达式的值？
- 在数值计算过程中是否可能出现溢出？
- 除数/模是否可能为零？
- 对于整型算术运算，特别是除法的代码处理是否会丢失精度？
- 变量的值是否超过有意义的范围？
- 对于包含多个操作数的表达式，求值的次序是否混乱？运算优先级对吗？

6. 比较错误
- 比较正确吗？虽然听起来容易，但是比较中应该是小于还是小于或等于常常发生混淆。
- 存在分数或者浮点值之间的比较吗？如果有，精度问题会影响比较吗？
- 每一个逻辑表达式都正确表达了吗？逻辑计算如期进行了吗？求值次序有疑问吗？
- 逻辑表达式的操作数是逻辑值吗？例如，是否包含整数值的整型变量用于逻辑计算中？

7. 入口和出口的连接
- 初始入口和最终出口是否正确？
- 对另一个模块的每一次调用是否恰当？例如，全部所需的参数是否传送给每一个被调用的模块？被传送的参数值是否正确地设置？对关键的被调用模块的意外情况（如丢失，混乱）是否处理？
- 每个模块的代码是否只有一个入口和一个出口？

8. 存储器的使用
- 每个域，在其第一次被使用前是否正确初始化？
- 规定的域正确否？
- 每个域是否有正确的变量类型声明？

9. 控制流程错误
- 如果程序包含 begin-end 和 do-while 等语句组，end 是否对应？程序、模块、子程序和循环能否终止？如果不能，可以接受吗？
- 可能存在永远不停地循环吗？
- 存在循环从不执行吗？如果是这样，可以接受吗？
- 如果程序包含像 switch-case 语句这样的多个分支，索引变量能超出可能的分支数目吗？如果超出，该情况能正确处理吗？
- 是否存在"丢掉一个"错误，导致意外进入循环？
- 代码执行路径是否已全部覆盖？是否能保证每条源代码语句至少执行一次？

10. 子程序参数错误
- 子程序接收的参数类型和大小与调用代码发送的匹配吗？次序正确吗？
- 如果子程序有多个入口点，引用的参数是否与当前入口点没有关联？
- 常量当做形式参数传递时，是否意外在子程序中改动？
- 子程序是否更改了仅作为输入值的参数？
- 每一个参数的单位是否与相应的形参匹配？
- 如果存在全局变量，在所有引用子程序中是否有相似的定义和属性？

11. 输入输出错误
- 软件是否严格遵守外部设备读写数据的专用格式？
- 文件或者外设不存在或者未准备好的错误情况有处理吗？
- 软件是否处理外部设备未连接、不可用或者读写过程中存储空间占满等情况？
- 软件以预期方式处理预计的错误吗？
- 检查错误提示信息的准确性、正确性、语法和拼写了吗？

续表

12. 逻辑和性能 • 全部设计已实现否？ • 逻辑被最佳地编码否？ • 提供正式的错误/例外子程序否？ • 每一个循环执行正确的次数否？ 13. 维护性和可靠性 • 清单格式适于提高可读性否？ • 标号和子程序符合代码的逻辑意义否？ • 对从外部接口采集的数据有确认否？ • 遵循可靠性编程要求否？ • 是否存在内存泄漏的问题？

3.5.5 评审报告和记录保存

在FTR期间，由一名评审员（记录员）主动记录所有提出的问题。在评审会议结束时要对这些问题进行汇总，并生成一份“评审问题清单”。此外，还要完成一份“正式技术评审总结报告”。评审总结报告中要回答以下3个问题：

(1) 评审的产品是什么？

(2) 谁参与了评审？

(3) 发现的问题和结论是什么？

评审总结报告通常只是一页纸的形式（可能还有附件）。它是项目历史记录的一部分，有可能将其分发给项目负责人和其他感兴趣的参与方。

评审问题清单有两个作用：①标识产品中存在问题的区域；②作为行动条目检查单以指导开发人员进行改正。通常将评审问题清单附在总结报告的后面。

为了保证评审问题清单中的每一条都得到适当的改正，建立跟踪规程非常重要。只有做到这一点，才能保证提出的问题真正得到“解决”。方法之一就是将跟踪的责任指派给评审会主席。

3.5.6 评审指导原则

进行正式技术评审之前必须制定评审的指导原则，并分发给所有评审员以得到大家的认可，然后才能依照它进行评审。不受控制的评审通常比没有评审还要糟糕。下面列出了最低限度的一组正式技术评审指导原则。

(1) 评审工作产品，而不是评审开发人员。FTR涉及他人和自己。如果进行得适当，FTR可以使所有参与者体会到温暖的成就感。如果进行得不适当，则可能陷入一种审问的气氛之中。应该温和地指出错误，会议的气氛应该是轻松的和建设性的，不要试图贬低或羞辱他人。评审会主席应该引导评审会议——确保维护适当的气氛和态度，应立即终止已变得失控的评审。

(2) 制定并遵守日程表。各种类型会议的主要缺点之一就是放任自流。必须保证

FTR不要离题且按照计划进行。评审主席负有维持会议程序的责任，在有人转移话题时应该提醒他。

(3) 限制争论和辩驳。当评审员提出问题时，未必所有人都认同该问题的严重性。不要花时间去争论这类问题，这类问题应该被记录在案，留到会后进行讨论。

(4) 要阐明问题，但是不要试图解决所有记录的问题。评审不是一个解决问题的会议，问题的解决应该由开发人员自己或是在别人帮助下放到评审会之后进行。

(5) 做笔记。有时候让记录员在黑板上做笔记是一种很好的方式，这样，在记录员记录信息时，其他评审员可以推敲措辞，并确定问题的优先次序。或者，笔记可直接输入到笔记本电脑。

(6) 限制参与者人数，并坚持事先做准备。虽然2个人比1个人好，但14个人并不一定就比4个人好。应该根据需要将参与评审的人员数量限制到最低，而且所有参与评审的小组成员都必须事先做好准备。评审会主席应该向评审员要求书面意见(以表明评审员的确对材料进行了评审)。

(7) 为每个将要评审的工作产品建立检查清单。检查清单能够帮助评审会主席组织FTR会议，并帮助每位评审员将注意力集中到重要问题上。应该为分析、设计、代码、甚至测试等工作产品建立检查清单。

(8) 为FTR分配资源和时间。为了进行有效的评审，应该将评审作为软件过程中的任务列入进度计划，而且还要为由评审结果所引发的不可避免的修改活动分配时间。

(9) 对所有评审员进行有意义的培训。为了提高效率，所有评审参与者都应该接受某种正式培训。培训要强调的不仅有与过程相关的问题，而且还应该涉及评审的心理学方面。Freedman和Weinberg估计每20人进行为期一个月的学习，将能够有效地参与评审。

(10) 评审以前所做的评审。听取汇报对发现评审过程本身的问题十分有益，最早被评审的工作产品本身就是评审的指导原则。

由于成功的评审涉及许多变数(如参与者数量、工作产品类型、时间和长度、特定的评审方法等)，软件组织应该在实验中确定何种方法对自己的特定环境最为适用。

3.5.7 样本驱动评审

在理想情况下，每个软件工程工作产品都要经过正式技术评审。但在实际的软件项目中，由于资源有限和时间不足，即使意识到评审是一种质量控制的机制，评审也常常被省略。

Thelin和他的同事提出了样本驱动评审过程，在这个过程中，要对所有软件工程工作产品的样本进行审查，以决定哪些工作产品是最有错误倾向的，然后集中全部FTR资源，(根据抽样过程中收集的数据)只分配给那些可能具有错误倾向的工作产品。

为了提高效率，样本驱动评审过程必须对作为整个FTR的主要目标的那些工作产品进行量化。量化时一般采用以下步骤：

(1) 审查每个软件工作产品i的若干分之一，记做$1/a_i$，记录在其中发现的缺陷数

量 f_i。

(2) 用 f_i除以 a_i可得到在工作产品 i 中缺陷数量的粗略估算值。

(3) 按照缺陷数量粗略估算值的递减次序排列这些工作产品。

(4) 将现有的评审资源集中到那些具有最高缺陷数量估算值的工作产品上。

从工作产品中抽样的这一小部分必须能代表整个工作产品,并且要足够大,对进行抽样的评审者来说有意义。当 a_i增大时,样本有效代表工作产品的可能性也随之增长,而进行抽样所需要的资源也随之增长。开发各种类型的工作产品时。软件工程团队必须确定 a_i的最佳取值。

3.6 QESuite 软件测试管理平台

在历年全国计算机等级考试(四级)的软件测试工程师考试中,第 2 部分"论述题"中都安排有基于 QESuite Web Version 1.0 软件应用的软件测试过程管理实践考试内容。为此,我们在这里简单介绍一下该软件,如果要参加该项考试,读者应参考历年相关考题的分析,掌握这类题目的答题方法,受篇幅限制本书不做详细叙述。

QESuite 软件测试过程管理工具由北京航空航天大学软件工程研究所研发,基于 C/S 结构和 B/S 结构,面向软件产品的整个生命周期,该软件实现对测试过程、测试对象和测试数据的有效管理,指导用户实施测试过程改进,满足了开发企业对于测试管理的需求,适用于各类软件企业对其软件测试过程进行有效的管理。

3.6.1 QESuite 系统的功能特点

QESuite 系统的功能特点主要是:

(1) 软件测试过程全面管理。QESuite 可以同时管理多个正在进行的软件测试项目。同时可对软件产品从划分功能分类、分配相关人员、编写测试用例、执行测试用例到生成问题报告的整个测试流程进行系统、有效的管理。项目管理人员可以通过该系统随时了解、监控被测项目的执行进度和软件问题的处理状态,为测试人员和开发人员的工作提供有效的考核依据,保障软件开发和测试的顺利进行。

(2) 待测软件产品功能分类机制确保测试覆盖率。QESuite 能协助项目管理人员对待测软件产品的各功能区域进行缜密划分,从而可避免待测软件功能区域的重复或遗漏,同时可便于项目管理人员分配测试工作。QESuite 可管理的测试系统划分深度可以满足各类大中型软件产品测试的需要。

(3) 对测试用例与软件问题报告的数据库管理。QESuite 使软件开发企业可以脱离原有的纸张与电子表格等原始的文档记录方式,采用 Lotus Notes 或 SQL 等大型数据库管理方式。无论是开发人员、测试人员或项目管理人员都可以随时编写、修改和查阅测试用例和软件问题报告,并可对测试用例与软件问题报告进行长期保存,避免了测试用例与软件问题报告的流失。

(4) 测试用例执行与软件问题处理过程的全程跟踪。QESuite 可对测试用例的编写与执行情况进行全程记录，便于项目管理人员追踪测试用例在各个测试阶段的执行过程，及时调整测试策略与方法，并可记录软件问题从发现、分析到解决的整个状态转换过程和人员操作记录，便于项目管理人员追溯软件问题处理的各个过程，有助于进一步提高软件问题的处理质量与软件质量。

(5) 统一的测试用例与软件问题模板。QESuite 提供了统一的软件问题报告模板与测试用例模板，使测试人员能够更加准确、详细地编写测试用例与描述软件问题，保证了测试用例与软件问题报告描述的一致性，便于对测试用例与软件问题的积累、分类与查询。

(6) 软件问题生命期状态的科学定义。科学划分软件问题生命周期主状态及子状态，可以帮助用户详细记录、跟踪和管理软件问题的生命周期全过程。基于此软件问题生命周期状态转换图而定义的软件问题处理工作流，将测试部门与开发部门的工作结合在一起，将大大提高软件问题的处理效率与准确性。

(7) 实用的统计功能辅助管理决策。QESuite 具有实用的统计功能，项目管理人员可以从各种角度建立分析统计报表，以便及时掌握测试用例的执行情况，软件问题的有效发现率、有效修复率和各项测试工作的进度，并进行全局管理。

(8) 强大的安全机制保障用户的数据安全。QESuite 的用户可以根据人员的分工和职能不同划分严格的权限，从而明确测试任务，并保证系统数据的安全。QESuite Notes 版更是构建在 Lotus Domino/Notes 的强大的安全机制基础之上，系统数据安全将更有保证。

(9) 不同的运行环境。QESuite 有 Web 版和 Notes 版两种运行版本，可适应不同企业对运行成本和系统运行安全的不同要求。QESuite Notes 版基于 Lotus Domino/Notes 构建，充分利用了 Domino/Notes 的强大群组协同能力和强大的安全机制，适合于对系统数据安全性要求比较高的软件企业，也适用于已经拥有 Lotus Domino/Notes 平台的软件企业。而 QESuite Web 版基于 B/S 结构，运行环境简单，投入成本低。

3.6.2 QESuite Web Version 1.0

QESuite Web Version 1.0 采用 B/S 结构，基于 Windows 系列平台，使用 Tomcat 作为 Web 服务器，后台采用 MS SQL Server 2000 大型关系数据库，通过简单的配置，即可在网络上构建软件测试过程管理体系。

QESuite Web Version 1.0 主要的用户对象是软件产品开发及生产企业、软件产品质量检测机构和软件产品质量认证机构。

QESuite Web Version 1.0 的服务器端有 2 个主要部分组成，即应用服务器和数据库服务器。

(1) 应用服务器：Java 2 SDK 和 Apache Tomcat Server。

(2) 数据库服务器：Microsoft SQL Server 和 QESuite 数据库。

(3) 客户端：Windows XP 和 IE 浏览器。

可以将应用服务器和数据库服务器安装在一台服务器上，也可以安装在不同的服务器上。

3.7 习题

请参考课文内容以及其他资料，完成下列选择题。

(1) 下面不属于桌上检查的项目是（　　）。

A. 检查小组对程序进行模拟执行，以展示系统的不同构件如何相互作用，暴露程序被忽略的细节

B. 检查变量的交叉引用表，重点是检查未说明的变量和违反了类型规定的变量

C. 选择、激活路径，检查程序的语句代码

D. 比较由程序员设计的控制流图和由实际程序生成的控制流图，寻找和解释每个差异，修改文档和校正错误

(2) 代码走查的目的是（　　）。

A. 发现缺陷、遗漏和矛盾的地方

B. 确认程序逻辑与程序规格说明的一致性

C. 验证需求变更的一致性

D. 证明程序确实是按照用户的需求工作的

(3) 走查是一种重要的审查方法，下列所述的审查活动中，不属于走查的是（　　）。

A. 审查小组的组织者事先把相关的设计文档、源程序和其他材料发给每一个小组成员，要求他们预先了解审查的内容

B. 测试员事先根据审查的源代码准备一批测试用例

C. 程序员在小组审查会上向全体审查人员逐条讲解自己编写的程序

D. 所有参与审查的人员集体扮演"计算机"的角色，使用事先准备的测试用例按照源程序规定的顺序逐条执行讨论可能出现的问题

(4) 同行评审主要包括管理评审、技术评审、过程评审和（　　）。

A. 需求评审　B. 文档评审　C. 质量评审　D. 风险评审

(5) 检查是否存在"已定义但未使用"的变量引用异常应属于（　　）。

A. 静态分析　B. 动态分析　C. 代码执行　D. 调试

(6) 坚持在软件开发的各个阶段实施下列哪种质量保证措施才能在开发工程中尽早发现和预防错误，把出现的错误克服在早期？（　　）

A. 技术评审　B. 程序测试　C. 文档审查　D. 管理评审

(7) 同行评审，有时称为同级评审，是一种通过作者的同行来确认缺陷和需要变更区域的检查方法。它主要分为管理评审、技术评审、文档评审和（　　）。

A. 误差评审　B. 项目评审　C. 过程评审　D. 组织体系评审

(8) 在代码检查过程中发现大部分错误的人通常是（　　）。

A. 程序员　B. 测试员　C. 审查者　D. 架构师

(9) 走查是对软件进行静态测试的一种方法，以下不属于走查活动的是（　　）。

A. 计划走查会议

B. 准备测试用例

C. 执行走查以发现和改正错误

D. 在走查过程中程序员逐渐讲解自己的程序

3.8 实验与思考

3.8.1 实验目的

本节“实验与思考”的目的：

(1) 熟悉软件评审技术的基本概念和基本内容。通过实例分析，了解评审技术在发现设计缺陷、降低软件过程后续活动的成本等方面所发挥的重要作用。

(2) 通过对论述题的深入分析和讨论，熟悉和掌握软件评审与软件测试的基本方法。

3.8.2 工具/准备工作

在开始本实验之前，请认真阅读课程的相关内容。

需要准备一台带有浏览器、能够访问因特网的计算机。

3.8.3 实验内容与步骤

参考本章3.1节，请分析并回答问题1)～3)。

1) 假设需求模型引入了10个错误，每个错误按2∶1的比例在设计阶段放大，设计阶段引入了另外20个错误，并且这20个错误按1.5∶1的比例在编码阶段放大，在编码阶段又引入了另外30个错误。进一步假设，所有单元测试会发现所有错误的30%，集成测试将找到剩余错误的30%，验证测试会发现剩余错误的50%。没有进行评审，有多少错误将被发布到现场？

答：____

____

2) 重新考虑1)所述情形，但现在假设进行了需求评审、设计评审和代码评审，并且这些步骤能有效地发现所有错误的60%。有多少错误将被发布到现场？

答：____

____

3) 重新考虑1)和2)所述情形，对于每个发布到现场的错误，发现和改正的成本是4800美元，在评审时发现并改正每个错误花费240美元，通过进行评审节约多少钱？

答：____

____

4) 以下是结构化程序设计方法的设计过程的流程图(图3-6)，请按要求回答问题。

(1) 请在一白纸上画出该系统上交互行为的状态图，并粘贴于此处。

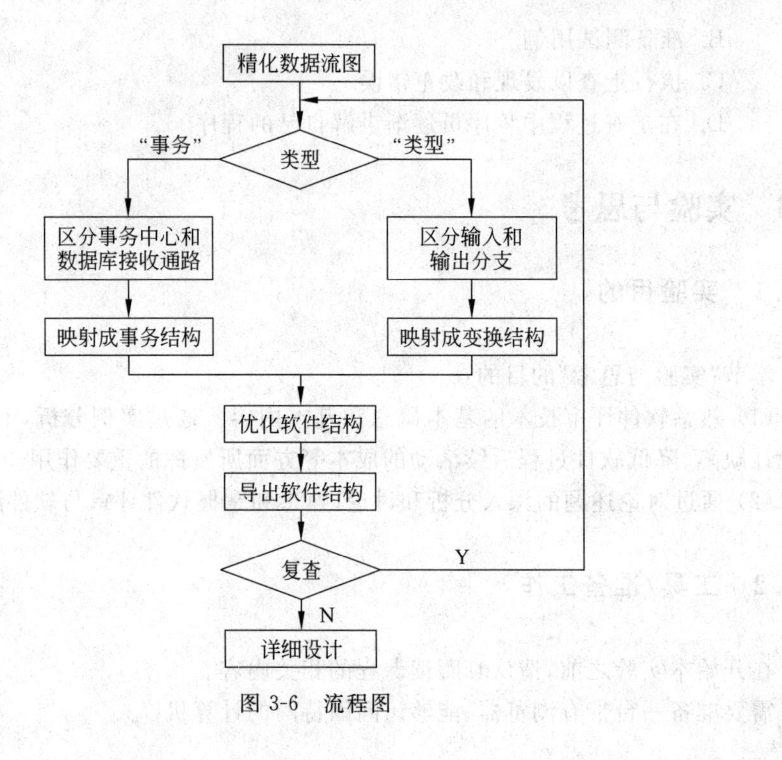

图 3-6 流程图

--- 粘贴处 ---

(2) 使用基本路径测试方法确定该状态图的测试路径。

Path1：____

Path2：____

Path3：____

5) 考虑 3.5.5 节提出的所有评审准则,你认为哪一条是最重要的,为什么?

答：____

____

____

3.8.4 实验总结

____

____

____

____

3.8.5 实验评价(教师)

3.9 阅读与分析:21世纪的代码审查

导读:代码审查已经被广泛地认可为一种非常好的做法,现在很多大公司比如Google也在做代码审查。代码审查不仅可以有助于你的工作,还能分享知识。原文是《Code Reviews in the 21st Century》,现对此文进行编译。文章内容如下:

在软件工程领域里代码审查可以结束程序员之间无谓的争执。开发者常常会因为一些愚蠢的小事斗嘴,冒犯对方,甚至是在Q&A问答之前抓住Bug而喋喋不休,争执总是围绕在你左右。OK,千万不要误会我的意思,因为我们有理由相信代码审查绝对是个不错的好方法。原因如下:

(1) 越早发现Bug也就意味着可降低项目成本。无须释放一个修复补丁,因为它正处在开发阶段。

(2) 代码变得越来越重要。

(3) 知识贯穿于你的团队中,不再像以前那样一大块代码只有某一个人知道。

(4) 开发者需要加倍的努力。如果开发者知道别人要对他的工作进行评估时,就会采取额外的努力做好工作,同时他还喜欢用文档注释标出异议。

如今,在21世纪的今天很多项目都没有使用代码审查。本文将提供8条准则,供开发者学习与参考。

1) 永远别忘了TDD

再确认测试代码前,先找别人帮你检查下是否无误。在别人做之前尽量检查出Bug并且将其处理好。代码审查最重要规则是对即将提交的代码中查找问题——你需要做的就是确认代码是正确的。

2) 尽可能地自动化

这里有几个非常好的Java工具比如:PMD、CheckStyle、FindBugs等。问题是当利用这些查找工具后人们还肯花时间去做代码审查吗。

使用这些工具前,为这些工具制定一套细则是非常重要的。这能够确保你使用同一个代码审核标准从而区别于那些常被用于20世纪老式的代码审查规范。在理想的状态下,这些工具可运行在各种版本控制系统上通过hook审查每个代码。如果该代码不好将被阻止在外。

3) 尊重设计

在我开始从事Java项目早期时,用代码审查的方式已为时已晚。因为当你检查代码问题时实际上给你的设计造成了缺陷。设计模式被误解,一些繁杂的附属物质混入进来或者开发者脱离了主题。

审查会混乱你的观点。或许你会反驳:“这是代码审查而不是设计审查”。这时一些烂摊子必然会接踵而至。为了避免这些问题发生,我们改变了设计的初衷。代码审查会牵连到很多方面,无论是设计还是设计审查。事实上,我们通过设计审查要比代码审查面临的冲击要多得多。设计需要更高的质量和灵感,我们应该避免一些复杂的思维。

4) 统一的风格指南

即使是使用自动化工具(诸如 CheckStyle、FindBugs 等)也应避免不必要的风格冲突,你的项目应该具备风格指南。(在尽可能的情况下)坚持 Java 协议的规范标准,尝试着为你的项目介绍制定一个“词典”,这就意味着,当涉及这个代码时,查看该代码的用法和环境是否适宜,这些都很容易被检测出。

5) 挑选适宜的工具

如果开发者都在使用 Eclipse 开发工具(Eclipse IDE 插件 Jupiter),你可以通过你的方式来查看代码、调试代码甚至可使用 Eclipse IDE 上的一切东西来帮助你在审查代码时更加地便捷。但是,如果大家没有使用同一个 IDE(或者该 IDE 没有给你的工作带来方便)你可以考虑 Review Board,它是个不错的选择。

6) 请记住每个项目都不同

也许你在采用以前的项目方法工作,但是,请记住每个项目之间是不同的。每一个项目都有特定的架构(高并发或是高分散),有特定的文化(或许很多人喜欢使用 Eclipse),并使用特定的工具(maven or ant)。难道你想照葫芦画瓢?OK,请记住,不同的项目有不同的工作方法。

7) 懂得取舍

代码审查需要积极和细致而不是卖弄学问。你会因为一些细微的琐事紧张而导致项目失败或是花费公司成本吗?记住,千万不要这样。理清头绪,换个角度想想,改变自己的心态而不是记挂着去改变别人。

8) Be buddies

在我看来,称之为“buddy reviews”(别人会叫“over the shoulder”)非常好。A buddy review 是指与其他团队成员每隔一到两天以非正式的形式讨论,并且快速地浏览(5~10分钟)对方的代码。这种方法可以帮助你:

(1) 及早地发现问题;

(2) 总是很快地知道该干什么;

(3) 代码审查无须过长,因为你只需要查看新的代码,旧的代码会很快赶上;

(4) 这种非正式的场合——没有紧张感,很有趣;

(5) 可以定期地交换想法。

buddy reviewing 在团队中是一种很好的工作方式,当某人在团队中出现问题时可以及早地发现。这不仅可以帮助大家,还可以交换彼此的进度和想法。

总之,如果你的项目正在进行代码审查,应该做到快速、有效、不浪费别人的时间。正如文章所说的,这几点非常重要。代码审查用意是在代码提交前找到其中的问题。

资料来源:2012-2-28 10:29,夏梦竹编译,51Testing 软件测试网采编。有删改。

第4章 软件测试策略

软件测试的目标是发现错误。对于传统软件,这个目标是通过一系列测试步骤达到的。单元测试和集成测试侧重于验证模块的功能以及将模块集成到程序结构中去;确认测试验证软件需求的可追踪性;系统测试在软件集成为较大的子系统和系统时对软件进行确认。每个测试步骤都是通过有助于测试用例设计的一系列系统化测试技术来完成的。

软件测试策略由项目经理、软件工程师及测试专家来制定。测试所花费的工作量经常比其他任何软件工程活动都多。软件测试策略提供了一张路线图:描述将要进行的测试步骤,这些步骤计划和执行的时机以及需要的工作量、时间和资源。因此,任何测试策略都必须包含测试计划、测试用例设计、测试执行以及测试结果数据的收集与评估。

测试从"小范围"开始,并逐步过渡到"软件整体"。这意味着,早期的测试关注单个构件或相关的一小组构件,利用测试发现封装在构件中的数据错误和处理逻辑错误。当完成单个构件的测试后,需要将构件集成起来,直到建成整个系统。这时,执行一系列的高阶测试(high-order test)以发现不满足顾客需求的错误。随着错误的发现,必须利用调试过程对错误进行诊断和纠正。

测试规格说明是将软件测试团队的具体测试方法文档化,主要包括制定描述整体策略的计划,定义特定测试步骤的规程及将要进行测试的类型。

与测试不同的是,调试被看做是一种技术。从问题的症状显示开始,调试活动要去追踪错误的原因。

4.1 软件测试的策略性方法

测试是可以事先计划并可以系统地进行的一系列活动。因此,应该为软件过程定义软件测试模板,即将特定的测试用例设计技术和测试方法放到一系列的测试步骤中去。

许多软件测试策略为软件开发人员提供了测试模板,并具备下述一般特征:

- 为完成有效的测试,应该进行有效的、正式的技术评审。通过评审,许多错误可以在测试开始之前排除。
- 测试开始于构件层,然后向外"延伸"到整个基于计算机系统的集成。
- 不同的测试技术适用于不同的软件工程方法和不同的时间点。
- 测试由软件开发人员和(对大型项目而言)独立的测试组执行。
- 测试和调试是不同的活动,但任何测试策略都必须包括调试。

软件测试策略必须提供必要的低级测试,可以验证小段源代码是否正确实现。也要提供高级测试,用来确认系统的主要功能是否满足用户需求。软件测试策略必须为专业人员提供工作指南，同时，为管理者提供一系列的里程碑。测试的进度必须是可测量的，并且应该让问题尽可能早地暴露。

4.1.1 软件测试策略——宏观

可以将软件过程看做如图 4-1 所示的螺旋。开始时系统工程定义软件的角色，从而引出软件需求分析，在需求分析中建立了软件的信息域、功能、行为、性能、约束和确认标准。沿着螺旋向内，经过设计阶段，最后到达编码阶段。为开发计算机软件，沿着流线螺旋前进(顺时针)，每走一圈都会降低软件的抽象层次。

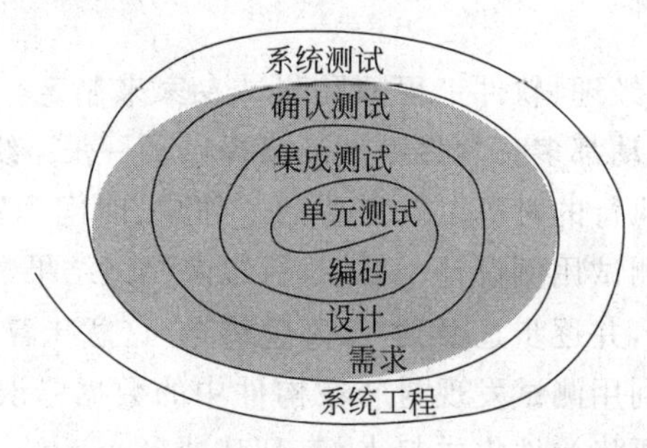

图 4-1 测试策略

软件测试策略也可以放在螺旋模型中来考虑。单元测试起始于螺旋的旋涡中心，侧重于以源代码形式实现的每个单元(例如，构件、类或 Web 应用内容对象)。沿着螺旋向外，就是集成测试。这时的测试重点在软件体系结构的设计和构造。沿着螺旋向外再走一圈，就是确认测试，在这个阶段，依据已经建立的软件，对需求(作为软件需求建模的一部分而建立)进行确认。最后到达系统测试阶段，将软件与系统的其他成分作为一个整体来测试。为了测试计算机软件，以顺时针方向沿着流线向外螺旋前进，每转一圈都拓宽了测试范围。

以过程的观点考虑整个测试，软件工程环境中的测试实际上就是按顺序实现 4 个步骤，如图 4-2 所示。最初，测试侧重于单个构件，确保它起到了单元的作用，因此称之为单元测试。单元测试充分利用测试技术，运行构件中每个控制结构的特定路径，以确保路径的完全覆盖，并最大可能地发现错误。接下来，组装或集成各个构件以形成完整的软件包。集成测试处理并验证与程序构造相关的问题。在集成过程中，普遍使用关注输入和输出的测试用例设计技术(尽管也使用检验特定程序路径的测试用例设计技术来保证主要控制路径的覆盖)。在软件集成(构造)完成之后，要执行一系列的高阶测试，必须评估确认准则(需求分析阶段建立的)。确认测试为软件满足所有的功能、行为和性能需求提供最终保证。

最后的高阶测试步骤已经超出软件工程的边界，属于更为广泛的计算机系统工程范围。软件一旦确认，就必须与其他系统成分(如硬件、人、数据库)结合在一起。系统测试验证所有成分都能很好地结合在一起，且能满足整个系统的功能或性能需求。

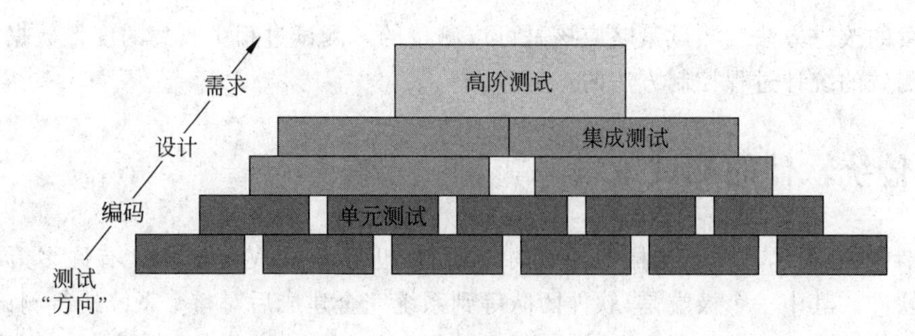

图 4-2 软件测试步骤

4.1.2 测试完成的标准

每当讨论软件测试时，都会引出一个典型问题，即“测试什么时候才算做完？”实际上这个问题没有确定的答案，只有一些相关的经验指导。因为“永远也不能完成测试”，测试这个担子只会从软件工程师身上转移到最终用户身上。用户每次运行计算机程序时，程序就在经受测试。当然，另一个答案是：当你的时间或资金耗尽时，测试就完成了。

通过在软件测试过程中收集度量数据并利用现有的软件可靠性模型，对回答“测试何时做完”这种问题，提出有意义的指导性原则是可能的。

4.2 策略问题

尽管测试的主要目的是查找错误，但是一个好的测试策略也可以用来评估软件的其他质量特性，例如可移植性、可维护性和易用性等。这些都应该以可测量的方式加以规定，从而保证测试结果无歧义性。

明确地陈述测试目标。测试的特定目标应该用可测量的术语进行陈述。例如，测试的有效性、测试的覆盖率、平均故障时间、发现和修正缺陷的成本、剩余缺陷的密度或出现频率、测试的工作时间，这些都应当在测试计划中陈述。

了解软件的用户并为每类用户建立用户描述。描述每类用户交互场景的用例，侧重于测试产品的实际使用，可以减少整个测试的工作量。

制定强调“快速周期测试”的测试计划。Gilb 建议软件工程团队“对客户有用的至少是可作检查的功能增量和(或)质量改进，学会以快速周期(2%的项目工作量)进行测试”。从这些快速周期测试中得到的反馈可用于控制质量的等级和相应的测试策略。

建立能够测试自身的“健壮”软件。软件应该利用防错技术进行设计。也就是说，软件应该能够诊断某些类型的错误。另外，软件设计应该包括自动化测试和回归测试。

测试之前，利用有效的正式技术评审作为过滤器。在发现错误方面，正式技术评审与测试一样有效。因此，评审可以减少生产高质量软件所需的测试工作量。

实施正式技术评审以评估测试策略和测试用例本身。正式技术评审能够发现测试方法中的不一致、遗漏和明显的错误。这节省了时间，也提高了产品质量。为测试过程建立一种持续的改进方法。测试策略应该是可以测量的。测试过程中收集的度量数据应当作为软件测试的统计过程控制方法的一部分。

4.3 传统软件的测试策略

所谓传统软件,其体系结构不是面向对象的,也不包括 Web 应用。有许多策略可用于测试软件。其中一个极端是,软件团队等到系统完全建成后对整个系统执行测试,以期望发现错误。虽然这种方法很有吸引力,但效果不好,可能得到的是有许多缺陷的软件,致使所有的干系人感到失望。另一个极端是,无论系统任何一部分何时建成,软件工程师每天都在进行测试。尽管这种方法对很多人都缺少吸引力,但确实很有效。遗憾的是,许多软件开发者对使用后一种方法感到犹豫。多数软件团队选择介于这两者之间的测试策略。这种策略以渐进的观点对待测试,以个别程序单元的测试为起点,逐步转移到方便于单元集成的测试,最后以实施整个系统的测试而告终。

4.3.1 单元测试策略

单元测试侧重于软件设计的最小单元(软件构件或模块)的内部处理逻辑和数据结构,利用构件级设计描述作为指南,测试重要的控制路径以发现模块内的错误。测试的相对复杂度和这类测试发现的错误受到单元测试约束范围的限制,测试可以对多个构件并行执行。

图 4-3 概要描述了单元测试。测试模块的接口是为了保证被测程序单元的信息能够正常地流入和流出;检查局部数据结构以确保临时存储的数据在算法的整个执行过程中能维持其完整性;执行控制结构中的所有独立路径(基本路径)以确保模块中的所有语句至少执行一次;测试边界条件确保模块在到达边界值的极限或受限处理的情形下仍能正确执行。最后,要对所有的错误处理路径进行测试。

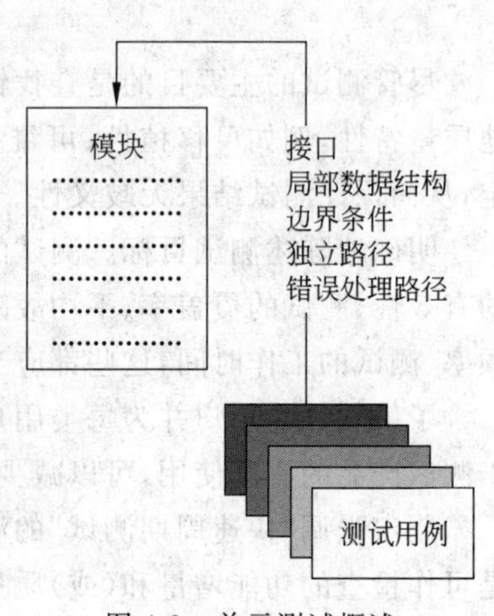

图 4-3 单元测试概述

对穿越模块接口的数据流的测试要在任何其他测试开始之前进行,因为数据若不能正确地输入输出,其他测试都是没有意义的。另外,应当测试局部数据结构,可能的话,在单元测试期间确定对全局数据的局部影响。

在单元测试期间,选择测试的执行路径是最基本的任务。设计测试用例是为了发现因错误计算、不正确的比较或不适当的控制流而引起的错误。

边界测试是最重要的单元测试任务之一。软件通常在边界处出错,也就是说,错误行为往往出现在处理 n 维数组的第 n 个元素,或者 i 次循环的第 i 次调用,或者遇到允许出现的最大、最小数值时。使用刚好小于、等于或大于最大值和最小值的数据结构、控制流和数值作为测试用例就很有可能发现错误。

好的设计要求能够预置出错条件并设置异常处理路径,以便当错误确实出现时重新确定路径或彻底中断处理,即所谓的防错技术。当评估异常处理时,应能测试下述的潜在错误:①错误描述难以理解;②记录的错误与真正遇到的错误不一致;③在异常处理之前,错误条件就引起了操作系统的干预;④异常条件处理不正确;⑤错误描述没有提供足够的信息,对确定错误产生原因没有帮助。

设计高内聚的构件可以简化单元测试。当构件只强调一个功能时,测试用例数就会降低,且比较容易预见错误和发现错误。

4.3.2 集成测试策略

如果每个模块都能单独工作得很好,那么为什么要怀疑将它们放在一起时的工作情况呢?当然,这个问题涉及"将它们放在一起"的接口相连。数据可能在穿过接口时丢失;一个模块可能对另一个模块产生负面影响;子功能联合在一起并不能达到预期的功能;单个模块中可以接受的不精确性在连接起来之后可能会扩大到无法接受的程度、全局数据结构可能产生问题。遗憾的是,问题还远不止这些。

集成测试是构造软件体系结构的系统化技术,同时也是进行一些旨在发现与接口相关的错误的测试。其目标是利用已通过单元测试的构件建立设计中描述的程序结构。

常常存在一种非增量集成的倾向,即利用"一步到位"的方式来构造程序。所有的构件都事先连接在一起,全部程序作为一个整体进行测试,其结果往往是一片混乱,会出现一大堆错误。由于在整个程序的广阔区域中分离出错的原因非常复杂,因此,改正错误比较困难。一旦改正了这些错误,可能又会出现新的错误。这个过程似乎会以无限循环的方式继续下去。

增量集成与"一步到位"的集成方法相反。程序以小增量的方式逐步进行构造和测试,这样错误易于分离和纠正,更易于对接口进行彻底测试,而且可以运用系统化的测试方法。

自顶向下集成。这是一种构造软件体系结构的增量测试方法。模块的集成顺序为从主控模块(主程序)开始,沿着控制层次逐步向下,以深度优先或广度优先的方式将从属于(和间接从属于)主控模块的模块集成到结构中去。

参见图4-4,深度优先集成是首先集成位于程序结构中主控路径上的所有构件。主控路径的选择有一点武断,也可以根据特定应用系统的特征进行选择。例如,选择最左边的路径,首先集成构件M_1、M_2和M_5。其次,集成M_8、M_6(若M_2的正常运行是必需的),然后集成中间和右边控制路径上的构件。广度优先集成首先沿着水平方向,将属于同一层的构件集成起来。如图4-5中,首先将构件M_2、M_3和M_4集成起来,其次是下一个控制层M_5、M_6,依此类推。

集成过程可以通过下列5个步骤完成:

(1) 主控模块用做测试驱动模块,用直接从属于主控模块的所有模块代替桩模块;

(2) 依靠所选择的集成方法(即深度优先或广度优先),每次用实际模块替换一个从

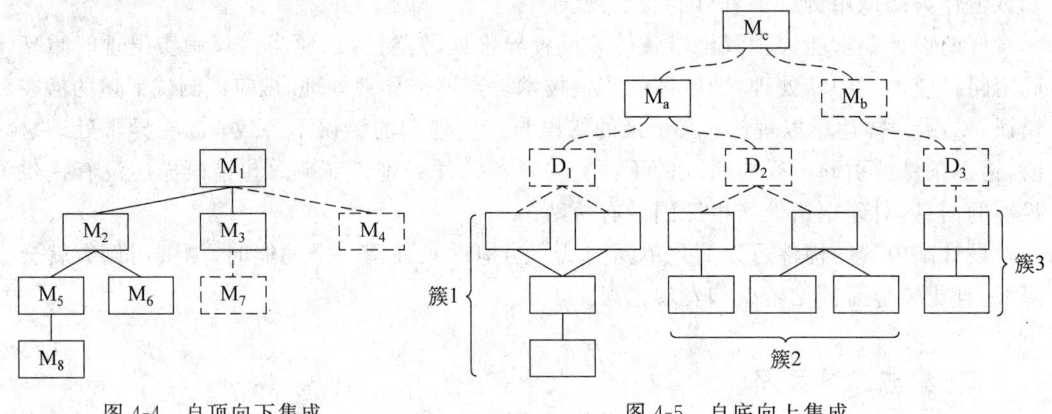

图 4-4 自顶向下集成　　　　图 4-5 自底向上集成

属桩模块;

(3) 集成每个模块后都进行测试;

(4) 在完成每个测试集之后,用实际模块替换另一个桩模块;

(5) 可以执行回归测试(在本节的后面讨论)以确保没有引入新的错误。

回到第 2 步继续执行此过程,直到完成整个程序结构的构造。

自顶向下集成策略是在测试过程的早期验证主要控制点或决策点。在能够很好分解的程序结构中,决策发生在层次结构的较高层,因此首先要遇到。如果主控问题确实存在,尽早地发现是有必要的。若选择了深度优先集成方法,可以实现和展示软件的某个完整功能。较早的功能展示可以增强开发者、投资者及用户的信心。

自顶向下的集成策略相对来说似乎并不复杂,而实际上可能出现逻辑上的问题。最普遍的问题出现在处理较低层次时会要求对较高层进行了充分测试。在自顶向下测试开始时,桩模块代替低层次的模块,因此,没有重要的数据在程序结构中向上传递。测试者只有三种选择:①许多测试延迟到用实际模块替换桩模块之后;②模拟实际模块,开发实现有限功能的桩模块;③利用自底向上的方式集成软件。

第一种方法使我们对特定测试与特定模块集成之间的相关性方法失去某些控制。这不仅会为确定错误产生原因带来一定的困难,而且会违背自顶向下方法高度受限的本质特征。第二种方法虽然可行,但随着桩模块越来越复杂,可能会产生很大的额外开销。

自底向上集成测试。顾名思义,就是从原子模块(程序结构的最底层构件)开始进行构造和测试。由于构件是自底向上集成的,在处理时所需要的从属于给定层次的模块总是存在的,因此,没有必要使用桩模块。实现步骤如下:

(1) 连接低层构件以构成完成特定子功能的簇(有时称之为 build);

(2) 编写驱动模块(测试的控制程序)以协调测试用例的输入和输出;

(3) 测试簇;

(4) 去掉驱动程序,沿着程序结构向上逐步连接簇。

遵循这种模式的集成如图 4-5 所示。连接相应的构件形成簇 1、簇 2 和簇 3,利用驱动模块(图中的虚线框)对每个簇进行测试。簇 1 和簇 2 中的构件从属于模块 M_a,去掉驱

动模块 D_1 和 D_2，将这两个簇直接与 M_a 相连。与之相类似，在簇 3 与 M_b 连接之前去掉驱动模块 D_3。最后将 M_a 和 M_b 与构件 M_c 连接在一起，依此类推。

随着集成向上进行，对单独的测试驱动模块的需求减少。事实上，若程序结构的最上两层是自顶向下集成的，驱动模块的数量可以大大减少，而且簇的集成得到明显简化。

有关自顶向下和自底向上测试策略的优缺点有许多讨论。一般来讲，一种策略的优点可能就是另一种策略的缺点。自顶向下方法的主要缺点是需要桩以及桩所带来的测试难题，这一问题通常可以通过较早地测试主要控制功能这一优点来弥补。自底向上测试方法的主要缺点在于：直到加入最后一个模块，程序才作为一个实体存在。这个缺点则因测试用例设计比较容易和无需桩模块而得到补偿。

4.3.3 冒烟测试策略

当开发软件产品时，冒烟测试是一种常用的滚动集成测试方法。每天对软件进行重构（加入新的构件）并进行冒烟测试。冒烟测试是时间关键项目的决定性机制，它让软件团队频繁地对项目进行评估。本质上，冒烟测试方法包括下列活动：

(1) 将已经转换为代码的软件构件集成到构建(build)中。一个构建包括所有的数据文件、库、可复用的模块以及实现一个或多个产品功能所需的工程化构件；

(2) 设计一系列测试以暴露影响构件正确地完成其功能的错误。其目的是为了发现极有可能造成项目延迟的业务阻塞错误；

(3) 每天将该构件与其他构件及整个软件产品（以其当前的形式）集成起来进行冒烟测试。这种集成方法可以是自顶向下，也可以自底向上。

每天对整个产品进行测试可能使一些读者感到奇怪。然而，频繁的测试让管理者和专业人员都能够对集成测试的进展做出实际的评估。McConnell 是这样描述冒烟测试的："冒烟测试应该对整个系统进行彻底的测试。它不一定是穷举的，但应能暴露主要问题。冒烟测试应该足够彻底，以使得若构造通过测试，则可以假定它足够稳定以致能经受更彻底的测试。"

当应用于复杂的、时间关键的软件工程项目时，冒烟测试有下列好处：

- 降低了集成风险。由于冒烟测试是每天进行的，能较早地发现不相容性和业务阻塞错误，从而降低了因发现错误而对项目进度造成严重影响的可能性。
- 提高最终产品的质量。由于这种方法是面向构建（集成）的，因此，冒烟方法既有可能发现功能性错误，也有可能发现体系结构和构件级设计错误。若较早地改正了这些错误，产品的质量就会更好。
- 简化错误的诊断和修正。与所有的集成测试方法一样，冒烟测试期间所发现的错误可能与新的软件增量，即刚加入到构件中的软件有关。
- 易于评估进展状况。随着时间的推移，更多的软件被集成，更多地展示出软件的工作状况。这就提高了团队的士气，并使管理者对项目进展有较好的把握。

集成策略的选择依赖于软件的特征，有时也与项目的进度安排有关。一般来讲，组合方法（有时称之为三明治测试方法），即，用自顶向下方法测试程序结构的较高层，用自底向上方法测试其从属层,可能是最好的折中。

当执行集成测试时,测试人员应能标识关键模块。关键模块具有下述一个或多个特征:①涉及几项软件需求;②含有高层控制(位于程序结构的较高层次);③复杂或容易出错;④具有明确的性能需求。关键模块应尽可能早地测试。

4.3.4 回归测试策略

与冒烟测试一样,回归测试也是集成测试的一部分,是减少"负效应"的重要方法。每次对软件做重要变更时(包括新构件的集成),都要进行回归测试。每当加入一个新模块作为集成测试的一部分时,软件发生变更,建立了新的数据流路径,可能出现新的I/O,以及调用新的控制逻辑。这些变更可能会使原来可以正常工作的功能产生问题。在集成测试策略的环境下,回归测试是重新执行已测试过的某些子集,以确保变更没有传播不期望的副作用。

在较广的环境中,(任何种类的)成功测试都能发现错误并改正错误。无论什么时候修正软件,软件配置的某些方面(程序、文档或支持数据)也发生变更。回归测试有助于保证变更(由于测试或其他原因)不引入无意识行为或额外的错误。

回归测试可以手工进行,方法是重新执行所有测试用例的子集,或者利用捕捉/回放工具自动进行。捕捉/回放工具使软件工程师能够为后续的回放与比较捕捉测试用例和测试结果。回归测试套件(将要执行的测试子集)包含以下三种测试用例:

- 能够测试软件所有功能的具有代表性的测试样本;
- 额外测试,侧重于可能会受变更影响的软件功能;
- 侧重于已发生变更的软件构件测试。

随着集成测试的进行,回归测试的数量可能变得相当庞大,因此,应将回归测试套件设计成只包括涉及每个主要程序功能的一个或多个错误类的测试。一旦发生变更,对每个软件功能重新执行所有的测试是不切实际的,而且效率很低。

4.4 面向对象软件的测试策略

简单地说,测试的目标就是在现实的时间范围内利用可控的工作量找到尽可能多的错误。对于面向对象软件,尽管这个基本目标是不变的,但面向对象软件的本质特征改变了测试策略。

4.4.1 面向对象环境中的单元测试

当考虑面向对象软件时,单元的概念发生了变化。封装导出了类和对象的定义。这意味着每个类和类的实例包装有属性(数据)和处理这些数据的操作。封装的类通常是单元测试的重点,然而,类中包含的操作(方法)是最小的可测试单元。由于类中可以包含很多不同的操作,且特殊的操作可以作为不同类的一部分存在,因此,必须改变单元测试的方法。

面向对象软件的类测试与传统软件的模块测试相似。我们不再孤立地对单个操作进行测试(传统的单元测试观点),而是将其作为类的一部分。为便于说明,考虑一个类层次结构,在此结构内对超类定义某操作X,并且一些子类继承了操作X。每个子类使用操作X,但它应用于为每个子类定义的私有属性和操作的环境内。由于操作X应用的环境有细微的差别,因此有必要在每个子类的环境中测试操作X。这意味着在面向对象环境中,以独立的方式测试操作X(传统的单元测试方法)往往是无效的。

面向对象软件的类测试等同于传统软件的单元测试。不同的是传统软件的单元测试侧重于模块的算法细节和穿过模块接口的数据,面向对象软件的类测试是由封装在该类中的操作和类的状态行为启动。

4.4.2 面向对象环境中的集成测试

由于面向对象软件没有明显的层次控制结构,因此,传统的自顶向下和自底向上集成策略已没有太大意义。另外,由于类的成分间直接或间接的相互作用,每次将一个操作集成到类中(传统的增量集成方法)往往是不可能的。

面向对象系统的集成测试有两种不同的策略。一种策略是基于线程的测试,对响应系统的一个输入或事件所需的一组类进行集成。线程是对一个输入或事件做出反应的类集合,每个线程单独地集成和测试。应用回归测试以确保没有产生副作用。另一种方法是基于使用的测试,侧重于那些不与其他类进行频繁协作的类,通过测试很少使用服务类(如果有的话)的那些类(称之为独立类)开始构造系统。独立类测试完后,利用独立类测试下一层次的类(称之为依赖类)。继续依赖类的测试直到完成整个系统。

当进行面向对象系统的集成测试时,驱动模块和桩模块的使用也发生了变化。驱动模块可用于低层操作的测试和整组类的测试。驱动模块也可用于代替用户界面,以便在界面实现之前就可以进行系统功能的测试。桩模块可用于类间需要协作但其中的一个或多个协作类还未完全实现的情况下。

簇测试(cluster testing)是面向对象软件集成测试中的一个步骤。这里,借助设计试图发现协作错误的测试用例来测试(通过检查CRC和对象-关系模型所确定的)协作的类簇。

4.5 WebApp的测试策略

WebApp测试策略采用所有软件测试的基本原理,并使用面向对象系统所使用的策略和方法,包括:

(1) 对WebApp的内容模型进行评审,以发现错误。

(2) 对接口模型进行评审,保证适合所有的用例。

(3) 评审WebApp的设计模型,发现导航错误。

(4) 测试用户界面,发现表现机制和(或)导航机制中的错误。

(5) 对每个功能构件进行单元测试。

(6) 对贯穿体系结构的导航进行测试。

(7) 在各种不同的环境配置下,实现 WebApp,并测试 WebApp 对每一种配置的兼容性。

(8) 进行安全性测试,试图攻击 WebApp 或其所处环境的弱点。

(9) 进行性能测试。

(10) 通过可监控的最终用户群对 WebApp 进行测试;对他们与系统的交互结果进行评估,包括内容和导航错误、可用性、兼容性、WebApp 的可靠性及性能。

因为很多 WebApp 在不断进化,所以 WebApp 测试是 Web 支持人员所从事的一项持续活动,他们使用回归测试,这些测试是从首次开发 WebApp 时所开发的测试中导出的。

4.6 确认测试策略

与所有其他测试步骤类似,确认测试尽力发现错误,但是它侧重于需求级的错误,即那些对最终用户是显而易见的错误。

确认测试始于集成测试的结束,那时已测试完单个构件,软件已组装成完整的软件包,且接口错误已被发现和改正。在进行确认测试或系统级测试时,传统软件、面向对象软件及 WebApp之间的差别已经消失,测试便集中于用户可见的动作和用户可识别的系统输出。

确认可用几种方式进行定义,但是,其中一个简单的定义是当软件可以按照客户合理的预期方式工作时,确认就算成功。软件需求规格说明文档描述了所有用户可见的软件属性,并包含确认准则部分,这个确认准则部分就形成了确认测试方法的基础。

软件确认是通过一系列表明与软件需求相符合的测试而获得的。测试计划列出将要执行的测试类,测试规程定义了特定的测试用例,设计的特定测试用例用于确保满足所有的功能需求,具有所有的行为特征,所有内容都准确无误且正确显示,达到所有的性能需求,文档是正确的、可用的,且满足其他需求(如:可移植性、兼容性、错误恢复和可维护性)。

执行每个确认测试用例之后,存在下面两种可能条件之一:

(1) 功能或性能特征符合需求规格说明,可以接受;

(2) 发现了与规格说明的偏差,创建缺陷列表。在项目的这个阶段发现的错误或偏差很难在预定的交付期之前得到改正。此时往往必须与客户进行协商,确定解决缺陷的方法。

确认过程的一个重要成分是配置评审。评审的目的是确保所有的软件配置元素已正确开发、编目,且具有改善支持活动的必要细节。有时将配置评审称为审核(audit)。

4.7 系统测试策略

事实上，软件只是基于计算机大系统的一部分。最终，软件要与其他系统成分(如，硬件、人和信息)相结合，并执行一系列集成测试和确认测试。软件设计和测试期间所采取的步骤可以大大提高在大系统中成功地集成软件的可能性。

一个传统的系统测试问题是“相互指责”。这种情况出现在发现一个错误时，每个系统成分的开发人员都因为这个问题抱怨别人。其实不应该陷入这种无谓的争论之中，软件工程师应该预见潜在的接口问题，以及 ①设计出错处理路径，用以测试来自系统其他成分的所有信息；②在软件接口处执行一系列模拟不良数据或其他潜在错误的测试；③记录测试结果，这些可作为“相互指责”出现时的“证据”；④参与系统测试的计划和设计，以保证软件得到充分的测试。

系统测试实际上是对整个基于计算机的系统进行一系列不同考验的测试。虽然每个测试都有不同的目的，但所有测试都是为了验证系统成分已正确地集成在一起且完成了指派的功能。

4.8 操作剖面

软件产品的可靠性在很大程度上取决于它的运行条件以及用户对它的使用情况。操作剖面描述了用户对软件的使用情况，通过建立软件系统的操作剖面，可以有效地指导软件测试工作，最大限度地提高软件的可靠性。

所谓剖面，是指一组具有某种出现概率且相互独立的选择。例如，若 A 选择的出现概率为 60%，B 选择的出现概率为 40%，则该剖面为 A：0.6；B：0.4。剖面一般以表格形式表示。

对于软件的运行条件以及用户的使用情况，通常是逐层分级用剖面来描述。从软件的可行性分析开始到软件测试阶段，依次所建立的剖面为顾客剖面、用户剖面、系统方式剖面、功能剖面和操作剖面，它们的描述程度逐步细化、具体。其中，操作剖面是在软件实现和软件测试阶段建立的，它描述了各种类型的运行所出现的概率，而各种运行的性质是由其输入状态决定的。其他剖面在需求分析之前建立，有时可以延续到详细设计阶段，它们描述了运行条件和用户使用软件的基本特征，是建立操作剖面的基础。

操作剖面是由系统开发人员、系统测试人员和软件使用人员共同建立的，需要进行广泛的调查研究，这种调查主要以使用人员具有良好的业务知识为前提。操作剖面的建立可与软件开发同步进行，也可单独进行，但是不受软件开发方法和技术的影响，如图 4-6 所示。

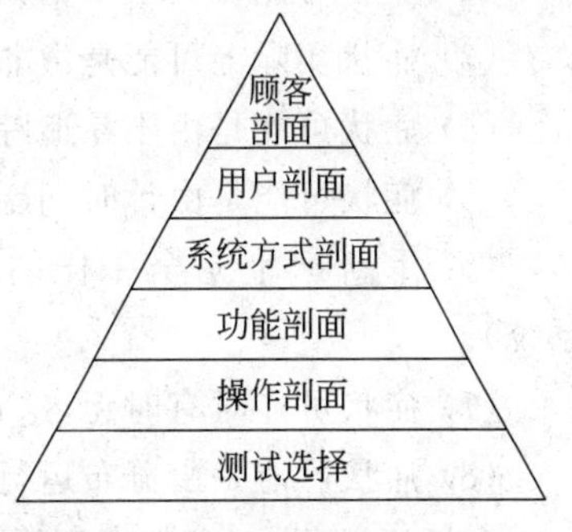

图 4-6 操作剖面的开发过程

功能剖面在设计开始前建立，操作剖面在测试之前建立，所以它们可在系统设计、系统实现、单元测试、子系统测试以及系统维护期间，有效地指导资源分配、人力安排及测试工作，从而提高软件的生产率和可靠性。通常，开发和应用操作剖面所获得的效益是所花费代价的10倍以上，软件项目的规模越大，建立操作剖面所花费的开销就越大，但是，这种增长明显小于项目规模的增长。

4.9 调试技巧

软件测试是一种能够系统地加以计划和说明的过程，可以进行测试用例设计，定义测试策略，根据预期的结果评估测试结果。

调试(debug)出现在成功的测试之后。也就是说，当测试用例发现错误时，调试是使错误消除的过程。尽管调试可以是、也应该是一个有序的过程，但它仍然需要很多技巧。当评估测试结果时，软件工程师经常面对软件问题表现出的“症状”，即，错误的外部表现与其内在原因没有明显的关系。调试就是查找问题症状与其产生原因之间的联系尚未得到很好理解的智力过程。

4.9.1 调试过程

调试并不是测试，但总是发生在测试之后(不仅包括软件发布之前开发人员的测试，也包括用户每次使用软件时对软件的测试)。执行测试用例，对测试结果进行评估，而且期望的表现与实际表现不一致时，调试过程就开始了。在很多情况下，这种不一致的数据是隐藏在背后的某种原因所表现出来的症状。调试试图找到隐藏在症状背后的原因，从而使错误得到修正。

调试过程通常得到以下两种结果之一：①发现问题的原因并将其改正；②未能找到问题的原因。在后一种情况下，调试人员可以假设一个原因，设计一个或多个测试用例来帮助验证这个假设，重复此过程直到改正错误。

软件Bug的以下特征为我们提供了一些调试的线索：

(1) 症状与原因出现的地方可能相隔很远。也就是说，症状可能在程序的一个地方出现，而原因实际上可能在很远的另一个地方。高度耦合的构件加剧了这种情况的发生。

(2) 症状可能在另一个错误被改正时(暂时)消失。

(3) 症状实际上可能是由非错误因素(例如，舍入误差)引起的。

(4) 症状可能是由不易追踪的人为错误引起的。

(5) 症状可能是由计时问题而不是处理问题引起的。

(6) 重新产生完全一样的输入条件是困难的(如：输入顺序不确定的实时应用系统)。

(7) 症状可能时有时无，这在软硬件耦合的嵌入式系统中尤为常见。

(8) 症状可能是由分布运行在不同处理器上的很多任务引起的。

在调试过程中，我们遇到错误的范围从恼人的小错误(如不正确的输出格式)到灾难性故障(如系统失效,造成严重的经济或物质损失)。错误越严重,查找错误原因的压力也就越大。通常情况下,这种压力会使软件开发人员在修改一个错误的同时引入两个甚至更多的错误。

4.9.2 心理因素

有证据表明,调试本领属于一种个人天赋。一些人精于此道,而另一些人则不行。尽管有关调试的实验证据可以有多种解释,但对于具有相同教育和经验背景的程序员来说,他们的调试能力是有很大差别的。Shneiderman 对调试的人为因素评论如下:"调试是编程过程中比较容易让人感到受挫的工作之一。它包含解决问题或智力测验的成分,加之不情愿承认自己犯的错误、焦虑和不情愿接受错误存在的可能性等原因加剧了调试任务的难度。幸运的是,当 Bug 最终被修改时,调试人员松了一口气。"

4.9.3 调试策略

不论使用什么方法,调试有一个基本目标,即:查找造成软件错误或缺陷的原因并改正。通过系统评估、直觉和运气相结合可以实现这个目标。调试的基础是利用二分法,通过有效假设——该假设预测被检查的新值——定位问题的来源。

以一个简单的非软件问题为例:房间里的一盏台灯不亮了,若整个房间其他电器也不能工作,则一定是总闸或外边的线路坏了,我出去看邻居家是否也是黑的,若不是,我就把台灯插到另一个好的插座里试试,或把别的电器插到台灯的插座里检查一下。假设与测试就这样交替进行。

总的来说,有 3 种调试方法:①蛮干法;②回溯法;③原因排除法。这 3 种调试方法都可以手工执行,但现代的调试工具可以使调试过程更有效。

蛮干法可能是分离软件错误原因最常用但最低效的方法。在所有其他方法都失败的情况下,我们才使用这种方法。利用"让计算机自己找错误"的思想,进行内存转储,激活运行时跟踪,以及在程序中加载大量的输出语句。希望在所产生的大量信息里可以找到错误原因的线索。尽管产生的大量信息可能最终获得成功,但更多的情况下,这样做只是浪费精力和时间。首先必须进行思考!

回溯法是比较常用的调试方法,可以成功地应用于小程序中。从发现症状的地方开始,向后追踪(手工)源代码,直到发现错误的原因。但是,随着源代码行数的增加,潜在的回溯路径的数量可能会变得难以控制。

第 3 种调试方法——原因排除法——是通过演绎或归纳并引入二分法的概念来实现。对与错误出现相关的数据加以组织,以分离出潜在的错误原因。假设一个错误原因,利用前面提到的数据证明或反对这个假设。或者,先列出所有可能的错误原因,再执行测试逐个进行排除。若最初的测试显示出某个原因假设可能成立的话,则要对数据进行细化以定位错误,自动调试。以上调试方法都可以使用辅助调试工具。当尝试调试策略时,调试工具为软件工程师提供半自动化的支持。Hailpern 与 Santhanam 总结这些工具的状况时写道："已提出许多新的调试方法，而且许多商业调试环境也已经具备。集成开发环境(IDE)提供了一种方法，无需编译就可以捕捉特定语言的预置错误(例如，语句结束符的丢失、变量未定义，等)。"可用的工具包括各种调试编译器、动态调试辅助工具("跟踪工具")、测试用例自动生成器和交互引用映射工具。然而，工具不能替代基于完整设计模型和清晰源代码的仔细评估。

调试的最终箴言应该是："若所有的方法都失败了，就该寻求帮助!"

4.9.4 纠正错误

一旦找到错误，就必须纠正。但是，我们已提到过，修改一个错误可能会引入其他错误，因此，不当修改造成的危害会超过带来的益处。Van Vleck 提出，在进行消除错误原因的"修改"之前，每个软件工程师应该问以下 3 个问题：

(1) 这个错误的原因在程序的另一部分也产生过吗？在多数情况下，程序的错误是由错误的逻辑模式引起的，这种逻辑模式可能会在别的地方出现。仔细考虑这种逻辑模式可能有助于发现其他错误。

(2) 进行修改可能引发的"下一个错误"是什么？在改正错误之前，应该仔细考虑源代码(最好包括设计)以评估逻辑与数据结构之间的耦合。若要修改高度耦合的程序段，则应格外小心。

(3) 为避免这个错误，我们首先应当做什么呢？这个问题是建立统计软件质量保证方法的第一步。若我们不仅修改了过程，还修改了产品，则不仅可以排除现在的程序错误，还可以避免程序今后可能出现的错误。

4.10 习题

请参考课文内容以及其他资料，完成下列选择题。

(1) 测试程序时不在机器上直接运行程序，而是采用人工检查或计算机辅助静态分析的手段检查程序。这种测试称为(　　)。

A. 白盒测试　　B. 黑盒测试　　C. 静态测试　　D. 动态测试

(2) 以下关于软件测试原则的说法中，错误的是(　　)。

A. 在设计测试用例时，不但要包括合理的输入条件，还要包括不合理的输入条件

B. 测试过程中某模块中查出的错误越多，该模块残留的错误就越少

C. 坚持在软件开发各个阶段进行技术评审，才能在开发过程中尽早发现和预防错误

D. 在测试过程中要严格按照测试计划执行，以避免发生疏漏或重复无效的工作

(3) 下面有关渐增式集成和非渐增式集成测试的说法中错误的是(　　)。

A. 非渐增式集成测试方法把单元测试和集成测试分为两个不同的阶段，而渐增式集成测试方法往往把单元测试与集成测试合在一起同时完成

B. 渐增式集成需要较多的工作量，而非渐增式集成需要的工作量较少

C. 渐增式集成可以较早地发现接口错误，非渐增式集成直到最后组装时才能发现接口上的问题

D. 渐增式集成有利于排错，发现的错误往往和最后加入的模块有关。非渐增式集成发现接口错误较迟且很难判断是哪一部分接口出错

(4) 以下不属于软件需求分析阶段测试的内容是(　　)。

A. 通过场景走查和与用户沟通，看需求是否是用户“真”的需求

B. 通过对开发进度、开发费用、产品性能、可靠性和内存使用等各方面需求的分析，看综合起来是否合理，是否有对需求的一个优先级安排

C. 通过领域分析和与用户沟通，看需求是否是完备的

D. 通过检查需求与实现环境的不相容之处，看需求是否可兼容

(5) 测试方法不包括(　　)。

A. 数据流测试　　B. 控制流测试　　C. 随机测试　　D. 符号求值

(6) 一位内部的用户在模拟实际操作环境下进行的，有开发人员参与的测试是(　　)。

A. 接受测试　　B. 6 测试　　C. β 测试　　D. α 测试

(7) 以下说法中错误的是(　　)。

A. 单元测试一般采用白盒测试方法，辅以黑盒测试方法

B. 集成测试主要采用黑盒测试方法，辅以白盒测试方法

C. 配置项测试一般采用白盒测试方法

D. 系统测试一般采用黑盒测试方法

(8) 测试实施策略不包括(　　)。

A. 要使用的测试技术和工具　　B. 缺陷描述和处理标准

C. 测试完成标准　　D. 影响资源分配的特殊考虑

(9) (　　)是一种独立的迭代的测试模型。

A. W 模型　　B. V 模型　　C. H 模型　　D. X 模型

(10) 自底向上单元测试的策略是首先对模块调用图上的哪一层模块进行测试？(　　)

A. 最底层　　B. 下层　　C. 最高层　　D. 上一层

(11) 下列关于极限测试的说法中，正确的是(　　)。

A. 极限测试是一种新型的测试方法，传统的测试技术均不适用于极限测试

B. 极限测试中所有的测试均是由编码人员完成的

C. 与传统的软件测试相比，极限测试是一种更严格的测试

D. 极限测试需要频繁地进行单元测试

(12) 下列有关测试过程 V 模型的说法中，正确的是(　　)。

A. 验收测试应确定程序的执行是否满足软件设计的要求

B. 系统测试应确定系统功能和性能的质量特性是否达到系统要求的指标

C. 单元测试和集成测试应确定软件的实现是否满足用户需要或合同的要求

D. 集成测试在编码结束前就可以开始

(13) 测试程序时不在机器上直接运行程序，而是采用人工检查或计算机辅助静态分析的手段检查程序。这种测试称为(　　)。

A. 白盒测试　B. 黑盒测试　C. 静态测试　D. 动态测试

(14) 如果一个软件是给许多客户使用的，大多数软件厂商要使用几种测试过程来发现那些可能只有最终用户才能发现的错误。(　　)测试是由软件的最终用户在一个或多个用户实际使用环境下来进行的。(　　)测试是由一个用户在开发者的场所来进行的，测试的目的是寻找错误的原因并改正之。

A、B：① alpha　② beta　③ gamma　④ delta

4.11 实验与思考

4.11.1 实验目的

本节“实验与思考”的目的：

(1) 熟悉软件测试策略性方法的基本概念和内容。

(2) 通过对因特网(Internet) 的搜索与浏览，了解不断更新的软件测试策略，掌握通过专业网站不断丰富软件测试技术最新知识的学习方法。

(3) 通过对论述题的深入分析和讨论，逐步了解和掌握软件测试的基本方法。

4.11.2 工具/准备工作

在开始本实验之前，请认真阅读课程的相关内容。

需要准备一台带有浏览器、能够访问因特网的计算机。

4.11.3 实验内容与步骤

1) 专业网站介绍的软件测试策略

请浏览本书第1章实验中介绍的软件测试专业网站，了解和学习一些专业文章所介绍的软件测试策略，并简单记录如下(至少5则)：

A：____

____

B：____

____

C：

D：

E：

2）以下是关于某图书管理系统的描述，请仔细阅读并按要求回答问题。

某图书管理系统有以下功能：

A. 借书：输入读者借书证，系统首先检查借书证是否有效，然后检查该读者所借图书是否超过10本，若已达到，则拒借；未达到10本，办理借书，修改库存并记录。

B. 还书：从借书文件中读出与读者有关的记录，查阅所借日期，如果超期（1个月）做罚款处理；否则，修改库存目录与借书文件。

C. 查询：可通过借书文件、库存目录文件查询读者情况、图书借阅情况及库存。

（1）请在一白纸上画出该图书管理系统的控制流程图，并粘贴于此处。

------------------------------ 粘贴处 ------------------------------

（2）使用基本路径测试方法确定该状态图的测试路径。

①

②

③

④

⑤

4.11.4 实验总结

4.11.5 实验评价（教师）

4.12 阅读与分析：初识"猴子测试"

偶然的机会听到"猴子测试"这个名词，感觉很有意思，就查找相关资料，看了一番。

所谓的猴子测试(Monkey Test)，即搞怪测试，在软件测试中，测试者可以进行各种稀奇古怪的操作模式，用以测试软件的稳定度。通俗来讲，这是一种系统对信号因子输入稳健性的测试方法，一般用于计算机软件程序这样的逻辑严密性要求高的系统。

猴子测试这个名字来源于"无限猴子定理"，即"让一只猴子一直在打字机上按键，最终能完成莎士比亚的全部工作。"意思就是呆子按照上面做都不会出错，比如你做出来的作业指导书随便找个没有经验的人，只要按照上面做就不会出错。

猴子测试之所以会广泛用于软件Bug测试，是因为系统的"可重复性"以及系统输入因子"有限性"和"单纯性"。

通常情况下，复杂的测试会比简单的测试找到更多的Bug。但是大部分的自动化测试都是简单的。我们期待一个输入后得到一个输出，然后程序回到一个已知的基本状态，然后我们再去执行另外一个简单的测试。我们设计测试用例一般都是按照一定的逻辑顺序，是经过深思熟虑的，但是这样的测试仍然是简单的测试。当我们回到程序的基本状态，则丢弃了前面测试的"历史"。而真正的用户不会这样操作，他们把一系列简单的动作串起来，形成一个复杂的动作流。

我们的简单测试不会模拟那些用户行为。因此如果一个简单的动作引起了另外一个动作的失败，我们的简单测试不会找到那个Bug。因此，我们需要使用复杂序列的、以前未使用过的测试，在这方面猴子比人更有效。

猴子测试就是百般刁难，乱按一通，系统也不能宕机或者数据出现差错，这样才能称得上是经得起考验的程序。

那什么时候使用猴子测试呢？

一般在产品周期的后半段，当我们在想我们已经找到了所有的可恶的Bug时，猴子测试就能帮助我们提高信心。运行猴子测试几天的时间而没有引起错误能让我们从另外一个角度来判断程序的稳定性。

我们不难发现猴子测试和随机测试有一定的相关性，但二者还是有一定的区别的。

猴子测试：它针对的不是功能点，而是业务流程。功能点好测，它是明确的。而业务流程难测，它是随机组合的，一切有可能出现的操作，都是一个测试的流程。而我们用例，大部分是正常的业务流程，而异常测试又不可能把所有的流程测到，所以出现了猴子测试的概念，就是说，你把自己看成白痴，随便乱点，没有任何主观想法参与进来，让一些想不到的操作呈现出错误来。

随机测试：让测试人员充分发挥自己的想象去测试，它没有用例的制约，主要是在测试感觉不充分的情况下应用。其实即使我们没有增加这个测试阶段，我们也一直在做随机测试，因为一个用例不可能完全准确地涵盖功能点，也不可能充分指出所有测试方法和可能的情况，所以想到了就测试了，就是这么一种感觉吧。

在我们的测试过程中，我们可以分成若干层来进行测试：执行自己设计的测试用例；进行猴子测试；进行随机测试。此外，还可以加入其他不同的测试方式，每一种方式都有其不同的侧重点，经过层层测试后，我们对我们的软件、程序更有信心。

资料来源：zhaoling，51Testing 软件测试网采编，2012-2-10 13:41。

第 5 章　测试依据和规范

标准和规范是行业成熟的标志，并且大都是该行业长期积累的经验与技术的结晶。标准化是组织现代化生产的重要手段，是科学管理的重要组成部分。现代化科学管理在某种程度上说，也就是标准化（或者规范化）管理。

测试是软件生存周期中一个独立且关键的阶段，为了提高检测出错误的概率，使测试能有计划、有条不紊地进行，必须编制测试文件。而标准化的测试文件就如同一种通用的参照体系，可达到便于交流的目的。文件中规定的内容可用于对测试过程完备性的对照检查，故采用这些文件将会提高测试过程各个阶段的能见度，极大地提高测试工作的可管理性。

5.1　标准化基础

标准一般分为国际标准、国家标准、行业标准、地方标准和企业标准等五级。

国际标准是指由国际权威组织制定、并为大多数国家所承认和通用的标准。例如，在信息技术领域，由国际标准化组织（ISO）、国际电工委员会（IEC）、国际电气和电子工程师学会（IEEE）以及国际电报和电话咨询委员会（CCITT，现在已经被称为 ITU-T——国际标准化组织电信标准化分部）等机构制定的标准被视为国际标准。

国家标准是指由国家或者政府标准化组织批准发布，在全国范围内统一的标准。各国国家标准前面通常都有特殊的代号。例如：GB 代表“中华人民共和国国家标准”；ANSI（American National Standards Institute，美国国家标准协会）代表“美国国家标准”；JIS（Japanese Industrial Standard）代表“日本国家标准”等。

行业标准是指因没有对应的国家标准而又需要在某个行业范围内统一而制定的标准。行业标准通常由国家标准化组织下设的某个专业技术委员会负责制定。在中国，行业标准的内容不得与国家标准相抵触。

军用标准是指由某个国家或者地区的国防或者军事部门制定和发布的标准。各国军用标准前面也都有特殊的代号。例如：GJB 代表“中华人民共和国国家军用标准”；DOD-STD（Department of Defence-Standards）代表“美国国防部标准”；MIL-S（Military-Standard）代表“美国军用标准”。

企业标准是指企业因其生产的产品没有相应的国家标准和行业标准而自行制定的标准。

地方标准是指没有对应的国家标准和行业标准而又需要在省、自治区、直辖市范围内统一制定的标准。地方标准通常由省、自治区和直辖市政府设立的标准化机构负责制定。在中国，地方标准的内容不得与国家标准和行业标准相抵触。

标准的代号与编号简称为标准号。标准号既是标准外形的一大特征，也是区分不同标准的主要标志，还是查找标准的重要入口。中国国家标准的编号方法是：GB+标准顺序号+间隔线+批准（修订）年代号。例如，现行的国家标准《国徽》的编号是：GB15093—1994。

1988年12月29日颁布的《中华人民共和国标准化法》规定强制性国家标准代号为“GB”，推荐性国家标准代号为“GB/T”。

在我国，负责信息技术标准化具体工作的主要组织是全国计算机与信息处理标准化技术委员会（学术团体）下属的各分支技术委员会。

信息技术标准化的内容十分丰富，主要包括信息的采集、编码与记录标准、中文信息处理标准、数据通信与开放系统互连标准、软件工程标准、信息的安全与保密标准、声像技术标准以及文献标准等七大类。

5.2 测试的标准与规范

一般先有标准，然后再形成规范。规范往往是标准在某个领域的具体应用中逐步形成的，是更具该领域特点，更易于操作的标准。软件测试规范可分为行业规范与操作规范，行业规范是指软件行业长期总结形成的通用规范，而操作规范则指某一公司在长期的软件测试工作中总结出属于自己企业的规范，特别是对于专业提供测试服务的企业，这种操作规范内容与实施情况往往是其取得软件开发商信任的法宝。

5.2.1 GB/T8567规定的测试文件

在GB/T8567—2008《计算机软件文档编制规范》所规定的18个开发文件中，有关测试的文件是“软件测试计划”和“软件测试报告”。

1. 软件测试计划

所谓软件配置项（CSCI）是指满足最终使用功能的软件集合，它由需方指定进行单独的配置管理。CSCI应从下列诸因素中进行折中选择：软件功能、规模、宿主机或目标计算机、开发方、支持概念、重用计划、关键性、接口考虑、是否需要单独编写文档和控制以及其他因素。

《软件测试计划》（STP）描述对计算机软件配置项、系统或子系统进行合格性测试的计划安排，内容包括进行测试的环境、测试工作的标识及测试工作的时间安排等。

通常每个项目只有一个STP，使得需方能够对合格性测试计划的充分性作出评估。

2. 软件测试报告

《软件测试报告》（STR）是对计算机软件配置项，软件系统或子系统，或与软件相关项目执行合格性测试的记录。

通过STR，需方能够评估所执行的合格性测试及其测试结果。

5.2.2 GB/T9386 计算机软件测试文档编制规范

《计算机软件测试文档编制规范》(GB/T9386—2008)规定了一组描述测试行为的测试文件，所提出的文件类型包括测试计划、测试说明和测试报告。GB/T9386—2008 中的测试文件是 GB/T8567 中"软件测试计划"及"软件测试分析报告"这两个文件的补充和细化，这样可使文件的书写更具体、更有参照性。

5.2.3 GB/T15532 计算机软件测试规范

本标准原名《计算机软件单元测试》(GB/T15532—1995)，后改名《计算机软件测试规范》(GB/T15532—2008)。

本标准规定了软件生存周期内各类软件产品的基本测试方法、过程和准则，标准适用于软件生存周期全过程。根据 GB/T8566 的要求，标准对单元测试、集成测试、配置项测试(也称确认测试)、系统测试、验收测试和回归测试等作了详细描述。

一个完整的软件测试规范，应该包括规范本身的详细说明，比如规范目的、范围、文档结构、词汇表、参考信息、可追溯性、方针、过程/规范、指南、模板、检查表、培训、工具、参考资料等。本标准内容包括了软件测试的每个子过程中测试人员的角色、职责、活动描述及所需资料等。

1) 角色

任何项目的实施首先要考虑的是人的因素，对人的识别与确认，软件测试尤其不能例外。在软件测试中，通常会把所有涉及人员进行分类以确立角色，并按角色进行职责划分。通常会按表 5-1 的方式进行划分。

表 5-1 软件测试中最基本的角色定义

角　色	说　明
测试设计人员	制定和维护测试计划，设计测试用例及测试过程，生成测试分析报告
测试人员	执行集成测试和系统测试，记录测试结果
设计人员	设计测试需要的驱动程序和桩程序
编码人员	编写测试驱动程序和桩程序，执行单元测试

2) 进入准则

进入准则也就是对软件测试切入点的确立。我们知道，软件测试实质上是伴随 SQA 的整体活动，在软件开发周期的各个阶段都在进行，因此软件项目立项并得到批准就意味着软件测试的开始。

3) 输入项

软件测试需要相关的文档作为测试设计及测试过程判断符合性的依据和标准，对于需要进行专业的单元测试的项目还得有程序单元及软件集成计划相应版本等文档资料。这些文档一并作为测试的输入，如表 5-2 所示。

表 5-2 软件测试输入项

输入项	说明	文档
软件项目计划	软件项目计划是一个综合的组装工件,用来收集管理项目时所需的所有信息	《项目开发计划》
软件需求文档	描述软件需求的文档,如软件需求规约(SRS)文档或利用 CASE 工具建模生成的文档	《需求规格说明书》
软件构架设计文档	构架设计文档主要描述备选设计方案、软件子系统划分、子系统间接口和错误处理机制等	《概要设计说明书》
软件详细设计文档	详细设计文档主要描述将构架设计转化为最小实施单元,产生可以编码实现的设计	《详细设计说明书》
软件程序单元	包括了所有编码员完成的程序单元源代码	
软件集成计划	软件工作版本的定义、工作版本的内容、集成的策略以及实施的先后顺序等	
软件工作版本	按照集成计划创建的各个集成工作版本	

4) 活动

(1) 制定测试计划。

角色:测试设计员。

活动描述:

- 制定测试计划的目的是收集和组织测试计划信息,并且创建测试计划。
- 确定测试需求。根据需求收集和组织测试需求信息,确定测试需求。
- 制定测试策略。针对测试需求定义测试类型、测试方法以及需要的测试工具等。
- 建立测试通过准则。根据项目实际情况为每一个层次的测试建立通过准则。
- 确定资源和进度。确定测试需要的软硬件资源、人力资源以及测试进度。
- 评审测试计划。根据同行评审规范对测试计划进行同行评审。

(2) 测试设计。

角色:测试设计员、设计员。

活动描述:设计测试的目的是为每一个测试需求确定测试用例集,并且确定执行测试用例的测试过程。

- 设计测试用例。
  - 对每一个测试需求,确定其需要的测试用例。
  - 对每一个测试用例,确定其输入及预期结果。
  - 确定测试用例的测试环境配置、需要的驱动程序或桩程序。
  - 编写测试用例文档。
  - 对测试用例进行同行评审。
- 开发测试过程。
  - 根据界面原型为每一个测试用例定义详细的测试步骤。
  - 为每一测试步骤定义详细的测试结果验证方法。

- 为测试用例准备输入数据。
- 编写测试过程文档。
- 对测试过程进行同行评审。
- 在实施测试时对测试过程进行更改。

• 设计单元测试和集成测试需要的驱动程序和桩程序。

(3) 实施测试。

角色：测试设计员、编码员。

活动描述：实施测试的目的是创建可重用的测试脚本，并且实施测试驱动程序和桩程序。

• 根据测试过程，创建、开发测试脚本，并且调试测试脚本。
• 根据设计编写测试需要的测试驱动程序和桩程序。

(4) 执行单元测试。

角色：编码员和测试人员。

活动描述：执行单元测试的目的是验证单元的内部结构以及单元实现的功能。

• 按照测试过程，手工执行单元测试或运行测试脚本自动执行测试。
• 详细记录单元测试结果，并将测试结果提交给相关组。
• 回归测试：对修改后的单元执行回归测试。

(5) 执行集成测试。

角色：测试员。

活动描述：执行集成测试的目的是验证单元之间的接口以及集成工作的功能、性能等。

• 执行集成测试：按照测试过程，手工执行集成测试或运行测试自动化脚本执行集成测试。
• 详细记录集成测试结果，并将测试结果提交给相关组。
• 回归测试：对修改后的工作版本执行回归测试，或对增量集成后的版本执行回归测试。

(6) 执行系统测试。

角色：测试员。

活动描述：执行系统测试的目的是确认软件系统工作版本满足需求。

• 执行系统测试：按照测试过程手工执行系统测试或运行测试脚本自动执行系统测试。
• 详细记录系统测试结果，并将测试结果提交给相关组。
• 回归测试：对修改后的软件系统版本执行回归测试。

(7) 评估测试。

角色：测试设计员和相关组。

活动描述：评估测试的目的是对每一次测试结果进行分析评估，在每一个测试阶段提交测试分析报告。

• 分析测试结果；由相关组对一次测试结果进行分析，并提出变更请求或其他处理意见。

- 分析阶段测试情况。
- 对每一个阶段的测试覆盖情况进行评估。
- 对每一个阶段发现的缺陷进行统计分析。
- 确定每一个测试阶段是否完成测试。
- 对每一个阶段生成测试分析报告。

5）输出项（见表5-3）

表 5-3 软件测试输出项

输出项	内容描述	形成的文档
软件测试计划	测试计划包含项目范围内的测试目的和测试目标的有关信息。此外，测试计划确定了实施和执行测试时使用的策略，同时还确定了所需资源	软件测试计划模板
软件测试用例	测试用例是为了特定目标开发的测试输入、执行条件和预期结果的集合	软件测试用例模板
软件测试过程	测试过程是对给定测试用例（或测试用例集）的设置、执行和结果评估的详细说明的集合	软件测试过程模板
测试结果日志	测试结果是记录测试期间测试用例的执行情况，记录测试发现的缺陷，并且用来对缺陷进行跟踪	测试结果日志模板
测试分析报告	测试分析报告是对每一个阶段（单元测试、集成测试、系统测试）的测试结果进行的分析评估	测试分析报告模板

6）验证与确认（见表5-4）

表 5-4 软件测试验证与确认项

验证与确认内容	内容描述
软件测试计划评审	由项目经理、测试组、其他相关测试计划进行评审
软件测试用例评审	由测试组、其他相关组对测试用例进行评审
软件测试过程评审	由测试组、其他相关组对测试过程进行评审
测试结果评估	由测试组、其他相关组对测试结果进行评估
测试分析报告评审	由项目经理、测试组、其他相关组对测试分析报告进行评审
SQA 验证	由 SQA 人员对软件测试活动进行审计

7）退出准则

满足组织/项目的测试停止标准。

8）度量

软件测试活动达到退出准则的要求时，对于当前版本的测试即告停止。度量工作一般由 SQA 人员通过一系列活动收集数据，利用统计学知识对软件质量进行统计分析，得出较准确的软件质量可靠性评估报告，作为提供给客户及供方高层领导的可视化的质量信息。

5.3 测试过程模型

模型是对事物的一种抽象，人们常常在正式建造实物之前，首先建立一个简化的模型，以便更透彻地了解它的本质，抓住问题的要害。在模型中，先要剔除那些与问题无关的、非本质的东西，从而使模型与真实的实体相比更加简单明了、易于把握。总的来说，使用模型可以使人们从全局上把握系统的全貌及其相关部件之间的关系，可以防止人们过早地陷入各个模块的细节。

建立简明准确的表示模型是把握复杂系统的关键。为了更好地理解软件测试过程的特性，跟踪、控制和改进软件产品的测试过程，就必须将软件测试过程模型化。

5.3.1 软件过程模型

谈到软件过程模型，人们首先就会想到瀑布模型。瀑布模型是最经典的过程模型，是认识软件过程的切入点，但是，随着软件开发技术的不断发展，瀑布模型和现代软件实践冲突越来越大，其应用受到很大局限。如今，人们更多地关注原型、迭代、敏捷过程和并发等过程模型。例如，原型模型强调需求的分析和定义，使开发团队能够借助产品原型与用户、产品经理等进行沟通、交流，相互之间更容易理解，并能挖掘客户的真正需求，开发出客户满意的产品。

1）迭代模型

软件开发不是一蹴而就的，其过程犹如雕琢一件工艺品，由无形到有形、由粗到细，很难一次就能开发出功能完善、强大的一个版本，而往往会受到很大的市场压力、开发预算或成本预算的限制，软件复杂度的挑战等，软件产品的开发不得不采取分阶段进行，逐步完善或深化系统的功能，一个版本接一个版本地发布出去。这种分阶段开发的方法比较普遍，一般会采用增量模型和迭代模型来完成。

（1）增量模型。描述软件产品的不同阶段是按产品所具有的功能进行划分的。先开发主要功能或用户最需要的功能。然后，随着时间的推进，不断增加新的辅助功能或次要功能，如图5-1所示。

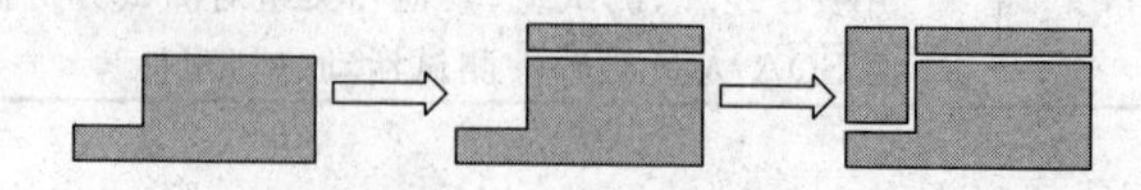

图5-1 软件分阶段增量模型示意图

（2）迭代模型。描述软件产品的不同阶段是按产品深度或细化的程度来划分的。先将产品的整个框架都建立起来，在系统的初期，已经具有用户所需求的全部功能。然后，随着时间推进，不断细化已有的功能或完善已有功能，这个过程好像是一个迭代的过程，如图5-2所示。

2）IBM Rational 统一过程

IBM Rational 统一过程（RUP）是IBM创造的软件工程方法。RUP描述了如何有效

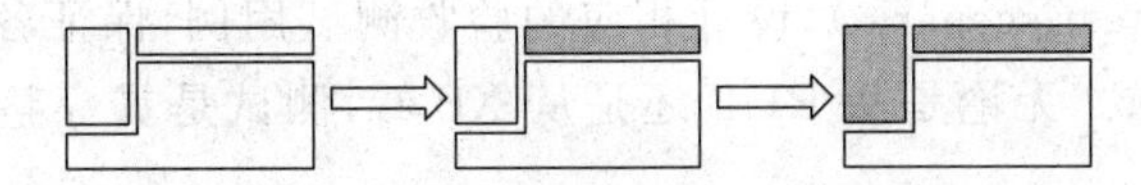

图 5-2 软件分阶段迭代模型示意图

地利用商业的可靠方法开发和部署软件，特别适用于大型软件团队开发大型项目。RUP是以用例驱动（use case driven）、以体系结构为中心（architecture-centric）的软件开发迭代过程。RUP 把软件的生命周期划分为 4 个阶段——先启阶段（或称初始阶段）、精化阶段（或称细化阶段）、构建阶段（或称构造阶段）和产品化阶段（或称交付阶段）。RUP 中的每个阶段都可以进一步分解为迭代。随着时间的推移，每个阶段所注重的焦点在不断发生变化，而且无论是整个软件阶段还是每个子阶段，都是通过不断迭代来完成新的任务，从而形成一个完整的循环的迭代过程。

换句话说，RUP 在每次迭代中只考虑系统的一部分需求，针对这部分需求进行分析、设计、实现、测试和部署等工作。每次迭代都是在系统已完成部分的基础上进行的，每次能够给系统增加一些新的功能，如此循环往复地进行下去，直至最终完成项目。

在 RUP 中，测试贯穿于整个软件开发的生命周期，从先启阶段的早期就介入进去，直至产品化阶段结束，只是在构建阶段的工作量相对大些。

在软件工程领域，与 RUP 齐名的软件方法还有：净室软件工程（重量级）、极限编程和其他敏捷软件开发方法学（轻量级）。

3）敏捷过程模型

与 RUP 不同，敏捷过程模型（如 eXtreme Programming、Scrum 等）弱化针对未来需求的设计而注重当前系统的简化，依赖重构来适应需求的变化；而且从用例开始，强调与用户的实时沟通、用户的参与，树立测试驱动开发理念、增强测试实施的力度，建立一个灵活的软件过程。极限编程（XP）是敏捷方法的代表之一，强调软件发布版本小、周期短、速度快，其核心是迭代，通过一次次的迭代使产品不断完善，同时用户能及时得到他们想要的功能。另一方面，软件开发组织可以及时获得用户的反馈、调整产品功能特性的定义来适应用户不断变化的需求，而不至于造成在某个时刻的大规模返工——损失惨重。XP 所呈现的软件过程，如图 5-3 所示。

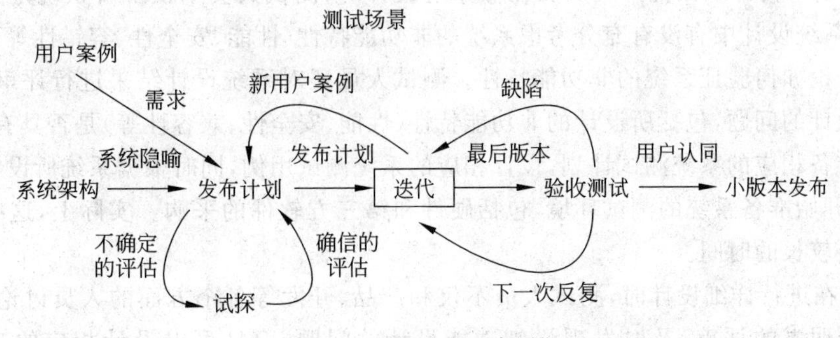

图 5-3 极限编程生命周期

从 XP 过程来看，测试从一开始就介入，当拿到用例（use case）时，测试人员就要将用例转换为测试场景(test scenario),设计相应的验收测试用例,保证各个小版本的产品质量可以满足用户需求。无论是从 RUP 还是从 XP 看,测试是贯穿整个软件开发生命周期的。

5.3.2 V 模型

软件测试模型与软件测试标准的研究也随着软件工程的发展而越来越深入。20 世纪 80 年代后期,Paul Rook 提出了著名的软件测试 V 模型,旨在改进软件开发的效率和效果。V 模型也称快速应用开发(Rap Application Development, RAD)模型,即 RAD 模型。

从 V 模型出发,通过扩展可以获得有关软件测试的更多信息。在进行需求分析和定义、系统设计、详细功能设计等过程中,测试团队要进行测试需求定义、测试计划等活动。除此之外,测试团队还有更多的工作要做,充分体现全过程的软件测试,如图 5-4 所示。

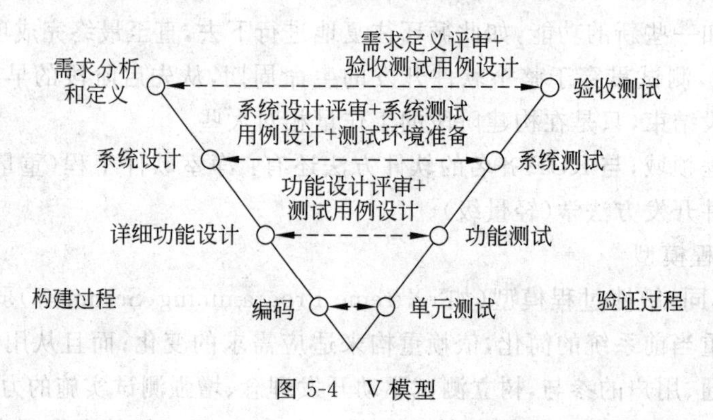

图 5-4　V 模型

(1) 当开发人员进行需求分析和定义时,测试人员不仅参与需求分析、对需求定义进行评审,了解产品的设计特性和用户的真正需求,及时找出需求定义中的问题,而且可以根据需求定义文档,准备验收测试计划,设计验收测试用例,为将来验收测试做好准备。虽然验收测试是在较后的阶段执行,但它的计划和设计工作却是最早的。

(2) 当架构师或其他开发人员在做系统设计时,测试人员不仅了解系统是如何实现的,了解系统设计中有没有充分考虑系统的非功能特性(性能、安全性、容错性等),还和开发人员讨论如何验证系统的非功能特性。测试人员还对系统设计结果进行评审,及时发现系统设计的问题,包括所设计的非功能特性(性能、安全性、兼容性等)是否具有可测性,而且要准备相应的系统测试计划,设计相应的系统测试用例,同时根据系统所设计的平台和架构,开始准备系统的测试环境,包括硬件和第三方软件的采购。实际上,这些准备工作也需要较长的时间。

(3) 在进行详细设计时,测试人员不仅和产品、开发等各个方面的人员讨论,完成设计规格说明书的评审,及时发现详细功能设计的问题,而且可以设计相应的功能测试用例。

(4) 一面编程,一面进行单元测试,是一种很有效的办法,可以尽快找出程序中的错误。充分的单元测试可以大幅度提高程序质量、减少成本。

5.3.3 W模型

Evolutif公司针对V模型的缺陷，相对于V模型，提出了W模型的概念。W模型增加了软件各开发阶段中应同步进行的验证和确认活动，如图5-5所示。

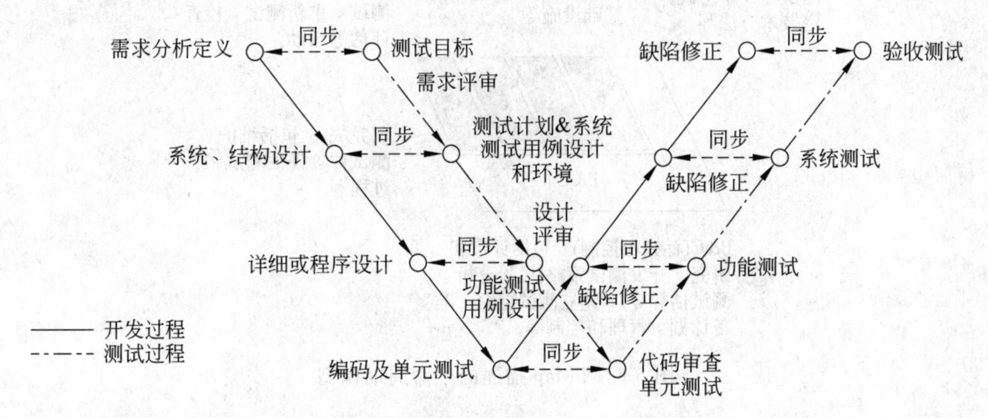

图 5-5 测试过程和开发过程的同步关系

W模型由两个V模型组成，分别代表测试与开发过程，图中明确表示出了测试与开发的并行关系，测试伴随着整个软件开发周期，而且测试的对象不仅仅是程序，还包括需求定义文档、设计文档等，这和上面所扩展的V模型有相同的内涵。例如，需求分析完成后，测试人员就应该参与到对需求的验证和确认活动中，以尽早地找出缺陷所在。同时，对需求的测试也有利于及时了解项目难度和测试风险，及早制定应对措施，这将显著减少总体测试时间，加快项目进度。

从图5-5可以看出，软件分析、设计和实现的过程，同时伴随着软件测试——验证和确认的过程，而且包括软件测试目标设定、测试计划和用例设计、测试环境建立等一系列测试活动的过程。也就是说，项目一启动，软件测试的工作也就启动了，避免了瀑布模型所带来的误区——软件测试是在代码完成之后进行的。测试过程和开发过程贯穿软件过程的整个生命周期，它们是相辅相成、相互依赖的关系，概括起来有3个关键点：

(1) 测试过程和开发过程是同时开始的，同时结束的，两者保持同步的关系。

(2) 测试过程是对开发过程中阶段性成果和最终的产品进行验证的过程，所以两者相互依赖。前期，测试过程更多地依赖于开发过程，后期，开发过程更多地依赖于测试过程。

(3) 测试过程中的工作重点和开发工作的重点，可能是不一样的，两者有各自的特点。不论在资源管理，还是在风险管理方面，两者都存在着差异。

5.3.4 TMap模型

TMap(Test Management Approach，测试管理方法)是一种结构化的、基于风险策略的测试方法体系，其目的是能更早地发现缺陷，以最小的成本有效地完成测试任务，以减少软件发布后的支持成本。TMap 所定义的测试生命周期由计划和控制、准备、说明、执行和完成等阶段组成，如图 5-6 所示。这个过程目前也被 ISTQB(国际软件测试资质认证委员会)所采用，成为测试过程的标准。

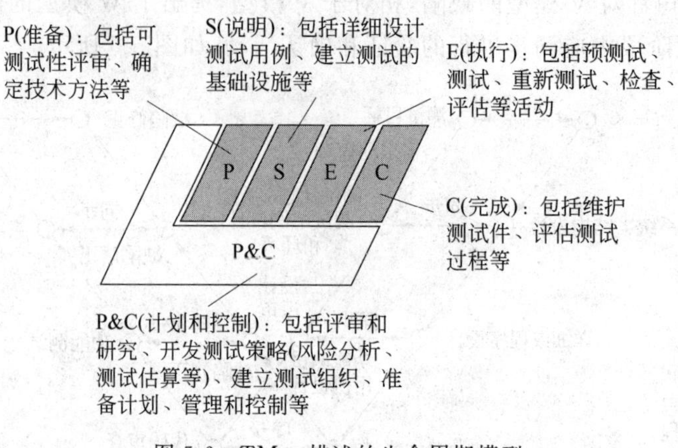

图 5-6　TMap 描述的生命周期模型

(1) 计划和控制阶段。涉及测试计划的创建，定义了执行测试活动的“who, what, when, where and how”。在测试过程中，通过定期和临时的报告，客户可以经常收到关于产品质量和风险的更新。

(2) 准备阶段。决定软件说明书质量是否足以实现说明书和测试执行的成功。

(3) 说明阶段。涉及定义测试用例和构建基础设施。一旦测试目标确定，测试执行阶段就开始。

(4) 执行阶段。需要分析预计结果和实际结果的区别，发现缺陷并报告缺陷。

(5) 完成阶段。包括对测试资料的维护以便于再利用，创建一个最终的报告以及为了更好地控制将来的测试过程对测试过程进行评估。

TMap 提供了一个完整的、一致的、灵活的方法(见表 5-5)，可以根据特定环境创建量身订制的测试方法，以及在不同的特定环境中可以采用的通用方法，从而适合于各种行业以及各种规模的组织。

表 5-5　TMap 方法模型基本内容

序　号	阶段/类别	活　动
1	计划	完成任务安排
2		全局的评审和研究
3		建立测试基线
4		确定测试策略
5		建立测试组织

续表

序　号	阶段/类别	活　动
6	计划	明确说明需提交的测试结果
7		明确说明测试基础设施
8		组织管理和控制
9		建立进度表
10		合并测试计划
11	控制	维护测试计划
12		控制测试过程
13		报告
14		建立详细的测试进度表
15	准备	测试基线的可测试性评审
16		定义测试单元
17		指定测试规格说明书
18		明确说明测试的基础设施
19	说明	准备测试规格说明书
20		定义初始的测试数据库
21		开发测试脚本
22		设计测试场景
23		测试目标和基础设施的评审说明
24		构建测试基础设施
25	执行	测试目标和基础设施的评审
26		建立初始的测试数据库
27		执行测试
28		比较和分析测试结果
29	完成	解散测试团队

TMap为实现有效的和高效的测试过程提供了一个途径，使得软件组织可以实现关键的商业目标。有效是因为能发现与产品风险直接相关的重要缺陷，高效则是因为TMap是一个普遍适用的方法，它强调重用并采用基于风险的策略。这样的策略使得人们需要做出明智的决定：测试什么和如何彻底测试它们而不是测试所有内容。

5.3.5 测试过程改进模型

随着软件产业界对软件过程的不断研究，美国工业界和政府部门开始认识到，软件过程能力的不断改进才是增强软件组织的开发能力和提高软件质量的第一要素。在这种背景下，由美国卡内基-梅隆大学软件工程研究所(SEI)研制并推出了软件能力成熟度模型(Software-Capacity Maturity Model, SW-CMM)，SW-CMM逐渐成为了评估软件开发过程管理以及工程能力的标准。但是，SW-CMM没有提及软件测试成熟度的概念，没有充分讨论如何改进测试过程，所以，许多研究机构和测试服务机构从不同角度出发提出有关软件测试方面的能力成熟度模型，作为对SEI-CMM的有效补充。

5.4 习题

请参考课文内容以及其他资料，完成下列选择题。

(1) 与设计软件测试用例无关的文档是(　　)。

A. 需求规格说明书　　B. 详细设计说明书

C. 可行性研究报告　　D. 源程序

(2) 有关测试活动的描述中，错误的是(　　)。

A. 测试策划中的活动是确定测试范围、测试环境和制定测试计划

B. 测试用例设计是测试设计与实现的主要内容

C. 测试执行中可随时修订测试计划

D. 测试总结的目的是对测试结果进行分析，以确定软件产品质量的当前状态

(3) 依据GB/T15532—2008《计算机软件测试规范》，软件测试应由相对独立的人员进行。测试团队成员包含的工作角色有(　　)。

A. 测试负责人、测试分析员　　B. 测试设计员、测试程序员、测试员

C. 测试系统管理员、配置管理员　　D. 以上全部

(4) 计算机软件测试规范规定，软件测试的类别可分为单元测试、集成测试以及(　　)。

A. 系统测试　　B. 验收测试

C. 系统测试和验收测试　　D. 配置项测试、系统测试和验收测试

(5) 根据GB/T15532—2008《计算机软件测试规范》，软件测试管理主要包括测试过程管理、测试评审管理，以及(　　)。

A. 测试用例管理　　B. 测试环境管理

C. 配置管理　　D. 测试系统管理

(6) 根据GB/T15532—2008《计算机软件测试规范》，设计测试用例应遵循：基于测试需求的原则、基于测试方法的原则、兼顾测试充分性和效率的原则，以及(　　)。

A. 测试用例无冗余性原则　　B. 测试执行可重复性原则

C. 测试用例可操作性原则　　D. 测试用例可管理性原则

(7) 与设计软件测试用例无关的文档是(　　)。

A. 需求规格说明书　　B. 详细设计说明书

C. 可行性研究报告　　D. 源程序

(8) 下面有关软件测试的叙述中，不属于H模型核心思想的是(　　)。

A. 软件测试不仅仅指测试的执行，还包括很多其他的活动
B. 软件测试是一个独立的流程，贯穿产品整个开发周期，与其他流程并发地进行
C. 软件测试要尽早准备，尽早执行
D. 软件测试不同层次的测试活动严格按照某种线性次序执行

(9) 下列有关测试过程抽象模型的描述中，正确的是(　　)。
A. V 模型中，单元测试验证的是程序编码
B. W 模型强调，测试伴随着整个软件开发周期同步进行，测试的对象是程序和设计
C. H 模型的提出源自软件并发中的活动常常是交叉进行的，存在反复触发、迭代的关系
D. X 模型提出针对完整的程序进行集成的编码和测试

(10) 下列有关测试过程抽象模型的描述中正确的是(　　)。
A. V 模型指出，软件测试要尽早准备，尽早执行，只要某个测试达到了准备就绪点，测试执行活动就可开展
B. W 模型强调，测试伴随着整个软件开发周期同步进行，而且测试的对象不仅仅是程序需求，设计也同样需要测试
C. H 模型指出，单元测试和集成测试应检测程序的执行是否满足软件设计的要求
D. X 模型提出针对完整的程序进行集成的编码和测试

5.5 实验与思考

5.5.1 实验目的

本节“实验与思考”的目的：
(1) 了解标准化的意义和作用，了解支持国家标准和其他相关标准信息的专业网站。
(2) 熟悉和掌握软件测试标准化的概念，系统了解与软件测试相关的国家标准。
(3) 通过对论述题的深入分析和讨论，逐步熟悉和掌握软件测试的基本方法。

5.5.2 工具/准备工作

在开始本实验之前，请认真阅读课程的相关内容。

请收集一般是由国家质量监督检验检疫总局(即原国家技术监督局)发布的现行的软件工程和软件测试国家标准。

需要准备一台带有浏览器、能够访问因特网的计算机。

5.5.3 实验内容与步骤

1）标准化的概念。

请查阅有关资料(例如教材和专业网站等),结合自己的理解回答以下问题:

(1) 标准一般分哪5个层次,并做简单解释。

① ______

② ______

③ ______

④ ______

⑤ ______

(2) 请简单解释下列符号的含义:

GB: ______

GJB: ______

ISO: ______

ANSI: ______

IEEE: ______

2）与软件测试活动相关的国家标准。

有关软件测试活动的几个主要的国家标准简单介绍如下,请阅读和学习标准的正式文本并记录。

(1) 计算机软件文档编制规范(GB/T8567—2008)。

本规范是一份指导性文件。本规范建议,在一项计算机软件的开发过程中,一般地说,应该产生18种文件,本规范规定了这18个软件文件的编制形式,并提供对这些规定的解释。同时,本规范也是这18种文件的编写质量的检验准则。

有否阅读本标准正式文本: □ 已阅读 □ 未阅读

你认为本标准的意义何在?为什么? ______

(2) 计算机软件测试文档编制规范(GB/T9386—2008)。

本规范规定一组软件测试文件。文件中所规定的内容可以作为对测试过程完备性的对照检查表,故采用这些文件将会提高测试过程的每个阶段的能见度,提高测试工作的可管理性。

有否阅读本标准正式文本: □ 已阅读 □ 未阅读

你认为本标准的意义何在?为什么? ______

(3) 计算机软件测试规范(GB/T15532—2008)。

本标准规定了计算机软件生命周期内各类软件产品的基本测试方法、过程和准则,适用于计算机软件生命周期全过程和计算机软件的开发机构、测试机构及相关人员。

有否阅读本标准正式文本: □ 已阅读 □ 未阅读

你认为本标准的意义何在?为什么?

(4) 信息技术软件包质量要求和测试(GB/T17544—1998)。

本标准规定了软件产品在其生存周期内如何选择适当的软件可靠性和可维护性管理要素,并指导软件可靠性和可维护性大纲的制定和实施。标准适用于软件产品生存周期的各个阶段。

有否阅读本标准正式文本: □ 已阅读 □ 未阅读

你认为本标准的意义何在?为什么?

(5) 其他。

除了上面这些标准之外,其他一些与软件工程相关的国家标准如:

- 信息处理系统　计算机系统配置图符号及约定(GB/T14085—1993)。
- 计算机软件　可靠性和可维护性管理(GB/T14394—1993)。
- 软件工程　产品评价(GB/T18905.1～6—2002)。
- 信息技术　软件产品评价　质量特性及其使用指南(GB/T16260—1996)。
- 信息技术　CASE工具的评价与选择指南(GB/T18234—2000)。

3) 请对测试过程模型中的V模型、W模型和TMap模型进行对比分析,讨论它们各自的特点。

答:

4) 请通过网络文献深入了解"IBM Rational统一过程(RUP)",并做简单描述:

答:

请分析,IBM Rational统一过程(RUP)对软件测试会产生什么影响?

答:

5) 以下是某学生选课系统中"学生查询成绩"交互行为的描述,请按要求回答问题。

交互开始时终端上显示首页，用户选择"查询"请求后显示"请输入学号"。

在用户输入学号后，系统核对学生学号：若输入的学号不正确，则显示"输入的学号不正确"，此次查询取消，回到首页；若输入学号正确，出现"请输入课程名"。

一旦输入课程名，就开始核对课程名称：若输入的课程名不正确，则显示"输入的课程名不正确"，此次查询取消，回到首页；若输入的课程名正确，则根据"学号"和"课程名"，查询学生成绩。

若查询学生成绩成功，则显示查询到的成绩，系统询问是否继续查询：当用户选择"继续查询"后回到"请输入学号"；当用户选择"结束查询"后回到首页。

若查询学生成绩失效，则显示"查询失效"后回到首页。

答：

(1) 根据系统的规格说明，请在一白纸上画出该系统以上交互行为的状态图(应满足功能图的要求，不可画成流程图)，并粘贴于此处(相关说明请标注于图上)。

-------------------- 粘贴处 --------------------

(2) 使用基本路径测试方法确定该状态图的测试路径。

答：

① 根据系统的规格说明，画出控制流图，并粘贴于此处：

-------------------- 粘贴处 --------------------

② 由控制流图，判定该程序的环路复杂度 V(G)是：________，

确定的独立的测试路径是：________________________________

____

____

____

____

5.5.4 实验总结

____

____

____

____

5.5.5 实验评价(教师)

____

5.6 阅读与分析：软件测试文档的深度与广度

测试文档是测试过程中输出的测试工作产品，类似于软件工作产品。然而实践中经常面临有无数的测试文档需要撰写，而使用文档的效果却是非常有限。本文阐述了测试文档深度与广度选择时需要考虑的一些因素。

测试文档是测试人员在测试过程中输出的测试工作产品，类似于软件工作产品，是形式化测试过程的重要组成部分。IEEE 829是软件测试行业内最有名的文档标准，它提供了一种很好的测试文档描述，同时描述了测试文档之间以及与测试过程之间的关系。

业内不少公司在使用IEEE 829测试文档标准，或者以IEEE 829为基础开发自己公司的文档模板，但是实际的结果并不乐观，主要表现在：

(1) 成本较高：测试人员需要花费大量的时间投入到测试文档的编写，按照模板填充类似格式的案头工作中；

(2) 效果较差：按照测试文档模板编写出的并不是特别有价值的大量原始材料，甚至由于时间的限制，测试文档几乎在测试过程中没有什么人看；

(3) 文档维护成本高：特别是在测试文档的输入软件工作产品变更的时候，不仅要修改捆绑到软件变更部分，而且还要搜索必须修改的其他有关联的内容。

因此，纯粹照搬使用IEEE 829测试文档模板，或者公司内部开发的文档模板并不是提供测试文档的初衷。为了提高测试文档模板的效率和有效性，测试人员需要考虑测试文档需要解决什么问题，它的主要目的是什么。假如希望编写出好的测试文档，需要有测试文档模板的支持，而更重要的是测试人员需要了解模板每部分的含义，为什么需要有这部分，什么时候可以删除这部分内容，即测试人员必须能够根据公司特征和项目特点合理裁剪测试文档模板。

决定什么内容包含到测试文档中，什么内容不包含，应该以项目需求为基础。为了更好地确定测试文档模板的深度与广度，即合理裁剪测试文档模板，测试人员至少需要考虑下面的这些因素：

(1) 测试目标。测试人员测试该产品或者系统的目标是什么。假如测试文档不能支持这个目标，或者无助于达到这个目标，那么这样的测试文档(与所创建的所有其他软件工作产品一样)价值就会降低很多。

(2) 测试文档是产品还是工具。假如测试文档是软件系统或者产品的一部分，那么这些文档是需要发布给客户使用的，这时候测试文档就需要按照客户的要求遵循某种标准。而假如测试文档只是内部使用的工具，那么就不必太完整、太整齐，能够在最低限度上有助于达到目标即可。

(3) 软件设计变更是否频繁。如果软件设计变更很频繁，则不要将许多细节写入测试文档中，因为这些细节很快就会过时。这种情况下，不要编写大量的测试文档，它们被修改或者放弃的速度太快，不值得在测试文档上投入太多。

(4) 采用的测试方法。假如目前采用的软件开发模型是V模型之类的线性模型，那么采用的测试方法通常是依赖于预先定义的测试，这时候需要详细的测试用例的操作和维护文档。假如采用的是探索性测试，则更需要策略方面的文档，例如：关于某个测试领域的想法，但不是具体的测试用例。

(5) 测试文档给谁看。假如测试文档是主要给新的测试人员或者没有经验的测试人员看，那么需要足够详细使得他们能够正常开展工作。

测试人员在裁剪测试文档的时候，上面的这些问题可以帮助测试人员思考，写出他们所需要的东西，以及内容的详细程度，以达到测试文档的目标。

资料来源：2012-2-28 11:22，swtbok，51Testing 软件测试网采编。

第 6 章　测试传统应用系统

软件测试工作的目标是尽可能多地暴露软件中的潜在错误，能暴露更多潜在错误的测试用例，便是成功的（或者说好的、高产的）测试用例。人们希望用最小的测试用例集合，得到最大的测试彻底度（覆盖率）。因此，如何设计好的测试用例与如何衡量彻底度，便成为测试工作的两个关键的技术问题。为此，必须依赖有效的软件测试方法。本章主要讨论传统应用系统的测试方法，测试面向对象应用系统和测试 Web 应用系统将分别在第 11 和第 12 章介绍。

6.1　静态测试与动态测试

按测试过程是否在实际应用环境中运行来分类，可以将测试技术分成静态测试和动态测试。

6.1.1　静态测试技术

静态测试技术是单元测试中的重要手段之一，测试对象可以是需求文件、设计文件或源程序等，适用于新开发的和重用的代码，通常在代码完成并无错误地通过编译或汇编后进行。静态测试采用工具扫描分析、代码评审等方法，测试人员主要由软件开发小组的成员组成。

静态测试时不执行被分析的程序，而是通过对模块源代码进行研读，找出其中的错误或可疑之处，收集一些度量数据。静态测试包括对软件产品的需求和设计规格说明书的评审、对程序代码的复审等。静态测试的查错和分析功能是其他方法所不能替代的，可以采用人工或者计算机辅助静态测试手段进行检测。

- 人工检测：是指完全靠人工审查或评审软件，偏重于编码风格、质量的检验。除了审查编码，还要对各阶段的软件产品进行检验。这种方法可以有效地发现逻辑设计和编码错误，发现计算机辅助静态测试所不易发现的问题。
- 计算机辅助静态测试：利用静态测试工具对被测程序进行特性分析，从程序中提取一些信息，以便检查程序逻辑的各种缺陷和可疑的程序构造，如用错的局部变量和全局变量、不匹配的参数、潜在的死循环等。静态测试中还可以用符号代替数值求得程序结果，以便对程序进行运算规律的检验。

1. 代码审查

代码审查是一种有效的测试方法，我们在本书的第 3 章中做了介绍。据统计，代码中

60%以上的缺陷可以通过代码审查(包括互查、走查、会议评审等形式)发现。代码审查还为缺陷预防获取各种经验,为改善代码质量打下坚实基础。在代码审查过程中获得的主要经验是:

- 合适的检查速度为一次检查大约200~400行代码,不宜超过60~90分钟。
- 在审查前,代码作者应该对代码进行注释。
- 建立量化的目标并获得相关的指标数据,从而不断改进流程。
- 使用检查表肯定能提高评审效果。

2. 流图分析

流图分析是通过分析程序的流程图来实现的,它只分析代码的结构而不执行代码,因此,流图分析法比较适合于编码实现阶段。流图分析所能获得的信息主要有:

- 语法错误。
- 每个语句中标识符的引用分析,如变量、参数等。
- 每个例行程序调用的子程序和函数。
- 未给出初值的变量。
- 已定义但未使用的变量。
- 未经说明或无用的标号。
- 对任何一组输入数据均不可能执行到的代码段。

流图分析比较直观,能为动态测试产生测试数据,并显示各种测试数据的执行路径,便于分析测试结果。

3. 符号执行

这是一种符号化定义数据的方法,它要为每条程序路径给出一个符号表达式。这种方法不使用实际的数据值来执行程序,而是对程序中的特定路径输入一些符号,在对这些符号进行处理后,根据输出的符号来判断程序的行为和正确性。符号执行可利用符号执行树等工具来完成。

符号执行方法中的输出可以表示成输入符号的公式,所以能较容易地判断程序是否是计算的某一特定函数。但这种方法代价高,符号处理比数值计算复杂得多,且容易出错,不适用于非数值计算的程序。

6.1.2 动态测试技术

动态测试是软件测试中使用最为普遍的方法,通过运行程序发现错误,通过观察代码运行过程来获取系统行为、变量实时结果、内存、堆栈、线程以及测试覆盖率等各方面的信息,从而判断系统是否存在问题,或者通过有效的测试用例、对应的输入输出关系来分析被测程序的运行情况,从中发现缺陷。

可以把程序看成是一个函数,它描述了输入和输出之间的关系。输入的全体叫程序的定义域,输出的全体叫程序的值域。一个动态测试过程可分为5步:

(1) 选取在定义域中的有效值或定义域外的无效值。

(2) 对已选的值决定其预期的结果。

(3) 用选取的值执行程序。

(4) 观察程序的行为，并获取其结果。

(5) 将结果与预期的结果相对比，如果不吻合，则证明程序存在错误。

可以通过定义域中的每个元素执行上述测试过程，从而证明程序有无错误，这就是“穷尽测试（又称穷举测试）”。但是，实际使用的测试方法只能是一种抽样检查，以便把几乎无穷的穷尽测试变成一个可行的测试过程。为此，先要寻找一个合适的定义域中具有代表的元——测试数据集，并且已经证明并不存在寻找测试数据集的标准算法。

在动态测试过程中还应该注意，如果程序中的某一段发现了较多的错误，则进一步测试时应特别注意这一段。

按产生测试数据的不同方式，动态测试可分为功能测试和结构测试。功能测试又叫“黑盒测试”，它从系统的需求分析说明书出发，按程序的输入、输出特性和类型选择测试数据。结构测试又叫“白盒测试”，测试数据的产生涉及程序的具体结构，所以它应反映程序的结构性质。譬如：产生的测试数据应使程序的所有语句至少执行一次；或使程序的所有通路至少通过一次，亦即使程序的每个分支至少通过一次。

此外，还有接口测试，包括测试数据接口和控制接口。测试数据接口主要是测试例行程序或模块间数据传递的正确性；测试控制接口主要是测试例行程序或模块间调用关系的正确性。

6.1.3 分析方法和非分析方法

测试方法可以分为分析方法和非分析方法两种。

测试的分析方法是通过分析程序的内部逻辑来设计测试用例，它适用于设计阶段对软件详细设计表示的测试，包括白盒方法和静态测试两种。

测试的非分析方法也称黑盒方法，它是根据程序的功能来设计测试用例，适用于需求分析阶段对软件需求说明书的测试。

6.1.4 主动测试和被动测试

在软件测试中，比较常见的是主动测试方法，测试人员主动向被测试对象发送请求，或借助数据、事件驱动被测试对象的行为，来验证被测试对象的反应或输出结果。在主动测试中，测试人员和被测试对象之间发生直接相互作用，而且被测试对象完全受测试人员的控制，被测试对象处于测试状态，而不是实际工作状态，如图 6-1(a)所示。

由于主动测试中被测试对象受人为因素影响较大，而且一般是在测试环境中进行，而非软件产品的实际运行环境，所以主动测试不适应产品在线测试。为了解决产品在线测试，这就需要用到被动测试。在被动测试方法中，软件产品在实际环境中运行，测

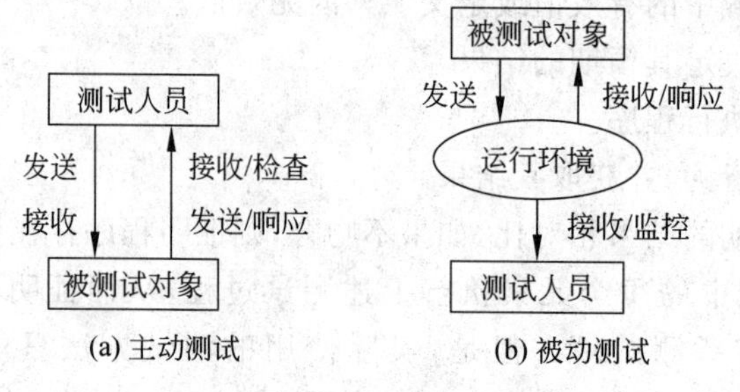

(a) 主动测试　　(b) 被动测试

图 6-1　主动测试和被动测试

试人员被动地监控产品的运行，通过一定的机制来获得系统运行的数据，包括输入、输出数据，如图 6-1(b)所示。被动测试适合性能测试和在线监控，在嵌入式系统测试中常常采用被动测试方法。另外，大规模复杂系统的性能测试，为了节省成本，可以采用这种方法。

在主动测试中，测试人员需要设计测试用例、设法输入各种数据；而在被动测试中，系统运行过程中的各种数据自然产生，测试人员不需要设计测试用例，只要设法获得系统运行的各种数据，但数据的完整性得不到保证。被动测试的关键是建立监控程序(代理)，并通过数据分析掌握系统的状态。

6.2 白盒测试方法

所谓白盒方法，就是能够看清楚(透明)事物的内部，通过剖析事物的内部结构和运行机制来处理和解决问题。如果没有办法或不去了解事物的内部结构和运行机制，而把整个事物看成是一个整体——黑盒子，通过分析事物的输入、输出以及周边条件来分析和处理问题，这种方法就是黑盒方法。

在软件测试中，根据是针对软件系统的内部结构，还是针对软件系统的外部表现行为来采取不同的测试方法，分别称为白盒测试方法和黑盒测试方法。

白盒测试，也称结构测试或逻辑驱动测试，是已知产品的内部工作过程，清楚最终生成软件产品的计算机程序结构及其语句，按照程序的内部结构来测试程序，测试程序内部的变量状态、逻辑结构、运行路径等，检验程序中的每条通路是否都能按预定要求正确工作，检查程序内部动作或运行是否符合设计规格要求，所有内部成分是否按规定正常进行。

白盒测试是基于覆盖的测试，即尽可能覆盖程序的结构特性和逻辑路径，其具体方法有逻辑覆盖、循环覆盖、基本路径覆盖等。逻辑覆盖又可进一步分为语句覆盖、判定覆盖、条件覆盖、判定/条件覆盖、条件组合覆盖等。

白盒测试主要用于单元测试，其基本原则有：

- 保证每个模块中所有独立路径至少被使用一次。
- 完成所有逻辑值分别为真值(true)和假值(false)的条件下的测试。
- 在上、下边界及可操作范围内运行所有循环，完成循环覆盖测试。

- 检查内部数据结构以确保其有效性，完成边界条件的测试。

白盒测试法试图穷举路径测试，但这几乎是不可能的，因为贯穿一定规模系统的程序的独立路径数可能是一个天文数字。企图遍历所有的路径很难做到，即使每条路径都测试了，覆盖率达到100%，程序仍可能出错，因为：

- 穷举路径测试不能查出程序违反了设计规范，即程序在实现一个不是用户需要的功能。
- 穷举路径测试不可能查出程序中因遗漏路径而出的错误。
- 穷举路径测试可能发现不了一些与数据相关的异常错误。

6.2.1 语句覆盖

语句覆盖法的基本思想是设计若干测试用例，运行被测程序，使程序中的每个可执行语句至少被执行一次。

例如：示例源程序如下：

```
Dim a, b As Integer
Dim c As Double
If (a>0 AND b>0) Then
   C=c/a
End If
If (a>1 OR c>1) Then
   C=C+1
End If
c=b+c
```

该程序流程图如图6-2(a)所示，并可以简化为流程图6-2(b)。其中：

```
条件 M={a>0 and b>0}
条件 N={a>1 or c>1}
```

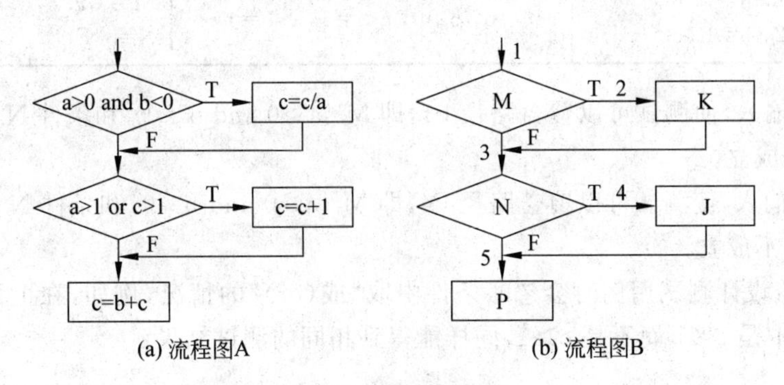

(a) 流程图A　　(b) 流程图B

图6-2　例题流程图

由流程图B可以知道，该程序模块有4条不同的路径：

```
P1:  (1-2-4)        即 M=.T. 且 N=.T.
```

```
P2:  (1-2-5)          即 M=.T.且 N=.F.
P3:  (1-3-4)          即 M=.F.且 N=.T.
P4:  (1-3-5)          即 M=.F.且 N=.F.
```

P1 包含了所有可执行语句，按照语句覆盖的测试用例设计原则，可以使用 P1 作为测试用例。令 a=2，b=1，c=6，会得到输出 { a=2，b=1，c=5 }，此时满足条件 M{a>0 and b>0} 和条件 N { a > 1 or c > 1 }，这样，测试用例的输入 { a=2，b=1，c=6 } 覆盖路径 P1。

在使用语句覆盖法设计测试用例时，能够使所有的执行语句都被测试，但是不能准确地判断运算中的逻辑关系错误。在这个例子里面，如果 M 的条件是 a > 0 or b > 0，而不是 and 关系，这时的测试用例仍然可以覆盖所有可执行语句，但不能发现其中的逻辑错误。

即：

```
If (a>0 or b>0) Then          "错误!但测试结果相同"
```

6.2.2 判定覆盖

判定覆盖法的基本思想是：设计若干用例，运行被测程序，使得程序中每个判断的取真分支和取假分支至少经历一次，即判断真、假值均被满足。一个判定往往代表着程序的一个分支，所以判定覆盖也被称为分支覆盖。按照判定覆盖的基本思路，可以这样针对上面提到的测试的用例进行设计，P1 和 P4 作为测试用例，如表 6-1 所示。

表 6-1 判定覆盖的测试用例

测试用例	取值条件	判定条件	通过路径
输入：{a=2，b=1，c=6} 输出：{a=2，b=1，c=5}	a>0，b>0，a>1，c>1	M= .T. N= .T.	P1(1-2-4)
输入：{a=−2，b=1，c=−6} 输出：{a=−2，b=1，c=−5}	a<=0，b>0，a<=1，c<=1	M= .F. N= .F.	P4(1-3-5)

- 设计输入，使测试可以覆盖路径 P1，即 M {a>0 and b>0} 和条件 N {a>1 or c>1} 都成立。
- 设计输入，使测试可以覆盖路径 P4，即 M {a>0 and b>0}和条件 N {a>1 or c>1} 都不成立。

判定覆盖设计测试用例时会忽略条件中取"或(or)"的情况，例如，在上面的例子中，如果条件 N 中是 c<1 而不是 c>1，同样能得到相同的测试结果。

即：

```
If (a >1 or c<1) Then        "错误!但测试结果相同"
```

6.2.3 条件覆盖

条件覆盖的基本思想是：设计若干测试用例，执行被测程序以后，要使每个判断中每个条件的可能取值至少满足一次。对于第一个判定条件 M，可以分割如下：

- 条件 a＞0：取真(True)时为 T1，取假(False)时为 F1；
- 条件 b＞0：取真(True)时为 T2，取假(False)时为 F2。

对于第二个判定条件 N：

- 条件 a＞1：取真(True)时为 T3，取假(False)时为 F3；
- 条件 c＞1：取真(True)时为 T4，取假(False)时为 F4。

根据条件覆盖的基本思想，要分别获得 8 个条件取值，组合成测试用例，如表 6-2 所示。

表 6-2 条件覆盖的测试用例

测试用例	取值条件	具体取值	通过路径
输入：{a=2, b=−1, c=−2} 输出：{a=2, b=−1, c=−5}	T1, F2, T3, F4	a＞0, b＜＝0, a＞1, c＜＝1	P3(1-3-4)
输入：{a=−1, b=2, c=3} 输出：{a=−1, b=2, c=6}	F1, T2, F3, T4	a＜＝0, b＞0, a＜＝1, c＞1	P3(1-3-4)

保证每个条件的取真、取假都被至少运行一次的测试用例设计可能还有好几种，而这两个用例条件取值不同，却覆盖了相同的路径。可以看到，在这种测试用例设计方法中，测试用例没有满足前面提到的判定覆盖的要求，即判定条件 M 和 N 的真、假没有至少被执行一次，而是 M 总是取假、N 总是取真，这样，测试可能会遗漏程序逻辑错误。所以说，所有条件覆盖都满足了，也不能保证所有判定(分支)覆盖被测试，为此需要引入判定-条件覆盖，使测试更充分。

6.2.4 判定-条件覆盖

判定-条件覆盖实际上是将判定覆盖和条件覆盖结合起来的一种设计方法，即：设计足够的测试用例，使得判断条件中的所有条件可能取值至少执行一次，同时，所有判断的可能结果至少执行一次。按照这种思想，在前面的例子中应该至少保证判定条件 M 和 N 取真和取假各一次，同时要保证 8 个条件取值(T1, F1, T2, F2, …, F4)也至少被执行一次，如表 6-3 所示。

表 6-3 判定-条件覆盖的测试用例

测试用例	取值条件	具体取值	判定条件	通过路径
输入：{a=2, b=1, c=6} 输出：{a=2, b=1, c=5}	T1, T2, T3, T4	a＞0, b＞0, a＞1, c＞1	M= .T. N= .T.	P1(1-2-4)

续表

测 试 用 例	取 值 条 件	具 体 取 值	判定条件	通过路径
输入:{a=−1, b=−2, c=−3} 输出:{a=−1, b=−2, c=−5}	F1, F2, F3, F4	a<=0, b<=0, a<=1, c<=1	M= .F. N= .F.	P4(1-3-5)

这样设计测试用例,依然可能会忽视代码中出现的错误。如表 6-3 的第 2 个测试用例和表 6-1 的第 2 个测试用例取值有差异(一个是 b>0,一个是 b<=0),但通过的路径是一样的,都是 P4,而另外两条路径(P2、P3)没有被覆盖。这时,如果条件 N 中的 c<1 被错误写成 c>1,还是发现不了。为了使程序得到足够的测试,不仅每个条件被测试,而且每个条件的组合也应该被覆盖。

6.2.5 条件组合覆盖

条件组合覆盖的基本思想是:设计足够的测试用例,使得判断中每个条件的所有可能至少出现一次,并且每个判断本身的判定结果也至少出现一次。它与条件覆盖的差别是:它不是简单地要求每个条件都出现“真”与“假”两种结果,而是要求让这些结果的所有可能组合都至少出现一次。

按照条件组合覆盖的基本思想,对于前面的例子,设计组合条件如表 6-4 所示。

表 6-4 示例的 8 种组合条件

编 号	覆盖条件取值	判定-条件取值	判定-条件组合
1	T1, T2	M= .T.	a>0, b>0, M 取真
2	T1, F2	M= .F.	a>0, b<=0, M 取假
3	F1, T2	M= .F.	a<=0. b>0, M 取假
4	F1, F2	M= .F.	a<=0, b<=0, M 取假
5	T3, T4	N= .T.	a>1, c>1, N 取真
6	T3, F4	N= .T.	a>1, c<=1, N 取真
7	F3, T4	N= .T.	a<=1, c>1, N 取真
8	F3, F4	N= .F.	a<=1, c<=1, N 取假

针对 8 种组合条件,再来设计能覆盖所有这些组合的测试用例,如表 6-5 所示。从中可以看出,事实上,条件组合覆盖是将覆盖条件组合成满足条件的判定条件,同时保证判定条件的所有取值至少执行一次。

表 6-5 条件组合覆盖的测试用例

测 试 用 例	覆 盖 条 件	覆 盖 路 径	覆 盖 组 合
输入:{a=2, b=1, c=6} 输出:{a=2, b=1, c=5}	T1, T2, T3, T4	P1(1-2-4)	1, 5
输入:{a=2, b=−1, c=−2} 输出:{a=2, b=−1, c=−2}	T1, F2, T3, F4	P3(1-3-4)	2, 6

续表

测试用例	覆盖条件	覆盖路径	覆盖组合
输入:{a=-1, b=2, c=3} 输出:{a=-1, b=2, c=6}	F1, T2, F3, T4	P3(1-3-4)	3, 7
输入:{a=-1, b=-2, c=-3} 输出:{a=-1, b=-2, c=-5}	F1, F2, F3, F4	P4(1-3-5)	4, 8

条件组合覆盖设计方法也有缺陷，从上面的测试用例中可以看到，所有的条件覆盖组合不能保证所有的路径被执行，即 P2(1-2-5) 没有被执行。所以，更理想的测试用例，不仅能覆盖各个条件和各个判定，而且还能覆盖基本路径。

6.2.6 路径覆盖

顾名思义，路径覆盖就是设计测试用例来覆盖程序中的所有可能的执行路径。调整表 6-5 中第 2 个测试用例，即设计出测试用例覆盖路径 P2(1-2-5)，而不是 P3(1-3-4)，这样就可以完全覆盖路径 P1、P2、P3 和 P4，如表 6-6 所示。

表 6-6 路径覆盖的测试用例

测试用例	覆盖条件	覆盖路径	覆盖组合
输入:{a=2, b=1, c=6} 输出:{a=2, b=1, c=5}	T1, T2, T3, T4	P1(1-2-4)	1, 5
输入:{a=1, b=-1, c=-3} 输出:{a=1, b=-1, c=-2}	T1, T2, F3, F4	P3(1-2-4)	1, 8
输入:{a=-1, b=2, c=3} 输出:{a=-1, b=2, c=6}	F1, T2, F3, T4	P3(1-3-4)	3, 7
输入:{a=-1, b=-2, c=-3} 输出:{a=-1, b=-2, c=-5}	F1, F2, F3, F4	P4(1-3-5)	4, 8

但是，路径覆盖法没有涵盖所有的条件组合(如组合 2、6)。

可见，采用其中任何一种方法都不能完全覆盖所有的测试用例。因此，在实际的测试用例设计过程中，可以根据需要和不同的测试用例设计特征，将不同的设计方法组合起来，交叉使用，以达到最高的覆盖率。

采用条件组合和路径覆盖两种方法的结合来重新设计测试用例，如表 6-7 所示，也就是在表 6-5 或表 6-6 的基础上增加一个用例，通过这 5 个测试用例就能覆盖各种情况，包括条件、判定-条件、条件组合、路径等，使程序得到完全的测试。

路径覆盖中还有一个基本路径测试法，它是在程序控制流图的基础上，通过分析控制构造的环路复杂性，导出基本可执行路径集合，从而设计测试用例的方法。设计出的测试用例要保证被测试程序的每个可执行语句至少被执行一次。

表 6-7 完全覆盖的测试用例

测试用例	覆盖条件	覆盖路径	覆盖组合
输入:{a=2, b=1, c=6} 输出:{a=2, b=1, c=5}	T1, T2, T3, T4	P1(1-2-4)	1, 5
输入:{a=1, b=1, c=−3} 输出:{a=1, b=1, c=−2}	T1, T2, F3, F4	P3(1-2-5)	1, 8
输入:{a=2, b=−1, c=−2} 输出:{a=2, b=−1, c=−2}	T1, F2, T3, F4	P3(1-3-4)	2, 6
输入:{a=−1, b=2, c=3} 输出:{a=−1, b=2, c=6}	F1, T2, F3, T4	P3(1-3-4)	3, 7
输入:{a=−1, b=−2, c=−3} 输出:{a=−1, b=−2, c=−5}	F1, F2, F3, F4	P4(1-3-5)	4, 8

6.3 黑盒测试方法

黑盒测试方法,也称功能测试或数据驱动测试方法。测试时,在不考虑程序内部结构和内部特性的情况下由测试人员进行测试,以检查系统功能是否按照"需求规格说明书"的规定正常使用、是否有不正确或遗漏了的功能、功能操作逻辑是否合理、是否能接收输入数据并输出正确结果、人机界面是否美观有否出错;检查相应的文档是否采用了正确的模板、是否满足规范要求;检查系统初始化问题,安装过程是否出现问题,安装步骤是否清晰、方便等。黑盒测试方法着眼于程序外部的用户界面,关注软件的输入和输出,关注用户的需求,从用户的角度来验证软件的功能。

使用黑盒测试方法时,穷举测试也是不可能的,即不可能完成所有的输入条件及其组合的测试。黑盒测试法的覆盖率有时比较难以测定或达到一定水平时就难以提高,这是其局限性。所以,在实际测试工作中,还要结合白盒测试方法,进行条件、逻辑和路径等方面的测试。

6.3.1 等价类划分法

数据测试就是借助数据的输入输出来判断功能能否正常运行。在进行数据输入测试时,如果需要证明数据输入不会引起功能上的错误,或者其输出结果在各种输入条件下都是正确的,就需要将可输入数据域内的值完全尝试一遍(即穷举法),但这实际上是不现实的。因此,通常只能选取少量有代表性的输入数据,以期用较小的测试代价暴露出较多的软件缺陷。

为了解决这个问题,设想是否可以用一组有限的数据去代表近似无限的数据,这就是"等价类划分"方法的基本思想。等价类划分法就是解决如何选择适当的数据子集来代表整个数据集的问题,通过降低测试的数目去实现"合理的"覆盖,以发现更多的软件缺陷。等价类划分法基于对输入或输出情况的评估,然后划分成两个或更多子集来进行测试,即将所有可能的有效或无效的输入数据划分成若干个等价类，从每个等价类中选择一定的代表值进行测试。等价类划分法是黑盒测试用例设计中一种重要的、常用的设计方法，将漫无边际的随机测试变为具有针对性的测试，极大地提高了测试效率。

等价类是指某个输入域的一个特定的子集合，在该子集合中各个输入数据对于揭露程序中的错误都是等效的。也就是说，如果用这个等价类中的代表值作为测试用例未发现程序错误，那么该类中其他数据(测试用例)也不会发现程序的错误。这样，对于表征该类的某个特定的数据输入将能代表整个子集合的输入，即测试某等价类的代表值就等效于对这一类其他值的测试。举个例子，设计这样的测试用例，来实现一个对所有的实数进行开方运算的程序的测试，这时候需要将所有的实数(输入域)进行划分，可以分成正实数、负实数和零。考虑使用＋1.4444 来代表正实数，用－2.345 来代表负实数，输入的等价类就可以使用＋1.4444、－2.345 和 0 来表示。

在确定输入数据的等价类时，常要分析输出数据的等价类，以便根据输出数据的等价类导出对应的输入数据等价类。这样，在等价类划分过程中，一般要经过两个过程，即分类和抽象。

- 分类，将输入域按照具有相同特性或者类似功能进行分类。
- 抽象，在各个子类中抽象出相同特性并用实例来表征这个特性。

等价类划分法优点是基于相对较少的测试用例，就能够进行完整覆盖，在很大程度上减少了重复性；缺点是缺乏特殊用例的考虑，同时需要有深入的系统知识，才能选择有效的数据。

在进行等价类划分的过程中，不但要考虑有效等价类划分，同时需要考虑无效的等价类划分。

- 有效等价类是指输入完全满足程序输入的规格说明、有意义的输入数据所构成的集合，利用有效等价类可以检验程序是否满足规格说明所规定的功能和性能。
- 无效等价类即不满足程序输入要求或者无效的输入数据构成的集合。使用无效等价类，可以测试程序/系统的容错性——对异常输入情况的处理。

在程序设计中，不但要保证所有有效的数据输入能产生正确的输出，同时需要保障在输入错误或者空输入的时候能有异常保护，这样才能保证软件的可靠性。

在使用等价类划分法时，设计一个测试用例，使其尽可能多地覆盖尚未被覆盖的有效等价类，重复这个过程，直至所有的有效等价类都被覆盖，即分割有效等价类直到最小。对无效等价类，进行同样的过程，设计若干个测试用例，覆盖无效等价类中的各个子类。

6.3.2 边界值分析法

实践证明，程序往往在输入/输出的边界值情况下发生错误，检查边界情况的测试用例是比较高效的，可以查出更多的错误。这就要求测试人员对输入条件进行分析并找出其中的边界值条件，通过对这些边界值的测试来发现更多的错误。

边界值分析法对于多变量函数的测试很有效，尤其对于像 C/C++ 数据类型要求不是很严格的语言更能发挥作用。缺点是对布尔值或逻辑变量无效，也不能很好地测试不同的输入组合。边界值分析法常被看做是等价类划分法的一种补充，两者结合起来使用更有效。

边界值分析法取决于变量的范围和范围的类型，确认所有输入的边界条件或临界值，然后选择这些边界条件、临界值及其附近的值来进行相关功能的测试。

边界值分析法的处理技巧主要有：

(1) 如果输入条件规定了值的范围，则取刚刚达到这个范围的边界值。

(2) 如果输入条件规定了值的个数，则用最大个数、最小个数、比最大个数多1个、比最小个数少1个的数等作为测试数据。

(3) 根据规格说明的每一个输出条件，分别使用以上两个规则。

(4) 如果程序的规格说明给出的输入域或输出域是有序集合（如有序表、顺序文件等），则应选取集合的第一个和最后一个元素作为测试数据。

在边界值分析法中，最重要的工作是确定边界值域。一般情况下，先确定输入和输出的边界，然后根据边界条件进行等价类的划分。以一个排序程序的边界值分析为例，其边界条件有：

- 排序序列为空；
- 排序序列仅有一个数据；
- 排序序列为最长序列；
- 排序序列已经按要求排好序；
- 排序序列的顺序与要求的顺序恰好相反；
- 排序序列中的所有数据全部相等。

上述例子在数组边界检查时经常遇到。通常情况下，软件测试所包含的边界检验有几种类型：数字、字符、位置、质量、大小、速度、方位、尺寸、空间等，而相应的边界值假定为最大/最小、首位/末尾、上/下、最快/最慢、最高/最低、最短/最长、空/满等情况，这需要对用户的输入以及被测应用软件本身的特性进行详细的分析，才能够识别出特定的边界值条件。另外，还需要选取正好等于、刚刚大于和刚刚小于边界值的数据作为测试数据。

6.3.3 判定表方法

等价类划分法和边界值分析法都没有考虑输入情况的组合，这样就可能忽视了多个输入组合起来的出错情况。检验各种输入条件的组合并不容易，因为即使将所有的输入条件划分成等价类，它们之间的组合情况也还是相当多。因此，需要考虑采用一种适合于多种条件的组合，相应地产生多个动作（结果）的方法来进行测试用例的设计，这就需要组合分析。

组合分析是一种基于每对参数组合的测试技术，主要考虑参数之间的影响，大多数错误都源之简单的参数组合。组合分析的优点是低成本实现、低成本维护、易于自动化、易于用较少的测试案例发现更多的错误和用户可以自定义限制；缺点是经常需要专家的领域知识、不能测试所有可能的组合和不能测试复杂的交互。

对于多因素，有时可以直接对输入条件进行组合设计，不需要进行因果分析，即直接采用判定表方法。一个判定表由“条件”和“活动”两部分组成，也就是列出一个测试活动执行所需的条件组合，所有可能的条件组合定义了一系列的选择，而测试活动需要考虑每一个选择。例如，打印机是否能打印出正确的内容受多个因素影响，包括驱动程序、纸张、墨粉等。判定表方法就是对多个条件的组合进行分析，从而设计测试用例来覆盖各种组合。判定表从输入条件的完全组合来满足测试的覆盖率要求，具有很严格的逻辑性，所以基于判定表的测试用例设计方法是最严格的，测试用例具有很高的完整性。

在了解如何制定判定表之前，先要了解5个概念——条件桩、动作桩、条件项、动作项和规则。

- 条件桩：列出问题的所有条件，如上述3个条件，即驱动程序、纸张、墨粉。
- 动作桩：列出可能针对问题所采取的操作，如打印正确内容、打印错误内容、不打印等。
- 条件项：针对所列条件的具体赋值，即每个条件可以取真值和假值。
- 动作项：列出在条件项(各种取值)组合情况下应该采取的动作。
- 规则：任何一个条件组合的特定取值及其相应要执行的操作。在判定表中贯穿条件项和动作项的一列就是一条规则。

判定表制定一般经过下面4个步骤：

(1) 列出所有的条件桩和动作桩；

(2) 填入条件项；

(3) 填入动作项，制定初始判定表；

(4) 简化、合并相似规则或者相同动作。

仍以上述“打印机打印文件”为例子来说明如何制定判定表。首先列出所有的条件桩和动作桩，为了简化问题，不考虑中途断电、卡纸等因素的影响，那么条件桩为：

(1) 驱动程序是否正确?

(2) 是否有纸张?

(3) 是否有墨粉?

而动作桩有两种：打印内容和不同的错误提示。而且假定：优先警告缺纸，然后警告没有墨粉，最后警告驱动程序不对。然后输入条件项，即上述每个条件的值分别取“是(Y)”和“否(N)”，可以简化表示为1和0。根据条件项的组合，容易确定其活动，如表6-8所示。

表6-8 初始化的判定表

序号		1	2	3	4	5	6	7	8
条件	驱动程序是否正确	1	0	1	1	0	0	1	0
	是否有纸张	1	1	0	1	0	1	0	0
	是否有墨粉	1	1	1	0	1	0	0	0

续表

序　号		1	2	3	4	5	6	7	8
动作	打印内容	1	0	0	0	0	0	0	0
	提示驱动程序不对	0	1	0	0	0	0	0	0
	提示没有纸张	0	0	1	0	1	0	1	1
	提示没有墨粉	0	0	0	1	0	1	0	0

如果结果一样，某些因素取“1”或“0”没有影响，即以“-”表示，可以合并这两项，最终优化判定表如表 6-9 所示。根据表 6-9，就可以设计测试用例，每一列代表一条测试用例。

表 6-9　优化后的判定表

序　号		1	2	4/6	3/7/8
条件	驱动程序是否正确	1	0	-	-
	是否有纸张	1	1	1	0
	是否有墨粉	1	1	0	-
动作	打印内容	1	0	0	0
	提示驱动程序不对	0	1	0	0
	提示没有纸张	0	0	0	1
	提示没有墨粉	0	0	1	0

6.3.4　因果图法

因果图是一种由自然语言写成的规范转换而来的形式化图形语言，它借助图形，着重分析输入条件的各种组合，每种组合条件就是“因”，它必然有一个输出的结果，这就是“果”。它实际上是一种使用简化记号表示的数字逻辑图，不仅能发现输入、输出中的错误，还能指出程序规范中的不完全性和二义性。因果图法利用图解分析输入的各种组合情况，有时还要依赖所生成的判定表。

由因果图法生成测试用例一般要经过以下 4 个步骤。

(1) 分析软件规格说明书中的输入/输出条件并分析出等价类，将每个输入/输出赋予一个标识符；分析规格说明中的语义，通过这些语义来找出相对应的输入与输入之间，输入与输出之间的关系。

(2) 将对应的输入/输出之间的关系关联起来，并将其中不可能的组合情况标注成约束或者限制条件，形成因果图。

(3) 由因果图转化成判定表。

(4) 将判定表的每一列拿出来作为依据，设计测试用例。

6.3.5 错误推测法

有经验的测试人员往往可以根据自己的工作经验和直觉推测出程序可能存在的错误,从而有针对性地进行测试,这就是错误推测法,或叫探索性测试方法。错误推测法是测试者根据经验、知识和直觉来推测发现程序中可能存在的各种错误,从而有针对性地进行测试。

错误推测法的一些示例如下:

示例一:上个版本发现的缺陷对当前版本测试有所启发,进行类似的探索新测试,可以发现一些严重的缺陷。

示例二:等价类划分法和边界值分析法通过选择有代表性的测试数据来暴露程序错误,但不同类型、不同特点的程序还存在其他一些特殊的、容易出错的情况,例如一些特殊字符(如 * 、%、/、\、# 、@、$ 、^、. 、| 等)被输入到系统后产生例外情况。有时,将多个边界值组合起来进行测试,可能使程序出错。

示例三:客户端在正常连接时一般没问题,可以试试断掉连接后再重新连接,看看是否出现系统崩溃的情况,而且可以不断调整失去连接的时间,或者尝试不同的连接次数等,以发现一些例外。

示例四:就程序中容易出现的问题,例如空指针、内存没有及时释放、session 失效或 JavaScript 字符转义等,设想各种情况,能否引起问题的发生,从而设计出一些特别的测试用例来发现缺陷。

错误推测法能充分发挥人的直觉和经验,在一个测试小组中集思广益,方便实用,特别是在软件测试基础较差的情况下,很好地组织测试小组进行错误猜测,是一种有效的测试方法。但错误推测法不是一个系统的测试方法,只能用做辅助手段,即先用上述方法设计测试用例,在没有别的办法可用的情况下,再采用错误推测法,补充一些例子来进行一些额外的测试。优点是测试者能够快速且容易地切入,并能够体会到程序的易用与否;缺点是难以知道测试的覆盖率,可能丢失大量未知的区域,并且这种测试行为带有主观性且难以复制。

6.4 模糊测试方法

模糊测试方法,简单地说,就是构造大量的随机数据作为系统的输入,从而检验系统在各种数据情况下是否会出现问题。

模糊测试方法在 1989 年由美国麦迪逊大学的 Barton Miller 教授提出,但以前应用不多,而当互联网应用越来越普遍时,软件系统的安全性成为人们关注的焦点,模糊测试方法又重新得到重视。例如:

- 发送大量的随机数据来进行服务器的攻击测试,可能会导致网站拒绝服务;
- 通过大量随机测试,可能会实现 HTTP 报文注入,获得服务器的权限,或导致服务器的 HTTP 服务不可用。

模糊测试方法可以模拟黑客来对系统发动攻击测试，在安全性测试上发挥作用，还可以用于对服务器的容错性测试。模糊测试方法缺乏严密的逻辑，不去推导哪个数据会造成系统破坏，而是设定一些基本框架，在这框架内产生尽可能多的杂乱数据进行测试，发现一些意想不到的系统缺陷。由于要产生大量数据，模糊测试方法一般需要通过软件工具来自动执行。

6.5 增量测试与大突击测试

系统是被逐步开发出来的，是模块或构件的集成。增量测试与大突击测试的区别在于选择是逐步集成还是成块地进行软件产品的测试。根据增量测试策略，首先对程序的每个程序单元或程序部件单独进行测试，称为模块测试、单元测试或部件测试。一旦单个程序部件都能运行，就将其中有调用关系的一些程序部件集成在一起测试。它们也可能不能协同工作，如函数调用中返回变量的出错情况只有当调用该函数的程序和函数本身一同测试时才能发现。将产品的各部分组装起来(或组装过程中)进行测试称为集成测试。随着集成测试的进行，一组一组的模块结合起来，直到最后所有模块都被组合起来。在增量测试中，当单独测试一个模块时，所有的错误要么在这个模块内，要么在调用这个模块的驱动程序里。这样，一旦发现出错情况，就能很容易界定出错的范围，找到问题所在。如果把两个经过单元测试的模块组合起来测试时产生了新问题，几乎可以肯定错误就发生在两个模块之间的接口上。增量测试的另一个好处是程序员可以把注意力集中在每个单独的模块上，这样可以更好地实现测试覆盖。增量测试的主要问题在于需要额外编写特殊的测试程序(即驱动模块和/或桩模块)。

桩模块和驱动模块常常是临时性代码，它们不会出现在产品的最终版本中。但是，一旦被编写出来，只要程序一改变，它们就得用来再次测试程序。

在大突击测试中，所有模块一次性集成为一个完整的系统，然后进行完全测试。但所有模块在一起测试很容易造成系统崩溃。大突击测试的唯一好处，就是无须编写桩模块和驱动模块代码。但其不足之处却显而易见，主要是：要想找出导致失效的原因很困难。由于大多数模块都可能存在缺陷，一旦系统运行失效，很难确定到底是哪个模块中的哪个缺陷导致了该问题。当不同模块中的缺陷同时被触发时，问题会更让人困惑。

增量测试的基本集成策略是自顶向下和自底向上。在自底向上测试中，首先测试最低层次的模块，利用辅助的测试驱动模块调用它们并传递测试数据，然后再测试更高层次的模块。在较高层次模块的测试中可以直接调用已测试过的较低层次的模块。在自顶向下测试中，首先测试的则是顶层模块。无须编写驱动模块，但要使用桩模块，当顶层模块被证明无误后再测试下一个高层次的模块。

6.6 极限测试

Kent Beck 在 20 世纪 90 年代提出了一种名为极限编程的软件开发方法，该方法的主要目的是利用轻量、敏捷的开发过程，使开发人员能够更快地完成应用程序的开发，这样就更有机会在激烈的竞争中占得先机。与传统的软件开发方法相比,极限编程的优势在于开发效率高,而不利之处在于代码质量得不到保证。为此,Kent Beck又提出利用频繁的测试来保证代码质量。也就是说,每次代码发生变化都需要进行相应的测试,以确保其能够满足需求规约。这种为极限编程量身定做的测试方式通常称为极限测试,由于极限编程可以看做是由测试驱动完成的,这种开发方式也被称为测试驱动开发。

6.6.1 极限编程的主要特征

极限编程强调灵活的分析和设计,在软件开发中只经过简单的分析和设计就进入编码阶段,而在编码过程中强调对已有代码的测试和开发人员与客户的交互。这样,开发人员可以根据测试结果和用户反馈不断地对代码重构和进行新的修改。具体而言,极限编程与传统的软件开发方法相比,具有以下几个主要特征:

(1) 简单的分析设计。传统的软件开发方法通常需要进行详细的分析和设计,并要求开发人员严格按照设计规约进行编码。这种方法的优点在于能够通过详细的设计规约来规范开发人员的编码活动,减少编码的随意性。但这种方法一般难以处理不确定或者易变的用户需求。针对这个问题,极限编程不在最初的分析设计上花费太多的时间和精力,而是期望开发人员能够在编码期间不断和用户交流,随需求的变化修改和重构代码。实际上,类似的思路也用在了快速原型方法中,只是快速原型方法还是把重点放在需求的获取上,开发原型的主要目的也是更准确地获取需求。

(2) 频繁的客户交流。在传统的软件开发中需求之所以难以获取,其中一个主要原因就是用户无法凭空想象出要开发的软件的功能。如果拿一个可运行的软件和用户进行协商,用户往往能够提供大量且详细的修改意见,这些修改意见实际上反映了用户的需求。由于用户需求容易发生变化,在编码过程中不断地拿修改过的中间版本与用户交流,有助于捕获用户需求的变化。从这点上看,极限编程类似于一个频繁递进的快速原型开发过程。

(3) 增量式开发。为了能够保证编码过程中总是存在可运行的软件,极限编程通常要求小规模递增式的开发,即每次只添加细小的、可增值的特征。通常每次开发在一天内完成,这样就可以保证每天都有可运行的版本。在增量式的开发下,开发人员可以更容易地与客户交流,也有助于不断地对新增加的特征进行测试。

(4) 连续的测试。极限编程中测试包括两个方面:单元测试和验收测试,这两方面的测试贯穿在整个编程过程中。通常,在模块编写前就生成单元测试用例,模块必须通过单元测试才算完成开发;由于需要频繁地把新开发的模块与原有程序集成,因此也需要频繁地对集成后的程序进行验收测试。从这个意义上讲,整个极限编程过程可以看做是由测试驱动的。

6.6.2 极限测试的过程

极限测试本质上是为了满足极限编程的思想和流程而设计的一套测试策略和流程,

其本身并不局限于使用特定的测试技术和方法，大多数的测试技术和方法都可以在极限测试中使用。

极限编程采用的是一种频繁迭代的开发方式，整个软件项目由一系列增量式开发组成，单元测试和验收测试是贯穿始终的关键步骤。

1）单元测试

单元测试是极限编程中最重要的发现缺陷的手段。极限编程中的单元测试与传统单元测试基本类似，主要区别在以下两个方面：

首先，极限编程中的单元测试是由编码人员完成的，编码人员直接依据与用户的交流结果进行编码，缺少详细的需求和设计规约，这样就使得专门的测试人员难以依据规约开展测试工作。从这个角度看，极限编程要求编码人员进行测试也是不得已而为之。从另一个角度看，由于编程人员熟悉自己编写的代码，测试驱动和测试桩的编写工作会比较轻松，而且在后续的测试中可以重复利用，这在一定程度上缓解了传统单元测试中编写测试驱动和测试桩开销较大的问题。

其次，极限编程要求在编码之前先设计测试，这主要是考虑到两方面的因素。第一个因素是为了提高编码人员测试自己编写的代码的效率。通常编码人员都希望自己编写的代码能够迅速通过测试，因此在测试中难以尽全力发现缺陷。先设计测试用例就可以使测试用例的设计不受已编写代码的干扰，要想迅速通过测试就只能编写高质量的代码。第二方面的因素是为了使编码人员更好地把握软件需求。由于没有详细的设计规约，编码人员对需求的理解主要存留在自己的脑海里，设计测试用例的过程实际上就是对需求的整理过程，甚至可以把设计出来的测试用例看做极限编程中的需求规约，而这又可以为编码人员设立明确的编码目标：编写能够通过单元测试的代码。

2）验收测试

验收测试主要由用户完成，当然编码人员也必须在场，以便与用户进行交流。极限编程强调验收测试的目的在于加强用户参与软件开发的力度，从而减小由于需求变化或开发人员与用户交流不畅而引起的问题。在传统的测试中，有用户参与的验收测试处于测试活动的后期，一旦发现严重问题，会带来巨大的开销。

当然，极限编程中的验收测试也存在一些弊端，主要是难以发现前面的单元测试没有发现的缺陷。验收测试的形式决定了其不是很详细严格的测试，编码中常见的错误大多可以逃过验收测试。多轮增量开发间的集成缺陷很可能会既逃过单元测试又逃过验收测试。

6.6.3 极限测试的实施

为了更好地完成极限测试，在实施中需要注意以下几个方面：

1）单元测试用例的生成

极限测试并不限定采用何种生成单元测试用例的方法，但由于单元测试用例的生成是在编码之前，而且没有详细的规约可用，因此测试用例的生成通常采用黑盒测试技术，而且需要编码人员大量参与。

2）单元测试工具的使用

由于极限编程中需要频繁地进行单元测试，使用单元测试工具可以有效地减少测试的工作量。实际上，随着越来越多的开发人员接受了极限编程，越来越多的针对不同开发语言的单元测试工具也不断涌现出来，最常见的是针对Java语言的JUnit，与其类似的工具还包括RubyUnit、SUnit、CppUnit、NUnit、PyUnit和vbUnit，分别针对Ruby语言、Smalltalk语言、C++语言、.Net平台、Python语言和Visual Basic语言。利用这些单元测试工具可以很方便地开发出可以重复使用的测试驱动和测试桩，在每轮增量开发中可以针对相应的测试目标仅做少量的修改。

3）模拟对象的使用

极限编程需要频繁地对所编代码进行测试，这就要求每次测试都能迅速地针对现有代码建立测试环境。一个经常遇到的问题是，由于缺少一些重要对象的实现代码，现有的代码难以编译和运行。如果这些对象的实现比较困难，整个测试过程会因等待这些对象的实现而滞后。所谓模拟对象，就是以一种轻量级的方式快速实现一些替代对象，它能够在测试中较为准确地模拟这些实现比较复杂的对象。实际上，模拟对象可以看做是一种特殊的测试桩。

6.7 基于风险的测试

测试被定义为是“对软件系统中潜在的各种风险进行评估的活动”，其自身的风险性是大家公认的，因为测试的覆盖度不能达到100%。

基于风险的测试是指评估测试的优先级，先做高优先级的测试，如果时间或精力不够，低优先级的测试可以暂时先不做，也就是根据事情的轻重缓急来决定测试工作的重点。影响测试优先级的因素主要是：

- 该功能出问题时对用户的影响有多大？对用户的影响越大，其优先级越高。
- 出问题的概率有多大？问题的概率受功能模块的复杂性、代码质量的影响。复杂性越高或代码质量越低，问题发生的概率就越大，则测试的优先级越高。

还有其他一些影响因素，例如新功能或修改的功能对该功能是否有很高的依赖性？依赖性越高，优先级越高。

软件产品的风险度可以通过出错的影响程度和出现的概率来计算，测试可以根据不同风险度来决定测试的优先级和测试的覆盖率。基于风险的测试过程可以归纳为以下几个步骤：

(1) 列出软件的所有功能和特性；

(2) 确定每个功能出错的可能性；

(3) 如果某个功能出错或欠缺某个特征，需要评估其对用户使用软件产品的影响程度；

(4) 根据上面两个步骤，计算风险度；

(5) 根据可能出错的迹象，来修改风险度；

(6) 决定测试的范围，编写测试方案。

除了上面所介绍的各种测试方法之外，一些文献还介绍了正交试验法、形式化测试方法、ALAC 测试方法和随机测试方法等。不同的测试方法其侧重点不一样，有其特定的应用范围。例如白盒测试主要用于单元测试，黑盒测试主要用于功能测试，模糊测试方法应用于容错性测试和安全性测试，形式化方法则用于对软件系统可靠性有很高要求的应用领域等。在黑盒测试方法中，等价类划分方法和边界值方法是针对单因素的数据输入来设计测试用例，而判定表、因果图、正交试验法等是解决多因素组合问题。在实际工作中，应根据需要，将不同的方法结合起来运用，形成综合测试策略，以达到更完美的测试效果，如表 6-10 所示。

表 6-10 测试方法的 4 种基本组合

	白盒测试方法	黑盒测试方法
静态测试方法	静态-白盒测试方法 （对源程序代码的语法检查、扫描、评审等）	静态-黑盒测试方法 （对需求文档、需求规格说明书的审查活动，一些非技术性文档测试等）
动态测试方法	动态-白盒测试方法 （在单元测试中，一边运行代码，一边对结果进行检查、验证和调试等）	动态-黑盒测试方法 （在运行程序时，通过数据驱动对软件进行功能测试，从用户角度验证软件的各项功能）

6.8 习题

请参考课文内容以及其他资料，完成下列选择题。

(1) 软件静态分析一般包括：控制流分析、数据流分析、接口分析，以及（　　）。

A. 表达式分析　B. 功能分析　C. 边界值分析　D. 因果图分析

(2) 在程序测试中，用于检查程序模块或子程序之间的调用是否正确的静态分析方法是（　　）。

A. 操作性分析　B. 可靠性分析　C. 引用分析　D. 接口分析

(3) 使程序中每个判定表达式的每个条件的可能取值至少执行一次的覆盖方式被称为（　　）。

A. 逻辑覆盖　B. 语句覆盖
C. 判定覆盖或分支覆盖　D. 条件覆盖

(4) 白盒测试方法一般适合用于（　　）测试。

A. 单元　B. 系统　C. 集成　D. 确认

(5) 有一段小程序，对数组 A[n]中所有正整数和负整数求累加和，negat 和 posit 分别返回负整数和正整数的累加和。

```
int maxInt=32767, minInt=32768;
negat=0; posit=0;
for (int i=0; i<n; i++)
if (A[i]<0 && A[i]>=minInt -negat) negat=negat+A[i];
else if (A[i]>0 && A[i]<=maxInt-posit) posit=posit+A[i];
```

可能的测试路径数是（　　）。

A. 3　　B. 4　　C. 5　　D. 6

(6) 图 6-3 是一个判定路径覆盖图，其中用“◇”表示判定语句，用“□”表示处理语句，用“○”表示判定汇合点，用“●-●”表示判定路径。若有一个测试用例覆盖了判定路径 A、B、E、H，则判定路径覆盖率为（　　）。

A. 57.1%　　B. 78.6%　　C. 90%　　D. 100%

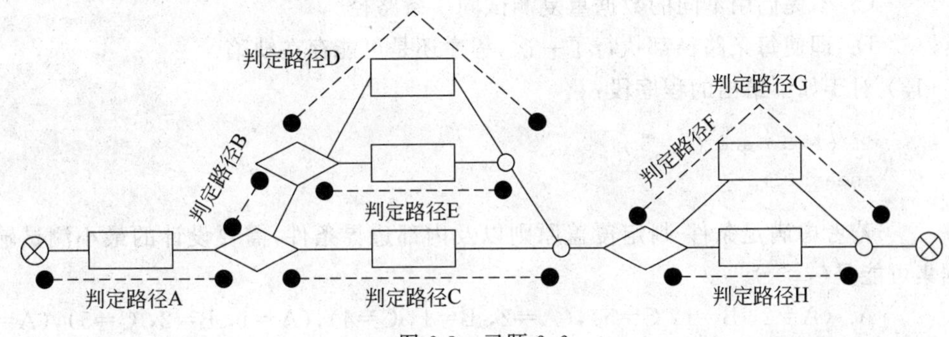

图 6-3　习题 6.6

(7) 人们从长期的测试工作经验得知，大量的错误是发生在输入范围的（　　）。

A. 边界上　　B. 内部　　C. 外部　　D. 相互作用上

(8) 下列几种逻辑覆盖标准中，设计足够的测试用例，运行被测程序，使得程序中所有可能的路径至少执行一次，称为（　　）。

A. 判定覆盖　　B. 条件覆盖　　C. 语句覆盖　　D. 路径覆盖

(9) 以下关于覆盖测试的说法中，错误的是（　　）。

A. 语句覆盖要求每行代码至少执行一次

B. 在路径测试中必须用不同的数据重复测试同一条路径

C. 路径测试不是完全测试，即使每条路径都执行了一次，程序还是可能存在缺陷

D. 分支覆盖应使程序中每个判定的真假分支至少执行一次

(10) 有一个判断语句：

```
if (!(ch >='0' && ch <='9') ) printf("this is not a digit!\\n");
else printf("This is a digit!\\n" );
```

为实现判定-条件覆盖，需要设计的测试用例个数至少应为（　　）。

A. 1　　B. 2　　C. 3　　D. 4

(11) 下列有关白盒测试的叙述中，错误的是（　　）。

A. 白盒测试是在同时拥有源代码和可执行代码的情形下才可以进行的一种软件测试方法

B. 白盒测试应该由开发人员实施，因为只有他们才能够访问测试执行所涉及的代码

C. 即使对所有的源代码都进行了100%的逻辑覆盖测试，也不能保证程序中没

有错误

D. 软件测试人员制定测试计划的目的是想尽可能多地对源代码进行测试

(12) 下面有关路径测试的叙述中，错误的是(　　)。

A. 路径覆盖是最强的覆盖测试，它不但能发现其他覆盖测试能发现的问题，还能发现其他覆盖测试不能发现的问题

B. 测试员不可能对任何一个程序都完成100%的路径测试

C. 不提倡用不同的数据重复测试同一条路径

D. 即使每条路径都执行了一次，程序还是可能存在缺陷

(13) 对于如下给出的程序段：

```
if ( A>B ) and ( C =5 )
then d P1;
```

若考虑满足条件-判定覆盖原则以及内部边界条件，需要设计的最小测试输入数据集可能是(　　)。

A. (A=2, B=1, C=5),(A=2, B=1, C=4),(A=1, B=2, C=5),(A=1, B=1, C=5)

B. (A=2, B=1, C=5),(A=2, B=1, C=4),(A=1, B=2, C=5),(A=1, B=2, C=4)

C. (A=2, B=1, C=5),(A=2, B=1, C=4),(A=1, B=2, C=5)

D. (A=2, B=1, C=5),(A=2, B=1, C=4)

(14) 下列关于逻辑覆盖的说法中，错误的是(　　)。

A. 满足条件覆盖的测试不一定满足判定覆盖

B. 满足条件组合覆盖的测试一定满足判定覆盖、条件覆盖和判定-条件覆盖

C. 满足路径覆盖的测试也一定满足条件组合覆盖

D. 满足判定-条件覆盖的测试也一定满足判定覆盖和条件覆盖

(15) 下面一段小程序是判断一个长度为n的字符数组是否中心对称。例如，"abcddcba"或"abcdcba"就是中心对称。作为内部边界值，应填入(　　)内的判断是(　　)。

A. i<j　　B. i==j(判等)　　C. i>j　　D. i!=j(判不等)

```
Bool center - sym(char S[], int n) {
    //判断字符组 S 中的 n 个字符是否中心对称,是则函数返回 true,否则返回 false;
    int i=1, j=n;
    while()
        if (S[i-1] !=S[j-1]) return false; // i, j 从 1 开始计数,数组从 0 开始
        else { i=i+1, j=j-1; }
    return true;
}
```

(16) 如果程序通过了100%的代码覆盖率测试，则说明程序满足了(　　)。

A. 语句覆盖　　B. 编程规范　　C. 设计规格　　D. 功能需求

(17) 下面有关逻辑覆盖的说法中错误的是(　　)。

A. DDP 覆盖是判定覆盖的一个变体

B. 满足条件覆盖一定也满足判定覆盖

C. 指令块覆盖属于语句覆盖

D. 若判定覆盖率达到 100%,则语句覆盖率一定也达到 100%

(18) 对于具有串联型分支结构的程序,如果有 7 个判断语句串联则使用正交实验设计法,至少需要的测试用例数应为(　　)。

A. 2^3　　B. 2^4　　C. 2^6　　D. 2^7

(19) 针对下列程序段,需要(　　)个测试用例才可以满足语句覆盖的要求。

```
switch(value)
{
    case 0:
        other=30;
    break;
    case 1:
        other=50;
    break;
    case 2:
        other=300;
    case 3:
        other=other/value;
    break;
    default;
        other=other * value
}
```

A. 2　　B. 3　　C. 4　　D. 5

(20) 下列有关黑盒测试的叙述中,错误的是(　　)。

A. 黑盒测试是在不考虑源代码的情形下进行的一种软件测试方法

B. 最好由测试人员、最终用户和开发人员组成的团队来实施黑盒测试

C. 黑盒测试主要是通过对比和分析实测结果和预期结果来发现它们之间的差异,所以黑盒测试又称为“数据驱动”测试

D. 数据流测试是一种黑盒测试方法

(21) 关于等价分类测试法,下列说法不正确的是(　　)。

A. 使用等价分类法设计测试方案时首先需要划分输入数据的等价类

B. 等价类是指某个输入域的子集合,在该子集合中各个输入数据对于揭露程序中的错误都是等效的

C. 测试某个等价类的代表值就等价于对这一类其他值的测试

D. 等价类的划分始终不能详尽,所以要尽量避免使用等价分类法进行测试

(22) 如果程序中有两个判定条件,其复合条件表达式分别为(a>=3) and (b<=6)

和(a > 0) or (c < 2)，则为了达到100%的判定覆盖率，至少需要设计的测试用例个数为(　　)。

A. 1　　B. 2　　C. 3　　D. 4

(23) 以下程序的路径数为(　　)。

```
if ( a<8 )
{
    if ( b>0 )
        result=a * b;
}
if ( c>8 ) result +=1;
```

A. 3　　B. 6　　C. 8　　D. 12

(24) 被看做一个"主程序"主要用来接收测试数据，把这些数据传送给被测试的模块，并且打印出有关数据的模块是(　　)。

A. 桩模块　　B. 数据模块　　C. 接口模块　　D. 驱动模块

(25) 数据流覆盖关注的是程序中某个变量从其声明、赋值到引用的变化情况，它是下列哪种覆盖的变种？(　　)

A. 语句覆盖　　B. 控制覆盖　　C. 分支覆盖　　D. 路径覆盖

(26) 程序的流程图如图6-4所示，采用路径覆盖法进行测试，则至少需要几个测试用例可以覆盖所有可能的路径？(　　)

A. 5　　B. 6

C. 7　　D. 8

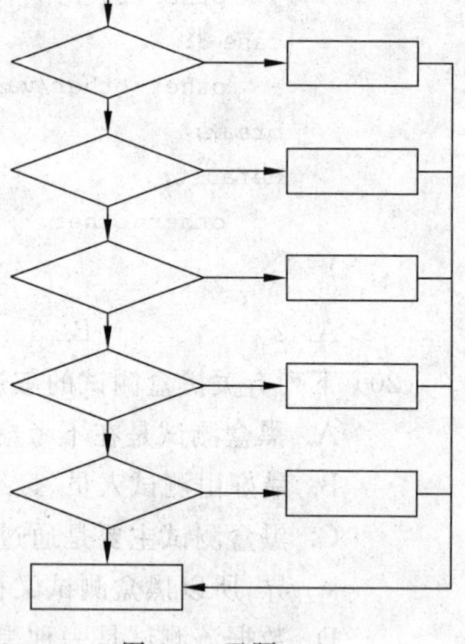

图6-4　习题6.26

(27) 如果一个判定中的复合条件表达式为(A>1) or (B<=3)，则为了达到100%的条件覆盖率，至少需要设计多少个测试用例？(　　)

A. 1　　B. 2

C. 3　　D. 4

(28) 基本路径测试满足(　　)。

A. 语句覆盖　　B. 路径覆盖

C. 分支覆盖　　D. 条件覆盖

(29) 以程序内部的逻辑结构为基础的测试用例设计技术属于(　　)。

A. 灰盒测试　　B. 数据测试　　C. 黑盒测试　　D. 白盒测试

(30) 下面是一个对整数数组A中的前n个元素求最小值的C程序，函数返回最小元素的位置。

```
int minValue(int A[], int n) {
    int k=0;
    for (int j=1; j <=n-1; j++)
```

```
        if (A[j]<A[k]) k=j;
    return k;
}
```

当 n=4 时,程序中可能的执行路径数为(　　)。

A. 2　　B. 4　　C. 8　　D. 16

(31) 下列指导选择和使用测试覆盖率的原则中错误的是(　　)。

A. 覆盖率不是目的,仅是一种手段

B. 不要追求绝对 100%的覆盖率

C. 不可能针对所有的覆盖率指标来选择测试用例

D. 只根据测试覆盖率指标来指导测试用例的设计

(32) 在以下有关逻辑覆盖的说法中错误的说法是(　　)。

A. 所有满足条件组合覆盖标准的测试用例集,也满足路径覆盖的覆盖标准

B. 条件覆盖能够查出条件中包含的错误,但有时达不到判定覆盖的覆盖率要求

C. 路径覆盖的查错能力很强,但有时达不到条件组合覆盖的覆盖率要求

D. 判定覆盖包含了语句覆盖,但它不能保证每个错误条件都能检查得出来

6.9 实验与思考

6.9.1 实验目的

本节"实验与思考"的目的:

(1) 熟悉静态测试与动态测试、白盒测试方法、黑盒测试方法等软件测试技术的基本概念。

(2) 初步掌握用白盒测试法设计高覆盖率测试用例的方法。

(3) 初步掌握用黑盒测试法中等价类划分、边界值分析、因果图以及错误推测等设计测试用例的方法。

(4) 通过对论述题的深入分析和讨论,逐步熟悉和掌握软件测试的基本方法。

6.9.2 工具/准备工作

在开始本实验之前,请认真阅读课程的相关内容。

需要准备一台带有浏览器、能够访问因特网的计算机。

6.9.3 实验内容与步骤

1) 概念理解。

(1) 查阅有关资料,根据你的理解和看法,请给出"静态测试方法"的定义:

(2) 查阅有关资料,根据你的理解和看法,请给出"动态测试方法"的定义:

(3) 查阅有关资料,根据你的理解和看法,请给出"白盒测试方法"的定义:

(4) 查阅有关资料,根据你的理解和看法,请给出"黑盒测试方法"的定义:

2) 一个系统的登录操作规格说明如下:

登录对话框有2个数据输入:用户名和密码,登录操作对两个输入数据进行检查,要求用户名中只能包含字母和数字(字母不区分大小写),密码可以包含任何字符,用户名和密码都不能为空且长度不限。当用户名或密码为空时,则登录失败并提示对应的出错信息;当用户名不正确或用户名不存在或密码错误时,则登录失败并提示以下3种相应的出错信息:用户名不合法(即包含有非字母、非数字字符),或用户名不存在,或密码错误;当用户名和密码都正确时则显示登录成功信息,完成登录。

假设正确的用户名是:abcd123,密码是123456。

使用等价类方法为上述规格说明设计等价类表和测试用例。

答:

(1) 设计等价类(填入下表)

输 入 条 件	有效等价类	无效等价类
用户名输入		
密码输入		

(2) 编写测试用例(填入下表)

测 试 用 例

编号	测试目的	输入数据/执行步骤	预期结果	实际结果
1		1. 2. 3.		
2		1. 2. 3.		
3		1. 2. 3.		
4		1. 2. 3.		
5		1. 2. 3.		
6		1. 2. 3.		
7		1. 2. 3.		
8		1. 2. 3.		
9		1. 2. 3.		
10		1. 2. 3.		

3) 分析测试用例。

下面是4个有故障的程序,每个包含了一个以失败为结果的测试用例。请分析每段程序并回答问题。

示例程序 1:

```
public int findLast(int[]x, int y) {
// effects: if x==null throw NullPointerException
//   else return the index of the last element
//   in x that equals y.
```

```
//   if no such element exists, return  -1
  for (int i=x.length-1; i> 0; i--)
  {
    if (x[i]==y)
    {
      return i;
    }
  }
  return  -1;
}
  // 测试值:x=[2, 3, 5]; y=2
  //        期望值=0
```

答:

a) 确定故障: ____________________

b) 是否可能: □ 是 □ 否;

如果是,所确定的一个不会执行故障的测试用例是:

____

c) 是否可能: □ 是 □ 否;

如果是,所确定的一个执行故障但不会导致错误状态的测试用例是:

____

d) 是否可能: □ 是 □ 否;

如果是,所确定的一个导致错误而不是失败的测试用例是:

____

提示:别忘记程序计数器,下同。

e) 对于给定的测试用例,确定第一个错误状态,并确保描述完整的状态。

____

f) 修改故障并且验证给定的测试现在可以产生一个期望的输出。

____

示例程序 2:

```
public static int lastZero(int[]x) {
// effects: if x==null throw NullPointerException
//   else return the index of the last 0 in x
//   return -1 if 0 does not occur in x.
  for (int i=0;.i<x.length; i++)
  {
    if (x[i]==0)
    {
      return i;
    }
  }
```

```
  return  -1;
}
  // 测试值:x=[0, 1, 0]
  //        期望值=2
```

答:

a）确定故障：________________________________

b）是否可能：□ 是　□ 否；

如果是,所确定的一个不会执行故障的测试用例是：

____

c）是否可能：□ 是　□ 否；

如果是,所确定的一个执行故障但不会导致错误状态的测试用例是：

____

d）是否可能：□ 是　□ 否；

如果是,所确定的一个导致错误而不是失败的测试用例是：

____

e）对于给定的测试用例,确定第一个错误状态,并确保描述完整的状态。

____

f）修改故障并且验证给定的测试现在可以产生一个期望的输出。

____

示例程序 3：

```
public int countPositive(int[]x) {
// effects: if x==null throw NullPointerException
//   else return the number of
//   positive element in x.
  int count=0;
  for (int i=0; i<x.length; i++)
  {
    if (x[i]>=0)
    {
      count++;
    }
  }
  return count;
}
  // 测试值:x=[-4, 2, 0, 2]
  //        期望值=2
```

答:

a）确定故障：________________________________

b）是否可能：□ 是　□ 否；

如果是，所确定的一个不会执行故障的测试用例是：

c）是否可能：□ 是　□ 否；

如果是，所确定的一个执行故障但不会导致错误状态的测试用例是：

d）是否可能：□ 是　□ 否；

如果是，所确定的一个导致错误而不是失败的测试用例是：

e）对于给定的测试用例，确定第一个错误状态，并确保描述完整的状态。

f）修改故障并且验证给定的测试现在可以产生一个期望的输出。

示例程序 4：

```
public static int oddorPos(int[]x) {
// effects: if x==null throw NullPointerException
//   else return the number of elements in x that
//      are either odd or positive (or both)
  int count=0
  for (int i=0; i<x.length; i++)
  {
    if (x[i]%2==1 || x[i]>0)
    {
      count++;
    }
  }
  return count;
}
  // 测试值：x=[-3, -2, 0, 1, 4]
  //        期望值=3
```

答：

a）确定故障：

b）是否可能：□ 是　□ 否；

如果是，所确定的一个不会执行故障的测试用例是：

c）是否可能：□ 是　□ 否；

如果是，所确定的一个执行故障但不会导致错误状态的测试用例是：

d）是否可能：□ 是　□ 否；

如果是，所确定的一个导致错误而不是失败的测试用例是：

e）对于给定的测试用例，确定第一个错误状态，并确保描述完整的状态。

---

f）修改故障并且验证给定的测试现在可以产生一个期望的输出。

4）针对以下C语言程序，请按要求回答问题。

已知weekday.c源程序如下：

```
#include<stidio.h>
#include<conio.h>
/* 主函数 */
int main()
{
  char letter;
  printf( "please input the first letter, "Y" to exit!\n");
  while ( ( letter=getch() ) !="Y" )  // 当输入字母为Y时结束
  {
    switch( letter )
    {
      case 'S';
          printf( "%c \n", letter );
          printf( "please input second letter \n" );   // 输入第二个字母
          if ( ( letter=getch() )=='a' )
              printf( "Saturday \n" );
          else if ( letter='u' )
              print( "Sunday \n" );
          else printf( 'data error \n );
          break;
      case 'F';
          printf( "fridaykn" );
          break;
      case 'M';
          printf( "mondayha" );
          break;
      case 'T';
          printf ( "%c \n"; letter );
          printf( "please input second letter \a" );  // 输入第二个字母
          if ( ( letter=getch() )=='u' )
              printf( "Tuesday \n" );
          else if ( letter=='h' );
              printf( "Thursday \n" );
          break;
      case 'W';
          printf( "Wednesday \n" );
    }
```

```
  }
  return 0;
}
```

(1) 请在一白纸上画出主函数 main 的控制流程图,并粘贴于此处(相关说明请标注于图上)。

-- 粘贴处 --

独立测试路径:[path1] ____________________

[path2] ____________________

[path3] ____________________

[path4] ____________________

[path5] ____________________

[path6] ____________________

[path7] ____________________

[path8] ____________________

[path9] ____________________

[path10] ____________________

[path11] ____________________

[path12] ____________________

[path13] ____________________

(2) 设计一组测试用例,使 main 函数的语句覆盖率尽量达到 100%。

path1: 输入数据 : ____________________

预期输出结果: ____________________

path2: 输入数据 : ____________________

预期输出结果: ____________________

path3: 输入数据 : ____________________

预期输出结果: ____________________

path4: 输入数据 : ____________________

预期输出结果: ____________________

path5: 输入数据 : ____________________

预期输出结果: ____________________

path6: 输入数据 : ____________________

预期输出结果: ____________________

path7: 输入数据 : ____________________

预期输出结果: ____________________

path8: 输入数据 : ____________________

预期输出结果: ____________________

path9： 输入数据　　：________________

预期输出结果：________________

path10：输入数据　　：________________

预期输出结果：________________

path11：输入数据　　：________________

预期输出结果：________________

path12：输入数据　　：________________

预期输出结果：________________

path13：输入数据　　：________________

预期输出结果：________________

(3) main 函数的语句覆盖率能否达到 100%，如果认为无法达到，需说明原因。

____

____

6.9.4 实验总结

____

____

____

____

6.9.5 实验评价(教师)

____

____

6.10 阅读与分析：生动的测试案例

区分单元测试与系统测试的一个最好的例子是声名狼藉的奔腾错误。1994 年英特尔公司推出奔腾微处理器，而几个月之后，弗吉尼亚州 Lynchburg 大学的一名数学家 Thomas Nicely 就发现对于某些浮点除法运算，该芯片会给出错误的运算结果。

芯片对于某些数字的组合会有微小的不精确性，英特尔声称(可能是真的)只有 90 亿分之一的除法运算会出现精确度降低的问题。这个错误是由于除法算法所用到的一个含有 1066 个数值的表中有 5 个数据遗漏。这 5 个输入地址应该包含常数+2，而事实上这 5 个输入地址没有初始化而用 0 代替了。麻省理工学院的数学家 Edelman 称"奔腾的这个错误是个很容易犯的错误，但是很难捕捉"，一个有关遗漏某个基本点的分析。在系统测试中这是很难被发现的，而事实上，英特尔声称用这个表进行了数百万次的测试。但是表中这 5 个输入地址仍被留空，这是由于一个循环的退出条件没有写对，即在循环完成之前就停止了存储数据的操作。这在单元测试中其实是很容易发现的,分析显示几乎任何单元级覆盖标准都能找到这个数百万美元的错误。这个奔腾错误事件不仅印证了测试级别间的差异,而且也最有力地说明了应该给予单元测试更多的关注。没有捷径可走——软件的方方面面都需要测试。

另一方面,有些错误只能在系统级被发现。一个生动的例子就是第一颗 Ariane 5 火箭的发射失败。1996 年 6 月 4 日,火箭在升空 37 秒后发生爆炸。深层的原因是一个惯性制导系统功能中一个浮点转换异常没有进行处理。事实上,在 Ariane 4 火箭系统中使用这个制导系统永远不会发生这样的异常。也就是说,在 Ariane 4 上,这个制导系统功能是正确的。Ariane 5 的开发人员理所当然想要复用 Ariane 4 的这个成功的惯性制导系统,但是没有人根据 Ariane 5 与 Ariane 4 实质上不同的飞行轨道进行重新分析。并且应该能发现这个问题的系统测试在技术上很难实现,因而就没有执行。后果是惨烈的,代价是巨大的!

另一个众所周知的失败案例是 1999 年 9 月的火星登陆者(Mars lander),由于两个独立软件团队分别开发的两个模块间对度量单位的理解不一致造成了它的坠毁。一个模块是英制单位计算推进器数据的,并将它传给另一个模块,而另一个模块所期望的数据是以公制单位计算的。这是一个很典型的集成错误(但这个案例无论是在资金还是在声誉方面都付出了高昂的代价)。

资料来源:(美)Paul Ammann, Jeff Offutt 著,《软件测试基础》,机械工业出版社,2010 年,此处有删改。

第7章 单元测试技术

按阶段进行测试是一种基本的测试策略。以软件工程的观点看，软件测试一般分为单元测试、集成(组装)测试、确认(配置项)测试等步骤。在测试过程中应该依据每个阶段的不同特点，采用不同的测试方法和技术，制定不同的测试目标。在单元测试中，主要采用白盒测试方法，包括对代码的评审、静态测试和结合测试工具进行的动态测试。

7.1 单元测试的定义

单元测试(也称模块测试或分调)是测试执行过程中的第一个阶段。通常，软件系统是由许多单元构成的，这些单元可能是一个对象、一个类、一个函数，也可能是一个更大的单元，例如组件或模块等。单元测试的对象是可独立编译或汇编的程序模块(或称为软件构件或在面向对象设计中的类)，其目的是检查每个软件单元能否正确地实现设计说明中的功能、性能、接口和其他设计约束等要求，发现单元内可能存在的各种差错。要保证软件系统的质量，首先就要保证构成系统的单元的质量，也就是要进行充分的单元测试。

单元测试通常被认为是编码阶段工作的一部分。可以在编码开始之前或源代码生成之后进行单元测试的设计。设计信息的评审可以指导建立测试用例，以发现各类错误。每个测试用例都应与一组预期结果联系在一起。

单元测试活动强调被测试对象的独立性，避免其他单元对该单元的影响。这样就缩小了问题分析的范围，而且可以比较彻底地消除各个单元中所存在的问题，避免以后功能测试和系统测试时问题查找的困难。

单元测试一般应符合以下技术要求：

(1) 对软件技术文档规定的软件单元的功能、性能、接口等应逐项进行测试；

(2) 每个软件特性应至少被一个正常测试用例和一个被认可的异常测试用例所覆盖；

(3) 测试用例的输入至少包括有效等价类值、无效等价类值和边界数据值；

(4) 在对软件单元进行动态测试之前，一般应先对软件单元的源代码进行静态测试；

(5) 语句覆盖率和分支覆盖率均达到100%；

(6) 对输出数据及其格式进行测试。

对具体的软件单元，可根据软件测试合同(或项目计划)以及软件单元的重要性、完整性级别等要求对上述内容进行裁剪。

7.2 单元测试的内容

单元测试由程序开发人员和测试人员共同完成，经过设计、脚本开发、执行、调试和分析结果等几个过程。

单元测试的目标是确保模块被正确地编码,应该对程序的每一个模块进行独立测试。依据详细设计的说明测试重要的控制路径,力求在模块范围内发现错误。由于单元测试的目的是找出与模块的内部逻辑有关的错误,因此,单元测试一般采用静态测试方法和动态测试方法,并以白盒法为主,辅以黑盒测试方法,通常静态测试先于动态测试进行,且可以多个模块平行进行。在单元测试中,一般同时还对模块接口、局部数据接口进行测试。

当进行静态测试时,所测试的内容与选择的测试方法有关。如:采用代码审查方法,通常要对寄存器的使用(仅限定在机器指令和汇编语言时考虑)、程序格式、入口和出口的连接、程序语言的使用、存储器的使用等内容进行检查;采用静态分析方法,通常要对软件单元的控制流、数据流、接口、表达式等内容进行分析。

进行动态测试时,通常对软件单元的功能、性能、接口、局部数据结构、独立路径、出错处理、边界条件和内存使用情况进行测试。对软件单元接口的测试通常先于其他内容的测试。对具体的软件单元,应根据软件测试合同(或项目计划)、软件设计文档的要求及选择的测试方法确定测试的具体内容。

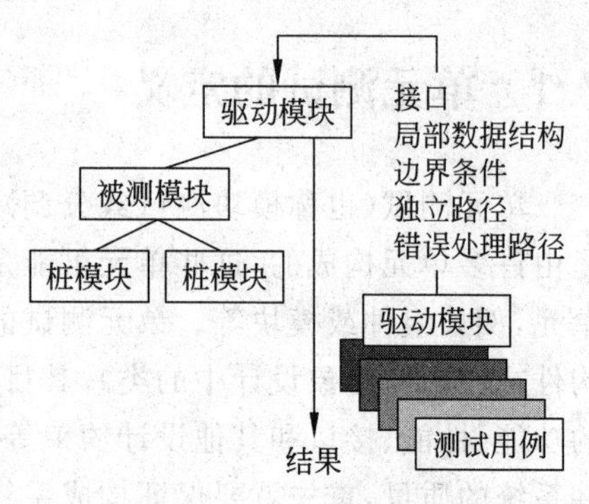

图 7-1 单元测试环境

单元测试环境如图 7-1 所示。

7.3 驱动程序和桩程序

单元测试除了功能性之外,还要确保代码在结构上可靠、健全并且能够有良好的响应,这就需要运行单元,进行动态测试,以验证业务逻辑和单元的实际表现行为。由于构件并不是独立的程序,为运行被测试单元,需要根据其接口,开发相应的驱动程序和(或)桩程序。

在大多数情况下,驱动程序只是一个"主程序",它接收测试用例数据,将这些数据传递给(将要测试的)构件,并打印相关结果。而桩程序的作用是代替那些从属于被测构件(或被其调用)的模块,提供入口的验证,并将控制返回到被测模块。

驱动程序和桩程序都意味着测试开销。也就是说,两者都是必须编写的软件(通常并没有使用正式的设计),但并不与最终的软件产品一起交付。若驱动程序和桩程序保持简单,实际开销就会比较低。遗憾的是,使用"简单"的驱动程序和桩程序,许多构件是不能完成充分的单元测试的。在这种情况下,完整的测试可以延迟到集成测试这一步(这里也要使用驱动程序和桩程序)。

当设计高内聚的构件时,就可以简化单元测试。当构件只强调一个功能时,测试用例数就会降低,且比较容易预见错误和发现错误。

7.4 单元测试过程

单元测试环境包括测试的运行环境和经过认可的测试工具环境，一般应符合软件测试合同(或项目计划)的要求，通常是开发环境或仿真环境。

单元测试的基本过程由以下4个步骤组成：

(1) 测试策划。在详细设计阶段完成单元测试计划。

(2) 测试设计。建立单元测试环境，完成测试设计和开发。

(3) 测试执行。执行单元测试用例，并详细记录测试结果。

(4) 测试总结。判定测试用例是否通过。提交测试文档。

7.4.1 测试策划

测试分析人员一般根据测试合同(或项目计划)和被测试软件的设计文档对被测试软件单元进行分析，并确定以下内容：

(1) 确定测试充分性要求。根据软件单元的重要性、软件单元测试目标和约束条件，确定测试应覆盖的范围及每一范围所要求的覆盖程度，如分支覆盖率、语句覆盖率、功能覆盖率等，单元的每一软件特性应至少被一个正常的测试用例和一个异常的测试用例所覆盖。

(2) 确定测试终止的要求。指定测试过程正常终止的条件，如测试充分性是否达到要求，确定导致测试过程异常终止的可能情况，如软件编码错误。

(3) 确定用于测试的资源要求。包括软件(如操作系统、编译软件、静态分析软件、测试驱动软件)、硬件(如计算机、设备接口)、人员数量、人员技能等。

(4) 确定需要测试的软件特性。根据设计文档的描述确定软件单元的功能、性能、状态、接口、数据结构、设计约束等内容和要求。若需要，将其分类。并从中确定需测试的软件特性。

(5) 确定测试需要的技术和方法。如：测试数据生成和验证技术。

(6) 根据测试合同(或项目计划)的要求和被测软件的特点，确定测试准出条件。

(7) 确定由资源和被测软件单元所决定的单元测试活动的进度。

(8) 对测试工作进行风险分析与评估，并制定应对措施。

根据上述分析研究结果，按照测试规范要求编写软件单元测试计划。单元测试计划在软件详细设计阶段完成，其制定的主要依据是《软件需求说明书》、《软件详细设计说明书》等。同时，要参考并符合软件的整体测试计划。

单元测试计划的主要内容包括测试时间表、资源分配使用表、测试的基本策略和方法。例如是否需要执行静态测试、是否需要测试工具、是否需要编制驱动程序和桩程序等。

应对软件单元测试计划进行评审。评审测试的范围和内容、资源、进度等是否明确，测试方法是否可行，风险的分析、评估与对策是否可行，测试文档是否符合规范，测试活动是否独立。一般情况下，由软件的供方自行组织评审。在单元测试计划通过评审后，进入下一步工作。

单元测试计划完成后，并不是立刻进行单元测试，这个时候代码可能还未完成。在代码编制时软件详细设计文档有可能发生变化，要及时更新《单元测试计划》，并对其进行评审。

7.4.2 测试设计

软件单元测试的设计工作由测试设计人员和测试程序员完成。一般根据软件单元测试计划完成以下工作：

(1) 设计测试用例。将需测试的软件特性分解，针对分解后的每种情况设计测试用例。

(2) 获取测试数据。包括获取现有的测试数据和生成新的数据，并按照要求验证所有数据。

(3) 确定测试顺序。可从资源约束、风险以及测试用例失效造成的影响或后果等方面考虑。

(4) 获取测试资源。从现有工具中选定或者开发支持测试的软件和硬件。

(5) 编写测试程序。包括开发测试支持工具，单元测试的驱动模块和桩模块。

(6) 建立和校准测试环境。

(7) 按照测试规范要求编写软件单元测试说明。

应对软件单元测试说明进行评审。评审测试用例是否正确、可行和充分，测试环境是否正确、合理，测试文档是否符合规范。通常由软件测试方自行组织单元测试的评审，通过评审后，进入下一步工作。

设计阶段的主要任务是单元测试用例的设计编写、驱动程序和桩程序的设计及代码编制，单元测试用例是测试效率和质量的重要保证。许多大型软件公司对测试用例运用数据库进行管理。测试用例在执行阶段也要不断地完善和更新。

7.4.3 测试执行

执行测试的工作由测试员和测试分析员完成。

软件测试员的主要工作是按照单元测试计划和单元测试说明的内容和要求执行测试。单元测试计划是整个单元测试的核心，在测试过程中，认真观察并填写测试记录。

测试分析员的工作主要有如下两方面：

(1) 根据每个测试用例的期望测试结果、实际测试结果和评价准则判定该测试用例是否通过，并记录结果。如果测试用例不通过，应分析情况，并根据不同情况采取相应措施。

(2) 当所有的测试用例执行完毕，测试分析员要根据测试的充分性要求和失效记录，确定测试工作是否充分，是否需要增加新的测试。当测试过程正常终止时，如果发现测试工作不足，应对软件单元进行补充测试，直到测试达到预期要求，并将附加的内容记录在单元测试报告中。当测试过程异常终止时，应记录导致终止的条件、未完成的测试和未被修正的差错。

单元测试执行依据需求定义、《详细设计说明书》来完成单元测试用例的执行。对测试中发现的错误或缺陷进行记录，生成《缺陷跟踪报告》，将该报告反馈给开发人员及时修改。

如果需进行静态测试，还要用到相应的标准和规范文档，制定《代码审查检查表》。

7.4.4 测试总结

测试分析员应根据被测试软件设计文档、单元测试计划、单元测试说明、测试记录和软件问题报告单等，对测试工作进行总结。一般应在单元测试报告中记录以下内容：

(1) 总结单元测试计划和单元测试说明的变化情况及其原因；

(2) 对测试异常终止情况，确定未能被测试活动充分覆盖的范围；

(3) 确定未能解决的软件测试事件以及不能解决的理由；

(4) 总结测试所反映的软件单元与软件设计文档之间的差异；

(5) 将测试结果连同所发现的出错情况同软件设计文档对照，评价单元的设计与实现，提出软件改进建议；

(6) 按照测试规范的要求编写单元测试报告，内容包括测试结果分析、对单元的评价和建议；

(7) 根据测试记录和软件问题报告单编写测试问题报告。

应对测试执行活动、软件单元测试报告、测试记录和测试问题报告进行评审。评审测试执行活动的有效性、测试结果的正确性和合理性。评审是否达到了测试目的、测试文档是否符合规范。一般情况下，评审由软件测试方自行组织。

7.4.5 测试文档

软件单元测试完成后形成的文档一般应有：软件单元测试计划、软件单元测试说明、软件单元测试报告、软件单元测试记录和软件单元测试问题报告。可根据需要对上述文档及文档的内容进行裁剪。

在软件测试的其他各个阶段，如集成测试、配置项测试、系统测试、验收测试和回归测试等，在测试完成的时候都需要提交上述测试文档。其中，回归测试阶段的文档也可分别作为单元测试、集成测试、配置项测试和系统测试所产生文档的补充件。限于教材篇幅，后面就不再一一列举。

7.5 单元测试的评估

除了代码的标准和规范，单元测试中通常主要考虑的是对结构的测试和测试用例的覆盖率。在某种意义上说，测试用例设计决定了测试结果是否通过。单元测试的一般准则表述如下：

(1) 软件单元功能与设计需求一致。

(2) 软件单元接口与设计需求一致。

(3) 能够正确处理输入和运行中的错误。

(4) 在单元测试中发现的错误已经得到修改并且通过了测试。

(5) 达到了相关的覆盖率的要求。

(6) 完成软件单元测试报告。

有时也会借助《单元测试检查表》(见图 7-2)对单元测试进行评估。

示例：单元测试检查表

单元名称＿＿＿＿＿＿＿＿＿＿ 系统＿＿＿＿＿＿ 构造＿＿＿＿＿＿

任务编号＿＿＿＿＿＿＿＿＿＿ 初次测试日期＿＿＿＿＿＿

关键测试项是否已纠正：

1. 有无任何输入参数没有使用？有无任何输出参数没有产生？
2. 有无任何数据类型不正确或不一致？
3. 有无任何算法与功能需求中的描述不一致？
4. 有无任何局部变量使用前没有初始化？
5. 有无任何外部接口编码错误？即调用语句、文件存取、数据库错误。
6. 有无任何逻辑路径错误？
7. 该单元是否有多个入口或多个正常的出口？

额外测试项：

8. 该单元中有任何地方与 PDL 中的描述不一致？
9. 代码中有无任何偏离本项目标准的地方？
10. 代码中有无任何对于用户来说不清楚的错误提示信息？
11. 如果该单元是设计为可重用的，代码中是否有可能妨碍重用的地方？采取的动作和说明：

＿＿＿＿＿＿＿＿＿＿＿＿＿＿＿＿＿＿＿＿

审查结果：

1. 如果上述 11 个问题的答案均为“否”，那么测试通过，请标记并签名。

2. 如果代码存在严重问题，例如多个关键问题的答案为“是”，那么程序编制者纠正这些错误，并须重新安排一次单元测试。

下一次单元测试的日期：＿＿＿＿＿＿＿＿

3. 如果代码存在小缺陷，那么程序编制者纠正这些错误，并且仲裁者必须安排一次跟踪会议。

跟踪会议的日期：＿＿＿＿＿＿＿＿

测试人签名：＿＿＿＿＿＿＿＿ 日期：＿＿＿＿＿＿

图 7-2　单元测试检查表示例

测试总结包括测试完备性评估和代码覆盖率评估。进行评估的依据是《单元测试用例》、《缺陷跟踪报告》等。评估的目的是帮助判定单元测试是否足够，对该单元的质量给予评价。

7.6 单元测试工具

单元测试一般采用白盒测试方法，针对程序内部的实现来完成测试，这决定了其测试工具和特定的语言密切相关，所以单元测试工具针对不同语言有相对应的版本，多数集成开发环境(如 Microsoft Visual Studio、Eclipse)会提供单元测试工具，甚至提供测试驱动开发方法所需要的环境，其中最典型的就是 xUnit 工具家族：

- JUnit 是针对 Java 的单元测试工具。
- CppUnit 是 C++ 单元测试工具。
- NUnit 是 C#(. Net)单元测试工具。
- HtmlUnit、JsUnit、PhpUnit、PerlUnit、XmlUnit 则分别是针对 HTML、JavaScript、PHP、Perl、XML 的单元测试工具(框架)。

此外还有 GoogleTest 单元测试框架(http://code.google.com/p/googletest/)，它是基于 xUnit 架构的测试框架，在不同平台上(Linux，Mac Os X，Windows，Cygwin，Windows CE 和 Symbian)为编写 C++ 测试而生成的，支持自动发现测试、丰富的断言集、用户定义的断言、death 测试、致命与非致命的失败、类型参数化测试、各类运行测试的选项和 XML 的测试报告等。

7.6.1 CheckStyle、PMD 与 FindBug

为提高代码的质量，除了要提高逻辑上的控制以及业务流程的理解外，代码本身也存在提高的空间。检查代码是否完全符合编码规范，如果全靠编程人员自行检查，需要很大的工作量。如果使用代码的静态检查工具(如 CheckStyle、PMD 与 FindBug)会极大地提高效率。这几个工具对于规范代码、发现潜在的错误是很有效的。

CheckStyle、PMD 与 FindBug 配置的主要功能和特点见表 7-1。

表 7-1 CheckStyle/PMD 与 FindBug 主要功能

工　具	目　的	主要检查内容
FindBug	基于 Bug Patterns 概念，查找 javabytecode 中的潜在 bug	主要检查 bytecode 中的 bug patterns，像 NullPoint 空指针检查、没有合理有关闭资源，字符串相同判断错(用的是==，不是用 equals 方法)等
PMD	检查 Java 源文件中的潜在问题	主要包括： • 空 try/catch/finally/switch 语句块 • 未使用的局部变量、参数和 Private 方法 • 空 if/while 语句 • 过于复杂的表达式，如不必要的 if 语句等 • 复杂类

续表

工　具	目　的	主要检查内容
CheckStyle	检查Java源文件是否与代码规范相符	主要包括： • Javadoc注释 • 命名规范 • 多余的Imports • Size度量，如过长的方法 • 缺少必要的空格Whitespace • 重复代码

7.6.2 开源单元测试工具

实际上，xUnit也是开源单元测试工具的代表，还有许多开源的单元测试工具可以使用。例如，在JUnit基础上扩展的一些工具，如Boost、Cactus、CUTest、JellyUnit、Junitperf、JunitEE、Pisces和QtUnit等。

在选择测试工具时，首先可考虑开源工具，在工具源代码基础上，结合自己特定的需求进行修改、扩展，具有良好的定制性和适应性。如果开源工具不能满足要求，再考虑选用商品化工具。

7.6.3 商品化单元测试工具

Java/PHP/Ruby等语言的单元测试工具以开源工具为主，而C/C++语言的单元测试工具以商品化工具为主，例如Parasoft C++、PR QA. C/C++、CompuWare DevPartner for Visual C++ BoundsChecker Suite、Panorama C++等。此外，相对于开源工具，商品化工具在功能、易用性、稳定和技术支持等方面具有一定的优势。

在单元测试工具中，除了代码扫描工具（如Parasoft C++）之外，还有其他一些工具，如：

- 内存资源泄漏检查工具，如CompuWare BounceChecker，IBM Rational PurifyPlus。
- 代码覆盖率检查工具，如CompuWare TrueCoverage，IBM Rational PureCoverage，TeleLogic Logiscope。
- 代码性能检查工具，如Logiscope和Macabe。

针对Java语言的商品化工具，代表产品是DevPartner Studio for Java专业版、Parasoft C++ Test、Parasoft Jtest、Parasoft TEST、IBM Rational PurifyPlus、Straka JProbe Suite和PR QA. J。

国内较著名的商品化单元测试工具如Visual Unit（简称VU，http://www.kailesoft.cn/），是一个可视化单元测试工具，支持语句、条件、分支及路径覆盖的测试，使用简单，基本不需要编写测试代码。VU还增强调试器功能（如自由后退、用例切换），提高调试的效率。

7.7 习题

请参考课文内容以及其他资料,完成下列选择题。

(1) 在软件测试用例设计的方法中,最常用的方法是黑盒测试和白盒测试,其中不属于白盒测试所关注的是(　　)。

A. 程序结构　　B. 软件外部功能

C. 程序正确性　　D. 程序内部逻辑

(2) 下面的叙述中不是单元测试目的的是(　　)。

A. 验证代码是否与设计相符合　　B. 发现设计和需求中存在的缺陷

C. 发现在编码过程中引入的错误　　D. 检查用户接口是否满足客户的需求

(3) 单元测试总是最后的、也可能是最重要的工作是(　　)。

A. 重要路径测试　　B. 错误处理测试

C. 边界测试　　D. 接口测试

(4) 单元测试中的主要测试方法为(　　)。

A. 黑盒测试　　B. 灰盒测试　　C. 回归测试　　D. 白盒测试

(5) 单元测试的测试用例设计主要依据是(　　)。

A. 需求规格说明　　B. 概要设计说明

C. 接口规格说明　　D. 详细设计说明

(6) 单元测试时,调用被测模块的是(　　)。

A. 桩模块　　B. 通信模块　　C. 驱动模块　　D. 代理模块

(7) 用 QESAT/C 工具进行软件分析与测试时,以下说法中错误的是(　　)。

A. 白盒测试又称为程序结构测试,它主要进行程序逻辑结构的覆盖测试

B. 在进行测试之前,必须先建立以.prj 为后缀的测试项目

C. 被测源文件可放在任意目录下

D. 进行软件静态分析不必运行被测程序

(8) 软件测试中常用的静态测试方法是(A)和(B)。(B)用来检查模块或子程序间的调用是否正确。

分析方法(白盒方法)中常用的方法是(C)方法。非分析方法(黑盒方法)中常用的方法是(D)方法和(E)方法。(E)方法根据输出对输入的依赖关系设计测试用例。

A、B. ① 引用分析　　② 算法分析　　③ 可靠性分析

④ 效率分析　　⑤ 接口分析　　⑥ 操作性分析

C～E. ① 路径测试　　② 等价类　　③ 因果图

④ 归纳测试　　⑤ 综合测试　　⑥ 追踪

⑦ 深度优先　　⑧ 排错　　⑨ 相对图

7.8 实验与思考

7.8.1 实验目的

本节“实验与思考”的目的：

(1) 熟悉单元测试的基本概念和单元测试操作的基本过程。

(2) 了解单元测试工具的设计原理，了解主流的单元测试工具。

(3) 通过对论述题的深入分析和讨论，逐步熟悉和掌握软件测试的基本方法。

7.8.2 工具/准备工作

在开始本实验之前，请认真阅读课程的相关内容。

需要准备一台带有浏览器、能够访问因特网的计算机。

7.8.3 实验内容与步骤

1) 概念理解。

请查阅有关资料，根据你的理解和看法，给出下列概念的定义：

(1) 单元测试：____

____

(2) 单元测试一般应符合的技术要求是：

① ____

② ____

③ ____

④ ____

⑤ ____

⑥ ____

2) 请利用网络搜索工具了解主流的商品化单元测试工具，并作简单介绍。

(1) DevPartner Studio

该软件的官方网站：________________________________

可以下载到该软件的相关网站：______________________

当前最新版本：____________________________________

简单介绍：____

____

____

(2) Parasoft C++ Test

该软件的官方网站：________________________________

可以下载到该软件的相关网站：________________

当前最新版本：________________

简单介绍：________________

____

____

(3) Parasoft Jtest

该软件的官方网站：________________

可以下载到该软件的相关网站：________________

当前最新版本：________________

简单介绍：________________

____

____

(4) Parasoft .Test

该软件的官方网站：________________

可以下载到该软件的相关网站：________________

当前最新版本：________________

简单介绍：________________

____

____

(5) IBM Rational PurifyPlus

该软件的官方网站：________________

可以下载到该软件的相关网站：________________

当前最新版本：________________

简单介绍：________________

____

____

(6) Jprobe Suite

该软件的官方网站：________________

可以下载到该软件的相关网站：________________

当前最新版本：________________

简单介绍：________________

____

____

(7) PRQA 单元测试工具

该软件的官方网站：________________

可以下载到该软件的相关网站：________________

当前最新版本：________________

简单介绍：________________

(8) 你在网络搜索中了解到的其他单元测试工具

软件的名称：

该软件的官方网站：

可以下载到该软件的相关网站：

当前最新版本：

简单介绍：

3) 一个栈(Stack)对象有3种状态：S1——栈空；S2——栈非空也非满；S3——栈满。则各个状态的条件如下：

S1：(t0) 创建栈对象时初始化，由系统完成

(t1) 在S2状态下执行置空运算 setEmpty()

(t2) 在S3状态下执行置空运算 setEmpty()

(t3) 在S2状态下执行出栈运算 Pop()

S2：(t4) 在S1状态下执行进栈运算 Push()

(t5) 在S3状态下执行出栈运算 Pop()

S3：(t6) 在S2状态下执行进栈运算 Push()

为简化问题，假设栈Stack的容量为2，栈元素的数据类型为整数。要求：

(1) 根据题意，请在一白纸上画出栈对象的状态迁移图，并粘贴于此处(相关说明请标注于图上)。

------------------------------ 粘贴处 ------------------------------

(2) 计算该状态迁移图的MeCabe环路复杂性：判定该程序V(G)是＿＿＿＿，

(3) 根据上图，确定基本的测试路径(要求测试路径从S1出发最后回到S1，同时在状态转换时注明转换条件)。

路径1：

路径2：

路径3：

路径4：

路径5：

4) 已知C源程序如下：

```
/* A simple mailing list example using an array of structures */
```

```
#include<stdio.h >
#include<stdlib.h >

define MAX 4

struct addr {
    char name[30];
    char street[40];
    char city[20];
    unsigned long int zip;
} addr_list[MAX];

void init_list( void ), enter( void );
void deleteAddr( void ), list ( void );
int menu_select( void ), find_free( void );
int main ( void )
{
    char choice;

    init_list();    /* initialize the structure array */
    for ( ; ; ) {
        choice=menu_select();
        switch( choice ) {
            case 1: enter();
                break;
            case 2: deleteAddr();
                break;
            case 3: list();
                break;
            case 4: exit( 0 );
        }
    }
    return 0;
}

/* Initialize the list */
void init_list( void )
{
    register int t;

    for ( t=0; t<MAX; ++t ) addr_list[ t ].name[ 0 ]=\0;
}

/* Get a menu selection */
```

```
int menu_select( void )
{
    char a[80];
    int c;
    printf( "1. Enter a name \n" );
    printf( "2. Delete a name \n" );
    printf( "3. List the file \n" );
    printf( "4. Quit \n" );
    do {
        printf( "\n Enter your choice: " );
        gets( s );
        c=atoi( s );
    } while( c<1 || c>4 );
    return c;
}

/* Input addresses into the list. */
void enter( void )
{
    int slot;
    char s[80];

    slot=fine_free();
    if ( slot==-1 ) {
        printf( "\nList Full" );
        return;
    }

    printf( "Enter name:" );
    gets( addr_list[ slot ], name );
    printf( "Enter street: " );
    gets( addr_list[ slot ].street );
    printf( "Enter city: " );
    gets( addr_list[ slot ].city );
    printf( "enter zip: " );
    gets( s );
    addr_list[ slot ].zip=strtoul( s, \0, 10 );
}

/* Find an unused structure. */
int fine_free( void )
{
    register int t;
    for (t=0; addr_list[ t ].name[ 0 ] && t<MAX; ++t );
```

```
    if ( t==MAX ) return  -1;  /* no slots free */
    return t;
}
/* Delete anaddress */
void deleteAddr( void )
{
    register int slot;
    char s[ 80 ];
    print( "Enter record #: " );
    gets( s );
    slot=atoi( s );

    if (slot >=0 && slot<MAX)
        addr_list[ slot ].name[ 0 ]=\0;
}

/* Display list on the screen. */
void list( void )
{
    register int t;
    for ( t=0; t<MAX; ++t ) {
        if (addr_list[ t ].name[ 0 ] ) {
            printf( "%s\n", addr_list[ t ].name );
            printf( "%s\n", addr_list[ t ].street );
            printf( "%s\n", addr_list[ t ].city );
            printf( "%s\n", addr_list[ t ].zip );
        }
    }
    printf( "\n\n" );
}
```

(1) 请在一白纸上画出main函数的控制流程图,并粘贴于此处(相关说明请标注于图上)。

-- 粘贴处 --

(2) 设计一组测试用例,使该程序所有函数的语句覆盖率尽量达到100%。

___

___

___

___

___

___

(3) 如果认为该程序的语句覆盖率无法达到100%,需说明原因。

7.8.4 实验总结

7.8.5 实验评价(教师)

7.9 阅读与分析:在微软当软件开发测试工程师

背景资料:李敏,2005年开始在微软实习,半年后研究生毕业成为正式员工,先后经历了System Center Configuration Manager 2007以及SP1、R2的发布,测试的领域涉及UI测试、AMT feature和安全测试等。这篇短文,是她分享的一些工作体会,一来给不熟悉测试工作的读者描绘一下在微软当软件测试开发工程师是怎么回事情,二来"揭秘"一下微软的职业发展体制。

2005年秋天,李敏还在上海交通大学念研究生,还有半年就要毕业了。一天,同学发了个链接给她,是微软在上海招聘实习生的消息,职位的名称叫做软件测试开发工程师(简称SDET),这个职位对学生来说还是个新鲜玩意儿,没几个人清楚具体情况,在好奇心的驱动和微软的吸引力之下,她投出了简历。接着她经历了传说中的微软"五轮面试",走出美罗大厦的时候已是下午一点,时至今日她对这个时刻的印象只有两个:饥肠辘辘,大脑高速运转。经过一周的焦急等待之后,她同时收到了SDET实习生和正式员工的offer,所在的组是System Management Server(也就是System Center Configuration Manager 2007的上一个版本)。

就这样,李敏开始了在微软当软件测试开发工程师的旅程。

几个月过去了,当同学好奇地问起在微软工作的感受和当SDET的情况时,她说了自己的"微软测试初体验":

测试初体验一 软件测试开发工程师很"奢侈"很"酷"

问起对软件测试开发工程师的第一印象是什么,她的回答是:挺"奢侈"挺"酷"的。

说到"奢侈",先看看一个软件测试开发工程师的典型"测试财产清单"—— 一到两台配置先进的工作机；两个21寸的液晶显示器，一个屏幕用来显示产品的界面，另一个屏幕用来发bug或者编程序；再加上实验室里面十几台测试机器或一个16G内存的“巨无霸”。如果你需要测试Windows Mobile，那恭喜你了，各式各样的smart phone、pocket PC可以装满一抽屉。经过一段时间的了解后，她也知道了这样“奢侈”的配置一方面可以提高工作效率，更重要的是让测试工程师能够考虑到各种复杂的配置以及模拟客户环境。

说到“酷”，印象中，软件测试开发工程师总是有机会走在尝试各种微软新技术、新产品的前端，也总是有机会通过动手能力来展示自己的“酷”。比如工程师会把十几台测试机器装成各种各样不同的Bench，操作系统从Windows 2000、XP到最新的Vista、Longhorn甚至Windows 7，从x86到x64，从英文到德文、中文、日文等；微软最新的产品或尚未发布的产品都可以拿来“研究”一把，比如Longhorn、Windows 7、Hyper-V等；虽然不一定考过MCSE，但是每个人都会配置DNS、DHCP、AD、network等。

测试初体验二　测试有时候就像是玩游戏，找问题的能力很重要

测试就像是玩游戏，也许你会觉得不可思议。李敏拿了道面试题来打比方，给你一台笔记本电脑，你会怎么去测试它？这是一道典型的开放式问题，即使是没有测试知识的人也可以想出很多的“测试用例”。比如检查笔记本的型号、颜色、硬件配置、屏幕、电池、操作系统等，相信这是很多人拿到新买的笔记本之后做的第一件事情，这些多半都属于常规的正向功能测试；还有些人指出，外观是否小巧方便携带，键盘手感布局如何，功能键是不是方便易用，这些人对可用性要求比较高；还有些会想到用它来玩3D游戏看看显卡的性能怎么样；有些人想到装上Vista、64位的操作系统，这就是兼容性方面的考虑；还有人思维“不走寻常路”，提出要把笔记本放在赤道的日照、南极的冰雪环境下试试能不能正常工作，当砧板切切菜，扔下楼看看碎不碎，这就是关于可靠性和压力方面的测试，有趣的答案还可以有许多许多，只要你去想……

在李敏的描述中，软件测试开发工程师真实的日常工作跟答这道题一样的好玩，只不过笔记本电脑换成了软件程序。在拿到“笔记本电脑”之后，会像上面说到的一样开动脑筋仔细检查，检查之前需要列出想测试的各个方面、策略、工具、风险以及怎么开展等，这称为测试计划(test plan)；每项具体的测试叫做测试用例(test case)，每个test case需要列出具体操作步骤(steps)；找出来软件的缺陷、问题等称为bug，bug中需要记录怎样去重现它，称为重现步骤(repro steps)；找bug的过程中你可以试图找出根本原因在哪里、甚至哪一行代码有问题，这就是debugging。优秀的软件测试开发工程师在这个“玩游戏”的过程中需要具备足够的好奇心，想出各种各样的主意把软件“搞坏”，尽可能地找出bug。还要多从客户的角度去想，其终极目标就是为发布到客户手中的软件把好质量关。其中，找bug是软件测试开发工程师应该具备的基本功。

不久她就找到机会“测试”了一把自己的SDET指数。正好高性能计算组举办找bug比赛，优胜者可以获得一些小礼品，她拿到了一个印有Microsoft标志的水杯。

这时候，她的一个高中同学在MSN上面发了条消息：“你当了测试工程师，就不用编程了吧?”看来需要澄清一下了。

测试初体验三　谁说软件测试开发工程师不用写代码了？

微软早年也设有只做手工测试而不写代码的职位，称为STE(Software Testing Engineer)。现在所有的测试工程师的职位都叫做SDET(Software Development Engineer in Test)，从名字可以看出来，需要具备编程能力，这些编程工作是为了更好地做测试。

举个例子，李敏负责的某个UI模块有1000多个测试用例，手工执行一遍想想都很累。为了偷懒，她写了些代码将其中80%的测试用例实现测试自动化，这样下班前只要让机器开始跑自动化，第二天就可以拿到结果，从而大大减少了验证这些测试用例所需要花的人工时间，又可以及时地捕捉到bug。此外，软件测试开发工程师经常会做一些实用的测试工具和研究测试技术，比如开发UI测试方面的工具，开发测试流程管理工具，和更好地运用基于模型的测试方法等。在坚持创新的公司文化引导下，大家都非常注重运用新技术新方法，不断地把测试工作推进到新的高度。

转眼间，一年过去了，李敏从上海的服务器与开发工具事业部的老大手中接过了一周年的水晶纪念碑，按照惯例还请大家吃了一磅的M&M巧克力。2007年秋天，她所在的团队发布了System Center Configuration Manager 2007。在这段时间里，她亲身体验了微软给员工提供的多种多样的成长帮助。

资料来源：网络资料。

第8章 集成测试与配置项(确认)测试技术

所有功能基本独立的模块经过严格的单元测试后,接下来就进入集成测试阶段。集成测试(也称组装测试、联合测试或联调)的目的是检验软件单元之间、软件单元和已集成的软件系统之间的接口关系,并验证已集成软件系统是否符合设计要求。集成测试提供了组合软件的手段,它根据概要设计中各功能模块的说明以及事先制定的集成测试计划,将经过单元测试的模块逐步进行组装和测试,即把每个通过测试的模块加入软件总体结构中。每加入一个模块,都要找出由此产生的错误,以检查这些单元之间的接口是否存在问题。集成测试通常采用黑盒测试(功能测试)方法来设计测试用例。

所谓软件配置项,是指为独立的配置管理而设计的,并且能满足最终用户功能的一组软件。配置项测试有时也称为确认测试,即检验软件配置项与软件需求规格说明的一致性。

8.1 集成测试的技术要求

集成测试的对象包括:

(1) 任意一个软件单元集成到计算机软件系统的组装过程;

(2) 任意一个组装得到的软件系统。

集成测试一般由软件供方组织并实施,测试人员与开发人员应相对独立,也可委托第三方进行集成测试。集成测试的工作产品一般应纳入软件的配置管理中。

集成测试的技术依据是软件设计文档(或称软件结构设计文档、软件概要设计文档)。

集成测试一般应符合以下技术要求:

(1) 应对已集成软件进行必要的静态测试,并先于动态测试进行;

(2) 软件要求的每个特性应被至少一个正常的测试用例和一个被认可的异常测试用例覆盖;

(3) 测试用例的输入应至少包括有效等价类值、无效等价类值和边界数据值;

(4) 采用增量法测试新组装的软件;

(5) 应逐项测试软件设计文档规定的软件的功能、性能等特性;

(6) 应测试软件之间、软件和硬件之间的所有接口;

(7) 应测试软件单元之间的所有调用,达到100%的测试覆盖率;

(8) 应测试软件的输出数据及其格式;

(9) 应测试运行条件(如数据结构、输入/输出通道容量、内存空间、调用频率等)在边界状态下,进而在人为设定的状态下的软件功能和性能;

(10) 应按设计文档要求,对软件的功能、性能进行强度测试;

(11) 对完整性级别高的软件,应对其进行安全性分析,明确每一个危险状态和导致危险的可能原因,并对此进行针对性的测试。

对具体的软件,可根据软件测试合同(或项目计划)及软件的重要性、完整性级别对上述内容进行裁剪。

8.2 集成的模式与方法

在软件开发中经常会遇到这样的情况,单元测试时确认每个模块都能单独工作,但这些模块集成在一起之后会出现有些模块不能正常工作的状况。这主要因为模块相互调用时接口会引入许多新问题。例如,数据经过接口可能丢失,一个模块对另一模块可能造成不应有的影响,几个子功能组合起来不能实现主功能,误差不断积累达到不可接受的程度,全局数据结构出现错误等。

8.2.1 测试前的准备

在开始集成测试之前,一般需要考虑以下因素。

(1) 人员安排。集成测试既要求参与的人熟悉单元的内部细节,又要求能够从一定的高度来观察整个系统。一般由有经验的测试人员和软件开发者共同完成集成测试的计划和执行。

(2) 测试计划。集成测试计划在系统设计阶段就开始制定,随着系统设计、开发过程不断细化,最终在系统实施集成之前完成。集成测试计划中主要包含测试的描述和范围、测试的预期目标、测试环境、集成次序、测试用例设计思想和时间表等。

(3) 测试内容。将所有单元集成到一起,组成一个完整的软件系统,其测试重点是各单元的接口是否吻合、代码是否符合规定的标准、界面标准是否统一等。

(4) 集成模式。即选择把所有模块按设计要求全部组装起来后进行测试,还是在模块一个一个地扩展下进行,其测试的范围逐步增大。

当对两个以上的模块进行集成时,不能忽视它们和周围模块的相互联系。另一方面,为模拟这些联系,也需要借助驱动程序和桩程序。选择集成测试的策略,将直接关系到测试的效率、结果等。集成测试一般有两种组合软件方式,即非渐增式测试和渐增式测试,在实际测试中,通常将这两种模式有机地结合在一起。

(5) 测试方法。集成测试阶段以黑盒测试为主。在自底向上集成的初期,白盒测试占较大的比例,随着测试的不断深入,渐渐由黑盒测试占据主导地位。

8.2.2 集成测试的任务

集成测试应该完成的任务是:系统的所有功能特性的测试;数据库的装载、重组、恢复等方面的测试;系统接口(包括内、外部接口)的测试;整体性的出错处理测试;检查系统的安全性。

集成测试应注意保证各模块间无错误的连接，应对软件系统或子系统的输入/输出处理进行测试，使其达到设计要求，应测试软件系统或子系统正确处理的能力和经受错误的能力。

8.3 集成测试的内容

软件集成测试一般采用静态测试和动态测试方法。静态测试方法常采用静态分析、代码走查等。进行静态测试时，所选择的静态测试方法与测试的内容有关。动态测试方法常采用白盒测试方法和黑盒测试方法。通常，静态测试先于动态测试进行。

当动态测试时，可从全局数据结构及软件的适合性、准确性、互操作性、容错性、时间特性、资源利用性这几个软件质量子特性方面考虑，确定测试内容。应根据软件测试合同（或项目计划）、软件设计文档的要求及选择的测试方法来确定测试的具体内容。

（1）全局数据结构。测试全局数据结构的完整性，包括数据的内容、格式，并对内部数据结构对全局数据结构的影响进行测试。

（2）适合性方面。应对软件设计文档分配给已集成软件的每一项功能逐项进行测试。

（3）准确性方面。可对软件中具有准确性要求的功能和精度要求的项（如数据处理精度、时间控制精度、时间测量精度）进行测试。

（4）互操作行方面。可考虑测试以下两种接口：所加入的软件单元与已集成软件之间的接口；已集成软件与支持其运行的其他软件、例行程序或硬件设备的接口。对接口的输入和输出数据的格式、内容、传递方式、接口协议等进行测试。

测试软件的控制信息，如信号或中断的来源、信号或中断的目的、信号或中断的优先级、信号或中断的表示格式或表示值、信号或中断的最小、最大和平均频率、相应方式和相应时间等。

（5）容错性方面。可考虑测试已集成软件对差错输入、差错中断、漏中断等情况的容错能力，并考虑通过仿真平台或硬件测试设备形成一些人为条件，测试软件功能、性能的降级运行情况。

（6）时间特性方面。可考虑测试已集成软件的运行时间，算法的最长路径下的计算时间。

（7）资源利用性方面。可考虑测试软件运行占用的内存空间和外存空间。

软件集成的总体计划和特定的测试描述应该在测试规格说明中文档化。这项工作产品包含测试计划和测试规程，并成为软件配置的一部分。测试可以分为若干个阶段和处理软件特定功能和行为特征的若干个构造来实施。例如，SafeHome 安全系统的集成测试可以划分为以下测试阶段：

- 用户交互（命令输入与输出、显示表示、出错处理与表示）；
- 传感器处理（获取传感器输出、确定传感器的状态、作为状态的结果所需要的动作）；
- 通信功能（与中央监测站通信的能力）；

• 警报处理(测试遇到警报发生时的软件动作)。

每个集成测试阶段都刻画了软件内部广泛的功能类别,而且通常与软件体系结构中特定的领域相关,因此,对应于每个阶段建立了相应的程序构造(模块集)。

下列准则和相应的测试应用于所有的测试阶段。

• 接口完整性。当每个模块(或簇)引入到程序结构中时,对其内部和外部接口进行测试。
• 功能有效性。执行旨在发现功能错误的测试。
• 信息内容。执行旨在发现与局部或全局数据结构相关错误的测试。
• 性能。执行旨在验证软件设计期间建立的性能边界的测试。

集成的进度、附加的开发以及相关问题也在测试计划中讨论。确定每个阶段的开始和结束时间,定义单元测试模块的"可用性窗口"。附加软件(桩模块及驱动模块)的简要描述侧重于可能需要特殊工作的特征。最后,描述测试环境和资源。特殊的硬件配置、特殊的仿真器和专门的测试工具或技术也是需要讨论的问题。

接着需要描述的是实现测试计划所必需的详细测试规程。描述集成的顺序以及每个集成步骤中对应的测试,其中也包括所有的测试用例和期望的结果列表。

实际测试结果、问题或特例的历史要记录在测试报告中,也要给出适当的参考文献和附录。与软件配置的其他成分一样,测试规格说明的格式可以根据组织的具体要求进行剪裁。

8.4 集成测试过程

测试环境应包括测试的运行环境和经过认可的测试工具环境。测试的运行环境一般应符合软件测试合同(或项目计划)的要求,通常是开发环境或仿真环境。在由软件单元和已集成软件组装成新的软件时,应根据软件单元和已集成软件特点选择便于测试的组装策略。

集成测试的实施步骤包括:

(1) 执行测试计划中所有要求做的集成测试。

(2) 分析测试结果,找出产生错误的原因。

(3) 提交集成测试分析报告,以便尽快修改错误。

(4) 评审。

8.4.1 测试策划

测试分析人员应根据测试合同(或项目计划)和被测试软件的设计文档(含接口设计文档)对被测试软件进行分析,并确定以下内容。

(1) 确定测试充分性要求。根据软件的重要性和完整性级别,确定测试应覆盖的范围及每一范围所要求的覆盖程度。

(2) 确定测试终止的要求。指定测试过程正常终止的条件(如是否达到测试的充分性要求），并确定导致测试过程异常终止的可能情况（如软件接口错误）。

（3）确定用于测试的资源要求。包括软件（如操作系统、编译软件、静态分析软件、测试驱动软件等）、硬件（如计算机、设备接口等）、人员数量、人员技能等。

（4）确定需要测试的软件特性。根据软件设计文档（含接口设计文档）的描述确定软件的功能、性能、状态、接口、数据结构、设计约束等内容和要求，对其标识。若需要，将其分类。并从中确定需测试的软件特性。

（5）确定测试需要的技术和方法。如测试数据生成和验证技术、增量测试的组装策略等。

（6）根据测试合同（或项目计划）的要求和被测软件的特点，确定测试准出条件。

（7）确定由资源和被测软件决定的软件集成测试活动的进度。

（8）对测试工作进行风险分析与评估，并制定应对措施。

根据上述分析研究结果，编写软件集成测试计划。

应对软件集成测试计划进行评审。评审测试的范围和内容、资源、进度、各方责任等是否明确，测试方法是否合理、有效和可行，风险的分析、评估与对策是否准确可行，测试文档是否符合规范，测试活动是否独立。当测试活动由被测试软件的供方实施时，软件集成测试计划的评审应纳入被测试软件的概要设计阶段评审，通过评审后，进入下一步工作。

8.4.2 测试设计

测试设计工作由测试设计人员和测试程序员完成，一般根据集成测试计划完成以下工作。

（1）设计测试用例。将需测试的软件特性分解，针对分解后的每种情况设计测试用例。

（2）获取测试数据。包括获取现有的测试数据和生成新的数据，并按照要求验证所有数据。

（3）确定测试顺序。可从资源约束、风险以及测试用例失效造成的影响或后果几个方面考虑。

（4）获取测试资源。对于支持测试的软件，有的需要从现有的工具中选定，有的需要开发。

（5）编写测试程序。包括开发测试支持工具，集成测试的驱动模块和桩模块。

（6）建立和校准测试环境。

（7）按照测试规范的要求编写软件集成测试说明。

应对软件集成测试说明进行评审。评审测试用例是否正确、可行和充分，测试环境是否正确、合理，测试文档是否符合规范。当测试活动由被测试软件的供方实施时，软件集成测试计划的评审应纳入软件开发的阶段评审，通过评审后进入下一步工作。

8.4.3 测试执行

执行测试的工作由测试员和测试分析员完成。

测试员的主要工作是执行集成测试计划和集成测试说明中规定的测试项目和内容。在执行过程中，应认真观察并如实地记录测试过程、测试结果和发现的差错，填写测试记录。

测试分析员的工作有如下两方面。

(1) 根据每个测试用例的期望测试结果、实际测试结果和评价准则判定该测试用例是否通过。如果不通过，测试分析员应认真分析情况，并根据情况采取相应措施。

(2) 当所有的测试用例都执行完毕，测试分析员要根据测试的充分性要求和失效记录，确定测试工作是否充分，是否需要增加新的测试。当测试过程正常终止时，如果发现测试工作不足，应对软件进行补充测试，直到测试达到预期要求，并将附加的内容记录在集成测试报告中。当测试过程异常终止时，应记录导致终止的条件、未完成的测试和未被修正的差错。

8.4.4 测试总结

测试分析员应根据被测软件的设计文档(含接口设计文档)、集成测试计划、集成测试说明、测试记录和软件问题报告单等，分析和评价测试工作，一般应在集成测试报告中记录：

(1) 总结集成测试计划和集成测试说明的变化情况及其原因；

(2) 对测试异常终止情况，确定未能被测试活动充分覆盖的范围；

(3) 确定未能解决的软件测试事件以及不能解决的理由；

(4) 总结测试所反映的软件代码与软件设计文档(含接口设计文档)之间的差异；

(5) 将测试结果连同所发现的出错情况同软件设计文档(含接口设计文档)对照，评价软件的设计与实现，提出软件改进建议；

(6) 按照测试规范的要求编写软件集成测试报告，包括测试结果分析、对软件的评价和建议；

(7) 根据测试记录和软件问题报告单编写测试问题报告。

应对软件集成测试执行活动、测试报告、测试记录和测试问题报告进行评审。评审测试执行活动的有效性、测试结果的正确性和合理性，测试目的是否达到、测试文档是否符合要求。当测试活动由被测试软件的供方实施时，评审由软件供方组织，软件需方和有关专家参加；当测试活动由独立测试机构实施时，评审由软件测试机构组织，软件需方、供方和有关专家参加。

8.5 配置项测试的技术要求

在很多情况下，软件必须在多种平台及操作系统环境中运行，因此，需要在软件将要运行的每一种环境中对软件进行测试。另外，要检查客户将要使用的所有安装程序及专业安装软件（例如“安装程序”），并检查用于向最终用户介绍软件的所有文档。

软件配置项测试又称为确认测试或部署测试，其对象是软件配置项。所谓软件配置项，是指为独立的配置管理而设计的，并且能满足最终用户功能的一组软件。配置项测试的目的是检验软件配置项与软件需求规格说明的一致性。

应保证软件配置项测试工作的独立性。软件配置项测试一般由软件的供方组织，由独立于软件开发的人员实施，软件开发人员配合。如果配置项测试委托第三方实施，一般应委托国家认可的第三方测试机构进行。

软件配置项测试的技术依据是软件需求规格说明（含接口需求规格说明），一般应符合以下技术要求：

(1) 必要时，在高层控制流图中作结构覆盖测试；

(2) 软件配置项的每个部件应至少被一个正常测试用例或一个被认可的异常测试用例所覆盖；

(3) 测试用例的输入应至少包括有效等价类值、无效等价类值和边界数据值；

(4) 应逐项测试软件需求规格说明规定的软件配置项的功能、性能等特性；

(5) 应测试软件配置项的所有外部输入、输出接口（包括和硬件之间的接口）；

(6) 应测试软件配置项的输出及其格式；

(7) 应按软件需求规格说明的要求，测试软件配置项和数据的安全保密性；

(8) 应测试人机交互界面提供的操作和显示界面，包括用非常规操作、误操作、快速操作测试界面的可靠性；

(9) 应测试运行条件在边界状态和异常状态下，或在人为设定的状态下，软件配置项的功能和性能；

(10) 应测试软件配置项的全部存储量、输入/输出通道和处理时间的余量；

(11) 应按需求规格说明的要求，对软件配置项的功能、性能进行强度测试；

(12) 应测试设计中用于提高软件配置项安全性、可靠性的结构、算法、容错、冗余、中断处理等方案；

(13) 对完整性级别高的软件配置项，应对其进行安全性分析，明确每一个危险状态和导致危险的可能原因，并对其进行针对性的测试；

(14) 对有恢复或重置功能需求的软件配置项，应测试其恢复或重置功能和平均恢复时间，并且对每一类导致恢复或重置的情况进行测试；

(15) 对不同的实际问题应外加相应的专门测试。

对具体的软件配置项，可根据软件测试合同（或项目计划）及软件配置项的重要性、完整性级别等要求对上述内容进行裁剪。

作为一个例子，考虑 SafeHome 软件的因特网版，此版本允许顾客远程监测安全系统。这就需要使用可能碰到的所有 Web 浏览器对 SafeHome Web 应用系统进行测试。更彻底的配置项测试应该包括 Web 浏览器与不同操作系统(例如 Linux、Mac OS、Windows 等)的组合。由于安全是主要问题,一组完整的安全测试应该与配置项测试结合起来进行。

8.6 配置项测试的内容

配置项测试依据软件的质量特性来进行,其测试内容主要包括:适合性、准确性、互操作性、安全保密性、成熟性、容错性、易恢复性、易理解性、易学性、易操作性、吸引性、时间特性、资源利用性、易分析性、易改变性、稳定性、易测试性、适应性、易安装性、共存性、易替换性和依从性等方面(有选择的)。

对具体的软件配置项,可根据软件合同(或项目计划)及软件需求规格说明的要求进行裁剪。

8.6.1 功能性

软件的功能性包括适合性、准确性、互操作性和安全保密性等方面。

(1) 适合性。应测试软件需求规格说明规定的软件配置项的每一项功能。

(2) 准确性。可对软件配置项中具有准确性要求的功能和精度要求的项(如数据处理精度、时间控制精度、时间测量精度)进行测试。

(3) 互操作性。可测试软件需求规格说明(含接口需求规格说明)和接口设计文档规定的软件配置项与外部设备的接口、与其他系统的接口,测试接口的格式和内容。包括数据交换的数据格式和内容;测试接口之间的协调性;测试软件配置项对系统每一个真实接口的正确性;测试软件配置项从接口接收和发送数据的能力;测试数据的约定、协议的一致性;测试软件配置项对外围设备接口特性的适应性。

(4) 安全保密性。可测试软件配置项及其数据访问的可控制性。

测试软件配置项可防止非法操作的模式,包括防止非授权的创建、删除或修改程序或信息,必要时做强化异常操作的测试;防止数据被讹误和被破坏的能力;加密和解密功能。

8.6.2 可靠性

软件的可靠性包括成熟性、容错性和易恢复性等方面。

1) 成熟性

在成熟性方面可基于软件配置项操作剖面设计测试用例。根据实际使用的概率分布随机选择输入运行软件配置项,测试软件配置项满足需求的程度,并获取失效数据,其中包括对重要输入变量值的覆盖、对相关输入变量可能组合的覆盖、对设计输入空间与实际输入空间之间区域的覆盖、对各种使用功能的覆盖和对使用环境的覆盖。应在有代表性的使用环境中以及可能影响软件配置项运行方式的环境中运行软件配置项,验证可靠性需求是否正确实现。对一些特殊的软件配置项,如容错、实时嵌入式等,由于在一般的使用环境下常常很难在软件配置项中植入差错,应考虑多种测试环境。

测试软件配置项平均无故障时间,通过检测到的失效数和故障数对软件配置项的可靠性进行预测。

2) 容错性

从容错性方面考虑可测试软件配置项:

(1) 对中断发生的反应;

(2) 在边界条件下的反应;

(3) 功能、性能的降级情况;

(4) 各种误操作模式;

(5) 各种故障模式(如数据超范围、死锁);

(6) 在多机系统出现故障需要切换时,软件配置项的功能和性能的连续平稳性。

3) 易恢复性

从易恢复性方面考虑,可测试软件配置项:

(1) 具有自动修复功能的软件配置项的自动修复时间;

(2) 在特定的时间范围内的平均宕机时间;

(3) 在特定的时间范围内的平均恢复时间;

(4) 可重启动并继续提供服务的能力;

(5) 还原功能的还原能力。

8.6.3 易用性

软件的易用性包括易理解性、易学性、易操作性和吸引性等方面。

1) 易理解性

从易理解性方面考虑,可测试:

(1) 软件配置项的各项功能,确认它们是否容易被识别和被理解;

(2) 要求具有演示能力的功能,确认演示是否容易被访问、演示是否充分和有效;

(3) 界面的输入和输出,确认输入和输出的格式和含义是否容易被理解。

2) 易学性

从易学性方面考虑,可测试软件配置项的在线帮助,确认在线帮助是否容易定位,是否有效;还可对照用户手册或操作手册执行软件配置项,测试用户文档的有效性。

3) 易操作性

从易操作性方面考虑,可测试:

(1) 输入数据,确认软件配置项是否对输入数据进行有效性检查;

(2) 具有中断执行的功能,确认它们能否在动作完成之前被取消;

(3) 具有还原能力(数据库事务回滚)的功能,确认它们能否在动作完成之后被撤销;

(4) 包含参数设置的功能,确认参数是否易于选择、是否有缺省值;

(5) 具有解释的消息,确认它们是否明确;

(6) 具有界面提示能力的界面元素,确认它们是否有效;

(7) 具有容错能力的功能和操作,确认软件配置项能否提示差错的风险、能否容易纠正错误的输入、能否从错误中恢复;

(8) 具有定制能力的功能和操作,确认定制能力的有效性;

(9) 具有运行状态监控能力的功能,确认它们的有效性。

以正确操作模式、误操作模式、非常规操作模式和快速操作模式为框架设计测试用例。误操作模式有错误的数据类型作参数、错误的输入数据序列、错误的操作序列等。如有用户手册或操作手册,可对照手册逐条进行测试。

4) 吸引性

从吸引性方面考虑,可测试软件配置项的人机交互界面能否定制。

8.6.4 效率

软件的效率特性包括时间特性和资源利用性等方面。

1) 时间特性

从时间特性方面考虑,可测试软件配置项的响应时间、平均响应时间、响应极限时间;还可测试软件配置项的吞吐量、平均吞吐量、极限吞吐量;测试软件配置项的周转时间、平均周转时间、周转时间极限。

响应时间指软件配置项为完成一项规定任务所需的时间;平均响应时间指软件配置项执行若干并行任务所用的平均时间;响应极限时间指在最大负载条件下,软件配置项完成某项任务需要时间的极限;吞吐量指在给定的时间周期内软件配置项能成功完成的任务数量;平均吞吐量指在一个单位时间内软件配置项能处理并发任务的平均数;极限吞吐量指在最大负载条件下在给定的时间周期内软件配置项能处理的最多并发任务数;周转时间指从发出一条指令开始到一组相关的任务完成所用的时间;平均周转时间指在一个特定的负载条件下对一些并发任务,从发出请求到任务完成所需要的平均时间;周转时间极限指在最大负载条件下,软件配置项完成一项任务所需要时间的极限。

在测试时,应标识和定义适合于软件应用的任务,并对多项任务进行测试,而不是仅测一项任务。软件应用任务的例子如在通信应用中的切换、数据包发送,在控制应用中的事件控制,在公共用户应用中由用户调用的功能产生的一个数据的输出等。

2) 资源利用性

从资源利用性方面考虑,可测试软件配置项的输入/输出设备、内存和传输资源。

(1) 执行大量的并发任务,测试输入/输出设备的利用时间。

(2) 在使输入/输出负载达到最大的条件下,运行软件配置项,测试输入/输出负载极限。

(3) 并发执行大量的任务,测试用户等待输入/输出设备操作完成需要的时间。建议调查几次测试与运行实例中的最大时间与时间分布。

(4) 在规定的负载下和在规定的时间范围内运行软件配置项,测试内存的利用情况。

(5) 在最大负载下运行软件配置项,测试内存的利用情况。

(6) 并发执行规定的数个任务，测试软件配置项的传输能力。

(7) 在最大负载条件下和在规定的时间周期内测试传输资源的利用情况。

(8) 在传输负载最大的条件下，测试不同介质同步完成其任务的时间周期。

8.6.5 维护性

软件的维护性包括易分析性、易改变性和易测试性等方面。

(1) 易分析性。设计各种情况的测试用例运行软件配置项，并监测配置项的运行状态数据，检查这些数据是否容易获得、内容是否充分。如果软件配置项具有诊断功能，应测试该功能。

(2) 易改变性。测试能否通过参数来改变软件配置项。

(3) 易测试性。可测试软件配置项内置的测试功能确认它们是否完整和有效。

8.6.6 可移植性

软件的可移植性包括适应性、易安装性、共存性、易替换性等方面。

1) 适应性方面

从适应性方面考虑，可测试软件配置项：

(1) 对诸如数据文件、数据块或数据库等数据结构的适应能力；

(2) 对硬件设备和网络设施等硬件环境的适应能力；

(3) 对系统软件或并行的应用软件等软件环境的适应能力；

(4) 是否易于移植。

2) 易安装性方面

从易安装性方面考虑可测试软件配置项安装的工作量、安装的可定制性、安装设计的完备性、安装操作的简易性、是否容易重新安装。

安装设计的完备性可分为3级。

(1) 最好：设计了安装程序并编写了安装指南文档。

(2) 好：仅编写了安装指南文档。

(3) 差：无安装程序和安装指南文档。

安装操作的简易性可分为4级。

(1) 非常容易：只需启动安装功能并观察安装过程。

(2) 容易：只需回答安装功能中提出的问题。

(3) 不容易：需要从表或填充框中看参数。

(4) 复杂：需要从文件中寻找参数改变或写它们。

3) 共存性方面

从共存性方面考虑，可测试软件配置项与其他软件共同运行的情况。

4) 易替换性方面

当替换整个不同的软件配置项和用同一系列的高版本替换低版本时，在易替换性方

面,可考虑测试软件配置项:

(1) 能否继续使用被其替代的软件使用过的数据;

(2) 是否具有被其替代的软件中类似的功能。

8.6.7 依从性

当软件配置项在功能性、可靠性、易用性、效率、维护性和可移植性方面遵循了相关的标准、约定、风格指南或法规时,应酌情进行测试。

8.7 配置项测试过程

软件配置项测试一般采用黑盒测试方法。

8.7.1 测试策划

测试分析人员应根据测试合同(或项目计划)和被测软件的需求规格说明(含接口需求规格说明)、设计文档(含接口设计文档)对被测软件配置项进行分析,并确定以下内容:

(1) 确定测试充分性要求。根据软件配置项的重要性和完整性级别,确定测试应覆盖的范围及每一范围所要求的覆盖程度。

(2) 确定测试终止的要求。指定测试过程正常终止的条件(如测试的充分性要求是否达到),并确定导致测试过程异常终止的可能情况(如接口错误)。

(3) 确定用于测试的资源要求。包括软件(如操作系统、编译软件、测试结果获取和处理软件、测试驱动软件等)、硬件(如计算机、设备接口等)、人员数量、人员技能等。

(4) 确定需要测试的软件特性。根据软件测试合同(或项目计划)及软件需求规格说明(含接口需求规格说明)、设计文档(含接口设计文档)的描述确定软件配置项的功能、性能、状态、接口、数据结构、设计约束等内容和要求,对其标识。若需要,将其分类。从中确定需测试的软件特性。

(5) 确定测试需要的技术和方法。如测试数据生成和验证技术、是否使用标准测试集等。

(6) 根据测试合同(或项目计划)的要求和被测软件的特点,确定测试准出条件。

(7) 确定由资源和被测软件配置项决定的配置项测试活动的进度。

(8) 对测试工作进行风险分析与评估并制定应对措施。

根据上述分析研究结果,按照测试规范的要求编写软件配置项测试计划。

应对软件配置项测试计划进行评审,评审测试的范围、内容、资源和进度,各方责任等是否明确,测试方法是否合理、有效和可行,风险的分析、评估与对策是否准确可行,测试文档是否符合规范,测试活动是否独立等。当测试活动由被测软件的供方实施时,软件配置项测试计划的评审应纳入被测软件的需求分析阶段评审;当测试活动由独立的测试机构实施时,软件配置项测试计划应通过软件的需方、供方和有关专家参加的评审,通过评审后进入下一步工作。

8.7.2 测试设计

测试设计工作由测试设计人员和测试程序员完成，一般根据配置项测试计划完成以下工作。

(1) 设计测试用例。将需测试的软件特性分解，针对分解后的每种情况设计测试用例。

(2) 获取测试数据，包括获取现有的测试数据和生成新的数据，并按照要求验证所有数据。

(3) 确定测试顺序。可从资源约束、风险以及测试用例失效造成的影响或后果几个方面考虑。

(4) 获取测试资源。对于支持测试的软件，有的需要从现有的工具中选定，有的需要开发。

(5) 编写测试程序，包括开发测试支持工具。

(6) 建立和校准测试环境。

(7) 按照测试规范的要求编写软件配置项测试说明。

应对软件配置项测试说明进行评审。评审测试用例是否正确、可行和充分，测试环境是否正确、合理，测试文档是否符合规范。当测试活动由被测软件的供方实施时，软件配置项测试说明应通过软件的需为和有关专家参加的评审；当测试活动由独立的测试机构实施时，软件配置项测试说明应通过软件的需方、供方和有关专家参加的评审，通过评审后进入下一步工作。

8.7.3 测试执行

执行测试的工作由测试员和测试分析员完成。

测试员的主要工作是执行配置项测试计划和配置项测试说明中规定的测试项目和内容。在执行过程中，测试员应认真观察并如实地记录测试过程、测试结果和发现的差错，认真填写测试记录。

测试分析员的工作主要有如下两方面。

(1) 根据每个测试用例的期望测试结果、实际测试结果和评价准则判定该测试用例是否通过。如果不通过，测试分析员应认真分析情况，并根据情况采取相应措施。

(2) 当所有的测试用例都执行完毕，测试分析员要根据测试的充分性要求和失效记录，确定测试工作是否充分是否需要增加新的测试。当测试过程正常终止时，如果发现测试工作不足，应对软件配置项进行补充测试，直到测试达到预期要求，并将附加的内容记录在软件配置项测试报告中。当测试过程异常终止时，应记录导致终止的条件、未完成的测试和未被修正的差错。

8.7.4 测试总结

测试分析员应根据被测软件配置项的需求规格说明(含接口规格说明)、软件设计文档、配置项测试计划、配置项测试说明、测试记录和软件问题报告单等,分析和评价测试工作一般应在测试报告中记录:

(1) 总结配置项测试计划和配置项测试说明的变化情况及其原因;

(2) 对测试异常终止情况,确定未能被测试活动充分覆盖的范围;

(3) 确定未能解决的软件测试事件以及不能解决的理由;

(4) 总结测试所反映的软件配置项与软件需求规格说明(含接口规格说明)、软件设计文档(含接口设计文档)之间的差异;

(5) 将测试结果连同所发现的差错情况同软件需求规格说明(含接口规格说明)、软件设计文档(含接口设计文档)对照,评价软件配置项的设计与实现,提出软件改进建议;

(6) 按照测试规范的要求编写软件配置项测试报告,该报告应包括:测试结果分析、对软件配置项的评价和建议;

(7) 根据测试记录和软件问题报告单编写测试问题报告。

应对软件配置项测试的执行活动、软件配置项测试报告、测试记录、测试问题报告进行评审。评审测试执行活动的有效性、测试结果的正确性和合理性。评审是否达到了测试目的、测试文档是否符合要求。当测试活动由被测软件的供方实施时,评审应由软件的供方组织,软件的需方和有关专家参加;当测试活动由独立的测试机构实施时评审应由软件测试机构组织,软件的需方、供方和有关专家参加。

8.8 确认测试

传统意义上的确认测试是指根据软件需求说明书中定义的全部功能、性能要求以及确认测试计划,来测试整个软件系统是否达到了要求,并提交最终的用户手册和操作手册。

确认测试是软件产品付之实际使用之前的一道既完整又系统的检验,它直接影响到软件产品的质量,是软件质量保证的一个关键环节。尽管确认测试的某些部分是在单元测试和集成测试相同的条件下进行的,而且所用的数据相同,但确认测试仍是必要的,这是因为:

- 错误改正之后所进行的集成测试是局部性的;
- 系统的需求说明书在软件开发过程中可能会有所改变;
- 由于每个系统都是由各功能独立的模块组合而成的,即使设计人员费心仔细进行集成测试,但错误仍在所难免;
- 有利于进一步保证软件产品的质量。

软件经过开发测试之后,留给确认测试的任务有以下几项。

(1) 系统级的功能测试。

（2）正规的系统验收测试。

（3）强度测试。在加载所有负荷的情况下，运行系统以验证系统的负荷能力。

（4）负荷和性能测试。在实际运行的环境下是否满足系统的功能。

（5）背景测试。在实际负荷情况下测试多道程序、多重作业的能力。

（6）配置测试。在所有指定组合的逻辑/物理设备下进行测试。

（7）恢复测试。测试系统能否从软件/硬件故障情况下恢复原先控制的数据。

（8）安全性测试。测试并保证系统的安全性，使不合法用户不能使用该系统。

其中，第(1)、(2)、(3)项是每个系统都要求的；第(4)项是所有联机系统所需要的；第(5)项除了最简单的非批操作处理系统之外，大多数系统是需要的，但应用程序则不一定需要；第(6)项适用于能改变物理和逻辑关系的系统以及计算机和所有备用设备都能使用的实际系统；第(7)项适用于尽管软/硬件故障，也能恢复原先控制数据的系统，或者能自动切换到备用设备的系统；第(8)项用于所有对外开放性的系统。

确认测试的实施步骤如下：

（1）在模拟的环境中进行强度测试，即在事先规定的一个时期内运行软件的所有功能，以证明该软件与原目标的不符之处(错误)。

（2）执行测试计划中提出的所有确认测试。

（3）使用用户手册和操作手册，以证实其实用性和有效性，并改正其中的错误。

（4）分析测试结果，找出产生错误的原因。

（5）书写确认测试分析报告。

（6）确认测试结束后，书写整个项目的开发总结报告。

（7）对所有文件进行整理。

（8）评审。

确认测试应该由独立测试小组进行，并邀请用户一起参加；系统存储设备、输入输出通道，以及处理时间等必须有足够的余量；全部预期结果、测试结果及测试数据应存档保留。

8.9 习题

请参考课文内容以及其他资料，完成下列选择题。

（1）在基于调用图的集成中，有一种集成策略就是对应于调用图的每一条边建立并执行一个集成测试会话，即对有调用关系的两个程序单元进行集成测试，这样可以免除驱动和桩的编写，这种集成策略是（　　）。

A. 持续集成　B. 三明治集成　C. 成对集成　D. 相邻集成

（2）在集成测试阶段，人们关注的一种主要的覆盖是（　　）。

A. 功能覆盖　B. 语句覆盖

C. 基本路径覆盖　D. 条件覆盖

（3）以下说法中错误的是（　　）。

A. 进入集成测试要求待集成的软件单元均已通过单元测试

B. 软件集成测试应测试软件单元之间的所有调用

C. 软件集成测试应对已集成软件进行必要的静态测试,并先于动态测试

D. 软件集成测试应由软件供方组织并实施不得委托第三方进行

(4) 下面不属于集成测试层次的是(　　)。

A. 应用环境集成测试　　B. 模块内集成测试

C. 子系统内集成测试　　D. 子系统间集成测试

(5) 适合使用自底向上的增量式集成方式进行集成和测试的产品应属于(　　)。

A. 使用了严格的净室软件工程过程的产品

B. 控制模块其有较大技术风险的产品

C. 采用了契约式设计的产品

D. 在极限编程中使用了探索式开发风格的产品

(6) 关于软件集成测试,下列说法不正确的是(　　)。

A. 集成测试的对象包括任意一个软件单元集成到计算机软件系统的组装过程

B. 集成测试的对象包括任意一个组装得到的软件系统

C. 软件集成测试的目的是检验单元之间、软件单元和已集成的软件系统之间的接口关系

D. 软件的集成测试不需要验证已集成软件系统是否符合设计要求

(7) 集成测试对系统内部的交互以及集成后系统功能检验了何种质量特性?(　　)

A. 正确性　　B. 可靠性　　C. 可试用性　　D. 可维护性

(8) 以下说法中错误的是(　　)。

A. 软件配置项测试的目的是检验软件配置项与软件需求规格说明的一致性

B. 软件配置项测试一般由软件供方组织,由独立于软件开发的人员实施,软件开发人员配合

C. 软件配置项测试要求被测软件配置项已通过单元测试和集成测试

D. 软件配置项测试不得委托第三方实施

(9) 在以下有关集成测试的说法中,错误的说法是(　　)。

A. 自底向上集成的缺点是在早期不能进行并行测试,不能充分利用人力

B. 自底向上集成的优点是减少了编写桩模块的工作量

C. 自顶向下集成的优点是能够较早地发现在高层模块接口、控制等方面的问题

D. 自顶向下集成的缺点是需要设计许多的桩模块测试的开销较大

(10) 以下说法中错误的是(　　)。

A. 进入集成测试要求待集成的软件单元均已通过单元测试

B. 软件集成测试应测试软件单元之间的所有调用

C. 软件集成测试应对已集成软件进行必要的静态测试,并先于动态测试

D. 软件集成测试应由软件供方组织并实施,不得委托第三方进行

8.10 实验与思考

8.10.1 实验目的

本节“实验与思考”的目的：

(1) 熟悉集成测试与配置项(确认)测试的相关概念。

(2) 通过分析一个简单的ATM机中描述验证信用卡PIN活动的有限状态机，画出与此有限状态机等价的控制流图；确定基本测试路径集；并为每一条独立路径设计一组测试用例，以覆盖基本测试路径。

(3) 通过深入分析一个C源程序，画出程序中所有函数的控制流程图；设计一组测试用例，使该程序所有函数的语句覆盖率和分支覆盖率均能达到100%。

8.10.2 工具/准备工作

在开始本实验之前，请认真阅读课程的相关内容。

需要准备一台带有浏览器、能够访问因特网的计算机。

8.10.3 实验内容与步骤

1) 概念理解。

请查阅有关资料，根据你的理解和看法，给出下列概念的定义：

(1) 集成测试：____

____

(2) 配置项测试：______________________________________

____

(3) 确认测试：____

____

2) 图8-1是一个简单的ATM机中描述验证信用卡PIN活动的有限状态机。其中包含五个用“圆角矩形”表示的状态和八个用“→”表示的转移。转移上的标签所遵循的是：横线上方是引起转移的事件，横线下方是与该转移相关联的行动。该有限状态机允许储户有3次输入PIN的机会，如果3次都输入错误，则停止交易退卡。

请完成下列工作。

(1) 请在一白纸上画出与此有限状态机等价的控制流图，并粘贴于此处(相关说明请标注于图上)：

-------------------- 粘贴处 --------------------

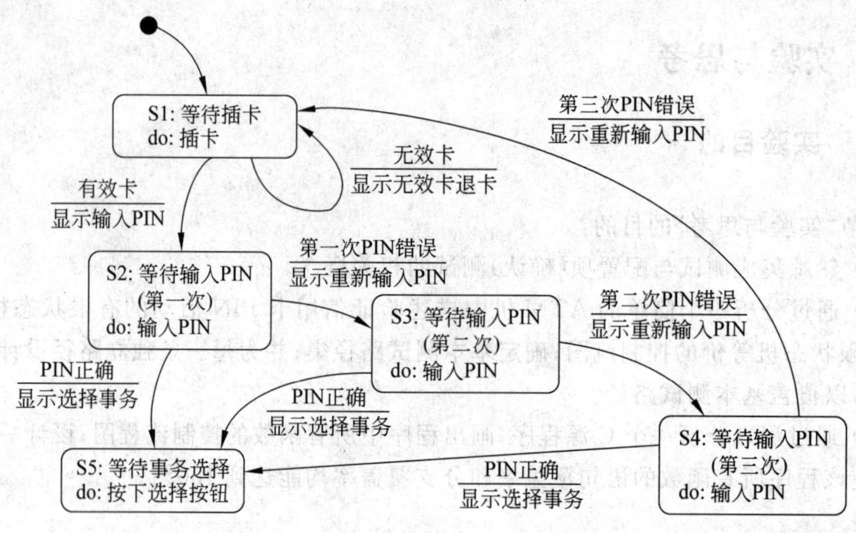

图 8-1 有限状态机

(2) 确定基本测试路径集。

计算图 8-1 的 MeCabe 环路复杂性：判定该程序 V(G)是________。

确定基本的测试路径共有：

路径 1：________

路径 2：________

路径 3：________

路径 4：________

路径 5：________

(3) 为每一条独立路径设计一组测试用例，以覆盖基本测试路径。

① ________

② ________

③ ________

④ ________

⑤ ________

3) 已知 C 源程序如下：

```
/* Input today's date, output tomorrow's date */
/* version 2 */
#include<stdio.h>
struct ydate
{ int day; int month; int year; };
int leap( struct ydate d )
{    if ( (d.year %4==0 && d.year %100 !=0 ) || ( d.year %400==0 ) )
         return 1;
     else
```

```
        return 0;
    }
    int numdays ( struct ydate d )
    {    int day;
        static int daytab[ ]={ 31, 28, 31, 30, 31, 30, 31, 31, 30, 31, 30, 31 };
        if ( leep( d ) && d.month==2)
            day=29;
        else
            day=daytab[ d.month -1 ];
        renturn day;
    }
    int main( void )
    {    struct ydate today, tomorrow;
        printf( "format of date is: year, month, day 输入的年、月、日之间应用逗号隔开 \n" ) ;
        printf( "  today is : " );
        scanf( " %d, %d, %d", &today.year, &today.month, &today.day);
        while ( 0 >=today.year || today.year>65535 || 0 >=today.month || today.month
              >12|| 0 >=today.day || today.day>numdays( today ) )
        {    printf( "input date error!reenter the day!\n" );
             printf( "   today is : " );
             scanf ( "%d, %d, %d", &today.year, &today.month, &today.day ) ;
        }
        if ( today.day !=numdays( today ) )
        {    tomorrow.year=today.year;
             tomorrow.month=today.month;
             tomorrow.day=today.day+1;
        }
        else if ( today.month==12 )
        {    tomorrow.year=today.year + 1;
             tomorrow.month=1;
             tomorrow.day=1;
        }
        else
        {    tomorrow.year=today.year;
             tomorrow.month=today.month+1;
             tomorrow.day=1;
        }
        printf( "tomorrow is : %d, %d, %d \n\n", tomorrow.year,
        tomorrow.month, tomorrow.day ) ;
    }
```

(1) 请在一白纸上画出程序中所有函数的控制流程图，并粘贴于此处(相关说明请标注于图上)。

-- 粘贴处 --

(2) 设计一组测试用例(如表 8-1 所示),使该程序所有函数的语句覆盖率和分支覆盖率均能达到 100%。如果认为该程序的语句或分支覆盖率无法达到 100%,需说明为什么。

表 8-1 设计的测试用例

用例编号	年	月	日	leap	numdays	while	if…else if…else	输出结果
1								
2								
3								
4								

答:____

____

____

____

8.10.4 实验总结

____

____

____

____

8.10.5 实验评价(教师)

____

____

8.11 阅读与分析:手机基本功能测试

俗话说“人靠衣裳马靠鞍”,良好的外观往往能够吸引眼球,激发顾客(用户)的购买欲望,最终达成商业利益的实现。软件的设计亦如此,Window XP 在商业上的巨大成功很大一方面来自于它一改往日呆板,以突出“应用”的灰色界面,从“用户体验”角度来设计界面,使界面具有较大的亲和力。如今,良好的人机界面设计越来越受到系统分析、设计人员的重视,但是如何对设计的人机界面(包括帮助等)进行测试,给出客观、公正的评价,却鲜见于报端。

我们知道："不立规矩无以成方圆"。在软件界面设计强调张扬个性的同时，我们不能忘记软件界面的设计先要讲求规矩、简洁、一致、易用，这是一切软件界面设计和测试的必循之道，是软件人机界面在突出自我时的群体定位。美观、规整的软件人机界面破除新用户对软件的生疏感，使老用户更易于上手、充分重用已有使用经验，并尽量少犯错误。由此我们在对软件人机界面进行测试时（设计评审阶段和系统测试阶段结合进行），不妨从下列一些角度测试软件的人机界面。

1. 一致性测试

一致性是软件人机界面的一个基本要求。目的是使用户在使用时，很快熟悉软件的操作环境，同时避免对相关软件操作发生理解歧义。这要求我们在进行测试时，需要判断软件的人机界面是否可以作为一个整体而存在。下面是进行一致性测试的一些参考意见：

- 提示的格式是否一致；
- 菜单的格式是否一致；
- 帮助的格式是否一致；
- 提示、菜单、帮助中的术语是否一致；
- 各个控件之间的对齐方式是否一致；
- 输入界面和输出界面在外观、布局、交互方式上是否一致；
- 命令语言的语法是否一致；
- 功能类似的相关界面在外观、布局、交互方式上是否一致（如商品代码检索和商品名称检索）；
- 存在同一产品族的时候，与其他产品在外观、布局、交互方式上是否一致（如Office产品族）；
- 同一层次的文字在同一种提示场合（一般情况、突显、警告等）在文字大小、字体、颜色、对齐方式等方面是否一致；
- 多个连续界面依次出现的情况下，界面的外观、操作方式是否一致（当然可能会有例外，比如操作结束的界面）。

2. 信息反馈测试

假设系统的使用者是一个初出茅庐的生手，你能指望她（他）在进行操作时不出错吗？但这还不是问题的所在，问题的关键在于我们都会犯错误，都有自己不了解的东西。如何避免错误发生，这要求我们的人机界面有足够的输入检查和错误提示功能。通过信息反馈，用户得到出错提示或是任务完成的赞许之语。但不幸的是，很多系统在此方面都做的不尽如人意。下面是对这类测试的一些参考意见：

- 系统是否接受客户的正确输入并做出提示（如鼠标焦点跳转）；
- 系统是否拒绝客户的错误输入并做出提示（如弹出警告框，声响）；
- 系统显示用户的错误输入的提示是否正确，浅显易懂（如"ERR004"这样的提示让人不知所云）；

- 系统是否在用户输入前给出用户具体输入方式的提示(如网站注册程序);
- 系统提示所用的图标或图形是否具有代表性和警示性;
- 系统提示用语是否按警告级别和完成程度进行分级(若非某些破坏性操作,请对用户温和一些);
- 系统在界面(主要是菜单、工具条)上是否提供突显功能(比如鼠标移动到控件时,控件图标变大或颜色变化至与背景有较大反差,当移开后恢复原状);
- 系统是否在用户完成操作时给出操作成功的提示(很多系统都缺少这一步,使用户毫无成就感)。

3. 界面简洁性测试

你的人机界面像你的脸一样对称、干净吗?我们往往看到的是很多系统在人机界面设计上就像长了天花的病人。因此我们不得不对其进行美容前的检查,下面是一些供检查的建议条款:

- 用户界面是否存在空白空间(没有空白空间的界面是杂乱无章的,易用性极差);
- 各个控件之间的间隔是否一致;
- 各个控件在垂直和水平方向上是否对齐;
- 菜单深度是否在三层以内(建议不要超出三层,大家可以参考微软的例子);
- 界面控件分布是否按照功能分组(菜单、工具栏、单选框组、复选框组、Frame 等),建议采用分页显示并提供数据排序显示功能)。

实际上,一个处理该类测试的原则性的东西就是:干掉多余的东西,尽可能分组。

4. 界面美观度测试

你的界面美观吗?试想一个服装模特穿一身不得体的衣服,其展示效果会如何?我至今还记得在学习美学时老师讲过的一句话:美是对比的产物。在软件界面的美观度测试上,我们不得不注意下面的一些建议:

- 前景与背景色搭配是否反差过大;
- 前景与背景色是否采用较为清淡的色调而不是深色(比如用天蓝色而不用深蓝色和墨绿色);
- 系统界面是否采用了超过 3 种的基本色(一般情况下不要超过 3 种);
- 字体大小是否与界面的大小比例协调(一般中文采用宋体,英文采用 Arial 或 Times New Roman,日文采用 SimSun 或明朝);
- 按钮较多的界面是否禁止缩放(一般情况下不宜缩放,最好禁止最大、最小化按钮);
- 系统是否提供用户界面风格自定义功能,满足用户个人偏好。

5. 用户动作性测试

“科学是懒人的哲学”,这是我大学专业老师的一个观点。我们的计算机系统也不例外。我们的系统能让用户尽可能地偷懒吗(少动手肘,少记命令等),从这个角度出发,相信你会对用户动作性测试的本质有较深的体会。我相信没有一个测试员愿意做的多而收获的少。此外用户从某种角度上是心怀不测的挑衅者和肇事者。他们很少有太多的耐心来对待他们寄以很大期望的系统。下面是一些判断用户是否能够“偷懒”和“发泄防止”的测试建议：

- 是否存在用户频繁操作的快捷键；
- 是否允许动作的可逆性(Undo,Redo)；
- 界面是否有对用户的记忆要求；
- 系统的反应速度是否符合用户的期望值；
- 是否存在更便捷、直观的方式来取代当前界面的显示方式(如用菜单界面代替命令语言界面)；
- 用户在使用时任何时候是否能开启帮助文档(F1)；
- 系统是否提供模糊查询机制和关键字提示机制减少用户的记忆负担(如清华紫光输入法的模糊音设定)；
- 是否对可能造成长时间等待的操作提供操作取消功能；
- 是否支持对错误操作进行可逆性处理,返回原有状态；
- 是否采用相关控件(如日历,计算器等)替代用户手工键盘输入；
- 选项过多的情况下是否采用下拉列表或者关键字检索的方式供用户选择；
- 系统出错时是否存在恢复机制使用户返回出错前状态(如 Office XP 的文件恢复)；
- 在用户输入数据之前,用户输入数据后才能执行的操作是否被禁止(如特定的按钮变灰)；
- 系统是否提供“所见即所得(WYIWG)”或“下一步提示”的功能(如预览)；

6. 行业标准测试

每个行业都有自己的一套标识体系,请尽可能不要与其“撞车”。这就需要我们的人机界面测试人员对软件行业的符号体系有所了解,否则将很难担此大任。

- 界面使用的图符、声音是否符合软件所面向领域的行业符号体系标准；
- 界面所使用的术语是否符合软件所面向领域的行业命名标准；
- 界面的颜色是否与行业代表色彩较为相近；
- 界面的背景是否能够反映行业相关主题(如反映环保的界面一般采用自然风光作为背景)；
- 界面的设计是否反映行业最新的理念和大众趋势。

当然、每一个软件也应当具有自己的一些个性,这些个性是体现软件开发商和所面向的用户领域的特定需要的。比如微软的启动界面和苹果的启动界面就完全是两码事。一个不失个性的软件,其本身就是软件制作商的“广告代言人”。既要突出制作商,又不能喧宾夺主。下面我们给出一些常见的软件个性测试原则：

- 软件的安装界面是否有单位介绍或产品介绍,并拥有自己的图标；
- 软件的安装界面是否不同于通用安装工具生成的界面(如金山快译的安装界面就

比较有特色)；

- 主界面的图标是否为制作商的图标；
- 系统启动需要长时间等待时，是否存在 Splash 界面，它是否包含或反映制作者信息；
- 软件是否有版本查看机制，版本说明上是否有制作者或用户的标识；
- 软件界面的色彩、背景、布置是否与同类产品不同，如果有，是否更为简洁、美观；
- 软件界面操作与同类产品相比，是否能够减少用户输入的频繁度；
- 软件界面操作与同类产品相比，是否在出错预防机制和提示上更为直观、醒目；
- 软件界面是否为特殊群体或特殊应用提供相应的操作机制(如 Windows 的放大镜)。

总而言之，软件人机界面的测试需要一个立足“共性”但又要强调“个性”的测试思路，软件人机界面的测试与其他类型测试不同，更加强调从用户的角度、审美观去看待待测软件。

资料来源：领测软件测试网，2011-4-18。

第9章　系统测试技术

经过集成测试和配置项测试之后,分散开发的模块被连接起来,构成相对完整的体系,其中各模块间接口存在的种种问题都已基本消除,进入系统测试阶段。软件系统测试的目的是在真实系统工作环境下检验完整的软件配置项能否和系统正确连接,并满足系统、子系统设计文档和软件开发合同规定的要求。系统测试应充分运行系统,验证整个系统是否满足非功能性的质量需求,如:

- 是否都能正常工作并完成所赋予的任务?
- 在大量用户使用的情况下,能否经得住考验?
- 系统出错了能否很快恢复或者从故障中转移出去?
- 是否能长期、稳定地运行?

9.1　系统测试的定义

通常将非功能性测试,例如压力、容量、安全性、可靠性、性能等看做是系统测试,以区别于功能测试。非功能性测试的目的虽然有所不同,但其手段和方法在一定程度上比较相似,都采用负载测试技术。为了模拟用户的操作和监控系统性能,特别针对基于网络的应用软件(非单机应用软件),只有借助于测试工具才能完成。通常,会使用特定的测试工具来模拟超常的数据量或其他各种负载,监测系统的各项性能指标,如线程、CPU、内存等使用情况,响应时间,数据传输量等。

系统测试的对象是完整的、集成的计算机系统,重点是新开发的软件配置项的集合。

系统测试按合同规定要求执行,或由软件的需方或由软件的开发方组织,由独立于软件开发的人员实施,软件开发人员配合。如果系统测试委托第三方实施,一般应委托国家认可的第三方测试机构。应加强系统测试的配置管理。已通过测试的系统状态和各项参数应详细记录,归档保存未经测试负责人允许,任何人无权改变。

系统测试应严格按照由小到大、由简到繁、从局部到整体的程序进行。软件系统测试的技术依据是用户需求(或系统需求或研制合同),一般应符合以下技术要求:

(1) 系统的每个特性应至少被一个正常测试用例和一个被认可的异常测试用例所覆盖;

(2) 测试用例的输入应至少包括有效等价类值、无效等价类值和边界数据值;

(3) 应逐项测试系统/子系统设计说明规定的系统的功能、性能等特性;

(4) 应测试软件配置项之间及软件配置项与硬件之间的接口;

(5) 应测试系统的输出及其格式;

(6) 应测试运行条件在边界状态和异常状态下,或在人为设定的状态下,系统的功能和性能;

(7) 应测试系统访问和数据安全性；

(8) 应测试系统的全部存储量、输入/输出通道和处理时间的余量；

(9) 应按系统或子系统设计文档的要求，对系统的功能、性能进行强度测试；

(10) 应测试设计中用于提高系统安全性、可靠性的结构、算法、容错、冗余、中断处理等方案；

(11) 对完整性级别高的系统，应对其进行安全性、可靠性分析，明确每一个危险状态和导致危险的可能原因，并对此进行针对性的测试；

(12) 对有恢复或重置功能需求的系统，应测试其恢复或重置功能和平均恢复时间，并且对每一类导致恢复或重置的情况进行测试；

(13) 对不同的实际问题应外加相应的专门测试。

对具体的系统，可根据软件测试合同(或项目计划)及系统的重要性、完整性级别等要求对上述内容进行裁剪。

9.2 系统测试的内容

系统测试依据软件的质量特性进行，其内容主要从适合性、准确性、互操作性、安全保密性、成熟性、容错性、易恢复性、易理解性、易学性、易操作性、吸引性、时间特性、资源利用性、易分析性、易改变性、稳定性、易测试性、适应性、易安装性、共存性、易替换性和依从性等方面(有选择的)来考虑。

1) 功能性

软件的功能性包括适合性、准确性、互操作性和安全保密性等方面。

(1) 适合性方面。应测试系统/子系统设计文档规定的系统的每一项功能。

(2) 准确性方面。可对系统中具有准确性要求的功能和精度要求的项(如数据处理精度、时间控制精度、时间测量精度)进行测试。

(3) 互操作性方面。可测试系统/子系统设计文档、接口需求规格说明文档和接口设计文档规定的系统与外部设备的接口、与其他系统的接口。测试其格式和内容，包括数据交换的数据格式和内容；测试接口之间的协调性；测试软件对系统每一个真实接口的正确性；测试软件系统从接口接收和发送数据的能力，测试数据的约定、协议的一致性；测试软件系统对外围设备接口特性的适应性。

(4) 安全保密性方面。可测试系统及其数据访问的可控制性。

测试系统防止非法操作的模式，包括防止非授权的创建、删除或修改程序或信息，必要时做强化异常操作的测试。

测试系统防止数据被讹误和被破坏的能力；测试系统的加密和解密功能。

2) 可靠性

(1) 成熟性方面。可基于系统运行剖面设计测试用例，根据实际使用的概率分布随机选择输入并运行系统。测试系统满足需求的程度并获取失效数据，其中包括对重要输入变量值的覆盖、对相关输入变量可能组合的覆盖、对设计输入空间与实际输入空间之间区域的覆盖、对各种使用功能的覆盖、对使用环境的覆盖。应在有代表性的使用环境中以及可能影响系统运行方式的环境中运行软件,验证系统的可靠性需求是否正确实现。对一些特殊的系统,如容错软件、实时嵌入式软件等,由于在一般使用环境下很难在软件中植入差错,应考虑多种测试环境。

测试系统的平均无故障时间;通过检测到的失效数和故障数,对系统的可靠性进行预测。

(2) 容错性方面。可考虑测试:

① 系统对中断发生的反应;

② 系统在边界条件下的反应;

③ 系统的功能、性能的降级情况;

④ 系统的各种误操作模式;

⑤ 系统的各种故障模式(如数据超范围、死锁);

⑥ 测试在多机系统出现故障需要切换时系统的功能和性能的连续平稳性。

(3) 易恢复性方面。可测试:

① 具有自动修复功能的系统的自动修复的时间;

② 系统在特定的时间范围内的平均宕机(死机)时间;

③ 系统在特定的时间范围内的平均恢复时间;

④ 系统的可重启动并继续提供服务的能力;

⑤ 系统的还原功能的还原能力。

(4) 易用性。软件的易用性包括易理解性、易学性、易操作性和吸引性等方面。

① 易理解性方面。从易理解性方面考虑,可测试:

- 系统的各项功能,确认它们是否容易被识别和被理解;
- 要求具有演示能力的功能确认演示是否容易被访问、演示是否充分和有效;
- 界面的输入和输出,确认输入和输出的格式和含义是否容易被理解。

② 易学性方面。可测试系统的在线帮助、确认在线帮助是否容易定位,是否有效;还可对照用户手册或操作手册执行系统,测试用户文档的有效性。

③ 易操作性方面。可测试:

- 输入数据,确认系统是否对输入数据进行有效性检查;
- 要求具有中断执行的功能,确认它们能否在动作完成之前被取消;
- 要求具有还原能力(数据库事务回滚能力),确认动作能否在完成之后被撤销;
- 包含参数设置的功能,确认参数是否易于选择、是否有缺省值;
- 要求具有解释的消息,确认是否明确;
- 要求具有界面提示能力的界面元素,确认是否有效;
- 要求具有容错能力的功能和操作确认系统能否提示出错的风险、能否容易纠正错误的输入、能否从差错中恢复;
- 要求具有定制能力的功能和操作,确认定制能力的有效性;
- 要求其有运行状态监控能力的功能,确认其有效性。

以正确操作、误操作模式、非常规操作模式和快速操作为框架设计测试用例,误操作模式有错误的数据类型作参数、错误的输入数据序列、错误的操作序列等。如有用户手册或操作手册,可对照手册逐条进行测试。

④ 吸引性方面。测试系统的人机交互界面能否定制。

(5) 效率。

① 时间特性方面。可考虑测试系统的响应时间、平均响应时间、响应极限时间、系统的吞吐量、平均吞吐量、极限吞吐量、系统的周转时间、平均周转时间、周转时间极限。

响应时间指系统为完成一项规定任务所需的时间;平均响应时间指系统执行若干并行任务所需的平均时间;响应极限时间指在最大负载条件下,系统完成某项任务需要时间的极限;吞吐量指在给定的时间周期内系统能成功完成的任务数量;平均吞吐量指在一个单位时间内系统能处理并发任务的平均数;极限吞吐量指在最大负载条件下,在给定的时间周期内,系统能处理的最多并发任务数;周转时间指从发出一条指令开始到一组相关的任务完成的时间;平均周转时间指在一个特定的负载条件下,对一些并发任务从发出请求到任务完成所需要的平均时间;周转时间极限指在最大负载条件下,系统完成一项任务所需要时间的极限。

在测试时,应标识和定义适合于软件应用的任务,并对多项任务进行测试,而不是仅测一项任务。软件应用任务的例子,如在通信应用中的切换、数据包发送,在控制应用中的事件控制,在公共用户应用中由用户调用的功能产生的一个数据的输出等。

② 资源利用性方面。可考虑测试系统的输入/输出设备、内存和传输资源的利用情况。

- 执行大量的并发任务,测试输入/输出设备的利用时间;
- 在使输入/输出负载达到最大的系统条件下,运行系统、测试输入/输出负载极限;
- 并发执行大量的任务,测试用户等待输入/输出设备操作完成需要的时间,建议调查几次测试与运行实例中的最大时间与时间分布;
- 在规定的负载下和在规定的时间范围内运行系统,测试内存的利用情况;
- 在最大负载下运行系统,测试内存的利用情况;
- 并发执行规定的数个任务,测试系统的传输能力;
- 在系统负载最大的条件下和在规定的时间周期内,测试传输资源的利用情况;
- 在系统传输负载最大的条件下,测试不同介质同步完成其任务的时间周期。

(6) 维护性。

① 易分析性方面。可设计各种情况的测试用例运行系统,并监测系统运行状态数据,检查这些数据是否容易获得、内容是否充分。如果软件具有诊断功能,应测试该功能。

② 易改变性万面。可测试能否通过参数来改变系统。

③ 易测试性方面。可测试软件内置的测试功能,确认它们是否完整和有效。

(7) 可移植性。

① 适应性方面。可测试:

- 软件对诸如数据文件、数据块或数据库等数据结构的适应能力;
- 软件对硬件设备和网络设施等硬件环境的适应能力;
- 软件对系统软件或并行的应用软件等软件环境的适应能力;
- 软件是否易于移植。

② 易安装性方面。可测试软件安装的工作量、安装的可定制性、安装设计的完备性、安装操作的简易性、是否容易重新安装。

安装设计的完备性可分为3级：

- 最好：设计了安装程序并编写了安装指南文档；
- 好：仅编写了安装指南文档；
- 差：无安装程序和安装指南文档。

安装操作的简易性可分为4级：

- 非常容易：只需启动安装功能并观察安装过程；
- 容易：只需回答安装功能中提出的问题；
- 不容易：需要从表或填充框中看参数；
- 复杂：需要从文件中寻找参数，改变或写它们。

③ 共存性方面。可测试软件与其他软件共同运行的情况。

④ 易替换性方面。当替换整个不同的软件系统和用同一软件系列的高版本替换低版本时，在易替换性方面，可考虑测试：

- 软件能否继续使用被其替代的软件使用过的数据；
- 软件是否具有被其替代的软件中的类似功能。

(8) 依从性方面。当软件在功能性、可靠性、易用性、效率、维护性和可移植性方面遵循了相关的标准、约定、风格指南或法规时，应酌情进行测试。

9.3 系统测试过程

9.3.1 测试策划

测试分析人员应根据测试合同(或项目计划)、被测软件的开发合同或系统子系统设计文档分析被测系统并确定以下内容：

(1) 确定测试充分性要求。确定测试应覆盖的范围及每一范围所要求的覆盖程度。

(2) 确定测试终止的要求。指定测试过程正常终止的条件(如测试充分性是否达到要求)并确定导致测试过程异常终止的可能情况(如接口错误)。

(3) 确定用于测试的资源要求，包括软件(如操作系统、编译软件、测试结果获取和处理软件、测试驱动软件等)、硬件(如计算机、设备接口等)、人员数量、人员技能等。

(4) 确定需要测试的软件特性。根据软件开发合同或系统/子系统设计文档的描述，确定系统的功能、性能、状态、接口、数据结构、设计约束等内容和要求，对其标识。若需要，将其分类，并从中确定需测试的软件特性。

(5) 确定测试需要的技术和方法，如测试数据生成和验证技术、测试数据输入技术、测试结果获取技术、是否使用标准测试集等。

(6) 根据测试合同(或项目计划)的要求和被测软件的特点，确定测试准出条件。

(7) 确定由资源和被测系统决定的系统测试活动的进度。

(8) 对测试工作进行风险分析与评估，并制定应对措施。

根据上述分析结果，按照测试规范的要求编写系统测试计划。

应对系统测试计划进行评审。评审测试的范围和内容、资源、进度、各方责任等是否明确，测试方法是否合理、有效和可行，风险的分析、评估与对策是否准确可行，测试文档是否符合规范，测试活动是否独立。当测试活动由被测软件的供方实施时，系统测试计划的评审应纳入软件开发过程的阶段评审；当测试活动由独立的测试机构实施时，系统测试计划应通过软件的需方、供方和有关专家参加的评审，通过评审后进入下一步工作。

9.3.2 测试设计

测试设计工作由测试设计人员和测试程序员完成，一般根据系统测试计划完成以下工作。

(1) 设计测试用例将需测试的软件特性分解，针对分解后的每种情况设计测试用例。

(2) 获取测试数据，包括获取现有的测试数据和生成新的数据，并按照要求验证所有数据。

(3) 确定测试顺序，可从资源约束、风险以及测试用例失效造成的影响或后果几个方面考虑。

(4) 获取测试资源，支持测试的软件需要从现有的工具中选定或者开发。

(5) 编写测试程序，包括开发测试支持工具。

(6) 建立和校准测试环境。

(7) 按照测试规范的要求编写系统测试说明。

应对系统测试说明进行评审。评审测试用例是否正确、可行和充分，测试环境是否正确、合理，测试文档是否符合规范。当测试活动由被测软件的供方实施时，评审应由软件的供方组织，软件的需方和有关专家参加；当测试活动由独立的测试机构实施时，评审应由测试机构组织，软件的需方、供方和有关专家参加。系统测试说明通过评审后进入下一步工作。

9.3.3 测试执行

执行测试的工作由测试员和测试分析员完成。

测试员的主要工作是执行系统测试计划和系统测试说明中规定的测试项目和内容。在执行过程中，测试员应认真观察并记录测试过程、测试结果和发现的差错。

测试分析员的工作主要有如下两方面：

(1) 根据每个测试用例的期望测试结果、实际测试结果和评价准则判定该测试用例是否通过。如果不通过，测试分析员应认真分析情况，并根据情况采取相应措施。

(2) 所有测试用例执行完毕，测试分析员要根据测试的充分性要求和失效记录，确定测试工作是否充分，是否需要增加新的测试。当测试过程正常终止时，如果发现测试工作不足，应对软件系统进行补充测试，直到测试达到预期要求，并将附加的内容记录在系统测试报告中。当测试过程异常终止时，应记录导致终止的条件、未完成的测试和未被修正的差错。

9.3.4 测试总结

测试分析员应根据软件开发合同或系统/子系统设计文档、系统测试计划、系统测试说明、测试记录和软件问题报告单等,分析和评价测试工作,并将以下内容记录在系统测试报告中。

(1) 总结系统测试计划和系统测试说明的变化情况及其原因;

(2) 对测试异常终止情况,确定未能被测试活动充分覆盖的范围;

(3) 确定未能解决的软件测试事件以及不能解决的理由;

(4) 总结测试所反映的软件系统与软件开发合同或系统/子系统设计文档之间的差异;

(5) 将测试结果连同所发现的差错情况同软件开发合同或系统/子系统设计文档对照,评价软件系统的设计与实现,提出软件改进建议;

(6) 按照测试规范的要求编写系统测试报告,该报告应包括测试结果分析、对软件系统的评价和建议;

(7) 根据测试记录和软件问题报告单编写测试问题报告。

应对系统测试的执行活动、测试报告、测试记录、测试问题报告进行评审。评审测试执行活动的有效性、测试结果的正确性和合理性评审是否达到了测试目的、测试文档是否符合要求。当测试活动由被测软件的供方实施时,评审应由软件的供方组织,软件的需方和有关专家参加;当测试活动由独立测试机构实施时,评审应由该机构组织,软件的需方、供方和有关专家参加。

9.4 功能测试

功能测试可以发生在单元测试中,也可以在集成测试、系统测试中进行,应该在各个层次保证软件功能执行的正确性。

在单元测试中,功能测试的目的是保证所测试的每个独立模块的功能是正确的,主要是从输入条件和输出结果来判断是否满足程序的设计要求。

在系统集成过程及其之后所进行的系统功能测试中,不仅要考虑模块之间的相互作用,而且要考虑系统的应用环境,其衡量标准是实现产品规格说明书上所要求的功能,特别需要模拟用户完成从头到尾(端到端)的测试,确保系统可以实现设计功能,满足用户的真正需求。

黑盒测试常被称为功能测试,但事实上,在功能测试的时候也可以采用白盒方法或灰盒方法,如查看源代码、变量在数据库中的值等,但多数情况下是采用黑盒测试方法。常用的测试方法如等价类划分法、边界值划分法、错误推测法和因果图法等。

灰盒测试:是介于白盒测试与黑盒测试之间的软件测试方法。可以这样理解,灰盒测试关注输出对于输入的正确性,同时也关注内部表现,但这种关注不像白盒那样详细、完整，只是通过一些表征性的现象、事件、标志来判断内部的运行状态，有时候输出是正确的，但内部其实已经错误了，这种情况非常多，如果每次都通过白盒测试来操作，效率会很低，因此需要采取这样的一种灰盒的方法。

功能测试主要是根据产品规格说明书，来检验被测试的系统是否满足各方面功能的使用要求。针对不同的应用系统，功能测试的测试内容的差异很大，但一般都可以归为界面、数据、操作、逻辑、接口等几个方面，例如：

- 程序安装、启动正常，有相应的提示框、错误提示等。
- 每项功能符合实际要求。
- 系统的界面清晰、美观。
- 菜单、按钮操作正常、灵活，能处理一些异常操作。
- 能接受正确的数据输入，对异常数据的输入可以进行提示、容错处理等。数据的输出结果准确，格式清晰，可以保存和读取。
- 功能逻辑清楚，符合使用者习惯。
- 系统的各种状态按照业务流程而变化，并保持稳定。
- 支持各种应用的环境。
- 能配合多种硬件周边设备。
- 软件升级后，能继续支持旧版本的数据。
- 与外部应用系统的接口有效。

9.5 性能测试

对于实时和嵌入式系统，提供所需功能但不符合性能需求的软件是不能被接受的。例如某个网站可以被访问，而且可以提供预先设定的功能，但每打开一个页面都需要1～2分钟，用户将不能忍受其结果，也就没有用户愿意使用该网站所提供的服务。虽然从单元测试起，每一测试步骤都包含性能测试，但只有当系统真正集成之后，在真实环境中才能全面、可靠地测试系统性能，即系统性能测试。性能测试可以确定系统运行时的性能表现，如得到运行速度、响应时间、占有系统资源等方面的系统数据。

性能测试经常与压力测试一起进行，且常需要硬件和软件工具。也就是说，以严格的方式测量资源（例如处理器周期）的利用往往是必要的。当有运行间歇或事件（例如中断）发生时，外部工具可以监测到，并可定期监测采样机的状态。通过检测系统，测试人员可以发现导致效率降低和系统故障的情形。

9.5.1 系统负载

通常，系统负载可以看做是“并发用户数量＋思考时间＋每次请求发送的数据量＋负载模式”。

- 在线用户：通过浏览器访问登录Web应用系统，并且没有退出该系统的用户。通常一个Web应用服务器的在线用户对应Web应用服务器的一个Session（会议）。

- 虚拟用户：模拟浏览器向 Web 服务器发送请求并接收响应的一个进程或线程。
- 并发用户：严格意义上说，这些用户在同一时刻做同一件事情或同样的操作，比如在同一时刻登录系统、提交订单等。也可以定义为：并发用户同时在线并操作系统，但可以是不相同的操作。后一种并发更接近于用户的实际使用情况。在性能测试中，一般采用严格意义上的并发用户，因为同时模拟多个用户运行一套脚本更容易实现。如果从虚拟用户或逻辑上理解，并发用户可以理解为 Web 服务器在一段时间内为处理浏览器请求而建立的 HTTP 连接数或生成的处理线程数。
- 并发用户数量：可以近似于同时在线的用户数量，但不一定等于在线用户的数量，因为有些在线用户不进行操作，或前后操作之间的间隔时间很长。
- 思考时间：浏览器在收到响应后到提交下一个请求之间的间隔时间。通过思考时间可以模拟实际用户的操作，思考时间越短，服务器就能承受更大的负载。当所有在线用户发送 HTTP 请求的思考时间为零时，Web 服务器的并发用户数等于在线用户数。
- 负载模式：就是加载的方式，例如是一次建立 200 个并发连接，还是每秒 10 个连接逐渐增加连接数，直至 200 个。还有其他加载方式，如随机加载、峰谷交替加载等。

9.5.2 系统性能指标

系统的性能指标包括两方面的内容：系统资源(CPU 、内存等)的使用率和系统行为表现。资源使用率越低，一般来说系统会有更好的性能表现，反之，系统资源使用率很高甚至耗光，系统的性能肯定不会好。资源利用率是分析系统性能指标进而改善性能的主要依据。

系统行为的性能指标很多，常见的有：

- 请求响应时间：客户端浏览器向 Web 服务器提交一个请求到收到响应之间的间隔时间。有些测试工具将请求响应时间表示为 TLB(Time to Last Byte)，即：从发起一个请求开始到客户端接收到最后一个字节所耗费的时间。
- 事务响应时间：事务可能由一系列请求组成，事务的响应时间就是这些请求完成处理所花费的时间。它是针对用户的业务而设置的，容易被用户理解。
- 数据吞吐量：单位时间内客户端和服务器之间网络上传输的数据量，对于 Web 服务器，数据吞吐量可以理解为单位时间内 Web 服务器成功处理的 HTTP 页面或 HTTP 请求数量。

9.5.3 性能测试的基本过程

执行性能测试的基本过程：

(1) 确定性能测试需求，包括确定哪些性能指标要度量，以及系统会承受哪些负载。

其中还要确定关键业务的操作,也就是针对哪些关键操作来执行性能测试。

(2) 根据测试需求,选择测试工具和开发相应的测试脚本。一般针对选定的关键业务操作来开发相应的自动化测试脚本,并进行测试脚本的数据关联(如建立客户端请求和系统响应指标之间的关联)和参数化(把脚本中的某些请求数据替换成变量)。

(3) 建立性能测试负载模型。就是确定并发虚拟用户的数量、每次请求的数据量、思考时间、加载方式和持续加载的时间等。设计负载模型通常不会一次设计到位,是一个不断迭代完善的过程,即使在执行过程中,也不是完全按照设计好的测试用例来执行,需要根据需求的变化进行调整和修改。

(4) 执行性能测试。通过多次运行性能测试负载模型,获得系统的性能数据。一般要借助工具对系统资源进行监控和分析,帮助发现性能瓶颈,定位应用代码中的性能问题,切实解决系统的性能问题或在系统层面进行优化。

(5) 提交性能测试报告。包括性能测试方法、负载模型和实际执行的性能测试、性能测试结果及其分析等。

9.6 压力测试

压力测试(也称强度测试、负载测试)是模拟实际应用的软、硬件环境及用户使用过程的系统负荷,长时间或超大负荷地运行测试软件,来测试被测系统的性能、可靠性、稳定性等,其目的是使软件面对非正常的情形。在软件投入使用前或软件负载达到极限前,通过执行可重复的负载测试,了解系统可靠性、性能瓶颈等,以提高软件系统的可靠性、稳定性,减少系统的宕机时间和因此带来的损失。

从本质上来说,测试者想要破坏程序,就会设计异常情况,主要是指峰值(瞬间使用高峰)、大量数据的处理能力、长时间运行等情况。压力测试总是迫使系统在异常的资源配置下运行。例如:运行需要最大存储空间(或其他资源)的测试用例;运行可能导致虚存操作系统崩溃或大量数据对磁盘进行存取操作的测试用例等。

压力测试的一个变体称为敏感性测试。在一些情况下(最常见的是在数学算法中),包含在有效数据界限之内的一小部分数据可能会引起极端处理情况,甚至是错误处理或性能的急剧下降。敏感性测试试图在有效输入类中发现可能会引发系统不稳定或者错误处理的数据组合。

9.6.1 测试压力估算

压力测试是一种要求以非正常的数量、频率或容量的方式执行系统的测试。例如:①当平均每秒出现 1～2 次中断的情形下,可以设计每秒产生 10 次中断的测试用例;②将输入数据的量提高一个数量级以确定输入功能将如何反应;③执行需要最大内存或其他资源的测试用例;④设计可能在实际的运行系统中产生惨败的测试用例;⑤创建可能会过多查找磁盘驻留数据的测试用例。从本质上来说,压力测试就是试图破坏程序。

根据产品说明书的设计要求或以往版本的实际运行经验对测试压力进行估算,给出合理的估算结果。例如单台服务器实际使用时一般只有100个并发用户，但在某一时间段的用户峰值可达到500个。那么事先预测要求的压力值为500个用户的1.5～2倍，而且要考虑到每个用户的实际操作所产生的事务处理和数据量。如果产品说明书已说明最大设计容量，则最大设计容量为最大压力值。

9.6.2 测试环境准备

测试环境准备包括硬件环境(服务器、客户机等)、网络环境(网络通信协议、带宽等)、测试程序(能正确模拟客户端的操作)、数据准备等。

分析压力测试中系统容易出现瓶颈的地方，从而有目的地调整测试策略或测试环境，使压力测试结果真实地反映出软件的性能。例如，服务器的硬件限制、数据库的访问性能设置等常常会成为制约软件性能的重要因素，但这些因素显然不是用户最关心的，在测试之前就要通过一些设置把这些因素的影响调至最低。

1) 压力稳定性测试

在选定的压力值下，持续运行24小时以上进行稳定性测试。客户端通常由测试工具模拟真实用户不停地进行各种操作。监视服务器和真实客户端的必要性能指标。通过压力测试的标准是各项性能指标在指定范围内，无内存泄漏、无系统崩溃、无功能性故障等。

2) 破坏性加压测试

在压力稳定性测试中可能会出现一些问题，如系统性能明显降低，但仅从以上的测试中很难暴露出其真实的原因。通过不断加压破坏性的手段，往往能快速造成系统的崩溃或让问题明显地暴露出来。

- 从某个时间开始服务器拒绝请求，客户端上显示的全是错误；
- 勉强测试完成，但网络堵塞或测试结果显示时间非常长；
- 服务器宕机。

9.6.3 问题的分析

压力测试通常采用黑盒测试方法，测试人员很难对出现的问题进行准确的定位。报告中只有现象会造成调试修改的困难，而开发人员又没有相应的环境和时间去重现问题，所以适当的分析和详细记录是十分重要的。

(1) 查看服务器上的进程及相应的日志文件可能立刻找到问题的关键(如某个进程的崩溃)。好的程序员会给程序加上保护、跟踪机制及错误处理机制，备份日志文件以供参考。

(2) 查看监视系统性能的日志文件，找出问题出现的关键时间。此时的在线用户数量、系统状态等也是很有价值的参考材料。

(3) 检查测试运行参数，进行适当调整重新测试，看看是否能够再现问题。

(4) 对问题进行分解，屏蔽某些因素或功能，试着重现问题。例如客户端与服务器有3种连接方式：TCP、HTTP、HTTPS，则只保留HTTP或TCP连接方式。如问题仍然存在，也许是代理服务器或网关等造成的，可采用把 MS 代理换成 SQULID 代理等方法。

9.6.4 累积效应

有些测试人员在压力测试中喜欢让整个系统重启(如服务器重启)，以确保后续的测试能在一个“干净”的环境中进行。这样确实有利于问题的分析，但这不是一个好的习惯，因为这样往往会忽略掉累积效应，使得一些缺陷无法被发现。有些问题的表现并不明显，但日积月累就会造成严重问题，特别是服务器端的压力测试。例如某进程每次调用时申请占用的内存在运行完毕时并没有完全释放，平常的测试中无法发现，但最终可能导致系统的崩溃。

9.7 可靠性测试

可靠性是产品在规定的条件下和规定的时间内完成规定功能的能力，它的概率度量称为可靠度。软件可靠性是软件系统的固有特性之一，它表明了一个软件系统按照用户的要求和设计的目标，执行其功能的可靠程度。软件可靠性与软件缺陷有关，也与系统输入和系统使用有关。理论上说，可靠的软件系统应该是正确、完整、一致和健壮的。但是实际上任何软件都不可能达到百分之百正确，而且也无法精确度量。一般情况下，只能通过对软件系统进行测试来度量其可靠性。

对软件可靠性可以定义如下：“软件可靠性是软件系统在规定的时间内及规定的环境条件下，完成规定功能的能力”。根据这个定义，软件可靠性主要包含以下 3 个要素：

(1) 规定的时间。软件可靠性只是体现在其运行阶段，所以将“运行时间”作为“规定的时间”的度量。“运行时间”包括软件系统运行后工作与挂起(开启但空闲)的累计时间。由于软件运行的环境与程序路径选取的随机性，软件的失效为随机事件，所以运行时间属于随机变量。

(2) 规定的环境条件。指软件的运行环境，它涉及软件系统运行时所需的各种支持要素，如支持硬件、操作系统、支持软件、输入数据格式和范围以及操作规程等。不同环境条件下软件的可靠性是不同的。具体地说，规定的环境条件主要描述软件系统运行时计算机的配置情况以及对输入数据的要求，并假定其他一切因素都是理想的。有了明确规定的环境条件，还可以有效判断软件失效的责任在用户方还是研制方。

(3) 规定的功能。软件可靠性还与规定的任务和功能有关。由于要完成的任务不同，软件的运行剖面会有所区别，调用的子模块不同(即程序路径选择不同)，其可靠性也就可能不同。所以，要准确度量软件系统的可靠性，必须首先明确它的任务和功能。

软件可靠性测试，也称软件可靠性评估，是指根据软件系统可靠性结构(单元与系统间可靠性关系)、寿命类型和各单元的可靠性试验信息，利用概率统计方法，评估出系统的可靠性特征量。

9.7.1 可靠性测试方法

要进行软件可靠性评估，就要涉及软件可靠性模型，即为预计或估算软件的可靠性所建立的可靠性结构和数学模型。建立可靠性模型是为了将复杂系统的可靠性逐级分解为简单系统的可靠性，以便定量预计、分配、估算和评价复杂系统的可靠性。一般软件可靠性模型分为两大类，即软件可靠性结构模型和软件可靠性预计模型。

(1) 软件可靠性结构模型依据系统结构逻辑关系，对系统的可靠性特征及其发展变化规律做出可靠性评价。此模型既可用于软件可靠性综合评价又可用于软件可靠性分解。

(2) 软件可靠性预计模型则用来描述软件失效与软件缺陷的关系，借助这类模型，可以对软件的可靠性特征做出定量的预计或评估。依据软件缺陷与运行剖面数据，利用统计学原理建立二者之间的数学关系，获取开发过程中可靠性变化、软件在预定工作时间的可靠度、软件在任意时刻发生失效数平均值，以及软件在规定时间间隔内发生失效次数的平均值。这里需要向读者澄清两词的区别，即评估与预计，评估是对现有的情况进行评价，而预计往往是依据现有的情况及评估结果，对未来可能发生的情况进行科学的推断。预计模型主要有以下几类：

- 面向时间的预计模型：以时间为基准，描述软件可靠性特征随时间变化的规律。
- 面向输入数据的预计模型：描述软件可靠性与输入数据的联系，将程序运行中的失效次数与成功次数的比作为软件可靠性的度量。
- 面向错误数的预计模型：描述程序中现存错误数的多少，预示程序的可靠性。在可靠性测试中，可以考虑进行“强化输入”，即输入比正常输入更恶劣(合理程度的恶劣)的数据。如果软件在强化输入下可靠，就能说明比正规输入下可靠得多。同时为了获得更多的可靠性数据，应该采用多台计算机同时运行软件，以增加累计运行时间。

9.7.2 可靠性数据收集

软件可靠性数据是可靠性评估的基础。应该建立软件错误报告、分析与纠正措施系统。按照相关标准的要求，制定和实施软件错误报告及可靠性数据收集、保存、分析和处理的规程，完整、准确地记录软件测试阶段的软件错误报告和收集可靠性数据。

用时间定义的软件可靠性数据可以分为4类：

- 失效时间数据，记录发生一次失效所累积经历的时间。
- 失效间隔时间数据，记录本次失效与上一次失效之间的间隔时间。
- 分组数据，记录某个时间区内发生了多少次失效。
- 分组时间内的累积失效数，记录某个区间内的累积失效数。

这4类数据可以互相转换。每个测试记录必须包含充分的信息，包括：

- 测试时间。

- 含有测试用例的测试计划或测试说明。
- 所有与测试有关的测试结果，包括所有测试时发生的故障。
- 参与测试的个人身份。

9.7.3 可靠性测试结果评估

软件系统的可靠性是系统最重要的质量指标。ISO9000 国际质量标准（ISO/IEC9126—1991）规定，软件产品的可靠性含义是：在规定的一段时间和条件下，软件能维持其性能水平的能力有关的一组属性，可用成熟性、容错性、易恢复性 3 个基本子特性来度量。成熟性度量可以通过错误发现率（Defect Detection Percentage，DDP）来表现。DDP 即测试发现的错误数量/已知的全部错误数量。已知的全部错误数量是测试已发现的错误数量与可能会发现的错误数量之和。在测试中查找出来的错误越多，实际应用中出错的机会就越小，软件也就越成熟。

测试活动结束后必须编写软件可靠性测试报告，对测试项及测试结果在测试报告中加以总结、归纳。

9.8 容错性测试

容错性测试主要检查系统的容错能力，检查软件在异常条件下自身是否具有防护性的措施或者某种灾难性恢复的手段。如当系统出错时，能否在指定时间间隔内修正错误并重新启动系统。容错测试首先要通过各种手段，让软件强制性地发生故障，然后验证系统是否能尽快恢复。容错性测试包括两个方面：

（1）输入异常数据或进行异常操作，以检验系统的保护性。如果系统的容错性好的话，系统只给出提示或内部消化掉，而不会导致系统出错甚至崩溃。

（2）灾难恢复性测试。通过各种手段，让软件强制性地发生故障，然后验证系统已保存的用户数据是否丢失、系统和数据是否能尽快恢复。

对于自动恢复需验证重新初始化、检查点、数据恢复和重新启动等机制的正确性；对于人工干预的恢复系统，还需估测平均修复时间，确定其是否在可接受的范围内。容错性好的软件能确保系统不发生无法意料的事故。

从容错性测试的概念可以看出，当软件出现故障时如何进行故障的转移与恢复有用的数据是十分重要的。

9.8.1 故障转移与数据恢复

故障转移是确保测试对象在出现故障时能成功完成故障的转移，并能从导致意外数据损失或数据完整性破坏的各种硬件、软件和网络故障中恢复。数据恢复可确保：对于必须持续运行的系统，一旦发生故障，备用系统就将不失时机地“顶替”发生故障的系统，以避免丢失任何数据或事务。

容错测试是一种对抗性的测试过程，这种测试把应用程序或系统置于(模拟的)异常条件下，以产生故障。例如设备输入/输出(I/O)故障或无效的数据库指针和关键字等。然后调用恢复进程并监测、检查应用程序和系统，核实系统和数据已得到了正确的恢复。多数基于计算机的系统必须从错误中恢复并在一定的时间内重新运行。在有些情况下，系统必须是容错的，也就是说，处理错误绝不能使整个系统功能都停止。而在有些情况下，系统的错误必须在特定的时间内或严重的经济危害发生之前得到改正。

恢复测试是指通过各种方式强制地让系统发生故障，并验证其能适当恢复。若恢复是自动的(由系统自身完成)，则对重新初始化、检查点机制、数据恢复和重新启动都要进行正确性评估。若恢复需要人工干预，则应计算平均恢复时间(Mean Time To Repair，MTTR)以确定其值是否在可接受的范围之内。

9.8.2 测试目标

确保恢复进程将数据库、应用程序和系统正确地恢复到预期的已知状态。测试中将包括以下各种情况。

- 客户机断电，服务器断电；
- 通过网络服务器产生的通信中断或控制器被中断；
- 断电或与控制器的通信中断周期未完成(数据过滤进程被中断，数据同步进程被中断)；
- 数据库指针或关键字无效，数据库中的数据元素无效或遭到破坏。

9.8.3 测试范围

应该使用为功能和业务周期测试创建的测试来创建一系列的事务。一旦达到预期的测试起点，就应该分别执行或模拟以下操作：

- 不接打印机，但进行打印操作；
- 客户机断电和服务器断电；
- 网络通信中断，如断开通信线路的连接或关闭网络服务器或路由器的电源；
- 控制器被中断、断电或与控制器的通信中断，如模拟与一个或多个控制器或设备的通信，或实际取消这种通信。

一旦实现了上述情况(或模拟情况)，就应该执行其他事务。而且一旦达到第二个测试点状态，就应调用恢复过程。在测试不完整的周期时，所使用的技术相同，只不过应该异常终止或提前终止数据库进程本身。对以下情况的测试需要达到一个已知的数据库状态。当破坏若干个数据库字段、指针和关键字时，应该以手工方式在数据库中(通过数据库工具)直接进行。其他事务应该通过使用“应用程序功能测试”和“业务周期测试”中的测试来执行，并且应执行完整的周期。

9.8.4 完成标准

在所有上述情况中，应用程序、数据库和系统应该在恢复过程完成时立即返回到一个已知的预期状态。此状态包括仅限于已知损坏的字段、指针或关键字范围内的数据损坏，以及表明进程或事务因中断而未被完成的报表。

恢复测试会给其他操作带来许多的麻烦。断开缆线连接的方法（模拟断电或通信中断）可能并不可取或不可行。所以，可能会需要采用其他方法，例如诊断性软件工具。恢复测试对其他类型的测试影响很大，一般需要使用相对独立的系统、数据库和网络组中的资源，应该在工作时间之外在独立的环境中进行。

9.9 安全性测试

根据 ISO8402 的定义，安全性是"使伤害或损害的风险限制在可接受的水平内"。所以直观地说，软件的安全性是软件的一种内在属性。安全性主要是指文件、数据、资料的保密问题。软件安全性和可靠性有非常紧密的联系，安全事故是危害度最大的失效事件，因此软件可靠性要求通常包括了安全性的要求。但是软件的可靠性不能完全取代软件的安全性，因为安全性要求包括了在非正常条件下不发生安全事故的能力。

安全性一般分为两个层次，即应用程序级别和系统级别。应用程序级别的安全性，包括对数据或业务功能的访问；系统级别的安全性，包括对系统的登录或远程访问。

对于应用程序级别的安全性，可确保在预期的安全性情况下，操作者只能访问特定的功能或用例，或者只能访问有限的数据。例如，某财务系统可能会允许所有人输入数据，创建新账户，但只有管理员才能删除这些数据或账户。

对于系统级别的安全性，可确保只有具备系统访问权限的用户才能访问应用程序，而且只能通过相应的网关来访问。

安全测试就是检查系统对非法侵入的防范能力。测试期间，测试人员假扮非法入侵者，采用各种办法试图突破防线。例如：

- 想方设法截取或破译口令；
- 专门开发软件来破坏系统的保护机制；
- 故意导致系统失败，企图趁恢复之机非法进入；
- 试图通过浏览非保密数据，推导所需信息等。

应用程序级别的安全性：核实操作者只能访问其所属用户类型已被授权访问的那些功能或数据。系统级别的安全性：核实只有具备系统和应用程序访问权限的操作者才能访问系统和应用程序。

理论上讲，只要有足够的时间和资源，没有不可进入的系统。因此系统安全设计的准则是：使非法侵入的代价超过被保护信息的价值，此时非法侵入者已无利可图。

为此，确定并列出各用户类型及其被授权访问的功能或数据。为各用户类型创建测试，并通过创建各用户类型所特有的事务来核实其权限。修改用户类型并为相同的用户重新运行测试。对于每种用户类型,确保正确地提供或拒绝了这些附加的功能或数据。

(1) 静态的代码安全测试:主要通过对源代码进行安全扫描,根据程序中数据流、控制流、语义等信息与其特有软件安全规则库进行匹配,从中找出代码中潜在的安全漏洞。静态的源代码安全测试是常用的方法,可以在编码阶段找出所有可能存在安全风险的代码,这样在早期就能解决潜在的安全问题。

(2) 动态的渗透测试:渗透测试也是常用的安全测试方法,使用自动化工具或者人工的方法模拟黑客的输入,对应用系统进行攻击性测试,从中找出运行时刻所存在的安全漏洞。这种测试的特点就是真实有效,找出来的问题一般更为严重。

(3) 程序数据扫描。一个有高安全性需求的软件,在运行过程中数据是不能遭到破坏的,否则就会导致缓冲区溢出类型的攻击。数据扫描的手段通常是进行内存测试,内存测试可以发现许多诸如缓冲区溢出之类的漏洞,而这类漏洞使用除此之外的测试手段都难以发现。

各种已知的操作者类型都可访问相应的功能或数据,而且所有事务都按照预期的方式运行,并在先前的应用程序功能测试中运行了所有的事务。

只要有足够的时间和资源,好的安全测试最终将能够入侵系统。系统设计人员的作用是使攻破系统所付出的代价大于攻破系统之后获取信息的价值。

9.10 习题

请参考课文内容以及其他资料,完成下列选择题。

(1) 以下哪种软件测试不属于软件性能测试的范畴?(　　)

A. 配置测试　　B. 健壮性测试　　C. 失效恢复测试　　D. 负载测试

(2) 以下目标中,哪个是软件性能测试的目标?(　　)

A. 检查软件的容错能力　　B. 发现压力下软件功能的缺陷

C. 发现软件的安全漏洞　　D. 检查用户界面是否易于使用

(3) 以下关于软件可靠性测试的说法中,正确的是(　　)。

A. 软件运行剖面的定义需要符合软件的实际运行情况

B. 测试用例的生成必须采用白盒测试方法

C. 软件可靠性测试通常能够比黑盒测试发现更多的错误

D. 软件可靠性测试必须在集成测试中实施

(4) 以下哪一项不属于软件易用性测试关注的范畴?(　　)

A. 软件界面的色彩是否协调

B. 软件是否能在多种操作系统下运行

C. 软件是否支持用户根据自己的需要进行定制

D. 软件是否能主动引导用户使用相互关联的功能

(5) 关于软件可靠性的说法中,正确的是(　　)。

A. 软件发生物理退化是影响软件可靠性的重要因素

B. 同一软件即使运行于不同硬件环境其可靠性保持相同

C. 如果没有恶意的使用者,软件总是可靠的

D. 软件可靠性与软件的使用方式密切相关

(6) 以下关于软件性能测试的说法中,正确的是(　　)。

A. 对于没有并发的应用系统而言,响应时间与吞吐量成反比关系

B. 应用系统的资源利用率越高,性能也就越好

C. 软件性能测试是从用户视角考察软件性能

D. 并发进程数是软件性能测试中一种常用的性能指标

(7) 以下哪种软件测试属于软件性能测试的范畴?(　　)

A. 路径覆盖测试　　B. 并发测试　　C. 安全性测试　　D. 健壮性测试

(8) 以下哪种软件测试属于软件性能测试的范畴?(　　)

A. 分支覆盖测试　　B. 极限测试　　C. 负载测试　　D. 硬件兼容性测试

(9) 以下哪种软件测试属于软件性能测试的范畴?(　　)

A. 接口测试　　B. 压力测试　　C. 单元测试　　D. 易用性测试

(10) 以下关于软件可靠性测试的说法中,正确的是(　　)。

A. 软件可靠性测试是一种比白盒测试更严格的软件测试

B. 软件可靠性测试的代价通常比较高

C. 软件可靠性测试本质上是一种黑盒单元测试

D. 软件可靠性测试不适用于面向对象软件测试

(11) 以下关于软件性能测试的说法中,正确的是(　　)。

A. 达到百分之百的语句覆盖是软件性能测试的一个前提条件

B. 并发进程数是度量软件性能的一项基本指标

C. 探测软件在满足预定的性能需求的情况下所能负担的最大压力是失效恢复测试的主要目的之一

D. 发现压力下软件功能的缺陷是软件性能测试的主要目的之一

(12) 以下关于软件可靠性测试的说法中,正确的是(　　)。

A. 软件可靠性测试能有效地减少软件在恶意使用下出现崩溃的次数

B. 软件可靠性测试的主要目的是度量软件的可靠性

C. 在一次软件可靠性测试中,执行的侧试用例可以不完全符合所定义的软件运行剖面

D. 软件可靠性测试使用的测试用例必须满足语句覆盖

(13) 软件性能的指标有(　　)。

① 响应时间　　② 系统响应时间和应用延迟时间　　③ 吞吐量

④ 并发用户数　　⑤ 资源利用率

A. ①②③⑤　　B. ②③④⑤

C. ①③④⑤　　D. ①②③④⑤

(14) 性能测试主要用于实时系统和嵌入式系统,其目标是(　　)。

A. 测试各种资源在超负荷的情况下的运行情况

B. 检测系统可以处理目标内确定的数据容量

C. 度量系统的性能和预先定义的目标有多大差距

D. 验证系统从软件或者硬件失效中恢复的能力

(15) 软件可靠性的基本指标不包括以下选项当中的(　　)。

A. 规定条件下不引起系统失效的概率

B. 规定时间内不引起系统失效的概率

C. 在规定时间周期内,在所述条件下执行所要求的功能的能力

D. 在规定人员操作下不引起系统失效的概率

(16) 在软件性能测试中,下列指标中哪个不是软件性能的指标?(　　)

A. 响应时间　　B. 吞吐量　　C. 资源利用率　　D. 并发进程数

(17) 下列关于软件性能测试的说法中,正确的是(　　)。

A. 性能测试的目的不是为了发现软件缺陷

B. 压力测试与负载测试的目的都是为了探测软件在满足预定性能需求的情况下所能负担的最大压力

C. 性能测试通常要对测试结果进行分析才能获得测试结论

D. 在性能下降曲线上,最大建议用户数通常处于性能轻微下降区与性能急剧下降区的交界处

(18) 下列关于软件可靠性测试的说法中,错误的是(　　)。

A. 发现软件缺陷是软件可靠性测试的主要目的

B. 软件可靠性测试通常用于有可靠性要求的软件

C. 在一次软件可靠性测试中,执行的测试用例必须完全符合所定义的软件运行剖面

D. 可靠性测试通常要对测试结果进行分析才能获得测试结论

(19) 以下关于软件性能的说法中,正确的是(　　)。

A. 软件性能与该软件的实现算法无关

B. 软件的吞吐量越大,其平均响应时间总是越短

C. 给软件的可用资源越少,其平均响应时间越短

D. 对于一个网络,其支持的同时发送请求的用户数越大,该网站的性能越好

(20) 以下关于软件可靠性测试的说法中,正确的是(　　)。

A. 定义软件运行剖面是软件可靠性测试的重要步骤

B. 软件可靠性测试使用的测试用例应该满足分支覆盖

C. 软件可靠性测试可以在单元测试中实施

D. 软件可靠性预测模型的作用是指导软件可靠性测试中的测试用例生成

(21) 以下哪一项不属于兼容性测试关注的范畴?(　　)

A. 服务器端是否同时支持浏览器和专用客户端的访问

B. 软件是否同时支持数据库的不同版本

C. 软件是否支持以前版本的数据格式

D. 软件是否可以在不同的J2EE应用服务器上运行

(22) 以下哪项属于功能易用性测试关注的范畴?(　　)

A. 软件提供的功能是否丰富

B. 当执行耗时较长的任务时,软件是否能定时向用户提示当前任务完成的进度

C. 软件是否能够在多种操作系统环境下运行

D. 软件是否能在不同的硬件配置下运行

(23) 以下关于软件性能测试的说法中不正确的是( )。

A. 发现软件缺陷是性能测试的目的之一

B. 压力测试与负载测试的目的都是为了探测软件在满足预定的性能需求的情况下所能负担的最大压力

C. 性能测试通常需要对测试结果进行分析才能获得测试结论

D. 检验软件的最大负载是性能测试的目的之一

(24) 以下哪种软件测试不属于广义软件性能测试的范畴?( )

A. 并发测试　　B. 压力测试　　C. 兼容性测试　　D. 负载测试

9.11 实验与思考

9.11.1 实验目的

本节"实验与思考"的目的:

(1) 熟悉系统测试的基本内容及相关概念。

(2) 分析一个根据简单规格确认输入数有效性的应用程序,画出相应的状态转换图;根据状态转换图,列出相应的状态转换表;根据状态转换图和状态转换表,导出基本路径测试的测试用例及其覆盖的测试路径。

(3) 分析一个C源程序,画出程序中所有函数的控制流程图,并设计一组测试用例,使该程序所有函数的语句覆盖率和分支覆盖率均能达到100%。

9.11.2 工具/准备工作

在开始本实验之前,请认真阅读课程的相关内容。

需要准备一台带有浏览器、能够访问因特网的计算机。

9.11.3 实验内容与步骤

1) 概念理解。

请查阅有关资料,根据你的理解和看法,给出下列概念的定义:

(1) 系统测试:______________________________

____

(2) 功能测试:______________________________

____

(3) 性能测试：____

____

(4) 压力测试：____

____

(5) 可靠性测试：____

____

(6) 容错性测试：____

____

(7) 安全性测试：____

____

2) 考虑一个根据以下简单规格确认输入数有效性的应用程序。

- 输入数由数字、符号"＋"或"－"开始；
- 该数字或符号后面可接任意位数的数字；
- 这些数字可以有选择地后接用英文句号表示的小数点；
- 任何输入数，不管是否有小数点，都应该以空格结束。

请根据以上处理规则完成以下任务。

(1) 请在一白纸上画出相应的状态转换图，并粘贴于此处(相关说明请标注于图上)。

-- 粘贴处 --

(2) 根据状态转换图，完成表9-1，在其中列出相应的状态转换，给出"当前状态"、当前状态允许的"输入"和对应每一个输入的"下一个状态"。

表 9-1

状　态	执 行 情 况			
当前状态				
输入				
下一个状态				
输入				
下一个状态				
当前状态				
路径				

注：用"Y"表示执行，"N"表示不执行。

(3) 根据状态转换图和状态转换表，导出基本路径测试的测试用例及其覆盖的测试路径。

① ____

② ______________________________

③ ______________________________

④ ______________________________

3）已知C源程序如下：

```
#include<stdio.h>
#include<string.h>
void reverse(char a[]) {
    int c, i, j;
    for (i=0, j=strlen(s)-1; i<j; i++, j++) {
        c=s[i];
        s[i]=s[j];
        s[j]=c;
    }
}
void getHex(int number, char a[]) {
    int i;
    i=0;
    while (number>0) {
        if (number%16<10)
            s[i++]=number%16+'0';
        else
            switch(number%16) {
            case 10: s[i++]='A'; break;
            case 11: s[i++]='B'; break;
            case 12: s[i++]='C'; break;
            case 13: s[i++]='D'; break;
            case 14: s[i++]='E'; break;
            case 15: s[i++]='F'; break;
            default: printf("Error"); break;
            }
        number/=16;
    }
    s[i]='\0';
    reverse(s);
}
int main() {
    unsigned int number;
    int i=0;
    char s[50];
    printf("%s", "please input number: \n");
    scanf("%d", &number);
    getHex(number, s);
    i=0;
```

```
    while (s[i])
        printf("%c", s[i++]);
    return 0;
}
```

(1) 请在一白纸上画出程序中所有函数的控制流程图,并粘贴于此处(相关说明请标注于图上)。

-- 粘贴处 --

(2) 设计一组测试用例,使该程序所有函数的语句覆盖率和分支覆盖率均能达到100%。

① ____________________

② ____________________

③ ____________________

④ ____________________

⑤ ____________________

⑥ ____________________

⑦ ____________________

⑧ ____________________

⑨ ____________________

(3) 如果认为该程序的语句覆盖率或分支率无法达到100%,需说明为什么。

答: ____________________

____

9.11.4 实验总结

____

____

____

____

9.11.5 实验评价(教师)

____

____

9.12 阅读与分析:我所了解的手机测试

手机测试是一个很大的题目,涉及硬件测试和软件测试,还有结构的测试,比如抗压、抗摔、抗疲劳、抗低温高温等，结构上的设计不合理，会造成应力集中，使得本身外壳变形，对于翻盖手机，盖子失效，还有其他严重问题。硬件测试一般都有严格的物理电气指标，也有专门的仪器，专业测试人员对此不会陌生。

手机测试，一般更多地是指手机软件测试，这一方面说明软件在手机上的重要性，另一方面也说明手机软件测试的难度。因为其他测试都有明确的指标，严格的操作规程，还有各种仪器。

在说明手机测试之前，首先应该了解一下什么是嵌入式操作系统，这是个时髦的名词，虽然我们已经被嵌入式操作系统的产品所包围，但是却不一定能说清楚，什么是嵌入式操作系统，而学校的课堂上，讲的也不多，所以很多人对此感到云山雾罩。

简单地说，一个嵌入式操作系统就是为完成某种特定功能而专门开发的操作系统。这个操作系统的功能很明确，不像大型操作系统，范围广泛，大千世界，尽在其中，而嵌入式操作系统只为完成某一项或者几项功能。

再说一下手机的特殊性，也就是要求对响应时间达到一定限制范围，即所谓的实时操作系统。如果一个电话不能在90秒内接听，那么对方会挂掉。而你的操作系统还没反应过来，那么这个操作系统无疑是失败的，这是对嵌入式操作系统实时性的要求。

作为一个测试人员，你必须了解这些，可能对一些软件开发人员，他不必很在意这些方面，因为他只要了解自己模块的入口说明和出口说明就可以。但是测试人员不行。高级测试人员应该了解嵌入操作系统的特点，这个系统不像Windows，有图形界面可以输入输出，也不像DOS用命令行模式，所有这些都需要自己编写一个编辑器，编写一个交互界面，编写一个输入输出界面。在Windows中，利用一些API和一些MFC，不用考虑硬件的问题，因为系统已经完成，而Windows是讲究和硬件分离的，因为这样可以保护系统不受侵入。而在嵌入式系统里面，这些都要求和硬件息息相关。手机测试中，软件出现故障不一定是由于软件的错误，也可能是由于硬件和软件没有完美地结合。

因此我们在了解操作系统同时，也要了解一下其他手机硬件性能，比如CPU，存储器等。

CPU的处理运算能力是以MIPS来衡量的，当然越快越好，但是也是和成本相关的，我不知道现在MOTOROLA T39的CPU，但是，因为是PDA，又是手写屏幕，所以菜单特别得慢。关于存储器需要专门做出说明，因为这里的存储器很特别，不像PC，手机没有硬盘！

嵌入式系统的编程语言一般用C，而且也是用得最多的，也有其他语言，比如C++。在最开始时用汇编，但是汇编难懂，而且也不容易移植，渐渐地被C代替，不过即使如此，在启动程序时候，要启动板子，也就是电路板时候，还是需要用一些汇编语言完成。

作为一个嵌入式系统的程序，和在PC上运行着的程序没有任何不同，唯一不同可能是在PC上运行的程序，你可以看到结果——如果你用输出语句的话，而在这里，你是看不到结果的。除非你加上LCD硬件，然后编写了LCD驱动程序，然后再编写显示程序。编写嵌入式程序，一切都要自己解决。我们的手机如果不是把电源切断，或者电源消耗到一定程度的话，是会一直在使用的，所以，手机程序是一直在运转的，就是说一直在循环，这个对于了解嵌入式程序，应该是个好材料——嵌入式程序就是一个无限循环的程序，除非关掉电源和电源因素，这里也有一个测试点：硬件中断是最高级的，它会终止你的程序，即使你现在的程序级别很高，比如通话，如果没电了，一切会 over。

手机程序就是在一个无限循环的程序，什么时候跳出这个无限循环？你关机吧，如果感到不高兴，把电池卸下来，因为有可能进入死循环，而关机键失效了——只好通过取下电池。

这里要专门说明一下存储器，因为很多手机毛病都和存储有关，而且很多问题都和存储相关，计算机的存储是关键，而手机的存储更是关键，因为计算机有硬盘作为存储，而手机所有的都在存储器里。

存储器分为几类，RAM 随机存储器、ROM 随机只读存储器还有现在出现的一些闪存，以及电子可编程存储和非易失存储器一个一个到来。RAM 随机存储器，其中又有 SRAM(静态 RAM)、DRAM(动态 RAM)。SRAM 只要电源开着，就会保存，我们打电话，有些最后拨打的号码，暂时是存在 SRAM 中的，不会立刻写入通话记录。只有正常关机，才会写入，如果取电池的话，是不会写入手机的通话记录的，如果在通话记录中出现了已经拨打电话，但是没有记录的情况，那么有可能和这个存储器有关，可能是你的软件错误，也可能是硬件。DRAM 在手机上用得不多，因为保留数据时间很短。从价格上看，SRAM 是非常昂贵的，而 DRAM 相比很便宜。

ROM 也有几种，PROM(可编程 ROM)和 EPROM(可擦除可编程 ROM)。两者区别是，PROM 是一次性的，也就是软件灌入后，这个就完蛋了，这种是早期的产品，现在已经不可能使用了，而 EPROM 则是通用的存储器。这些存储器不适合手机软件产品，一般使用较少。

其他 FLASH。这是近来手机采用最多的存储器，这种存储器结合了 ROM 和 RAM 的长处，但是不属于 RAM 也不属于 ROM。手机大量采用的 NVRAM 非易失存储器。和 SRAM 属性差不多，EEPROM 是电子可擦除可编程存储器。闪存是 ROM 的后代。手机软件一般放在 EEPROM 中，EPROM 是通过紫外光的照射，擦除原先的程序，而 EEPROM 是通过电子擦出，当然价格也是很高的，而且写入时间很长，写入很慢，所以前面提到的电话号码，一般先放在 SRAM 中，而不是马上写入 EEPROM，因为当时有很重要的工作要做——通话，如果写入，漫长的等待是让用户忍无可忍的。NVRAM 是一个很特别的存储器，它和 SRAM 相类似，但是价格却高很多，由于一些数据实在重要，断电后必须保持这些数据，所以只能存放在这里。一般和个人信息有关的数据会放在这里，比如和 SIM 卡相关的数据。容量大小也只有几百字节。

闪存存储器是所有手机的首选，综合了前面的所有优点，不会断电丢失数据(NVRAM)，快速读取，且电子可擦除可编程(EEPROM)，所以现在手机大量采用。

说了这么多存储器，可能比较糊涂了，这么多存储器，究竟采用哪种呢？在手机发展中，各种存储器都用过，至于现在，各种手机采用的存储器是不同的，这个和成本相关。各种存储器价格不一样，性价比最优组合原则，由设计者决定。有些是可选的，有些是必须的，是手机方案决定的。我们只是了解各种存储性能、特点，在测试中判断错误原因。

资料来源：转自领测软件测试网(http://www.ltesting.net)。

第 10 章　验收测试与回归测试技术

确认测试之后，软件已经组装完成，接口方面的错误也已排除，软件测试的最后一步——验收测试即可开始。验收测试应检查软件能否按合同要求进行工作，即是否满足软件需求说明书中的确认标准。验收测试是部署软件之前的最后一个测试操作。

此外，无论在进行系统测试还是功能测试，当发现一些严重缺陷而需要修正时，都会构造一个新的软件包或软件补丁包，然后再进行测试。这时的测试不仅要验证被修复的软件缺陷是否真的被解决了，而且要保证以前测试过的功能依旧正常，不受这次修改的负面影响。这就是回归测试。

10.1　验收测试的定义

验收测试的目的是确保软件准备就绪，相关的用户和/或独立测试人员根据测试计划和结果来决定是否接收系统。这是一项确定产品是否能够满足合同或用户所规定需求的测试。

10.1.1　验收测试标准

实现软件确认要通过一系列黑盒测试，同样需要制订测试计划和经历测试过程。测试计划规定测试的种类和测试进度，测试过程则定义一些特殊的测试用例，旨在说明软件与需求是否一致。无论是测试计划还是测试过程，都应该着重考虑软件是否满足合同规定的所有功能和性能，文档资料是否完整、准确，人机界面和其他方面(例如，可移植性、兼容性、错误恢复能力和可维护性等)是否令用户满意等。验收测试的结果有两种可能：一种是功能和性能指标满足软件需求说明的要求，用户可以接受；另一种是软件不满足软件需求说明的要求，用户无法接受。项目如果进行到这个阶段才发现严重错误和偏差，一般很难在预定的工期内改正，因此必须与用户协商，寻求一个妥善解决问题的方法。

验收测试的另一个重要环节是配置复审。复审的目的在于保证软件配置齐全、分类有序，并且包括软件维护所必须的细节，见图 10-1。

实施验收测试的常用策略有 3 种，即正式验收、非正式验收或 α 测试以及 β 测试。策略的选择通常建立在合同需求、组织和公司标准以及应用领域的基础上。

10.1.2　正式验收测试

正式验收测试是一项管理严格的过程，它通常是系统测试的延续。计划和设计这些测试的周密和详细程度不亚于系统测试。采用的测试用例应该是系统测试中所执行测试

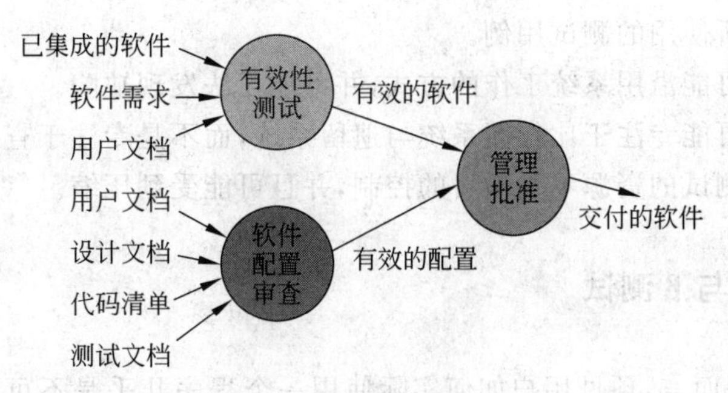

图 10-1 实施验收测试

用例的子集。在很多组织中,正式验收测试是完全自动执行的。

在某些组织中,开发组织(或其独立的测试小组)与最终用户组织的代表一起执行验收测试。在其他组织中,验收测试则完全由最终用户组织执行,或者由最终用户组织选择人员组成一个客观公正的小组来执行。

这种测试形式的优点是:

- 要测试的功能和特性都是已知的。
- 测试的细节是已知的并且可以对其进行评测。
- 测试可以自动执行,支持回归测试。
- 可以对测试过程进行评测和监测。
- 可接受性标准是已知的。

其缺点包括:

- 要求大量的资源和计划。
- 这些测试可能是系统测试的再次实施。
- 可能无法发现软件中由于主观原因造成的缺陷,这是因为通常只查找预期要发现的缺陷。

10.1.3 非正式验收测试

在非正式验收测试中,对执行测试过程的限定不像正式验收测试中那样严格。在此测试中,确定并记录要研究的功能和业务任务,但没有可以遵循的特定测试用例。测试内容由测试员决定。这种验收测试方法不像正式验收测试那样组织有序,而且更为主观。

大多数情况下,非正式验收测试是由最终用户组织执行的。

这种测试形式的优点是:

- 要测试的功能和特性都是已知的。
- 可以对测试过程进行评测和监测。
- 可接受性标准是已知的。
- 与正式验收测试相比,可以发现更多由于主观原因造成的缺陷。

其缺点包括:

- 要求资源、计划和管理资源。

- 无法控制所使用的测试用例。
- 最终用户可能沿用系统工作的方式，并可能无法发现缺陷。
- 最终用户可能专注于比较新系统与遗留系统，而不是专注于查找缺陷。
- 用于验收测试的资源不受项目的控制，并且可能受到压缩。

10.1.4 α测试与β测试

对软件开发者而言，预见用户如何实际使用一个程序几乎是不可能的。软件使用手册可能会被错误理解；可能会使用令用户感到奇怪的数据连接；测试者看起来很明显的输出对现场用户来说却是难以理解的等。因此，软件是否真正满足最终用户的要求，应由用户进行一系列"验收测试"，此时多采用称为α、β测试的过程，用来发现那些似乎只有最终用户才能发现的问题。

α测试是指软件开发公司组织内部人员模拟各类用户对即将面市的软件产品（称为α版本）进行测试，试图发现错误并修正。α测试在受控的环境下进行，其关键在于尽可能逼真地模拟实际运行环境和用户对软件产品的操作，并尽最大努力涵盖所有可能的用户操作方式。经过α测试调整的软件产品称为β版本。

β测试在一个或多个最终用户场所进行。与α测试不同，开发者通常不在场，因此，β测试是不受开发者控制的软件"现场"应用。最终用户记录测试过程中遇见的所有问题（现实存在的或想象的）定期报告给开发者。接到β测试的问题报告之后，开发人员对软件进行修改，然后准备向最终用户发布软件产品。β测试的一种变体称为客户验收测试，有时是按照合同交付给客户时进行的。客户执行一系列的特定测试，试图在从开发者那里接收软件之前发现错误。

10.2 验收测试的内容与过程

从软件质量子特性角度出发，确定验收测试的测试内容主要包括：适合性、准确性、互操作性、安全保密性、成熟性、容错性、易恢复性、易理解性、易学性、易操作性、吸引性、时间特性、资源利用性、易分析性、易改变性、稳定性、易测试性、适应性、易安装性、共存性、易替换性和依从性等方面。

具体的验收测试内容通常包括：安装（升级）、启动与关机、功能测试（重要算法、边界等）、错误处理、性能测试（正常的负载、容量变化）、压力测试（临界的负载、容量变化）、配置测试、平台测试、安全性测试、恢复测试（在出现掉电、硬件故障或切换、网络故障等情况时，系统是否能够正常运行）、可靠性测试等。

如果执行了所有的测试案例、测试程序或脚本，用户在测试中发现的所有软件问题都已解决，而且所有的软件配置均已更新和审核，用户验收测试就完成了。

10.2.1 测试策划

测试分析人员根据需方的软件要求和供方提供的软件文档分析被测软件，并确定以下内容：

(1) 测试充分性要求。确定测试应覆盖的范围及每一范围所要求的覆盖程度。

(2) 测试终止的要求。指定测试过程正常终止的条件(如测试充分性是否达到要求)，并确定导致测试过程异常终止的可能情况(如接口错误)。

(3) 用于测试的资源要求。包括软件(如操作系统、编译软件、静态分析软件、测试数据产生软件、测试结果获取和处理软件、测试驱动软件等)、硬件(如计算机、设备接口等)、人员数量、人员技能等。

(4) 需要测试的软件特性。根据需方的软件要求确定系统的功能、性能、状态、接口、数据结构、设计约束等内容和要求对其标识。

(5) 测试需要的技术和方法，如测试数据生成和验证技术、测试数据输入技术、测试结果获取技术、是否使用标准测试集等。

(6) 根据测试合同(或项目计划)的要求和被测软件的特点，确定测试准出条件。

(7) 由资源和被测软件决定的验收测试活动的进度。

(8) 对测试工作进行风险分析与评估，并制定应对措施。

根据上述分析结果和凡有可利用的测试结果就不必重新测试的原则，按照测试规范的要求编写验收测试计划。

应对验收测试计划进行评审。评审测试的范围和内容、资源、进度、各方责任等是否明确，测试方法是否合理、有效和可行，风险的分析、评估与对策是否准确可行。测试文档是否符合规范，测试活动是否独立。验收测试计划应通过软件的需方、供方和有关专家参加的评审，然后进入下一步工作。

10.2.2 测试设计

测试设计工作由测试设计人员和测试程序员完成，一般根据验收测试计划完成以下工作：

(1) 设计测试用例将需测试的软件特性分解，针对分解后的每种情况设计测试用例。

(2) 获取测试数据。包括获取现有的测试数据和生成新的数据，并按照要求验证所有数据。

(3) 确定测试顺序。可从资源约束、风险以及测试用例失效造成的影响或后果几个方面考虑。

(4) 获取测试资源。对于支持测试的软件，有的需要从现有的工具中选定，有的需要开发。

(5) 编写测试程序。包括开发测试支持工具。

(6) 建立和校准测试环境。

(7) 按照合同和有关标准要求编写验收测试说明。

应对验收测试说明进行评审。评审测试用例是否正确、可行和充分,测试环境是否正确、合理,测试文档是否符合规范。评审应由软件的需方、供方和有关专家参加,在验收测试说明通过评审后,进入下一步工作。

10.2.3 测试执行

执行测试的工作由测试员和测试分析员完成。

测试员的主要工作是执行验收测试计划和验收测试说明中规定的测试项目和内容。在执行过程中,应认真观察并如实地记录测试过程、测试结果和发现的差错,认真填写测试记录。

测试分析员的工作主要有如下两方面:

(1) 根据每个测试用例的期望测试结果、实际测试结果和评价准则判定该测试用例是否通过。如果不通过,测试分析员应认真分析情况,并根据具体情况采取相应措施。

(2) 当所有的测试用例都执行完毕,测试分析员要根据测试的充分性要求和失效记录,确定测试工作是否充分,是否需要增加新的测试。当测试过程正常终止时,如果发现测试工作不足,应对软件进行补充测试,直到测试达到预期要求,并将附加的内容记录在验收测试报告中。当测试过程异常终止时,应记录导致终止的条件、未完成的测试和未被修正的差错。

10.2.4 测试总结

测试分析员应根据需方的软件要求、验收测试计划、验收测试说明、测试记录和软件问题报告单等,分析和评价测试工作。需要在验收测试报告中记录以下内容:

(1) 总结验收测试计划和验收测试说明的变化情况及其原因;

(2) 对测试异常终止情况,确定未能被测试活动充分覆盖的范围;

(3) 确定未能解决的软件测试事件以及不能解决的理由;

(4) 总结测试所反映的软件系统与需方的软件要求之间的差异;

(5) 将测试结果连同所发现的差错情况同需方的软件要求对照,评价软件系统的设计与实现,提出软件改进建议;

(6) 按照测试规范的要求编写验收测试报告,该报告应包括:测试结果分析、对软件系统的评价和建议;

(7) 根据测试记录和软件问题报告单编写测试问题报告。

应对验收测试的执行活动、验收测试报告、测试记录和测试问题报告进行评审。评审测试执行活动的有效性、测试结果的正确性和合理性,评审是否达到了测试目的,测试文档是否符合要求。评审应由软件的需方、供方和有关专家参加。

10.3 回归测试的定义

回归测试的目的是：当测试软件变更之后，变更部分的正确性和对变更需求的符合性，以及软件原有的、正确的功能、性能和其他规定的要求的不损害性。

回归测试的对象包括：

(1) 未通过软件单元测试的软件，在变更之后，应对其进行单元测试；对下列其他测试活动，均应在变更之后，首先对变更的软件单元进行测试；

(2) 未通过软件配置项测试的软件，再进行相关的集成测试和配置项测试；

(3) 未通过系统测试的软件，再进行相关的集成测试、软件配置项和系统测试；

(4) 因其他原因进行变更之后的软件单元，再进行相关的软件测试。

10.3.1 技术要求

软件回归测试应符合以下原则：

(1) 对变更的软件单元的测试应符合原软件单元测试的技术要求。

(2) 对变更的软件单元和受变更影响的软件进行集成测试，应符合原软件集成测试的技术要求。

(3) 对变更的和受变更影响的软件配置项的测试，应符合原软件配置项测试的技术要求。

(4) 对变更的系统的测试，应符合原系统测试的技术要求。

(5) 当回归测试结果和原软件单元测试、软件集成测试、软件配置项测试和系统测试的正确结果不一致时，应对出现问题的软件单元和受该单元影响的已集成软件、软件配置项和系统重新进行回归测试。

回归测试的技术要求，可根据受影响情况进行裁剪。

10.3.2 测试环境

软件回归测试的测试环境主要有：

(1) 单元回归测试的测试环境要求应与原单元测试的测试环境要求一致；

(2) 对于变更的软件单元和受变更影响的软件进行集成的测试，其测试环境要求应与原软件集成测试的测试环境要求一致；

(3) 对于变更的和受变更影响的软件配置项的测试，其测试环境要求应与原软件配置项测试的测试环境要求一致；

(4) 对于变更的系统的测试，其测试环境要求应与原系统测试的测试环境要求一致。

10.3.3 测试方法

当未增加新的测试内容时，软件单元回归测试应采用原软件单元测试的测试方法。

软件配置项回归测试和系统回归测试不排除使用标准测试集和经认可的系统功能测试方法。本测试方法是重复软件配置项和软件系统开发各阶段的相关工作，主要包括：

(1) 对于变更的软件单元的测试，当未增加新的测试内容时，对变更的软件单元的测试采用原软件单元测试的测试方法。

(2) 对于变更的软件单元和受变更影响的软件进行集成的测试。当未增加新的测试内容时，对受影响的软件进行集成测试采用原软件集成测试的测试方法。

(3) 对于变更的和受变更影响的软件配置项的测试，当未增加新的测试内容时，对受变更影响的软件配置项的测试采用原软件配置项测试的测试方法。

(4) 对于变更的系统的测试。当未增加新的测试内容时，系统测试采用原系统测试方法。

(5) 具备相关测试的设施环境。

10.3.4 准入条件

进入回归测试一般应具备以下条件：

(1) 被测软件(单元)完成变更且已经置于软件配置管理之下；

(2) 相关的软件变更报告单、软件测试报告、软件变更报告单齐全；

(3) 具有测试相关的全部文档及资源；

(4) 具备相关测试的设施环境。

10.3.5 准出条件

软件回归测试的准出条件用来评价回归测试的工作是否达到要求。软件单元回归测试的准出条件与原软件单元测试的准出条件一致。软件配置项回归测试和系统回归测试一般应符合以下原则：

(1) 按照软件集成测试和系统测试的要求完成了对变更的和受变更影响的软件的集成测试，并且无新问题出现；

(2) 对变更的软件配置项或系统的回归测试应符合原软件配置项测试或系统测试的准出条件，并且无新问题出现。另外，软件配置项回归测试或系统回归测试的文档应齐全、符合规范。

10.4 回归测试的内容与过程

对于单元回归测试、配置项回归测试和系统回归测试来说，一般应根据软件的变更情况确定回归测试的测试内容。可能存在以下情况：

(1) 对变更的软件单元的测试可能存在以下 3 种情况：一是仅重复测试原软件单元测试做过的测试内容；二是修改原软件单元测试做过的测试内容；三是在前两者的基础上增加新的测试内容。

(2) 在配置项回归测试和系统回归测试中，对于变更的软件单元和受变更影响的软件进行集成测试。测试分析员应分析变更对软件集成的影响域，并据此确定回归测试内容。

(3) 在配置项回归测试和系统回归测试中，对于变更后的软件配置项的测试，测试分析员应分析变更对软件配置项的影响域并据此确定回归测试内容。

(4) 对于变更的系统的测试，测试分析员应分析软件系统受变更影响的范围，并据此确定回归测试内容。

作为软件生命周期的一个组成部分，回归测试在整个软件测试过程中占有很大的比重，软件开发的各个阶段都可能需要进行多次回归测试。在渐进和快速迭代开发中，新版本的连续发布使回归测试进行得更加频繁，而在极限编程(XP)方法中，更是要求每天都进行若干次回归测试。因此，通过选择正确的回归测试策略来改进回归测试的效率和有效性是非常有意义的。

在软件生命周期中，即使一个得到良好维护的测试用例库也可能变得相当大，使得每次回归测试都重新运行完整的测试包变得不切实际，时间和成本约束也不允许进行一个完全的测试，需要从测试用例库中选择有效的测试用例，构造一个缩减的测试用例组来完成回归测试。

回归测试可遵循下述基本过程：

(1) 识别出软件中被修改的部分。

(2) 从原基线测试用例库 T 中排除所有不再适用的测试用例，确定那些对新的软件版本依然有效的测试用例，其结果是建立一个新的基线测试用例库 T0。

(3) 依据一定的策略从 T0 中选择测试用例测试被修改的软件。

(4) 如果回归测试包不能达到所需的覆盖要求，必须补充新的测试用例使覆盖率达到规定的要求，生成新的测试用例集 T1，用于测试 T0 无法充分测试的软件部分。

(5) 用 T1 执行修改后的软件。

第(2)和第(3)步测试验证修改是否破坏了现有的功能，第(4)和第(5)步测试验证修改工作本身。

10.5 回归测试的实施

10.5.1 单元回归测试

软件单元回归测试通常应由原测试方组织并实施，特殊情况下可交由其他测试方进行，测试管理应纳入软件开发过程中。

软件单元回归测试的测试过程按顺序包括下面几步：

(1) 测试分析员根据测试问题报告和软件变更报告单，分析回归测试的测试范围，并确定原软件单元测试的充分性要求、终止要求、资源要求、软件特性、测试技术和方法的适用程度，并酌情变更，确定回归测试的测试进度，按照测试规范完成软件单元回归测试计划，并对软件单元回归测试计划进行评审。

(2) 测试设计员和测试程序员根据软件单元回归测试计划确定测试用例。可从原软件单元测试说明中选择测试用例或修改原有测试用例或设计新的测试用例，补充相应的测试数据、测试资源和测试软件，建立相应的测试环境，确定相应的测试顺序。按照测试规范编写软件单元回归测试说明，并对软件单元回归测试说明进行评审。

(3) 测试员和测试分析员按照软件单元回归测试说明对变更的软件单元进行测试。

(4) 测试分析员根据原测试问题报告、原软件变更报告单、软件单元回归测试计划、测试说明、测试记录、软件问题报告单对回归测试的工作进行总结，编写软件单元回归测试报告、测试问题报告，并对软件单元回归测试的执行活动、测试记录、软件单元回归测试报告和测试问题报告进行评审。

10.5.2 配置项回归测试

配置项回归测试一般由软件的供方组织，可由供方实施或交独立的测试机构实施。对供方实施的回归测试，测试管理应纳入软件开发过程中；对独立的测试机构，测试管理可按照“配置项测试”实施组织和管理。

软件配置项回归测试的测试过程按顺序包括下面几步：

(1) 按照单元回归测试的内容对变更的软件单元进行测试。变更的软件单元通过测试后，才能对有关的软件进行集成测试。

(2) 按照“集成测试”对变更的和受影响的软件进行集成测试。软件集成测试通过后，才能对软件配置项进行测试。

(3) 测试分析员根据测试问题报告、软件变更报告单，分析软件配置项回归测试的范围，确定原软件配置项测试的充分性要求、终止要求、资源要求、软件特性、测试技术和方法的适用程度，并酌情变更，确定回归测试的测试进度。按照测试规范完成软件配置项回归测试计划，对软件配置项回归测试计划进行评审。

(4) 测试设计员和测试程序员根据软件配置项回归测试计划确定测试用例，或从原软件配置项测试说明中选择测试用例，或修改原有测试用例，或设计新的测试用例，补充相应的测试数据、测试资源和测试软件，建立相应的测试环境，确定相应的测试顺序。按照测试规范编写软件配置项回归测试说明，并对软件配置项回归测试说明进行评审。

(5) 测试员和测试分析员按照软件配置项回归测试说明对软件配置项进行测试。

(6) 测试分析员根据原测试问题报告、原软件变更报告单、软件配置项回归测试计划、测试说明、测试记录和软件问题报告单对回归测试的工作进行总结，编写软件配置项回归测试报告和测试问题报告，并对软件配置项回归测试的执行活动、测试记录、软件配置项回归测试报告和测试问题报告进行评审。

10.5.3 系统回归测试

一般应由软件的需方或供方组织系统回归测试，可由供方实施，或交独立的测试机构实施。对供方实施的回归测试，测试管理应纳入软件开发过程中；对独立的测试机构，测试管理按照“系统测试”实施。

系统回归测试的测试过程按顺序包括下面几步：

(1) 按照“单元回归测试”的内容对变更的软件单元进行测试。变更的软件单元通过测试后，才能对变更的和受影响的软件进行集成测试。

(2) 按照“集成测试”对变更和受变更影响的软件进行集成测试。变更的和受影响的软件通过集成测试后，才能对变更的和受影响的软件配置项进行测试。

(3) 按照“配置项回归测试”对变更和受变更影响的软件配置项进行测试。变更的和受影响的软件配置项通过测试后，才能进行变更的系统测试。

(4) 测试分析员根据测试问题报告、软件变更报告单，分析系统测试的范围，确定原系统测试的充分性要求、终止要求、资源要求、软件特性、测试技术和方法的适用程度，并酌情变更确定回归测试的测试进度，按照测试规范完成系统回归测试计划，并对系统回归测试计划进行评审。

(5) 测试设计员和测试程序员根据系统回归测试计划确定测试用例。可从原系统测试说明中选择测试用例，或修改原有测试用例，或设计新的测试用例，补充相应的测试数据、测试资源和测试软件，建立相应的测试环境，确定相应的测试顺序。按照测试规范编写系统回归测试说明对系统回归测试说明进行评审。

(6) 测试员和测试分析员按照系统回归测试说明对系统进行测试。

(7) 测试分析员根据原测试问题报告、原软件变更报告单、系统回归测试计划、测试说明、测试记录和软件问题报告单对系统回归测试的工作进行总结，编写系统回归测试报告和测试问题报告，并对系统回归测试的执行活动、测试记录、系统回归测试报告和测试问题报告进行评审。

10.6 回归测试的效率和有效性

回归测试的价值在于它是一个能够检测到回归错误的受控实验。当测试组选择缩减的回归测试时，有可能忽略了那些将揭示回归错误的测试用例，而错失了发现回归错误的机会。然而，如果采用了代码相依性分析等安全的缩减技术，就可以决定哪些测试用例可以被删除而不会影响回归测试的结果。

选择回归测试策略应该兼顾效率和有效性两个方面，下面的这些方法在效率和有效性方面的侧重点有所不同。

1) 再测试全部用例

选择测试用例库中的全部测试用例构成回归测试包，这是一种比较安全的方法，具有最低的遗漏回归错误的风险，但测试成本最高。再测试全部用例几乎可以应用到任何情况下，基本上不需要进行用例分析和设计，但是随着开发工作的进展，测试用例不断增多而带来相当大的工作量，受预算和进度的限制。

2）基于风险选择测试

基于一定的风险标准从测试用例库中选择回归测试包。首先运行最重要的、关键的和可疑的测试，而跳过那些次要的、例外的测试用例或那些功能稳定的模块。运行那些次要用例即便发现缺陷，这些缺陷的严重性也较低。

3）基于操作剖面选择测试

如果测试用例是基于软件操作剖面开发的，测试用例的分布情况反映了系统的实际使用情况。回归测试所使用的测试用例个数可以由测试预算确定，回归测试可以优先选择那些针对最重要或最频繁使用的功能的测试用例，释放和缓解最高级别的风险，有助于尽早发现那些对可靠性有最大影响的故障。

4）再测试修改的部分

当测试者对修改的局部化有足够的信心时，可以通过相依性分析识别软件的修改情况并分析修改的影响，将回归测试局限于被改变的模块和它的接口上。通常，一个回归错误一定涉及被修改的或新加的代码。在允许的条件下，回归测试尽可能覆盖受到影响的部分。这种方法可以在一个给定的预算下最有效地提高系统可靠性，但需要良好的经验和深入的代码分析。

综合运用多种测试技术是常见的，在回归测试中也不例外，测试者也可能希望采用多种回归测试策略来增强对测试结果的信心。不同的测试者可能会依据自己的经验和判断选择不同的回归测试技术和方法。

10.7 习题

请参考课文内容以及其他资料，完成下列选择题。

（1）以下哪一项属于兼容性测试关注的范畴？（　　）

A. 办公软件在异常退出时是否会破坏正在处理的文档

B. 杀毒软件在清除病毒时是否会破坏办公软件的文档

C. 软件同类功能的使用风格是否一致

D. 软件提供的功能与用户手册的说明是否一致

（2）以下哪一项属于数据兼容性测试关注的范畴？（　　）

A. 一个软件是否支持不同的操作系统

B. 一个杀毒软件是否会误删其他软件保存的文件

C. 一个文字处理软件的操作方式是否与同类软件的操作方式一致

D. 一个电子邮件收发软件是否可以导入以前版本保存的邮件

（3）以下关于软件回归测试的说法中错误的是（　　）。

A. 软件变更后，应对软件变更部分的正确性和对变更需求的符合性进行测试

B. 软件变更后，首先应对变更的软件单元进行测试，然后再进行其他相关的测试

C. 软件变更后，不必再对软件原有正确的功能、性能和其他规定的要求进行测试

D. 对具体的软件，可以根据软件测试合同及软件的重要性、完整性级别对回归测试内容进行剪裁

(4) 以下说法中错误的是(　　)。

A. 验收测试是以需方为主的测试，其对象是完整的、集成的计算机系统

B. 验收测试的技术依据是软件研制合同(或用户需求或系统需求)

C. 进行验收测试的软件必须已经通过系统测试

D. 验收测试一般应由软件的需方组织，不可以委托第三方测试机构实施

(5) 有关软件验收测试的说法中，错误的是(　　)。

A. 验收测试一般由软件的需方组织

B. 验收测试的技术要求与系统测试不同

C. 验收测试可委托第三方测试机构进行

D. 验收测试由独立于软件开发的人员实施

(6) 以下有关回归测试的说法中错误的是(　　)。

A. 严格来说，回归测试不是一个测试阶段，只是一种可以用于各个测试阶段的测试技术

B. 回归测试的目标是保证被测应用在系统被修改和扩充后，各项功能依然正确

C. 回归测试可以在系统和验收测试环境下进行

D. 回归测试适合采用传统手工方法来完成，而不适合使用自动化测试工具来完成

(7) 检查系统能否正确地接收输入，能否正确地输出结果，这属于(　　)。

A. 安全性测试　　B. GUI 测试　　C. 功能测试　　D. 协议一致性测试

(8) 以下哪项属于软件易用性测试关注的内容？(　　)

A. 软件是否能帮助用户减少输入中的重复劳动

B. 软件界面的色彩是否协调

C. 软件是否允许用户导入由该软件以前版本生成的数据

D. 软件的界面风格是否与同类软件的界面风格一致

(9) 系统测试分析通过以下层次进行分析(　　)。

① 用户层　　② 应用层　　③ 功能层　　④ 子系统层　　⑤ 协议/指标

A. ①②③④　　B. ②③④⑤

C. ②③④⑤　　D. ①②③④⑤

(10) 失效回复测试(Recovery Testing)，其目标是(　　)。

A. 测试各种资源在超负荷的情况下的运行情况

B. 检测系统可以处理目标内确定的数据容量

C. 度量系统的性能和预先定义的目标有多大差距

D. 验证系统从软件或者硬件失效中恢复的能力

(11) 兼容性测试是指(　　)。

A. 针对软件对运行环境的依赖进行测试，以验证软件是否能够在所有期望的环境中运行

B. 测试本款软件与其他应用软件是否能在同一操作系统下同时执行

C. 检测软件与其他软件是否能正常进行信息的交流和传递

D. 以上都不对

(12) 以下分析技术中，哪一种技术不属于基于性能计数器的分析技术？(　　)

A. 内存分析　B. 处理器分析　C. 通信中断分析　D. 进程分析

(13) 哪一种技术属于基于性能计数器的性能分析技术(　　)。

A. 字符串分析　B. 处理器分析　C. 变量分析　D. 循环次数分析

(14) 以下哪种技术属于基于性能计数器的分析技术？(　　)

A. 数据流分析　B. 指针分析　C. 时间序列分析　D. 进程分析

(15) 以下关于软件可靠性与硬件的可靠性主要区别的说法中正确的是(　　)。

A. 软件的每个拷贝都是完全一样的，而按照设计生产出来的同规格硬件总有微小差别

B. 软件经常面临恶意的使用者，而硬件没有恶意的使用者

C. 软件的使用者通常遍及整个世界而硬件的使用者通常只局限于某个地区

D. 软件的失效都是逻辑错误引起的，而硬件的失效都不是逻辑错误引起的

(16) 哪一项不属于软件易用性测试关注的范畴？(　　)

A. 软件是否能帮助用户减少输入中的重复劳动

B. 软件的用户界面风格是否与其他软件一致

C. 软件是否支持用户根据自己的需要进行定制

D. 当执行耗时较长的任务时，软件是否能定时向用户提示当前任务完成的进度

(17) 以下哪一项属于软件易用性测试关注的内容？(　　)

A. Web应用软件是否支持不同厂商开发的浏览器

B. 软件是否提供图形用户界面

C. 软件提供的功能是否丰富

D. 在处理复杂任务时，软件的响应时间是否符合需求

(18) 下列哪一项不属于软件功能易用性测试关注的内容？(　　)

A. 软件界面的色彩是否协调

B. 软件是否能主动禁止用户可能进行的非法操作

C. 软件是否允许用户针对自己的使用习惯进行定制

D. 软件是否能帮助用户减少输入中的重复劳动

(19) 以下哪一项属于软件易用性测试关注的范畴？(　　)

A. 软件是否能在多种操作系统下运行

B. 软件是否能与同类软件共享数据

C. 软件是否能主动禁止用户可能进行的非法操作

D. 软件是否能抵御网络攻击

10.8 实验与思考

10.8.1 实验目的

本节“实验与思考”的目的：

(1) 熟悉验收测试与回归测试的相关概念与技术。

(2) 针对一个租书信息管理系统中管理图书的租借业务，用黑盒测试方法设计测试用例。根据系统的数据流图，画出对应的程序功能图；计算该程序功能图的McCabe复杂性度量；给出该程序功能图的基本测试路径集合。

(3) 分析一C源程序，参照QESAT/C软件分析与测试工具的规定，画出程序中所有函数的控制流程图；设计一组测试用例，使该程序所有函数的语句覆盖率和分支覆盖率尽量达到最大。

10.8.2 工具/准备工作

在开始本实验之前，请认真阅读课程的相关内容。

需要准备一台带有浏览器、能够访问因特网的计算机。

10.8.3 实验内容与步骤

1) 概念理解。

请查阅有关资料，根据你的理解和看法，给出下列概念的定义：

(1) 验收测试：______________________________

____

(2) 回归测试：______________________________

____

2) 设计黑盒测试的测试用例。某图书出租商店欲开发一个租书信息管理系统，管理图书的租借业务。该系统的数据流图如图10-2所示。

(1) 根据系统的数据流图，请在一白纸上画出对应的程序功能图，并粘贴于此处(相关说明请标注于图上)。

(**提示**：在程序功能图中不考虑文件和与文件交互的数据流，并可用状态和迁移来描述。)

------------------------ 粘贴处 ------------------------

(2) 计算该程序功能图的McCabe复杂性度量。

____

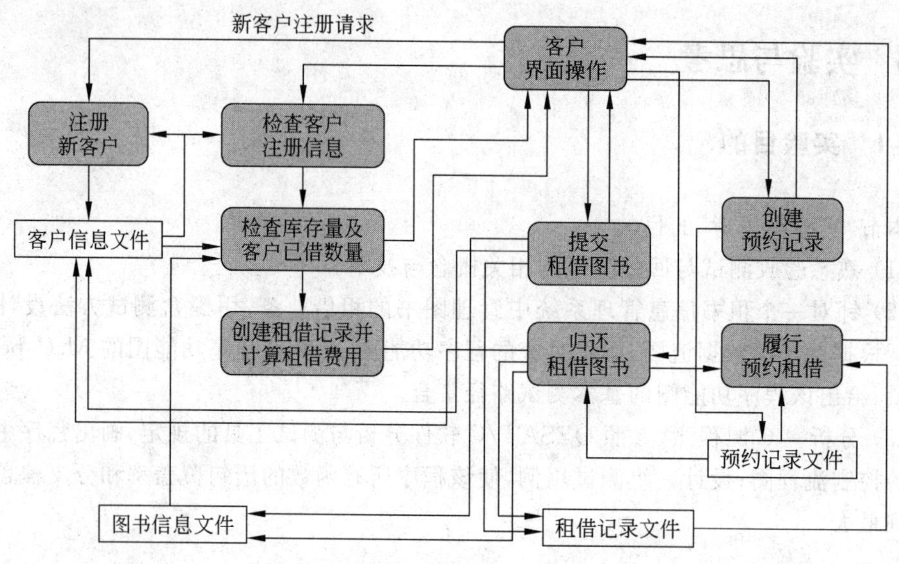

图 10-2　某租书信息管理系统数据流图

____

____

(3) 给出该程序功能图的基本测试路径集合。

① ____

② ____

③ ____

④ ____

3) 已知 C 源程序如下：

```
/* 功能：检查输入的标识符是否符合 C 语言规则 */
#include<stdio.h>
#include<string.h>
#include<ctype.h>
#include<conio.h>
#include<malloc.h>
char *IsLegal(char *CheckWord);
const int MaxWordLen=32;
char *ErrorMessages[]={/*错误信息列表*/
    "合法!","首字符只能是字母或下划线!",
    "常、变量只能由字母、下划线和数字构成!",
    "常、变量标识不能用 C 语言关键字!",
    "常、变量标识不能用 C 语言预定义函数名!","内存不够!"
};
int main()
{
    char *Prompt="C 语言标识符的命名要遵守以下原则:";
```

```
char * TestWord;
int i;
TestWord=(char* ) malloc (sizeof (char) * MaxWordLen);
/* TestWord 存放用户输入 */
if (!TestWord)
    return 1;
    /* 显示部分提示信息 */
    puts (Prompt);
    for (i=1; i<=4; i++) {
        puts(ErrorMessages[i]);
    }
    while (1) {
        printf("\n\n 请输入一个标识符(大写的 Q 退出): ");    /* 提示 */
        scanf("%s", TestWord);
        /* 得到用户输入 */
        if (toupper) (TestWord[0]))==0)
        break;       /* 循环出口 */
        printf("\n%s%s", TestWord, IsLegal (TestWord);
        /* 判定标识符的合法性 */
    }
    free (TestWord);
    return 0;
}
/* 此函数检验标识符命名的合法性 */
char * IsLegal (char * CheckWord)
{
    char * KeyWords[]={ "auto", "break", "case", "char", "continue", "const",
    "default", "do", "double", "else", "enum", "extern", "float", "for",
    "goto", "if", "int", "long", "noalias", "register", "return",
    "short", "signed", "sizeof", "static", "struct", "switch",
    "typedef", "union", "unsigned", "void", "volatile", "while",
    "defined", "define", "undef", "include", "ifdef", "ifndef", "endif",
    "line", "error", "elif", "pragma" };  /* C 关键字列表 */
char * Others="_";  /* '_' 也可以用于关键字,但我们不推荐您使用! */
int wordLength, i;
char * WordTemp;
wordLength=strlen(CheckWord);
/* 检查标识符命名原则 1 */
if ((isalpha(CheckWord[0])==0) && (CheckWord[0] !=Others[0]))
return ErrorMessages[1];
/* 检查标识符命名原则 2 */
for (i=0; i<WordLength; i++)
    if ((isalnum (CheckWord[i]==0) && (CheckWord[i] !=Others[0]))
        return ErrorMessages[2];
```

```
    /*检查标识符命名原则 3*/
    for (i=0; i<44; i++)
    {
       if (!strcmp (CheckWord, KeyWords[i]))
       return ErrorMessages[3];
    }
    /*检查标识件命名原则 4*/
    for (i=0; i<69; i++)
    {
       if (!strcmp (CheckWord, Functions[i]))
       return ErrorMessages[4];
    }
    return ErrorMessages[0];
}
```

(1) 参照 QESAT/C 软件分析与测试工具的规定,请在一白纸上画出程序中所有函数的控制流程图,并粘贴于此处(相关说明请标注于图上)。

--------------------------------------- 粘贴处 ---------------------------------------

说明:在历年全国计算机等级考试(四级)的软件测试工程师考试中,第 2 部分“论述题”中经常出现涉及 QESAT/C 软件测试工具的考试内容。为此,如果要参加该项考试,读者应参考历年相关考题的分析,掌握这类题目的答题方法,受篇幅限制本书不做详细叙述。

QESAT/C(Quality Easy-Software Analysis and Testing/C)是北京航空航天大学软件工程研究所研制的 C 软件分析与测试工具,它能帮助和分析测试 C 程序,支持理解程序结构,及时发现程序中隐藏的问题,提高程序质量,是在软件开发过程中保证程序质量的工具。

QESAT/C 软件的“考试工具学习版”可在网上下载(例如版本 2.2.1,49M)。

(2) 设计一组测试用例,使该程序所有函数的语句覆盖率和分支覆盖率尽量达到最大。

① ____________________

② ____________________

③ ____________________

④ ____________________

⑤ ____________________

⑥ ____________________

⑦ ____________________

(3) 如果认为该程序的语句覆盖率或分支覆盖率无法达到 100%,需说明为什么。

____

____

10.8.4 实验总结

____

____

____

____

10.8.5 实验评价(教师)

____

____

10.9 阅读与分析:再测试和回归测试

再测试(也称确认测试)是针对缺陷的修正所进行的测试,用的是发现此缺陷的同一个测试用例,该测试用例也可能会进行适当的调整。再测试的主要目的是确认缺陷的修正是有效的。

回归测试是指测试以前测试并修改过的程序,确保变更没有给软件其他未变更部分带来新的缺陷。软件修改后或使用环境变更后要执行回归测试。回归测试在整个软件测试过程中占有很重要的地位,是保证软件质量的一个重要测试活动。回归测试可以应用在各个测试级别,如组件测试、集成测试、系统测试和验收测试。

在软件开发生命周期中的任何一个阶段都可能会发生软件的变更。软件变更之后都需要开展相应的回归测试。可能的变更包括:

- 缺陷的修复。
- 版本变更和升级(例如:增加了新的功能或采用了新的技术)。
- 数据库的变更和升级。
- 软件使用平台的变更和升级(例如:软件运行环境的变更等)。

在进行回归测试的时候,必须采用合适的回归测试策略确定回归测试的范围。这就涉及回归测试用例选择的策略。下面是几种常用的回归测试策略:

- 零回归测试:针对缺陷的修复,只做确认测试,即重新运行所有发现缺陷的测试用例,判断新的软件版本是否已经修正了这些缺陷。针对新增功能,只运行所有新增加的功能测试用例,用来判断是否正确实现了新的功能,这是正常测试的一部分。这种策略并没有进行任何回归测试,所以也称为零回归测试。
- 基于风险的回归测试:是基于风险分析而展开的,这种方法需要进行变更影响分析。确定变更如何影响现有系统的过程,也称之为影响分析,它有助于决定回归测试的广度和深度。回归测试的范围取决于变更影响分析的结果。
- 完全回归测试:这个策略不考虑变更影响,重新运行所有的测试用例,这是一种安全的回归测试策略,遗漏缺陷的风险最小,但是测试成本很高。

零回归测试只进行了很少的测试,而完全回归测试运行了所有的测试用例,它们在实际测试过程中可能用得都比较少,因为零回归测试存在的风险比较高,而完全回归测试工作量巨大。一般来说,基于风险的回归测试在测试过程中用得比较多,由于对软件变更进行了相关的影响分析,测试重点会放在软件变更可能会影响的功能和模块上。在平衡进度、成本和质量的前提下,尽量覆盖风险高的功能和模块,例如:系统中增加了一个新的功能,需要分析新增加的功能对已有系统的影响,那些和新增加功能有关联的其他功能模块是选择回归测试用例的重点。

资料来源:中国IT实验室,http://softtest.chinaitlab.com/。

第11章 测试面向对象应用系统

传统软件开发采用面向过程、面向功能的方法，将程序系统模块化，在此基础上还可以再分成若干个单元，这些单元可以通过一系列程序过程实现，相应地产生了单元测试、集成测试等方法。面向对象程序的结构与传统的功能模块结构不同，它将开发分为面向对象分析(OOA)、面向对象设计(OOD)和面向对象编程(OOP)三个阶段。分析阶段产生整个问题空间的抽象描述，在此基础上，进一步归纳出适用于面向对象编程语言的类和类结构，最后形成代码，即：面向对象(OO)软件的体系结构是包含协作类的一系列分层的子系统，这些系统的每个元素(子系统和类)都执行帮助完成系统需求的功能。因此，针对面向对象软件的开发特点，其测试方法和技术也必然要做相应的改变，从而形成面向对象的测试模型、测试的层次与数据流、面向对象的单元和集成测试方法等。有必要在各种不同的层次上测试面向对象系统，尽力发现当类之间协作以及子系统穿越体系结构层通信时可能发生的错误。

可以断定，由于可复用类库规模的增大，更多的复用会缓解对面向对象系统进行繁重测试的需求。确切地说，相反的情况的确是存在的。Binder 在讨论这种情况时说道：

> 每次复用都是一种新的使用环境，重新测试需要谨慎。为了在面向对象系统中获得高可靠性，似乎需要更多的测试，而不是更少的测试。

为了充分测试面向对象的系统，必须做 3 件事情：

(1) 对测试的定义进行扩展，使其包括应用于面向对象分析和设计模型的错误发现技术；

(2) 单元测试和集成测试策略必须彻底改变；

(3) 测试用例设计必须考虑面向对象软件的独特性质。

11.1 扩展测试的视野

面向对象软件的构造开始于需求(分析)和设计模型的创建。由于面向对象软件工程模式的进化特性，这些模型开始于系统需求的不太正式的表示，并进化到更详细的类模型、类关系、系统设计和分配以及对象设计(通过消息传递合并对象连接模型)。在每一个阶段，都要对模型进行“测试”，尽量在错误传播到下一轮迭代之前发现错误。

可以肯定，面向对象分析和设计模型的评审非常有用，因为相同的语义结构(例如，类、属性、操作、消息)出现在分析、设计和代码层次。因此，在分析期间所发现的类属性的定义问题会防止副作用的发生。如果问题直到设计或编码阶段(或者是分析的下一轮迭代)还没有发现，副作用就会发生。

例如，在分析的第一轮迭代中，考虑定义了很多属性的一个类。由于对问题域的错误理解，一个无关的属性被扩展到类中，然后指定了两个操作来处理此属性。分析模型进行了评审，领域专家指出了这个问题。在这个阶段去除无关的属性，可以在分析阶段避免下面的问题和不必要的工作量。

(1) 可能会生成特殊的子类，以适应不必要的属性或例外。去除无关的属性后，与创建不必要的子类所相关的工作可以避免。

(2) 类定义的错误解释可能导致不正确或多余的类关系。

(3) 为了适应无关的属性，系统的行为或类可能被赋予不适当的特性。

如果问题没有在分析期间被发现并进一步传播，在设计期间会发生以下问题(早期的评审可以避免这些问题的发生)：

(1) 在系统设计期间，可能会发生将类错误地分配给子系统和(或)任务的情况。

(2) 可能会扩展不必要的设计工作，为涉及无关属性的操作创建过程设计。

(3) 消息模型可能不正确(因为会为无关的操作设计消息)。

如果问题没有在设计期间检测出来，并传递到了编码活动中，将增加可观的工作量生成代码，实现不必要的属性、两个不必要的操作、驱动对象间通信的消息以及很多其他相关的问题。另外，类的测试会消耗更多不必要的时间。一旦最终发现了这个问题，对系统执行修改，又将出现由变更所引起的潜在副作用。

在开发的后期，面向对象分析(OOA)和面向对象设计(OOD)模型提供了有关系统结构和行为的实质性信息。因此，在代码生成之前，需要对这些模型进行严格地评审。

应该在模型的语法、语义和语用方面对所有的面向对象模型进行正确性、完整性和一致性测试(包括技术评审)。

11.2 测试OOA和OOD模型

不能在传统意义上对分析和设计模型进行测试，因为这些模型是不能运行的。然而，可以使用技术评审方法检查模型的正确性和一致性。

11.2.1 OOA和OOD模型的正确性

用于表示分析和设计模型的符号和语法是与为项目所选择的特定分析和设计方法连接在一起的。由于语法的正确性是基于符号表示的正确使用来判断的，必须对每个模型进行评审以确保维持了正确的建模习惯。

在分析和设计期间，可以根据模型是否符合真实世界的问题域来评估模型的语义正确性。如果模型准确地反映了真实世界(详细程度与模型被评审的开发阶段相适应)，则在语义上是正确的。实际上，为了确定模型是否反映了真实世界的需求，应该将其介绍给问题领域的专家，由专家检查类定义和层次中遗漏和不清楚的地方。要对类关系(实例连接)进行评估，确定这些关系是否准确地反映了真实世界的对象连接。对于面向对象系统，在对照真实世界的使用场景追踪分析和设计模型方面用例是非常有价值的。

11.2.2 面向对象模型的一致性

面向对象模型的一致性可以通过这样的方法来判断："考虑模型中实体之间的关系。不一致的分析模型或设计模型在一部分中的表示没有正确地反映到模型的其他部分"。

为了评估一致性，应该检查每个类及与其他类的连接。可以使用类-责任-协作(class-responsibility-collaboration，CRC)模型或对象-关系图来辅助此活动。CRC模型由CRC索引卡片组成，每张CRC卡片都列出了类的名称、责任(操作)和协作者(接收其消息的其他类及完成其责任所依赖的其他类)。协作意味着面向对象系统的类之间的一系列关系(即连接)。对象关系模型提供了类之间连接的图形表示，这些信息都可以从分析模型中获得。

推荐使用下面的步骤对类模型进行评估：

(1) 检查CRC模型和对象-关系模型。对这两个模型做交叉检查，确保需求模型所蕴含的所有协作都正确地反映在了这两个模型中。

(2) 检查每一张CRC索引卡片的描述以确定委托责任是定义协作者的一部分。例如，考虑为销售积分结账系统定义的类，称为CreditSale，这个类的CRC索引卡片如图11-1所示。

类的名称：CreditSale	
类的类型：交易事件	
类的特性　nontangible, atomic, sequential, permanent, guarded	
责任：	协作者：
读信用卡	信用卡
取得授权	信用权利
显示购物金额	产品票
	销售总账
	审计文件
生成账单	账单

图11-1　用于评审的CRC索引卡片实例

对于这组类和协作，如果将责任(例如，读信用卡)委托给已命名的协作者(CreditCard)，看看此协作者是否完成了这项责任。也就是说，类CreditCard是否具有读卡操作。在此实例中回答是肯定的。遍历对象-关系模型，确保所有此类连接都是有效的。

(3) 反转连接，确保每个提供服务的协作者都从合理的地方收到请求。例如，如果

CreditCard 类收到了来自 CreditSale 类的请求 purchase amount，就有问题了。CreditCard 不知道购物金额是多少。

(4) 使用步骤(3)中反转后的连接，确定是否真正需要其他类，或者责任在类之间的组织是否合适。

(5) 确定是否可以将广泛请求的多个责任组合为一个责任。例如，读信用卡和取得授权在每一种情形下都会发生，可以将这两个责任组合为验证信用请求(validate credit request)责任，此责任包括取得信用卡号和取得授权。

可以将步骤(1)到步骤(5)反复应用到每个类及需求模型的每一次评估中。

一旦创建了设计模型，就可以进行系统设计和对象设计的评审了。系统设计描述总体的产品体系结构、组成产品的子系统、将子系统分配给处理器的方式、将类分配给子系统的方式以及用户界面的设计。对象模型描述每个类的细节以及实现类之间的协作所必需的消息传送活动。

系统设计评审是这样进行的：检查面向对象分析期间所开发的对象-行为模型，并将所需要的系统行为映射到为完成此行为而设计的子系统上。在系统行为的范畴内也要对并发和任务分配进行评审。对系统的行为状态进行评估以确定并发行为。使用用例进行用户界面设计。

对照对象-关系网检查对象模型，确保所有的设计对象包括必要的属性和操作，以实现为每个 CRC 索引卡片所定义的协作。另外，要对操作细节的详细规格说明(即实现操作的算法)进行评审。

11.3 面向对象测试策略

经典的软件测试策略从"小范围"开始，并逐步过渡到"软件整体"。用软件测试的行话来说，就是先从单元测试开始，然后过渡到集成测试，并以确认测试和系统测试结束。在传统的应用系统中，单元测试关注最小的可编译程序单元——子程序(例如，构件、模块、子程序、程序)。一旦完成了一个单元的单独测试，就将其集成到程序结构中，并进行一系列的回归测试，以发现模块的接口错误及由于加入新模块所引发的副作用。最后，将系统作为一个整体进行测试，确保发现需求方面的错误。

11.3.1 面向对象环境中的单元测试

在 OO 软件中，最小的可测试"单元"是类，类测试是由封装在类中的操作和类的状态行为驱动的。

当考虑面向对象软件时，单元的概念发生了变化。封装是类和对象定义的驱动力，也就是说，每个类和类的每个实例(对象)包装了属性(数据)和操纵这些数据的操作(也称为方法或服务)。最小的可测试单元是封装了的类，而不是单独的模块。由于一个类可以包括很多不同的操作，并且一个特定的操作又可以是很多不同类的一部分，因此，单元测试的含义发生了巨大的变化。

我们已经不可能再独立地测试单一的操作了(独立地测试单一的操作是单元测试的传统观点),而是要作为类的一部分进行测试。例如,考虑在一个类层次中,为超类定义了操作 X(),并且很多子类继承了此操作。每个子类都使用操作 X(),但是此操作是在为每个子类所定义的私有属性和操作的环境中应用的。由于使用操作 X()的环境具有微妙的差异,因此,有必要在每个子类的环境中测试操作 X()。这就意味着在真空中测试操作 X()(传统的单元测试方法)在面向对象的环境中是无效的。

面向对象软件的类测试等同于传统软件的单元测试,但传统软件的单元测试倾向于关注模块的算法细节和流经模块接口的数据,而面向对象软件的类测试由封装在类中的操作和类的状态行为驱动。

11.3.2 面向对象环境中的集成测试

由于面向对象软件不具有层次控制结构,因此传统的自顶向下和自底向上的集成策略没有意义。另外,由于"组成类的构件之间的直接和非直接的交互",每次将一个操作集成到类中通常是不可能的。

面向对象系统的集成测试有两种不同的策略。第一种集成策略是基于线程的测试,将响应系统的一个输入或一个事件所需要的一组类集成到一起。每个线程单独集成和测试,并应用回归测试确保不产生副作用。第二种集成策略是基于使用的测试,通过测试那些很少使用服务器类的类(称为独立类)开始系统的构造。测试完独立类之后,测试使用独立类的下一层类(称为依赖类)。按照这样的顺序逐层测试依赖类,直到整个系统构造完成。与传统集成不同,在可能的情况下,这种策略避免了作为替换操作的驱动模块和桩模块的使用。

簇测试是面向对象软件集成测试中的一个步骤。通过设计试图发现协作错误的测试用例,对一簇协作类(通过检查 CRC 和对象-关系模型来确定)进行测试。

11.3.3 面向对象环境中的确认测试

在确认级或系统级,类连接的细节消失了。如传统的确认方法一样,面向对象软件的确认关注用户可见的动作和用户可以辨别的来自系统的输出。为了辅助确认测试的导出,测试人员应该拟定出用例,用例是需求模型的一部分,提供了最有可能发现用户交互需求方面错误的场景。

传统的黑盒测试方法可用于驱动确认测试。另外,测试人员可以选择从对象-行为模型导出测试用例,也可以从创建的事件流图(OOA 的一部分)导出测试用例。

11.4 面向对象测试方法

面向对象体系结构导致封装了协作类的一系列分层子系统的产生。每个系统成分(子系统和类)完成有助于满足系统需求的功能。有必要在不同的层次上测试面向对象系统,以发现错误。在类相互协作以及子系统穿越体系结构层通信时可能出现这些错误。

面向对象软件的测试用例设计方法还在不断改进,其总体方法可以是:

(1) 每个测试用例都应该唯一地标识,并明确地与被测试的类相关联。

(2) 应该叙述测试的目的。

(3) 应该为每个测试开发测试步骤,并包括以下内容:

① 将要测试的类的指定状态列表。

② 作为测试结果要进行检查的消息和操作列表。

③ 对类进行测试时可能发生的异常列表。

④ 外部条件列表(即软件外部环境的变更,为了正确地进行测试,这种环境必须存在)。

⑤ 有助于理解或实现测试的补充信息。

面向对象测试与传统的测试用例设计是不同的,传统的测试用例是通过软件的输入-处理-输出视图或单个模块的算法细节来设计的,而面向对象测试侧重于设计适当的操作序列以检查类的状态。

11.4.1 面向对象概念的测试用例设计的含义

类经过分析模型到设计模型的演变,成为测试用例设计的目标。由于操作和属性是封装的,从类的外面测试操作通常是徒劳的。尽管封装是面向对象的重要设计概念,但它可能成为测试的一个小障碍。如 Binder 所述:"测试需要报告对象的具体状态和抽象状态"。然而,封装使获取这些信息有些困难,除非提供内置操作来报告类的属性值,否则,可能很难获得一个对象的状态快照。

继承也为测试用例设计提出了额外的挑战。注意到,即使已取得复用,每个新的使用环境也需要重新测试。另外,由于增加了所需测试环境的数量,多重继承使测试进一步复杂化。若将从超类派生的子类实例用于相同的问题域,则当测试子类时,使用超类中生成的测试用例集是可能的。然而,若子类用在一个完全不同的环境中,则超类的测试用例将具有很小的可应用性,因而必须设计新的测试用例集。

11.4.2 传统测试用例设计方法的可应用性

白盒测试方法可以应用于类中定义的操作。基本路径、循环测试或数据流技术有助于确保一个操作中的每条语句都测试到。然而,许多类操作的简洁结构使某些人认为:用于白盒测试的工作投入最好直接用于类层次的测试。

与利用传统的软件工程方法所开发的系统一样,黑盒测试方法也适用于面向对象系统。用例可为黑盒测试和基于状态的测试设计提供有用的输入。

11.4.3 基于故障的测试

基于故障的测试策略是假设一组似乎可能出现的故障，然后导出测试去证明每个假设。

在面向对象系统中，基于故障测试的目标是设计测试，所设计的测试最有可能发现似乎可能出现的故障(称为似然故障)。由于产品或系统必须符合客户需求，完成基于故障的测试所需的初步计划是从分析模型开始的。测试人员查找似然故障(即系统的实现有可能产生错误的方面)，为了确定这些故障是否存在，需要设计测试用例以检查设计或代码。

当然，这些技术的有效性依赖于测试人员如何理解似然故障。若在面向对象系统中真正的故障被理解为"没有道理"的，则这种方法实际上并不比任何随机测试技术好。然而，若分析模型和设计模型可以洞察有可能出错的事物，则基于故障的测试可以花费相当少的工作量而发现大量的错误。

集成测试寻找的是操作调用或信息连接中的似然错误。在这种环境下，可以发现3种错误：非预期的结果、使用了错误的操作/消息以及不正确的调用。为确定函数(操作)调用时的似然故障，必须检查操作的行为。

集成测试适用于属性，同样也适用于操作。对象的"行为"通过赋予属性值来定义。测试应该检查属性以确定不同类型的对象行为是否存在合适的值。

集成测试试图发现用户对象而不是服务对象中的错误，注意到这一点很重要。用传统的术语来说，集成测试的重点是确定调用代码而不是被调用代码中是否存在错误。利用操作调用为线索，是检查调用代码的测试需求的一种方式。

11.4.4 测试用例与类层次

继承并不能排除对所有派生类进行全面测试的需要。事实上，它确实使测试过程更复杂。考虑下列情形，类Base包含了操作inherited()和redefined()，类Derived重定义了redefined()以用于某个局部环境中。毫无疑问，必须对此进行测试，因为它表示的是新设计和新代码。但是，Derived::redefined()需要重新测试吗?

若Derived::inherited()调用redefined()，而redefined()的行为已经发生变化，Derived::inherited()可能会误用这个新行为，因此，尽管设计与代码没有发生变化，还是需要对它进行新的测试。然而，重要的是要注意，只需要执行Derived::inherited()所有测试的一个子集。若inherited()的部分设计和代码不依赖于redefined()(即不调用它，也不间接调用它)，则不需要重新测试派生类中的代码。

Base::redefined()和Derived::redefined()是具有不同规格说明和实现的两个不同操作。它们各自有一组从其规格说明和实现中生成的测试需求。那些测试需求探查似然故障：集成故障、条件故障、边界故障等。但操作有可能是类似的，它们的测试需求集将重叠。面向对象设计得越好，重叠就越多。仅需要针对Base::redefined()测试不能满足的那些 Derived::redefined()需求生成新的测试。

总之,Base::redefined()测试可应用于类 Derived 的对象。测试输入可能同时适用于基类和派生类,但是,预期的结果在派生类中可能有所不同。

11.4.5 基于场景的测试设计

基于故障的测试忽略了两种主要类型的错误:①不正确的规格说明;②子系统间交互。当出现了与不正确的规格说明相关的错误时,产品并不做客户希望的事情,它有可能做错误的事情或漏掉重要的功能。但是,在这两种情况下,质量(对需求的符合性)均受到损害。当一个子系统的行为创建的环境(例如,事件、数据流)使另一个子系统失效时,则出现了与子系统交互相关的错误。

基于场景的测试关心用户做什么,而不是产品做什么。这意味着捕获用户必须完成的任务(通过用例),然后在测试时使用它们及其变体。

场景可以发现交互错误。为了达到这个目标,测试用例必须比基于故障的测试更复杂且更切合实际。基于场景的测试倾向于用单一测试检查多个子系统(用户并不限制自己一次只用一个子系统)。

作为一个例子,通过审查下面的用例,考虑设计文本编辑器的基于场景的测试。

用例:修改最终草稿

背景:人们经常碰到以下情景:打印"最终"草稿,阅读它,却发现了一些屏幕上不易察觉的恼人错误。该用例描述了当这种情况发生时出现的事件序列:

(1) 打印整个文档;

(2) 翻动文档,修改某些页;

(3) 打印修改的每一页;

(4) 有时打印多页。

这个场景描述了两件事情:一个测试和特定的用户需要。用户的需要是明显的:①打印单页的方法;②打印多页的方法。至于测试,需要在打印后测试编辑(以及编辑后测试打印)。因此,测试人员需要设计测试,以发现由打印功能引起的编辑功能的错误。也就是说,这样的错误说明两个软件功能不是完全独立的。

用例:打印一个新副本

背景:某人向用户要文档的一个新副本,必须打印。

(1) 打开文档;

(2) 打印文档;

(3) 关闭文档。

另外,这种测试方法是相当明显的,除非文档突然消失。它是在一个早期的任务中创建的,那个任务对这个任务有影响吗?

在很多编辑器中,文档记住最后一次打印时的状况。缺省情况下,下一次用相同的方式打印。在“修改最终草稿”场景之后，只需要选择菜单中的“打印”，单击对话框的“打印”按钮，就会使上次改正过的页面再打印一次。这样，根据编辑器，正确的场景应该如下：

用例：打印一个新副本

(1) 打开文档；
(2) 在菜单中选择“打印”；
(3) 检查是否将连续打印若干页，如果是，单击以打印整个文档；
(4) 单击“打印”按钮；
(5) 关闭文档。

但是，这个场景指明了一个潜在的规格说明错误。编辑器没有做用户合理期望它做的事情。用户经常忽略了对上面第(3)步的检查。当他们走到打印机前，发现只有一页，而他们要100页，这使他们感到恼火。生气的用户会报告规格说明错误。

测试用例设计者可能忽略了测试用例设计中的这种依赖性，但是，测试期间这种问题有可能出现。测试人员则必须应对可能的反应：“这就是它工作的本来方式!”

11.4.6 表层结构和深层结构的测试

表层结构是指面向对象程序的外部可观察结构，即对最终用户是显而易见的结构。许多面向对象系统用户可能不是完成某个功能，而是得到以某种方式操纵的对象。但是，无论是什么界面，测试仍然是基于用户任务进行的。捕捉这些任务涉及理解、观察以及与有代表性的用户(很多非代表性的用户也值得考虑)进行交谈。

细节上确实存在某些差异，例如，在使用面向命令界面的传统系统中，用户可以使用所有命令列表作为测试检查表。若没有测试场景检查某个命令，测试有可能忽略某些用户任务(或具有无用命令的界面)。在基于对象的界面中，测试人员可以使用所有的对象列表作为测试检查表。

当设计人员以一种新的或非传统的方式看待系统时，则可以设计出最好的测试。例如，若系统或产品有基于命令行的界面，测试用例设计人员假设操作是与对象无关的，则可以设计更彻底的测试。问一些这样的问题：“当用打印机时，用户希望使用这个操作(仅用于‘扫描仪’对象)吗?”不管界面风格怎样，检查表层结构的测试用例设计应该使用对象和操作为线索导向被忽视的任务。

深层结构是指面向对象程序的内部技术细节，即通过检查设计和(或)代码来理解的数据结构。设计深层结构测试来检查面向对象软件设计模型中的依赖关系、行为和通信机制。

需求模型和设计模型可用来作为深层结构测试的基础。例如，UML协作图或部署模型描述了对象和子系统间对外不可见的协作关系。那么测试用例设计者会问：我们是否已经捕获了(作为测试的)某些任务来测试协作图中记录的协作？若没有，为什么没有？

11.5 类级可应用的测试方法

"小范围"测试侧重于单个类及该类封装的方法。面向对象测试期间,随机测试和分割是用于检查类的测试方法。

11.5.1 面向对象类的随机测试

为提供这些方法的简要说明,考虑一个银行应用,其中 Account 类有下列操作:open()、setup()、deposit()、withdraw()、balance()、summarize()、creditLimit()和 close()。其中,每个操作均可应用于 Account 类,但问题的本质隐含了一些限制(例如,账号必须在其他操作可应用之前打开,在所有操作完成之后关闭)。即使有了这些限制,仍存在很多种操作排列。一个 Account 对象的最小行为的生命历史包含以下操作:

```
open · setup · deposit · withdraw · close
```

这表示 Account 的最小测试序列。然而,可以在这个序列中发生大量其他行为:

```
open · setup · deposit · [deposit | withdraw | balance | summarize | creditLimit]ⁿ ·
withdraw · close
```

可以随机产生一些不同的操作序列,例如:

测试用例 r_1:

```
open·setup·deposit·deposit·balance·summarize·withdraw·close
```

测试用例 r_2:

```
open·setup·deposit·withdraw·deposit·balance·creditLimit·withdraw·close
```

执行这些序列和其他随机顺序测试,以检查不同类实例的生命历史。

11.5.2 类级的划分测试

与传统软件的等价划分基本相似,划分测试减小测试特定类所需的测试用例数量。对输入和输出进行分类,设计测试用例以检查每个分类。

基于状态划分就是根据它们改变类状态的能力对类操作进行分类。再考虑 Account 类,状态操作包括 deposit()和 withdraw(),而非状态操作包括 balance()、summarize()和 creditLimit()。将改变状态的操作和不改变状态的操作分开,分别进行测试,因此:

测试用例 p_1:

```
open·setup·deposit·deposit·withdraw·withdraw·close
```

测试用例 p_2:

```
open•setup•deposit•summarize•creditLimit•withdraw•close
```

测试用例 p_1 检查改变状态的操作，而测试用例 p_2 检查不改变状态的操作(除了那些最小测试序列中的操作)。

基于属性划分就是根据它们所使用的属性对类操作进行分类。对于类 Account，属性 balance 和 creditLimit 可用于定义划分。操作可分为 3 类：①使用 creditLimit 的操作；②修改 creditLimit 的操作；③既不使用也不修改 creditLimit 的操作。然后为每个划分设计测试序列。

基于类别划分就是根据每个操作所完成的一般功能对类操作进行分类。例如，在类 Account 中，操作可分为初始化操作(open、setup)，计算操作(deposit、withdraw)，查询操作(balance、summarize、creditLimit)及终止操作(close)。

11.6 类间测试用例设计

当开始集成面向对象系统时，测试用例的设计变得更为复杂。在这个阶段必须开始类间协作的测试。为说明"类间测试用例生成"，我们扩展上面讨论的银行例子，让它包括图 11-2 中的类与协作。图中箭头的方向指明消息传递的方向，标注则指明作为消息隐含的协作的结果而调用的操作。

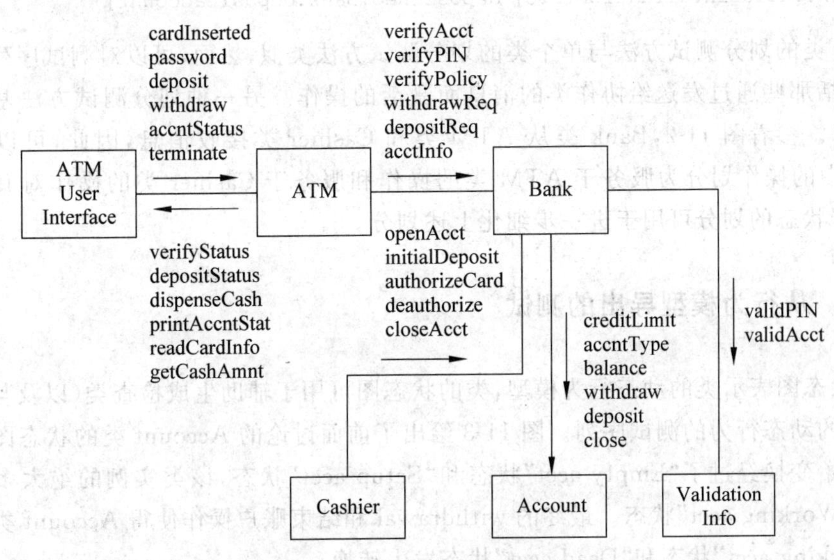

图 11-2 银行应用的类协作图

11.6.1 多类测试

与单个类的测试相类似，类协作测试可以通过运用随机和划分方法、基于场景测试及行为测试来完成。

生成多类随机测试用例的方法利用下列步骤：

(1) 对每个客户类,使用类操作列表来生成一系列随机测试序列。这些操作将向其他服务类发送消息。

(2) 对生成的每个消息,确定协作类和服务对象中的相应操作。

(3) 对服务对象中的每个操作(已被来自客户对象的消息调用),确定它传送的消息。

(4) 对每个消息,确定下一层被调用的操作,并将其引入到测试序列中。

为便于说明,考虑 Bank 类相对于 ATM 类的操作序列(图 11-2):

```
verifyAcct•verifyPIN•[[verifyPolicy•withdrawReq]|depositReq|acctInfoREQ]
```

Bank 类的一个随机测试用例可以是:

测试用例 r_3:

```
verifyAcct•verifyPIN•depositReq
```

为考虑涉及该测试的协作者,考虑与测试用例 r_3 中提到的操作相关的消息。为了执行 verifyAcct() 与 verifyPIN(),Bank 类必须与 ValidationInfo 类协作。为了执行 depositReq(),Bank 类必须与 Account 类协作。因此,检查这些协作的新测试用例为:

测试用例 r_4:

```
verifyAcct[Bank:validAcctValidationInfo]•verifyPIN
[Bank:validPinValidationInfo]•depositReq[Bank:depositaccount]
```

多个类的划分测试方法与单个类的划分测试方法类似,然而,可以对测试序列进行扩展,以包括那些通过发送给协作类的消息而激活的操作。另一种划分测试方法基于特殊类的接口。参看图 11-2,Bank 类从 ATM 类和 Cashier 类接收消息,因此,可以通过将 Bank 类中的操作划分为服务于 ATM 类的操作和服务于 Cashier 类的操作对其进行测试。基于状态的划分可用于进一步细化上述划分。

11.6.2 从行为模型导出的测试

用状态图表示类的动态行为模型,类的状态图可用于辅助生成检查类(以及与该类的协作类)的动态行为的测试序列。图 11-3 给出了前面讨论的 Account 类的状态图。根据该图,初始变换经过了"Empty acct"状态和"Setup acct"状态,该类实例的绝大多数行为发生在"Working acct"状态。最终的 withdrawal 和结束账户操作使得 Account 类分别向"Nonworking acct"状态和"Dead acct"状态发生转换。

将要设计的测试应该覆盖所有的状态,也就是说,操作序列应该使 Account 类能够向所有可允许的状态转换:

测试用例 s_1:

```
open•setupAccnt•deposit(initial)•withdraw(final)•close
```

应该注意到,这个序列与 11.5.2 节所讨论的最小测试序列相同。下面将其他测试序列加入最小测试序列中:

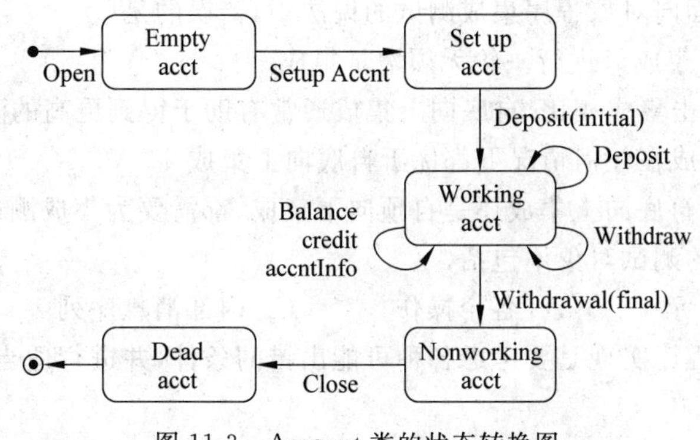

图 11-3 Account 类的状态转换图

测试用例 s_2：

```
open•setupAccnt•deposit(initial)•deposit•balance•credit•withdraw(final)•close
```

测试用例 s_3：

```
open•setupAccnt•deposit(initial)•deposit•withdraw•accntInfo•withdraw(final)
•close
```

可以设计更多的测试用例以保证该类的所有行为已被充分检查。在该类的行为与一个或多个类产生协作的情况下，可以用多个状态图来追踪系统的行为流。

可以通过“广度优先”的方式来遍历状态模型。在这里，广度优先意味着一个测试用例检查单个转换，当测试新的转换时，仅使用前面已经测试过的转换。

考虑银行系统中的一个 CreditCard 对象。CreditCard 对象的初始状态为 undefined（即未提供信用卡号）。在销售过程中一旦读取信用卡，对象就进入了 defined 状态，即属性 card number、expiration date 以及银行专用的标识符被定义。当信用卡被发送以请求授权时，它处于 submitted 状态，当接收到授权时，它处于 approved 状态。可以通过设计使转换发生的测试用例来测试 CreditCard 对象从一个状态到另一个状态的转换。对这种测试类型的广度优先方法在检查 undefined 和 defined 之前，不会检查 submitted 状态。若这样做了，它就使用了尚未经过测试的转换，从而违反了广度优先准则。

11.7 习题

请参考课文内容以及其他资料，完成下列选择题。

(1) 以下关于面向对象软件测试的说法中，正确的是(　　)。

A. 面向对象软件只能采用白盒测试，不能采用黑盒测试

B. 测试一个类时，该类成员方法的任何一个消息序列都是合理的测试用例

C. 若类 B 是类 A 的子类，针对类 B 的测试用例可以包含对类 A 的成员方法的调用

D. 等价类划分是一种类树层次的测试技术

(2) 以下关于面向对象程序集成测试的说法中,错误的是(　　)。

A. 大突击集成只进行一轮无须增量集成

B. 与大突击集成相比,自底向上集成通常有助于得到更高的测试充分性

C. 基于集成在任何情况下都优于自底向上集成

D. 无论是自底向上集成还是自顶向下集成,都需要为集成测试开发相应代码

(3) 单元测试的测试对象不包括(　　)。

A. 设计单元　B. 各个操作　C. 内部消息序列　D. 场景

(4) 一个好的程序实现是要考虑各种可能出错的条件,并进行适当的出错处理,即预设各种出错处理的(　　)。

A. 现象　B. 策略　C. 通路　D. 场景

(5) 以下哪种测试属于面向对象程序集成测试考虑的范畴?(　　)

A. 针对一个类的多个成员方法间协作的测试

B. 针对一个成员方法的不同输入情况的测试

C. 针对多个类的多个实例间协作的测试

D. 针对一个类树上多个类间继承的测试

(6) 关于面向对象软件测试的说法中,错误的是(　　)。

A. 面向对象软件的大突击集成测试只进行一轮,无须增量集成

B. 测试一个类的不同实例间的协作属于面向对象软件单元测试考虑的范畴

C. 测试动态绑定属于面向对象软件单元测试考虑的范畴

D. 等价类划分是一种类树层次的测试技术

(7) 关于面向对象程序单元测试的说法中,正确的是(　　)。

A. 只要对类的每个成员方法都进行了测试,就可完成对该类的单元测试

B. 不需要对抽象类进行单元测试

C. 基于判定表的测试可以用于面向对象程序的单元测试

D. 不变式边界测试是一种针对类树多态性的测试技术

(8) 以下关于面向对象软件测试的说法中,正确的是(　　)。

A. 单个成员方法的测试不属于面向对象单元测试考虑的范畴

B. 等价类划分测试只适用于传统软件的测试,不适用于面向对象软件的测试

C. 基于判定表的测试适用于面向对象软件的测试

D. 抽象类无法进行单元测试

(9) 以下关于面向对象软件测试的说法中,正确的是(　　)。

A. 大突击集成是最有效的面向对象软件集成测试策略

B. 在面向对象软件的单元测试中,一棵继承树上的每个类都需要进行测试

C. 针对一个类的多个实例间协作的测试属于面向对象软件集成测试考虑的范畴

D. 在面向对象软件的单元测试中基于判定表的测试是类层次测试的常用方法

(10) 场景测试方法是基于 IBM 推行的 RUP 的测试用例生成方法,该方法的出发点是(　　)。

A. 事件流　　B. 数据流　　C. 控制流　　D. 用例

(11) 以类为单元进行单元测试时，以下说法中正确的是(　　)。

A. 一个测试用例可以调用该类的多个方法，但每个方法只能调用一次

B. 一个测试用例只能调用在该类中定义的方法，不能调用在该类的父类中定义的方法

C. 由该类方法组成的任何一个序列都是一个合理的测试用例

D. 针对一个类的多个实例间协作的测试仍然属于面向对象单元测试的范畴

(12) 以下关于面向对象软件测试的说法中，错误的是(　　)。

A. 不变式边界测试是一种类级别的单元测试技术

B. 对于一棵继承树上的多个类，只有处于叶节点的类需要测试

C. 测试动态绑定是类树测试的一个目标

D. 在面向对象单元测试中，等价类划分测试可以用于方法级别的测试

(13) 以下关于面向对象软件集成测试的说法中，正确的是(　　)。

A. 大突击测试是面向对象软件集成测试中效果最差的方法

B. 基于判定表的测试是面向对象软件集成测试的常用方法

C. 大突击测试无须增量集成

D. 自底向上集成需要开发的测试代码总是比自顶向下集成需要开发的测试代码多

(14) 下列关于面向对象中封装的理解，错误的是(　　)。

A. 封装是一种信息隐蔽技术，是指将数据和算法捆绑成一个整体，存取数据时只需要知道其算法的外部接口而无须了解数据的内部结构

B. 对象是其全部属性和全部服务紧密结合而形成的一个不可分割的整体

C. 对象是一个不透明的盒子，表示对象状态的数据和实现操作的代码都被封装在黑盒子里边

D. 使用了封装机技术以后，类内部的数据和方法完全不可以被外界直接访问

(15) 比较传统的软件单元测试与面向对象软件的单元测试的内容，下列说法错误的是(　　)。

A. 传统的软件单元测试的对象是软件设计的最小单位——模块，测试依据是详细设计说明书

B. 单元测试应对模块内所有重要的控制路径设计测试用例，以便发现模块内部的错误

C. 面向对象软件很难对单个成员方法进行充分的测试，具有良好封装性的类称为单元测试的基本对象

D. 面向对象软件的测试大多采用白盒测试技术，系统内多个模块可以并行地进行测试

(16) 以下关于面向对象软件的集成测试策略，协作集成的叙述不正确的是(　　)。

A. 协作集成就是在集成测试时，针对系统完成的功能，将可以相互协作完成特定功能的类集成在一起测试

B. 协作测试的优点是编写测试驱动和测试桩的开销小

C. 协作测试的缺点是，当协作关系复杂时，测试难以充分进行

D. 与传统集成测试相比，协作测试通常比较完备

(17) 关于面向对象的设计，下列说法错误的是（　　）。

A. 面向对象的设计以面向对象分析为基础归纳出类

B. 建立类结构或进一步构造成类库，实现分析结果对问题空间的抽象

C. 面向对象的设计是面向对象分析的另一种思维方式

D. 面向对象的设计是面向对象分析进一步的细化和更高的抽象

(18) 关于面向对象软件单元测试的说法，错误的是（　　）。

A. 面向对象软件中可独立被测试的单元通常是一个类族

B. 面向对象软件中可独立被测试的单元也可能是一个独立的类

C. 面向对象的单元测试分为方法层次、类层次和类树层次的测试

D. 面向对象的单元测试与面向过程的单元测试目的相同

(19) 在面向对象软件的集成测试中，集成策略反映了集成测试中如何选择每轮测试的对象，实际测试中为保证测试充分，常考虑测试类间的连接常用技术有（　　）。

① 类关联的多重性测试　　② 受控异常测试

③ 往返场景测试　　④ 模态机测试

A. ①②③　　B. ②③④　　C. ①③④　　D. ①②③④

(20) 下列关于面向对象软件测试的说法中，正确的是（　　）。

A. 在测试一个类时，只要对该类的每个成员方法都进行充分的测试就完成了对该类充分的测试

B. 在存在多态的情况下，为了达到较高的测试充分性，应对所有可能的绑定都进行测试

C. 假设类B是类A的子类，如果类A已进行了充分的测试，在测试类B时不必测试任何类B继承类A的成员方法

D. 对于一棵继承树上的多个类，只有处于叶节点的类需要测试

(21) 下列哪种测试不属于面向对象单元测试考虑的范畴？（　　）

A. 成员方法的测试　　B. 类的测试

C. 类树的测试　　D. 多个相互协作的类树的测试

(22) 下列关于面向对象集成测试的说法中，正确的是（　　）。

A. 大突击集成是面向对象集成测试最常用且最有效的方法

B. 自底向上集成和自顶向下集成都需要为集成测试开发大量代码

C. 协作集成在任何情况下都优于自底向上集成和自顶向下集成

D. 高频集成是以自底向上集成为基础，利用冒烟测试进行的集成测试

(23) 大突击测试把所有的模块一次性集成为一个完整的系统后进行测试，很容易（　　）。

A. 通过测试　　B. 整体测试　　C. 快速查错　　D. 快速排错

(24) 以下关于面向对象软件测试的说法中,正确的是(　　)。

A. 面向对象软件的白盒测试不能不加改变地照搬传统软件的白盒测试准则

B. 对于一个类的测试,一个测试用例只能包含对该类的一个方法的一次调用

C. 面向对象软件测试不考虑对一个类中的单个方法的测试

D. 面向对象软件测试不必考虑对继承关系的测试

(25) 以下关于面向对象程序集成测试的说法中正确的是(　　)。

A. 大突击集成是一种综合运用自底向上集成与自顶向下集成的测试策略

B. 自底向上集成测试比自顶向下集成测试需要开发的代码更多

C. 协作集成是指将可以协作完成特定系统功能的类集成在一起进行测试

D. 与自底向上集成和自顶向下集成相比,基于集成是一种更充分的集成测试策略

(26) 以下关于面向对象软件测试的说法中,错误的是(　　)。

A. 对于面向对象程序集成测试而言,大突击集成可能导致测试不充分

B. 面向对象软件只能采用白盒测试,不能采用黑盒测试

C. 在存在多态的情况下,为了提高测试的充分性需要对所有可能的绑定都进行测试

D. 单个成员方法的测试属于面向对象程序单元测试考虑的范畴

(27) 以下关于面向对象软件测试的说法中,正确的是(　　)。

A. 对于一个类的测试一个测试用例只能包含对该类的一个方法的一次调用

B. 基于判定表的测试不能用于面向对象程序的单元测试

C. 不变式边界测试可用于类层次的测试,其目的是测试功能组合

D. 对于抽象类,需要进行单元测试

(28) 以下关于面向对象程序集成测试的说法中,正确的是(　　)。

A. 大突击集成在任何情况下都是效果最差的面向对象程序集成测试策略

B. 自底向上集成和自顶向下集成都需要为集成测试开发大量辅助代码

C. 协作集成从本质上讲是一种自底向上集成

D. 基于集成从本质上讲是一种自顶向下集成

11.8 实验与思考

11.8.1 实验目的

本节"实验与思考"的目的:

(1) 熟悉面向对象软件测试的相关概念和基本内容。

(2) 分析一个为学生管理系统软件开发的查询程序,给出该查询程序的查询条件表达式;用等价类测试方法给出输入条件的等价类表。

(3) 分析一C源程序，画出程序中main函数的控制流程图；设计一组测试用例，使该程序所有函数的语句覆盖率和分支覆盖率均能达到100%。

11.8.2 工具/准备工作

在开始本实验之前，请认真阅读课程的相关内容。

需要准备一台带有浏览器、能够访问因特网的计算机。

11.8.3 实验内容与步骤

1) 概念理解。

请查阅有关资料，根据你的理解和看法，给出下列概念的定义：

(1) 基于故障的测试：______________________________

____

(2) 基于场景的测试：______________________________

____

(3) 表层结构测试：________________________________

____

(4) 深层结构测试：________________________________

____

2) 一个大学信息学院学生管理系统软件，其学生文件Student记录的部分属性包括Name、Num、Age、Sex、Dept等。其中：

Name(学生名)要求最少2个字符，最多8个字符；

Num(学号)要求是10位无符号整数，取值范围为2010200001～2010203335；

Age(年龄)要求是2位无符号整数，取值范围为12～99；

Sex(性别)是枚举型，只有两个取值male(男)、female(女)；

Dept(系名)是枚举型，取值可以是AT(自动化系)、CS(计算机系)、ET(电子系)、MN(微纳电子系)、SW(软件学院)。

现有一个新开发的查询程序，要求输入学生年龄的上限A、性别S、系名D，利用文件Student查询所有年龄小于A岁且性别为S的D系的学生，并输出这些学生的姓名和年龄。

请针对此程序完成以下工作：

(1) 给出该查询程序的查询条件表达式：

____

(2) 用等价类测试方法给出输入条件的等价类表，填入表11-1。

表 11-1

输入条件	有效等价类	无效等价类

3）已知 C 源程序如下：

```
/*分数运算 fsys.c*/
#include<stdio.h>
int main()
{
    long int a, b, c. d, i, x, y, z;
    char op;
    printf("两分数 b/a, d/c 作+、-、*、/四则运算,结果为分数。\n");
    printf ("请输入分数运算式：b/a op d/c \n");
    scanf("%ld/%ld%c%ld/%ld", &b, &a, &op, &d, &c);
    if (a==0 || c==0) {
        printf("分母为 0,输入错误!\n");
        return 0;
    }
    if (op=='+') {
        y=b*c+d*a;
        x=a*c;  /*运算结果均为 y/x*/
    }
    if (op=='-') {
        y=b*c-d*a;
        x=a*c;
    }
    if (op=='*') {
        y=b*c;
        x=a*d;
    }
    z=x;
    if (x>y) z=y;
    i=z;
    while (i>1) {
        if (x%i==0 && y*i==0) {
            x=x/i;
            y=y/i;
            continue;
        }
        i--;
```

```
    }
    printf("%ld/%ld%c%ld/%ld=%ld/%ld.\n", b, a, op, d, c, y, x);
    return 0;
}
```

(1) 请在一白纸上画出程序中 main 函数的控制流程图，并粘贴于此处（相关说明请标注于图上）。

-- 粘贴处 --

(2) 设计一组测试用例，使该程序所有函数的语句覆盖率和分支覆盖率均能达到100%。如果认为该程序的语句覆盖率或分支覆盖率无法达到100%，需说明为什么。

用例1：________________

用例2：________________

用例3：________________

用例4：________________

用例5：________________

用例6：________________

用例7：________________

用例8：________________

结论：________________

____

11.8.4 实验总结

____

____

____

____

11.8.5 实验评价（教师）

____

____

11.9 阅读与分析：数据库测试的种类和方法

从测试过程的角度来说，我们可以把数据库测试分为系统测试、集成测试和单元测试。

1）系统测试

传统软件系统测试的测试重点是需求覆盖，对数据库的测试同样也需要对需求覆盖进行保证。在数据库设计初期需要进行分析、测试，例如存储过程、视图、触发器、约束、规则等，都需要进行需求的验证，确保这些功能设计符合需求。另一方面，需要确认数据库设计文档和最终的数据库相同，当设计文档变化时，同样要验证修改是否落实到了数据库上。

这个阶段，测试主要通过数据库设计评审来实现。

2）集成测试

集成测试主要针对接口进行。从数据库的角度来说和普通测试稍微有些区别。对于数据库测试，需要考虑的是数据项的修改操作、数据项的增加操作、数据项的删除操作、数据表增加满、数据表删除空、删除空表中的记录、数据表的并发操作、针对存储过程的接口测试、结合业务逻辑做关联表的接口测试。同样需要对这些接口考虑采用等价类、边界值、错误猜测等方法进行测试。

3）单元测试

单元测试侧重于逻辑覆盖，相对于复杂的代码来说，数据库开发的单元测试要简单些，可以通过语句覆盖和走读的方式完成。

相比之下，系统测试要困难一些，因为要求有很高的数据库设计能力和丰富的数据库测试经验。

我们也可以从测试关注点的角度对数据库进行分类，即功能测试、性能测试和安全测试：

1）功能测试

对数据库功能的测试可以依赖测试工具进行。

DBunit：一款开源的数据库功能测试框架，可以使用类似与JUnit的方式对数据库的基本操作进行白盒的单元测试，对输入输出进行校验。

QTP：大名鼎鼎的自动测试工具，通过对对象的捕捉识别，可以通过QTP来模拟用户的操作流程，通过其中的校验方法或者结合数据库后台的监控对整个数据库中的数据进行测试。

DataFactory：一款优秀的数据库数据自动生成工具，通过它可以轻松地生成任意结构数据库，对数据库进行填充，帮助生成所需要的大量数据从而验证数据库中的功能是否正确。这是属于黑盒测试。

2）性能测试

虽然近年来硬件进步很快，但是需要处理的数据以更快的速度在增加。几亿条记录的表格在现在是司空见惯的，如此庞大的数据量在大量并发连接操作时，不能像以前一样随意地使用查询、连接查询、嵌套查询、视图，这些操作如果不当会给系统带来非常巨大的压力，严重影响系统性能。

数据库的性能优化分4部分：

(1) 物理存储方面。

(2) 逻辑设计方面。

(3) 数据库的参数调整。

(4) SQL语句优化。

如何对性能方面进行测试呢？业界也提供了很多工具，通过数据库系统的SQL语句分析工具，可以找出数据库语句执行的瓶颈，从而优化SQL语句。

Loadrunner：可以通过对协议的编程来对数据库做压力测试。

Swingbench：（这是一个重量级别的feature，类似LR，而且非常强大，只不过专门针对oracle而已）数据库厂商也意识到这点，例如oracle11g已经提供了real applicationtest，提供数据库性能测试，分析系统的应用瓶颈。

还有很多第三方公司开发了SQL语句优化工具来帮助你自动地进行语句优化工作从而提高执行效率。

3) 安全测试

软件日益复杂，而数据又成为了系统中重中之重的核心，从以往对系统的破坏现在更倾向于对数据的获取和破坏。而数据库的安全被提到了最前端，自从SQL注入攻击被发现，貌似万无一失的数据库一下从后台变为了前台，而一旦数据库被攻破，整个系统也会暴露在黑客的手下，通过数据库强大的存储过程，黑客可以轻松地获得整个系统的权限。而SQL的注入看似简单却很难防范，对于安全测试来说，如何防范系统被注入是测试的难点。

业界也有相关的数据库注入检测工具，来帮助用户对自身系统进行安全检测。

对于这点来说业界也有标准，例如ISO IEC 21827，也叫做SSE CMM 3.0，是CMM和ISO的集成的产物，专门针对系统安全领域的另外一方面，数据库的健壮性、容错性和恢复能力也是测试的要点。

功能测试、性能测试、安全测试，是一个由简到繁的过程，也是数据库测试人员需要逐步掌握的技能，这也是以后公司对数据库测试人员的要求。

资料来源：中国IT实验室，http://softtest.chinaitlab.com/。

第12章　测试Web应用系统

WebApp测试是一组相关的活动，这些活动都具有共同的目标，即发现WebApp的内容、功能、可用性、导航性、性能、容量及安全方面存在的错误。为实现这个目标，要同时应用包括评审及运行测试的测试策略。参加WebApp测试的人员包括Web工程师和其他项目利益相关者(经理、客户、最终用户)。

WebApp项目普遍都很紧迫。利益相关者由于担心来自其他WebApp的竞争，迫于客户的要求，并担心可能失去的市场，因而迫使WebApp仓促上线。其结果是，在Web开发过程中，技术活动通常开始较晚，有时给WebApp测试留下的时间很短，这可能是一个灾难性的错误。

通常情况下，如果最终用户遇到错误，就会动摇他们对WebApp的信心，他们会转向其他地方寻找所需要的内容及功能。因此，Web工程师一定要在WebApp上线前尽可能多地排除错误，确保每个工作产品都具有高质量。

在进行WebApp测试时，首先关注用户可见的方面，之后进行技术及内部结构方面的测试，所要进行的7项测试是：内容测试、界面测试、导航测试、构件测试、配置测试、性能测试及安全测试。通常需要制定WebApp测试计划，为每一个测试步骤开发一组测试用例，并对记录测试结果的文档进行维护，以备将来使用。

12.1　WebApp的测试概念

由于基于Web的系统及应用位于网络上，并与很多不同的操作系统、位于不同设备上的浏览器、硬件平台、通信协议及其他应用系统进行交互，因此，查找错误面临着重大的挑战。

为了了解Web环境中的测试目标，我们必须考虑WebApp质量的多种维度，同时也考虑测试所碰到错误的特性以及为发现这些错误所采用的测试策略。

12.1.1　质量维度

良好的设计应该将质量集成到Web应用系统中。通过对设计模型中的不同元素进行一系列技术评审，并应用测试过程对质量进行评估。评估和测试都要检查下面质量维度中的一项或多项：

- 内容：在语法及语义层对内容进行评估。在语法层，对文档进行拼写、标点及文法方面的评估；在语义层，所表示信息的正确性、整个内容对象及相关对象的一致性及清晰性都要进行评估。

- 功能：发现与客户需求不一致的错误。对每一项 WebApp 功能，评定其正确性、不稳定性及与相应的实现标准(例如，Java 语言标准)的总体符合程度。
- 结构：保证正确地表示了 WebApp 的内容及功能，是可扩展的，并支持新内容、新功能的增加。
- 可用性：保证接口支持各种类型的用户，各种用户都能够学会及使用所有需要的导航语法及语义。
- 导航性：检查所有的导航语法及语义，发现任何导航错误(例如，死链接、不合适的链接、错误链接)。
- 性能：在各种不同的操作条件、配置及负载下进行测试，以保证系统响应用户的交互并处理极端的负载情况，而且没有出现操作上不可接受的性能降低。
- 兼容性：在客户端及服务器端的各种不同的主机配置下，通过运行 WebApp，对兼容性进行测试，目的是发现针对特定主机配置的错误。
- 互操作性：保证 WebApp 与其他应用系统和(或)数据库有正确接口。
- 安全性：评定可能存在的安全弱点，尝试对每个弱点进行攻击，任何成功的突破都被认为是一个安全漏洞。

12.1.2 WebApp 环境中的错误

成功的 WebApp 测试所遇到的错误具有很多特点，如：

(1) 由于 WebApp 测试发现的错误类型很多都首先表现为客户端问题(即通过在特定浏览器或个人通信设备上实现的接口)，Web 工程师看到了错误的征兆，而不是错误本身。

(2) 由于 WebApp 是在很多不同配置及不同环境中实现的，要在最初遇到错误的环境之外再现错误，可能很困难甚至是不可能的。

(3) 虽然许多错误是不正确设计或不合适 HTML(或其他程序设计语言)编码的结果，但很多错误的原因都能够追溯到 WebApp 配置上。

(4) 由于 WebApp 位于客户/服务器体系(C/S)结构中，在三层体系结构(客户、服务器或网络本身)中追踪错误很困难。

(5) 某些错误归于静态操作环境(即进行测试的特定配置)，而另外一些错误归于动态操作环境(即瞬间的资源负载或时间相关的错误)。

上述 5 个错误特点说明：在 WebApp 测试中发现错误的诊断中，环境起着非常重要的作用。在某些情况(例如内容测试)下，错误的位置是明显的；但对于很多其他类型的 WebApp 测试(例如导航测试、性能测试、安全测试)，错误的根本原因很难确定。

12.1.3 测试策略

WebApp 测试策略也依据传统软件测试所使用的基本原理，并建议采用面向对象系统的测试策略。下面的步骤对此进行了归纳：

(1) 对 WebApp 的内容模型进行评审，以发现错误。

(2) 对接口模型进行评审，保证适合所有的用例。

(3) 评审 WebApp 的设计模型，发现导航错误。

(4) 测试用户界面，发现表现机制和(或)导航机制中的错误。

(5) 对功能构件进行单元测试。

(6) 对贯穿体系结构的导航进行测试。

(7) 在不同的环境配置下实现 WebApp，并测试 WebApp 对于每一种配置的兼容性。

(8) 进行安全性测试，试图攻击 WebApp 或其所处环境的安全弱点。

(9) 进行性能测试。

(10) 通过可监控的最终用户群对 WebApp 进行测试；对他们与系统的交互结果进行评估，包括内容和导航错误、可用性、兼容性、WebApp 的安全性、可靠性及性能等方面。

WebApp 测试是 Web 支持人员所从事的一项持续性活动，一些回归测试是从开发 WebApp 时所进行的测试中导出的。

12.1.4 测试过程

对 Web 应用进行测试时，通常首先测试最终用户能够看到的内容和界面。随后再对体系结构及导航设计的各个方面进行测试。最后，测试的焦点转到测试技术能力——WebApp 基础设施及安装或实现方面的问题。图 12-1 将 WebApp 的测试过程与 WebApp 的设计金字塔相并列，注意到测试流是从左到右、从上到下移动。

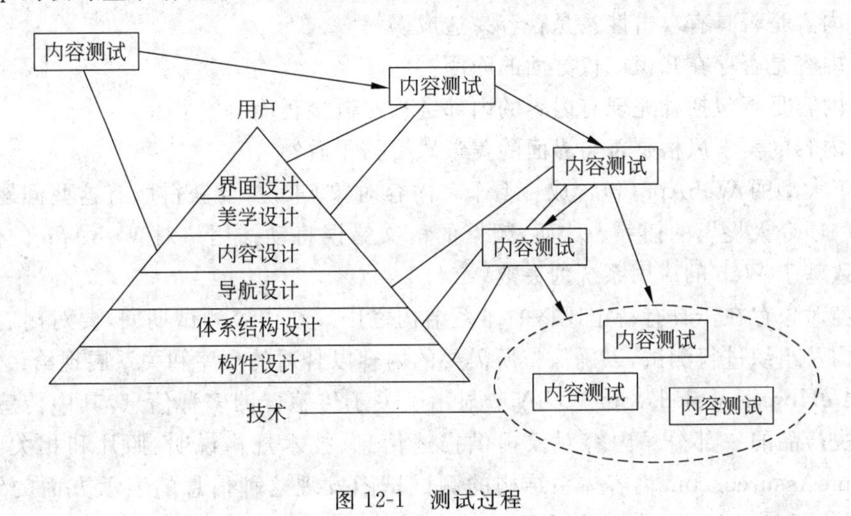

图 12-1 测试过程

12.2 内容测试

Web 应用内容中的错误可能是印刷错误、不正确的信息、不合适的组织或者违背知识产权保护的法令法规等。内容测试试图在用户碰到这些问题之前就发现它们。内容测试结合了评审和可运行的测试用例的生成。通过评审来发现内容中的语义错误，通过运行测试来发现内容错误。

12.2.1 内容测试的目标

内容测试有3个重要目标：

(1) 发现基于文本的文档、图形表示和其他媒体中的语法错误(例如，打字或文法错误)；

(2) 发现导航中的任何内容对象中的语义错误(即信息的准确性和完备性方面的错误)；

(3) 发现展示给最终用户的内容的组织或结构方面的错误。

为了实现第一个目标，可以使用自动拼写和语法检查。然而，一些语法上的错误可能会漏检，而需要由审查人员(测试人员)来发现。语义测试关注于每个内容对象所显示的信息方面。评审(测试人员)需要回答以下问题：

- 信息确实准确吗？
- 信息简洁扼要吗？
- 内容对象的布局对于用户来说容易理解吗？
- 嵌入在内容对象中的信息易于被发现吗？
- 对于从其他地方导出的所有信息，是否提供了合适的引用？
- 显示的信息是否内部一致？与其他内容对象中所显示的信息是否一致？
- 内容是否具有攻击性？是否容易造成误解？
- 内容是否存在知识产权方面的问题？
- 内容是否包括补充现有内容的内部链接？链接正确吗？
- 内容的美学风格是否与界面的美学风格相矛盾？

对于大型的WebApp(包含成百上千个内容对象)来说，要获得所有这些问题的答案可能是一项令人畏惧的任务。然而，频繁的语义错误将动摇用户对WebApp的信任，并且会导致基于Web的应用系统的失败。

内容对象存在于具有特定风格的体系结构之中。在内容测试期间，要对内容体系结构的结构及组织进行测试，以确保将所需要的内容以合适的顺序和关系展现给最终用户。例如，SafeHomeAssuled.com WebApp显示了关于传感器的多种信息，其中传感器是安全和监视产品的一部分。内容对象提供描述信息、技术规格说明、照片和相关的信息。SafeHomeAssured.com内容体系结构的测试试图发现这种信息的表示方面的错误(例如，用传感器Y的照片来描述传感器X)。

12.2.2 数据库测试

Web应用系统要比静态内容对象做更多的事情。在很多应用领域中，WebApp要与复杂的数据库管理系统接口，并构建动态的内容对象，这种对象是使用从数据库中获取的数据实时创建的。例如，用于金融服务的 WebApp 能够产生某种特殊产权(例如，股票或共有基金)的复杂的文本信息、表格信息和图形信息。当用户申请了某种特殊的产权信息后，系统就会自动创建表示这种信息的复合内容对象。为了完成此任务，需要下面的步骤：①查询大型产权数据库；②从数据库中抽取相关的数据；③将抽取的数据组织为一个内容对象；④将这个内容对象(代表由某个最终用户请求的定制信息)传送到客户环境显示。每个步骤的结果都可能发生错误，数据库测试的目标就是发现这些错误。

数据库测试还会由于以下多种原因而变得复杂：

(1) 客户端请求的原始信息很少能够以被输入到数据库管理系统(DBMS)中的形式(例如，结构化查询语言 SQL)表示出来。因此，应该设计测试，用来发现将用户的请求翻译成能够被 DBMS 处理的格式时所产生的错误。

(2) 数据库可能离装载 WebApp 的服务器很远。因此，应该设计测试，用来发现 WebApp 和远程数据库之间的通信所存在的错误(当遇到分布式数据库，或者需要访问数据仓库时，这些测试可能变得非常复杂)。

(3) 从数据库中获取的原始数据一定要传递给 WebApp 服务器，并且被正确地格式化，以便随后传递给客户端。因此，应该设计测试，用来证明 WebApp 服务器接收到的原始数据的有效性，并且还要生成另外的测试，证明转换的有效性，将这种转换应用于原始数据，能够生成有效的内容对象。

(4) 动态内容对象一定以能够显示给最终用户的形式传递给客户端。因此应该设计一系列测试，用来发现内容对象格式方面的错误，以及测试与不同的客户环境配置的兼容性。

考虑上面这 4 种因素，对图 12-2 中记录的每一"交互层"，都应该使用测试用例的设计方法。测试应该保证：①有效信息通过界面层在客户与服务器之间传递；②WebApp 正确地处理脚本，并且正确地抽取或格式化用户数据；③用户数据被正确地传递给服务器端的数据转换功能，此功能格式化为合适的查询(例如，SQL)；④查询被传递到数据管理层，此层与数据库访问程序(很可能位于另一台机器)通信。

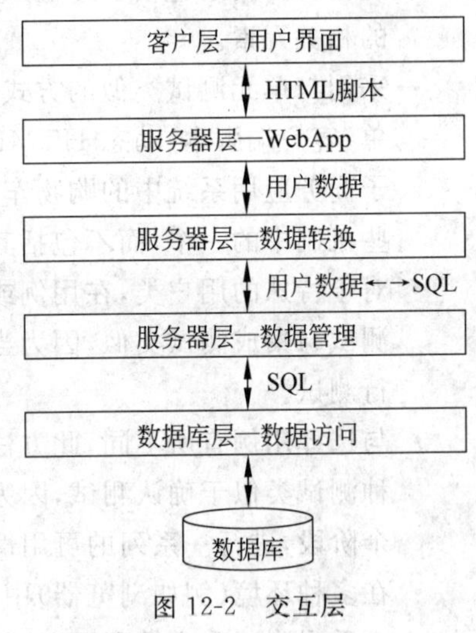

图 12-2　交互层

通常使用可复用的构件来构造图 12-2 所示的数据转换层、数据管理层和数据库访问层，这些可复用的构件都分别进行了合格性确认，并且被打成一个包。如果是这种情况，WebApp 的测试就集中在图 12-2 所示的客户层与头两个服务器层(WebApp 和数据转换)之间交互的测试用例的设计。

应该对用户界面层进行测试，确保对每一个用户查询都正确地构造了 HTML 脚本，并且正确地传输给服务器端。还应该对服务器端的 WebApp 层进行测试，确保能够从 HTML 脚本中正确地抽取出用户数据，并且正确地传输给服务器端的数据转换层。

应该对数据转换功能进行测试，确保创建了正确的SQL，并且传给合适的数据管理构件。

12.3 界面测试

在Web系统开发过程中，需要在3个阶段对WebApp的用户界面进行验证与确认。在需求分析阶段，对界面模型进行评审，确保与利益相关者的需求及分析模型的其他元素相一致；在设计阶段，对界面设计模型进行评审，确保已经达到了为所有用户界面建立的通用质量标准，并且正确描述了特定于应用系统的界面设计问题；由于用户交互是通过界面的语法和语义来表示的，在测试阶段，重点转移到特定于应用系统的用户交互方面的执行。另外，测试提供了对可用性的最终评估。

12.3.1 界面测试策略

界面测试检查用户界面的交互机制，并从美学角度对用户界面进行确认。界面测试的总体测试策略是：①发现与特定的界面机制相关的错误(例如，未能正确执行菜单链接的错误，或者输入数据格式的错误)；②发现界面实现导航语义方式的错误、WebApp的功能性错误或内容显示错误。为了实现此策略，必须启动下面的一些战术步骤：

- 对界面要素进行测试，确保设计规则、美学和相关的可视化内容对用户有效，且没有错误。要素包括字体、颜色、框架、图片、边界、表以及WebApp运行中所产生的相关元素。
- 采用与单元测试类似的方式测试单个界面机制。例如，设计测试用例对所有的表单、客户端脚本、动态HTML、脚本、流内容及应用系统的特定界面机制(例如电子商务应用系统中的购物车)进行测试。在很多情况下，测试可以专门集中在这些机制中的一个，而不包括其他界面要素及功能。
- 对于特殊的用户类，在用例或导航语义单元的环境中测试每一种界面机制。这种测试与集成测试类似，因为当界面机制被集成到一起使得用例执行时，才能够进行测试。
- 与选择用例有所不同，此方法要对所有界面进行测试，发现界面的语义错误。这种测试类似于确认测试，因为其目的是证明与特定的用例语义相一致。正是在这个阶段，进行一系列的可用性测试。
- 在多种环境(例如浏览器)中对界面进行测试，确保其兼容性。实际上，可以将这一系列测试看成是配置测试的一部分。

12.3.2 测试界面机制

当用户与WebApp交互时，通过一种或多种界面机制发生交互，测试时需要考虑的内容包括：

链接。对每个导航链接进行测试，确保获得了正确的内容对象或功能(这些测试可以作为界面测试或导航测试的一部分)。Web 工程师构建与界面布局(例如，菜单条、索引项)相联系的所有链接列表，然后分别运行每个链接。另外，一定要执行每个内容对象内的链接，发现错误的统一资源定位符 URL 或者链接到不正确的内容对象或功能。最后，应该对链接到外部 WebApp 的链接进行精确性测试，并且对其进行估计，决定随着时间的推移这些链接将变得无效的风险有多大。

表单。在宏观层次上进行测试，以确保：①对表单中的标识域给出正确标记，并且为用户可视化地标识出强制域；②服务器接收到了表单中包括的所有信息，并且在客户端与服务器之间的传输过程中没有数据丢失；③当用户没有从下拉菜单或按钮组中进行选择时，使用合适的缺省项；④浏览器功能(例如"回退"箭头)没有破坏输入到表单中的数据；⑤执行对输入数据进行错误检查的脚本工作正常，并且提供了有意义的错误信息。

在更具有目标性的层次上，测试应该确保：①表单域有合适的宽度和数据类型；②表单建立了合适的安全措施，防止用户输入的文本字符串长度大于预先定义的最大值；③对下拉菜单中的所有合适的选项进行详细说明，并按照对最终用户有意义的方式排序；④浏览器"自动填充"特性不会导致数据输入错误；⑤Tab 键(或其他键)能够使输入焦点在表单域之间正确移动。

客户端脚本。当脚本运行时，使用黑盒测试发现处理中的一些错误。由于脚本输入通常来自作为表单处理组成部分所提供的数据，这些测试通常与表单测试联合进行。应该进行兼容性测试，确保所选择的脚本语言在支持 WebApp 的环境配置中工作正常。另外，还要测试脚本本身。

动态 HTML。运行包含动态 HTML 的每一个网页，确保动态显示正确。另外，应该进行兼容性测试，确保动态 HTML 在支持 WebApp 的环境配置中正常工作。每当流行的浏览器的新版本发布时都应该重新进行客户端脚本的测试及与动态 HTML 相关的测试。

弹出窗口。进行一系列测试，以确保：①弹出窗口具有合适的大小和位置；②弹出窗口没有覆盖原始的 WebApp 窗口；③弹出窗口的美学设计与界面的美学设计相一致；④附加到弹出窗口上的滚动条和其他控制机制被正确定位，并具有所需的功能。

CGI 脚本。一旦接收到经过验证的数据，黑盒测试的侧重点将集中在数据的完整性(当数据被传递给 CGI 脚本时)和脚本处理上。此外，进行性能测试，确保服务器端的配置符合 CGI 脚本多重调用的处理要求。

流内容。测试应该证明流数据是最新的、显示正确、能够无错误地暂停，并且很容易重新启动。

Cookies。服务器端和客户端的测试都是需要的。在服务器端，测试应该确保一个 Cookie 被正确构造(包含正确的数据)，并且当请求特定的内容和功能时，此 Cookie 能够被正确地传输到客户端。此外，测试此 Cookie 是否具有合适的持久性，确保有效日期正确。在客户端，用测试来确定 WebApp 是否将已有的 Cookie 正确地附到了特定的请求上(发送给服务器)。

特定应用系统的界面机制。测试是否与界面机制定义的功能和特性清单相符合。例如，为电子商务应用系统中所定义的购物车功能提出下面的检查清单：

- 对能够放置到购物车中的物品的最小数量和最大数量进行边界测试。
- 对一个空的购物车的“结账”请求进行测试。
- 测试从购物车中正确地删除一件物品。
- 测试一次购买操作是否清空了购物车中的内容。
- 测试购物车内容的持久性(这一点应该作为客户需求的一部分详细说明)。
- 测试 WebApp 将来某个日期是否能够记起购物车的内容(假设没有购买活动发生)。

12.3.3 测试界面语义

一旦对每一个界面功能都进行了“单元”测试，就可以将界面测试的关注点转移到界面的语义测试。界面的语义测试是要“评价设计在照顾用户、提供清楚的指导、传递反馈并保持语言与方法的一致性方面做得如何”。

一旦实现了 WebApp，就应该对每个用例场景(针对每一类用户)进行测试。本质上，用例就变成了设计测试序列的输入。测试序列的目的是发现那些妨碍用户获得与用例相关的目标的错误。

Web 开发团队需要维护一份检查单，确保每个菜单项都至少被运行一次，并且内容对象中的每个嵌入的链接都已经使用。此外，测试序列应该包括不适当的菜单选择和链接使用，目的是确定 WebApp 是否提供了有效的错误处理和恢复。

12.3.4 可用性测试

可用性测试也评价用户在多大程度上能够与 WebApp 进行有效交互，WebApp 在多大程度上指导用户行为、提供有意义的反馈。从这种意义上说，可用性测试与界面语义测试是相似的。可用性检查和测试不是集中在某交互目标的语义上，而是要确定 WebApp 界面在多大程度上使用户的生活变得轻松(即用户友好性)。

可用性测试可以由测试人员设计，但是测试本身由最终用户进行。在测试时，可以采用以下步骤：

(1) 定义一组可用性测试类别，并确定每类测试的目标。

(2) 设计测试，使其能够评估每个目标。

(3) 选择将执行测试的参与者。

(4) 当进行测试时，指导参与者与 WebApp 交互。

(5) 开发一种机制来评估 WebApp 的可用性。

可用性测试可能发生在多种不同的抽象级别：①对特定的界面机制(例如，表单)的可用性进行评估；②对所有网页(包括界面机制、数据对象及相关的功能)的可用性进行评估；③考虑整个 WebApp 的可用性。

作为一个例子，我们考虑对交互和界面机制进行可用性评估。建议应该对下列界面要素进行可用性评审和测试：动画、按钮、颜色、控制、对话、域、表单、框架、图形、标签、链接、菜单、消息、导航、页、选择器、文本和工具条。当评估每个要素时，可以由执行测试的用户对其进行定性分级。图12-3描述了用户可能选择的一系列评估“级别”。这些级别可以应用于每个单独的要素、所有的网页或者整个WebApp。

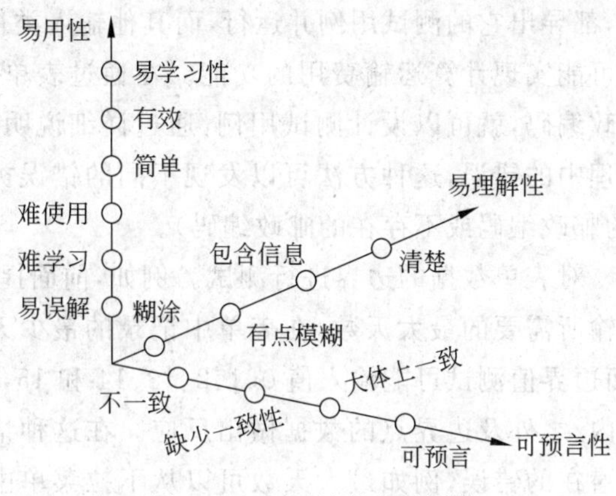

图12-3 可用性的定性评估

12.3.5 兼容性测试

不同的计算机、显示设备、操作系统、浏览器和网络连接速度都会对WebApp的运行造成影响。每一种配置都可能使客户端的处理速度、显示分辨率和连接速度有所不同。操作系统反复无常的行为可能导致WebApp的处理问题。不管WebApp中HTML的标准化程度如何，不同的浏览器有时会产生稍微不同的结果。

在某些情况下，小的兼容性问题显得不是很严重，而在有些情况下，就可能遇到严重的错误。例如，下载速度可能变得不能接受，缺少所需要的插件可能使内容难以获得，浏览器的不同可能会戏剧性地改变页面的布局，字型可能会被改变、且变得难以辨认，或者表单可能被错误地组织。兼容性测试试图在WebApp上线前发现这些问题。

兼容性测试的第一步是定义一组“通常遇到”的客户端计算配置和它们的变型。实际做法是创建一种树结构，并在上面标识每一种计算平台、典型的显示设备、此平台支持的操作系统、可用的浏览器、可靠的因特网连接速度及类似信息。下一步，导出一系列兼容性确认测试，可以从现有的界面测试、导航测试、性能测试和安全性测试中导出。这些测试的目的是发现由于配置差异所导致的错误和运行问题。

12.4 构件测试

构件级测试也称功能测试，它集中于一系列的测试，试图发现WebApp功能方面的错误。每个WebApp功能都是一个软件构件(用编程语言或脚本语言之一实现的)，并且可以用黑盒(及在某些情况下的白盒)技术对其进行测试。

构件测试用例通常受表单级的输入驱动。一旦定义了表单数据,用户就可以选择按钮或其他控制机制来启动运行。下面是典型的测试用例设计方法:

- 等价类划分——将功能的输入域划分为输入种类或输入类,可以从这些输入类中导出测试用例。通过对输入表单进行评估,可以决定哪些数据类与功能有关。对于每个输入类,都导出它的测试用例并运行,而其他输入类保持不变。例如,一个电子商务系统可能实现计算运输费用的功能。在通过表单提供的多种运输信息中有用户的邮政编码,就可以设计测试用例,通过详细说明邮政编码的值试图发现邮政编码处理中的错误,这种方法可以发现不同的错误类(例如不完整的邮政编码、不正确的邮政编码或不存在的邮政编码)。
- 边界值分析——对表单数据的边界进行测试。例如,前面提到的运费计算功能需要指出产品运输所需要的最大天数,在表单中记录的最少天数是 2 天,最大天数是 14 天。然而边界值测试可能输入值 0、1、2、13、14 和 15,来确定功能如何对有效输入边界之内、之外及边界点的数据做出反应。在这种情况下,一个较好的输入设计会排除潜在的错误,例如最大天数可以从下拉菜单中选择,从而排除用户指定超出范围的输入。
- 路径测试——如果功能的逻辑复杂性较高(可以通过计算算法的环复杂性来确定)。可以使用路径测试(白盒测试用例设计方法)来确保程序中的每条独立路径都被执行。

除了这些测试用例设计方法,还可以使用称为强制错误测试的技术导出测试用例,这些测试用例故意使 WebApp 构件进入错误条件,目的是发现错误处理过程中发生的错误(例如,不正确或不存在的错误提示信息,由错误的发生导致 WebApp 的失败,由错误的输入而导致的错误输出,与构件处理有关的副作用)。

每个构件级测试用例详细说明了所有的输入值和由构件提供的预期输出。将测试过程中产生的实际输出数据记录下来,以供将来的支持和维护阶段参考。

在很多情况下,WebApp 功能的正确运行依赖于与数据库的正确接口,其中数据库可能位于 WebApp 的外部。因此,数据库测试是构件测试领域中不可分割的一部分。

12.5 导航测试

用户在 WebApp 中浏览时都有一系列的目标,在这种意义上,这种导航过程是可预测的。同时,导航过程又可能是无法预测的,因为访问者受到他所看到的或学到的某件事的影响,可能选择一条路径或启动一个动作,而这对于最初的目标并不是典型的路径或动作。导航测试的工作是:

(1) 确保允许 WebApp 用户经由 WebApp 游历的机制都是功能性的;

(2) 确认每个导航语义单元都能够被合适的用户类获得。

12.5.1 测试导航语法

实际上，导航测试的第一个阶段在界面测试期间就开始了。应对导航功能进行测试，以确保每个导航都执行了预计的功能。建议应该对下面的每个导航功能进行测试：

- 导航链接——WebApp 中的内部链接到其他 WebApp 的外部链接及特定网页中的锚都应该被测试，确保选择链接时，能够获得正确的内容和功能。
- 重定向——当用户请求一个不存在的 URL、选择的目标地址已经被移走或者名字已经被改变的链接时，就会用到这些重定向的链接。应该给用户显示一条提示信息，并且将导航重定向到另一页(例如，主页)。通过请求不正确的内部链接或外部 URL，并且评价 WebApp 如何处理这些请求，来对重定向进行测试。
- 书签——对 WebApp 进行测试，确保当创建一个书签时，能够抽取出有意义的页标题。
- 框架和框架集——每个框架包含特定的网页内容，一个框架集包含多个框架，并且可以使多个网页同时显示。由于框架和框架集彼此之间可以嵌套，应该对这些导航和显示机制进行内容的正确性、合适的布局和大小、下载性能和浏览器兼容性方面的测试。
- 站点地图——站点地图提供了所有网页内容的完整列表，应该对每个站点地图的入口进行测试，确保链接引导用户到达合适的内容或功能。
- 内部搜索引擎——复杂的 WebApp 通常包括成百上千的内容对象。内部搜索引擎允许用户在 WebApp 中搜索关键字，来发现所需要的内容。搜索引擎测试确认搜索的准确性和完备性、搜索引擎的错误处理特性及高级的搜索特性(例如，在搜索域中布尔操作符的使用)。

12.5.2 测试导航语义

导航语义单元(NSU)被定义为“一组信息和相关的导航结构，在完成相关的用户需求的子集时，这些导航结构会相互协作”。每个 NSU 由一系列连接导航节点(例如，网页、内容对象或功能)的导航路径定义。作为一个整体，每个 NSU 允许用户获得特殊的需求，这种特殊的需求是针对某类用户，由一个或多个用例定义的。导航测试应检查每个 NSU，以确保能够获得这些需求。

在测试每个 NSU 时，Web 工程团队要回答下面的问题：

- 此 NSU 是否没有错误地全部完成了？
- 在为此 NSU 定义的导航路径的上下文中，每个导航节点是否都是可达的？
- 如果使用多条导航路径都能完成此 NSU，每条相关的路径是否都已经被测试？
- 如果使用用户界面提供的指导来帮助导航，当导航进行时，方向正确并可理解吗？
- 是否具有返回到前一个导航节点及导航路径开始位置的机制(不同于浏览器的“回退”箭头)？

- 一个长的网页导航节点中的导航机制工作正常吗?
- 如果一个功能在一个节点上运行,并且用户选择不提供输入,NSU 的剩余部分能完成吗?
- 如果一个功能在一个节点上运行,并且在功能处理时发生了一个错误,NSU 能完成吗?
- 在到达所有节点之前,是否有办法终止导航?然后又能返回到导航被终止的地方,并从那里继续?
- 从站点地图可以到达每个节点吗?节点的名字对最终用户有意义吗?
- 如果可以从某外部的信息源到达 NSU 中的一个节点,推移到导航路径的下一个节点可能吗?返回到导航路径的前一个节点可能吗?
- 当运行 NSU 时,用户知道他在内容体系结构中所处的位置吗?

如同界面测试和可用性测试,导航测试应该由尽可能多的不同的支持者进行。测试的早期阶段由 Web 工程师进行,但后来的测试应该由其他项目利益相关者、独立的测试团队进行,最后应该由非技术用户进行,目的是彻底检查 WebApp 导航。

12.6 配置测试

配置的可变性和不稳定性是使 Web 工程面临挑战的重要因素。硬件、操作系统、浏览器、存储容量、网络通信速度和多种其他客户端因素对每个用户都是难以预料的。另外,某个用户的配置可能会有规律地改变(例如,操作系统升级、新的界面分离原则、ISP 和连接速度),其结果可能是客户端环境容易出错,这些错误既微妙又重要。如果两个用户不是在相同的客户端配置中工作,一个用户对 WebApp 的印象及与 WebApp 的交互方式可能与另一个用户的体验有很大不同。

配置测试的工作不是去检查每一个可能的客户端配置,而是测试一组很可能的客户端和服务器端配置,确保用户在所有配置中的体验都是一样的,并且将针对特殊配置的错误分离出来。

12.6.1 服务器端问题

在服务器端,配置测试用例以验证所计划的服务器配置(即 WebApp 服务器、数据库服务器、操作系统、防火墙软件、并发应用系统)能够支持 WebApp,而不会发生错误。实质上,WebApp 被安装在服务器端环境,并进行测试,目的是发现与配置有关的错误。

当设计服务器端的配置测试时,Web 工程师应该考虑服务器配置的每个构件。在服务器端的配置测试期间,需要询问及回答以下问题:

- WebApp 与服务器操作系统完全兼容吗?
- 当 WebApp 运行时,系统文件、目录和相关的系统数据是否正确创建?
- 系统安全措施(例如,防火墙或加密)允许 WebApp 运行,并对用户提供服务,而不发生冲突或性能下降吗?

- 是否已经利用所选择的分布式服务器配置(如果存在一种配置)对WebApp进行了测试?例如,可能使用单独的应用服务器和数据库服务器,两台机器之间通过网络连接进行通信。
- 此WebApp是否与数据库软件进行了适当的集成?是否对数据库的不同版本敏感?
- 服务器端的WebApp脚本运行正常吗?
- 系统管理员错误对WebApp运行的影响是否已经得到检查?
- 如果使用了代理服务器,在站点测试时,是否已经明确这些代理服务器在配置方面的差异?

12.6.2 客户端问题

在客户端,配置测试更多地集中在WebApp与配置的兼容性方面,这些配置包括下面构件的一种或多种的改变:

- 硬件——CPU、内存、存储器和打印设备。
- 操作系统——Linux、IOS、Microsoft Windows、基于移动的操作系统。
- 浏览器软件——例如IE或其他浏览器。
- 用户界面构件——Active X、Java Applets及其他构件。
- 插件——QuickTime、RealPlayer及很多其他插件。
- 连通——电缆、DSL、常规的调制解调器、Wi-Fi。

除了这些构件,其他配置变量包括网络软件、ISP的难以预测的变化及并发运行的应用系统。

为了设计客户端配置测试,Web工程团队必须将配置变量的数量减少到可管理的数目,因为在每一种可能的配置构件的组合中运行测试是非常耗费时间的。为了实现这一点,要对每类用户进行评估,以确定此类用户可能遇到的配置。此外,工业市场上的共享数据可以用来预测最可能的构件组合,然后,在这些环境中测试WebApp。

12.7 安全测试

随着因特网的普及,网上购物、网上交易、电子银行等新的交易方式走进人们的生活,同时网络安全越来越不容忽视。在Web应用中,通常要使用Web网页面来传送一些重要的信息,如信用卡信息、用户资料信息等,一旦这些信息因Web应用系统的漏洞而被黑客捕获,后果将不堪设想。

应该设计安全性测试去探查在某些方面所存在的弱点,比如客户端环境、当数据从客户端传到服务器并从服务器再传回客户端时所发生的网络通信以及服务器端环境。这些领域中的每一个都可能会受到心怀恶意的人的攻击。

在客户端,弱点通常可以追溯到存在于浏览器、电子邮件程序或通信软件中的缺陷。一个典型的安全漏洞是缓冲区溢出,这种缺陷使得恶意代码能够在客户端机器上运行。

例如，向浏览器中输入的URL长度远远大于为URL分配的缓冲区容量，如果浏览器没有错误探测代码来确认输入的URL的长度，则会导致内存重写（缓冲区溢出）错误。经验丰富的电脑黑客能够聪明地利用这种缺陷，通过写一个带有可运行代码的很长的URL，使浏览器毁坏或改变安全性设置（从高到低），或者在最坏的情况下破坏用户数据。

对客户端的另一个可能的攻击是对放置在浏览器中的cookie的未被授权的访问。怀有恶意创建的站点能够获取包含在合法的cookie中的信息，并且用此信息危害用户的隐私，或者更糟糕的是为偷窃行为设置舞台。

客户和服务器之间通信的数据易受电子欺骗行为的攻击，当通信路径的一端被怀有恶意的实体暗中破坏时，电子欺骗行为就发生了。例如，用户会被恶意的网站所欺骗，它看起来好像是合法的WebApp服务器（与合法的WebApp服务器具有相同的外观），其目的是窃取密码、私有信息或信用数据。

在服务器端，薄弱环节包括拒绝服务攻击和恶意脚本，这些恶意脚本可以传送到客户端，或者用来使服务器操作丧失能力。另外，服务器端数据库能够在没有授权的情况下被访问（数据窃取）。

在Web的安全性测试中，通常需要实现以下一种或多种安全机制：

- 防火墙——是硬件和软件相结合的过滤机制，它检查每一个进来的信息包，确保信息包来自合法的信息源，阻止任何可疑的数据。
- 鉴别——确认所有客户和服务器身份的一种验证机制，只有当两端都通过了检验才允许通信。

一般的应用站点都会使用登录或者注册后使用的方式，因此，必须对用户名和匹配的密码进行校验，以阻止非法用户登录。在进行登录测试的时候，需要考虑输入的密码是否大小写敏感、是否有长度和条件限制，最多可以尝试多少次登录，哪些页面或者文件需要登录后才能访问/下载等。身份验证还包括调用者身份、数据库的不同访问身份、用户授权等，并区分公共访问和受限访问，以及受限访问的资源。

- 加密——保护敏感数据的一种编码机制。通过对敏感数据进行信息加密和过滤后，才在客户端和服务器之间进行传输，包括用户登录密码、信用卡信息等。进行某种方式的修改，使得怀有恶意的人不能读懂。通过使用数字证书，加密得到了增强，因为数字证书允许客户对数据传输的目标地址进行检验。

例如，在登录某银行网站时，该网站必须支持SSL协议，通过浏览器访问该网站时，地址栏的HTTP变成HTTPS，建立HTTPS连接。这相当于在HTTP协议和TCP协议之间增加了一层加密——SSL协议。SSL是利用公开密钥/私有密钥的加密技术（RSA），建立用户与服务器之间的加密通信，确保所传递信息的安全性。数据加密的安全性还包括加密的算法、密钥的安全性。

- 授权——一种过滤机制，只有对那些具有合适的授权码（例如，用户身份证号和密码）的人，才允许访问客户或服务器环境。
- 超时限制——Web应用系统一般会设定“超时”限制，当用户长时间（如15分钟）不做任何操作时，需要重新登录才能打开其他页面。
- 操作留痕——为了保证Web应用系统的安全性，日志文件是至关重要的。需要测试相关信息是否写入了日志文件，是否可追踪等。

12.8 性能测试

性能问题通常可能是由以下原因产生的：服务器端资源缺乏、不合适的网络带宽、不适当的数据库容量、不完善或不强的操作系统能力、设计糟糕的 WebApp 功能以及可能导致客户-服务器性能下降的其他硬件或软件问题。设计性能测试的目的是双重的：①了解系统如何对负载（即用户的数量、事务的数量或总的数据量）增加做出反应；②收集度量数据，这些数据将促使修改设计，从而使性能得到改善。

设计性能测试用来模拟现实世界的负载情形。随着同时访问 WebApp 用户数量的增加，在线事务数量或数据量（下载或上载）也随之增加，性能测试将帮助回答下面的问题：

- 服务器响应时间是否降到了值得注意的或不可接受的程度？
- 在什么情况下（就用户、事务或数据负载来说），性能变得不可接受？
- 哪些系统构件应对性能下降负责？
- 在多种负载条件下，用户的平均响应时间是多少？
- 性能下降是否影响系统的安全性？
- 当系统的负载增加时，WebApp 的可靠性和准确性是否会受影响？
- 当负载大于服务器容量的最大值时，会发生什么情况？
- 性能下降是否对公司的收益有影响？

为了回答这些问题，需要进行两种不同的性能测试：

(1) 负载测试——在多种负载级别和多种组合下，对真实世界的负载进行测试。

(2) 压力测试——将负载增加到强度极限，以此来确定 WebApp 环境能够处理的容量。

12.8.1 负载测试

负载测试的目的是确定 WebApp 和其服务器环境如何响应不同的负载条件。当进行测试时，下列变量定义了一组测试条件：

N：并发用户的数量；

T：每单位时间的在线事务数量；

D：每次事务服务器处理的数据负载。

在系统正常的操作范围内定义这些变量。当每种测试条件运行时，收集下面的一种或多种测量数据：平均用户响应时间，下载标准数据单元的平均时间，或者处理一个事务的平均时间。Web 工程团队对这些测量进行检查，以确定性能的急剧下降是否与 N、T 和 D 的特殊组合有关。负载测试也可以用于为 WebApp 用户估计建议的连接速度。以下面的方式计算总的吞吐量 P：

$$P = N \times T \times D$$

例如,考虑一个大众体育新闻站点。在某一给定的时刻,2万个并发用户平均每两分钟提交一次请求(事务 T)。每一次事务需要 WebApp 下载一篇平均长度为 3KB 的新文章,因此,可计算吞吐量如下:

$$P = (20\ 000 \times 0.5 \times 3\text{KB})/(60\text{s}) = 500\text{KB/s} = 4\text{Mb/s}$$

因此,Web 服务器的网络连接将必须支持这种数据传输速度,为此,对其进行测试,确保它能够达到所需要的数据传输速度。

12.8.2 压力测试

压力测试是负载测试的继续,但是,在压力测试中,我们强迫变量 N、T 和 D 满足操作极限,然后超过操作极限。这些测试的目的是回答下面的问题:

- 系统"逐渐"降级吗?或者,当容量超出时,服务器宕机吗?
- 服务器软件会给出"服务器不可用"的提示信息吗?更一般地说,用户知道他们不能访问服务器吗?
- 服务器队列请求增加资源吗?一旦容量要求减少,会释放队列所占用的资源吗?
- 当容量超过时,事务会丢失吗?
- 当容量超过时,数据完整性会受到影响吗?
- N、T 和 D 的哪些值迫使服务器环境失效?如何来证明失效了?自动通知会被发送到位于服务器站点的技术支持人员那里吗?
- 如果系统失效,需要多长时间才能回到在线状态?
- 当容量达到 80%或 90%时,某些 WebApp 功能(例如,计算密集的功能、数据流动能力)会被停止吗?

有时将压力测试的变形称为脉冲/回弹测试。在这种测试中,增加负载,达到最大容量,然后迅速回落到正常的操作条件,然后再增加。通过回弹系统负载,测试者能够确定服务器如何调度资源来满足非常高的需求,然后当一般条件再现时释放资源(以便为下一次脉冲做好准备)。

12.9 WebApp 测试工具

已经有了许多可以直接适用于 Web 工程环境中的各类自动化测试工具,例如:

- 配置和内容管理工具:对 WebApp 的内容对象和功能构件进行版本管理和变更控制。
- 数据库性能工具:测量数据库的性能,诸如执行所选择的数据库查询的时间。这些工具帮助进行数据库优化。
- 调试器:这是典型的程序设计工具,也是大多数应用系统开发环境的一部分。可用于发现和解决代码中的软件缺陷。
- 缺陷管理系统:记录缺陷、追踪它们的状态及解决方案。有些缺陷管理系统还包括报告工具,提供缺陷传播及缺陷解决率方面的管理信息。

- 网络监测工具：监视网络阻塞的级别。它们对识别网络瓶颈及测试前端系统和后端系统之间的连接很有用。
- 回归测试工具：存储测试用例和测试数据，并且在连续的软件变更之后，可以重复使用这些测试用例。
- 站点监测工具：通常从用户的角度监测站点的性能。使用这些工具编辑统计表，诸如端到端的响应时间和吞吐量，并周期性地检查某个站点的有效性。
- 压力工具：在高水平的运行状态下，帮助开发者探测系统的行为，并发现系统的极限。
- 系统资源监视器：这是大多数OS服务器和Web服务器软件的一部分；它们监视资源，如磁盘空间、CPU使用和内存。
- 测试数据产生工具：辅助用户产生测试数据。
- 测试结果比较器：帮助将一个测试集合的结果与另一个测试集合的结果进行比较。用这些比较器来检查代码的改变没有对系统行为造成不利影响。
- 事务监视器：测量大量事务处理系统的性能。
- 网站安全性工具：帮助探测潜在的安全性问题。你可能经常安装安全性探查和监视工具，按你的计划安排运行这些工具。

12.10 习题

请参考课文内容以及其他资料，完成下列选择题。

(1) 以下关于Web应用软件测试的说法中，正确的是(　　)。

A. 链接测试是Web应用软件测试的一项内容

B. Web应用软件测试通常不考虑安全性测试

C. 与传统软件相比，Web应用软件测试更简单

D. Web应用软件只能进行黑盒测试，不能进行白盒测试

(2) 以下关于Web应用软件测试的说法中，错误的是(　　)。

A. 内容测试是Web应用软件测试的一项重要内容

B. Cookie安全性测试是Web应用软件安全性测试的一项重要内容

C. 并发测试是Web应用软件性能测试的一项重要内容

D. 表单测试是Web应用软件性能测试的一项重要内容

(3) 关于Web应用软件测试的说法中，错误的是(　　)。

A. Cookie测试是Web应用软件功能测试的一项重要内容

B. 链接测试是Web应用软件易用性测试的一项重要内容

C. Web应用软件测试通常需要考虑安全性测试

D. Web应用软件测试通常需要考虑性能测试

(4) 哪一项属于Web应用软件业务层测试关注的范畴？(　　)

A. 浏览器兼容性测试　　　　B. 应用服务器兼容性测试

C. 服务器端程序的功能测试　　　　D. 排版结构的测试

(5) 关于 Web 应用软件易用性测试的说法中，错误的是（　　）。

A. Cookie 测试是 Web 应用软件易用性测试的一项重要内容

B. 排版结构测试是 Web 应用软件易用性测试的一项重要内容

C. 并发测试不是 Web 应用软件易用性测试的一项重要内容

D. 浏览器兼容性测试不是 Web 应用软件易用性测试的一项重要内容

(6) 以下关于 Web 应用软件测试的说法中，正确的是（　　）。

A. 排版结构测试是数据层测试关注的内容

B. 链接测试是 Web 应用软件内容测试的重要内容

C. 在对 Web 应用软件进行系统测试时，通常需要考虑性能测试

D. 测试 Web 应用软件在多用户的情况下是否会出现系统崩溃，属于 Web 应用软件可靠性测试考虑的范畴

(7) 以下关于 Web 应用软件测试的说法中，正确的是（　　）。

A. 应用服务器兼容性测试是 Web 应用软件业务层测试的一项内容

B. 浏览器兼容性测试是 Web 应用软件安全性测试的一项内容

C. Web 应用软件压力测试的主要内容是并发测试

D. 表单测试是 Web 应用软件易用性测试的一项内容

(8) 以下关于 Web 应用软件测试的说法中，正确的是（　　）。

A. 内容测试是 Web 应用软件易用性测试的一项重要内容

B. Web 应用软件虽然需要频繁地进行演化，但不需要频繁地进行测试

C. Cookie 安全性测试是 Web 应用软件安全性测试的一项重要内容

D. Web 应用软件只能进行白盒测试，不能进行黑盒测试

(9) 以下关于 Web 应用软件测试的说法中，正确的是（　　）。

A. Web 应用软件安全性测试只关注用户能否绕开访问控制使用超越访问权限的内容

B. Web 应用软件的性能不仅与 Web 应用软件自身的代码有关，还可能与所用的 Web 服务器、中间件服务器以及数据库服务器有关

C. 测试 Web 应用软件是否支持不同的浏览器是 Web 应用软件表示层测试关注的一项主要内容

D. 对于没有使用数据库的 Web 应用软件，不需要进行性能测试

(10) Web 应用系统一般分为 3 层，下列哪层不属于 Web 应用系统的范畴？（　　）

A. 应用层　　B. 表示层　　C. 业务层　　D. 数据层

(11) 关于 Web 应用软件系统安全，说法正确的是（　　）。

A. 黑客的攻击主要是利用黑客本身发现的新漏洞

B. 以任何违反安全性的方式使用系统都属于入侵

C. 系统的安全漏洞属于系统的缺陷，但安全漏洞的检测不属于测试的范畴

D. Web 应用软件的安全性仅仅与 Web 应用软件本身的开发有关

(12) 关于 Web 应用软件的特点描述，错误的是（　　）。

A. 基于无连接协议　　B. 由内容驱动

C. 开发周期较长，演变较慢　　　　D. 安全性要求较高

(13) 关于 Web 应用软件功能测试，以下说法正确的是(　　)。

A. 由于测试的不可穷举性，因此链接测试不需要测试所有的链接

B. Cookie 测试不在 Web 功能测试所关注的范围之内

C. Web 功能测试不能看作是对整个 Web 应用软件进行的集成测试

D. 在 Web 应用中，许多复杂的功能是通过表单完成的

(14) 在 Web 应用软件的分层测试策略中，下列哪个不是测试关注的层次？(　　)

A. 数据层　　B. 业务层　　C. 服务层　　D. 表示层

(15) 下列关于 Web 应用软件测试的说法中，正确的是(　　)。

A. Cookie 测试是 Web 应用软件功能测试的重要内容

B. 对于没有使用数据库的 Web 应用软件不需要进行性能测试

C. 链接测试是 Web 应用软件易用性测试的重要内容

D. Web 应用软件安全性测试仅关注 Web 应用软件是否能够防御网络攻击

(16) 以下关于 Web 应用软件测试的说法中错误的是(　　)。

A. 数据完整性测试是 Web 应用软件数据层测试的一项重要内容

B. 内容测试是 Web 应用软件易用性测试的一项重要内容

C. 表单测试是 Web 应用软件功能测试的一项重要内容

D. 客户端内容安全性的测试是 Web 应用软件安全性测试的一项重要内容

(17) 以下哪一项不属于 Web 应用软件表示层测试关注的范畴？(　　)

A. 排版结构的测试　　　　B. 链接结构的测试

C. 浏览器兼容性的测试　　D. 应用服务器兼容性测试

(18) 以下关于 Web 应用软件测试的说法中，正确的是(　　)。

A. 对 Web 应用软件进行性能测试时，不需要进行压力测试

B. 内容测试是 Web 应用软件易用性测试的一项重要内容

C. Cookie 测试是 Web 应用软件功能测试的一项重要内容

D. 是否存在无效链接是 Web 应用软件安全性测试关注的范畴

(19) 以下哪一项属于数据兼容性测试关注的范畴？(　　)

A. 软件在异常退出时是否会破坏正在处理的文件

B. 软件是否可以在不同的 J2EE 应用服务器上运行

C. 软件同类功能的使用风格是否一致

D. 软件是否能打开以前版本保存的文件

(20) 以下哪一项不属于数据兼容性测试关注的范畴？(　　)

A. 一个 Web 应用软件是否支持不同的关系型数据库

B. 一个浏览器是否同时支持不同版本的 HTML 文件格式

C. 一个排版软件是否可以打开该软件以前版本保存的文件

D. 一个文字处理软件是否可以打开其他文字处理软件保存的文件

(21) 哪一项不属于数据兼容性测试关注的范畴？(　　)

A. 一个 Web 应用软件是否能支持以前版本使用的关系型数据库

B. 一个杀毒软件是否会破坏其他软件保存的文件

C. 一个文字处理软件能否处理其他文字处理软件保存的文件

D. 一个文字处理软件能否处理以前版本保存的文件

(22) 针对软件对其运行环境的依赖进行测试,以验证软件是否能在所有期望的环境中运行,这种测试方法是( )。

A. 极限测试　B. 易用性测试　C. 功能测试　D. 兼容性测试

12.11 实验与思考

12.11.1 实验目的

本节"实验与思考"的目的:

(1) 熟悉 Web 应用系统测试的相关概念与技术。

(2) 确定一个待测试的网站。基于网站上的应用,描述一个访问者在网站中可能执行的一系列典型活动。尽可能地包括数据输入页面,写出在测试过程中需要注意或着重关注的场景。

(3) 深入分析一个在线药房。列举针对此 WebApp 的任何特殊的可用性测试。讨论一个药品互作用检查功能所必须进行的构件级测试的类型。分析此服务器需要具有的吞吐量。

12.11.2 工具/准备工作

在开始本实验之前,请认真阅读课程的相关内容。

需要准备一台带有浏览器、能够访问因特网的计算机。

12.11.3 实验内容与步骤

1) 概念理解。

请查阅有关资料,根据你的理解和看法,给出下列概念的定义:

(1) 内容测试: ________________________________

____

(2) 界面测试: ________________________________

____

(3) 构件测试: ________________________________

____

(4) 导航测试: ________________________________

____

2) 确定一个待测试的网站。基于网站上的应用,描述一个访问者在网站中可能执行的一系列典型活动。尽可能地包括数据输入页面，写出在测试过程中需要注意或着重关注的场景。

(1) 你确定的待测试网站的名称是：______

网址：______

(2) 该网站的主要应用：

______

______

______

______

______

(3) 一个访问者在网站中可能执行的一系列典型活动：

______

______

______

______

______

(4) 在测试过程中需要注意或着重关注的场景：

______

______

______

______

______

3) 假设你正在开发满足老年人需要的在线药房(YourCornerPharmacy.com)。药房提供了典型的功能，但也为每位客户维护一个数据库，使得它可以提供药品信息和潜在的药品互作用(即配伍禁忌)警告。

(1) 请分析针对此WebApp的任何特殊的可用性测试。

______

______

______

______

(2) 假设你已经为在线药房YourCornerPharmacy.com实现了一个药品互作用检查功能。讨论必须进行的构件级测试的类型，以确保这项功能工作正常。(注意：实现这项功能将必须使用数据库。)

______

______

______

______

(3) 为使其成功，在线药房YourCornerPharmacy.com已经实现了一个特殊的服务，单独处理处方的重新填写。平均情况下,1000个并发用户每两分钟提交一次重填请求,WebApp下载500B的数据块来响应。此服务器需要具有的吞吐量是多少Mb/s?

____

____

____

12.11.4 实验总结

____

____

____

____

12.11.5 实验评价(教师)

____

____

12.12 阅读与分析:12306网站为何陷入混乱?实际是权利与利益博弈

对这个国家来说,每年的春运(图12-4)都是一场怨声载道的抢票大战。2012年春运,全路启用的铁路网路售票系统12306.cn上线不久即告失败——网站时常瘫痪,用户无法登录,即使登录后订单也无法提交,甚至有人支付成功却没能买到票,诸多问题集中爆发。

图12-4 春运

一张小小的火车票,无疑是过年前后这两个月全球最为紧俏的商品。与之对应的是,铁路网络售票系统的平台www.12306.cn诞生才一年就成了14亿人关注的焦点。根据互联网排名网站Alexa的排名,2012年1月12日,12306.cn单日访问量已飙升至全球90位,逼近了第83位的京东商城,见图12-5和图12-6。

图12-5 全国铁路客票系统监控和技术支持维护中心

图12-6 12306网站主页

“如果12306平台上市的话,估值在100亿元以上。”铁道部一位不愿透露姓名的高层对记者说道。

但正是这个创造奇迹的购票网站,正在经历一场漩涡式的舆论风波。据记者了解,在火车票购票网的系统平台开发上,IBM、清华大学、易程科技和铁科院电子所都曾激烈厮杀过,尤其是易程科技和铁科院电子所,胶着对峙了五年之久,最终由铁科院电子所获得。

这一过程曾被媒体揭示称,12306网站平台招标时铁道部弃用清华、IBM和易程科技的成熟技术，利益输送给其下属企业铁科院电子所。

然而，记者多方探访获悉，其间过程，并不如外界所称的“铁道部肥水不流外人田”，而是另有复杂且忌讳莫深的权力博弈。

“表面上是方案与公司之争，实际上是权力与利益之争，但究根到底还是铁路管理体制的问题。”铁道部一位了解信息技术的高层接受本报记者采访时称，易程科技根本就没有什么高端技术，只是傍着高层力量强势入场。铁道部最终弃用 IBM 方案则是出于铁路系统的长远安全考虑，最终采用的是铁科院自主研发的后端系统。

准备不足问题重重

回望 12306 网站在 2011 年 12 月底以来的表现，铁道部高层也直呼想不到。

铁道部副部长胡亚东介绍，今年第一次在全国铁路实行网络电话订票，截至 1 月 8 日已经达到每天 200 万张，12306 网站的注册用户已超过 1000 万人。1 月 1 日至 7 日，12306 网站日均点击次数已经超过了 10 亿次，专家认为瞬间点击可能达到了“世界第一”。

高度的关注、巨大的访问量，导致 12306 网站频繁出现系统崩溃、无法登录、无法支付等情况。

“像春运这样庞大的需求量，难道铁道部没有预想到并有所准备？”隆梅资本管理有限公司副总经理马宏兴对此困惑不解。

在探究 12306 网站问题的深层原因以及解决之道时，各家看法不同，“12306 网站的问题最终还是系统架构的问题。因为用户有大量的动态、交互式访问，所有的请求都会发送到 12306 网站的服务器端，同时在线并发用户数量太多，导致网站无力承载，造成拥堵。”华南师范大学计算机学院副院长单志龙认为。

又有说法认为，如果给 12306 网站增加服务器和带宽，也能够缓解拥堵的症状。这一观点铁道部内部颇为认同。

“得承认，我们对访问量估计得不足。”铁道部信息技术中心一位中层向记者透露，12306 网站曾在 2011 年春运期间试运行，高峰时段访问量约在 1 亿，因此，信息中心估计 2012 年春运期间的访问量约在 3 亿至 4 亿。

但是，结果却大大出乎人们的预料。12306 网站在 1 月 9 日的日点击量达到 14 亿次，是原来料想峰值的 5 倍之多。“崩溃”在所难免！

另外一个原因是“上马得太过仓促”。铁道部一位不愿透露姓名的高层向记者透露，事实上网络售票系统的上线在前部长刘志军时代因种种背后利益纠纷，迟滞多年未能成行，直到现任部长盛光祖上台之后，号令加速上马，“以至于应对不了如今庞大的需求量”。

据记者了解，“12306”从方案设计招标、设备采购到正式投放运行时间不到一年。

2010 年 7 月 15 日和 11 月 8 日，中国铁路建设投资公司受铁道部信息技术中心委托，对铁路客户服务中心信息系统一期工程和 CDN 服务进行招标。

此后卷入“宕机”漩涡的太极股份和网宿科技正是在这两次招标中中标的。按照太极股份 2010 年年度财报中披露的信息，太极股份与铁道部信息技术中心的合同额达 4895 万元，占其当年全部营业收入的 2.49%。网宿科技则并无披露相应的合作金额。

盛光祖上任后，铁道部信息技术中心又对铁路客户服务中心信息系统二期工程进行招标。

两次招标的总金额铁道部不曾披露过，“窄口统计，投在12306网站的资金约在1亿多。”铁道部高层向记者解释道，所谓窄口统计，是指新增资金部分，网络售票系统实际上也运用到了铁道部历年在客票发售与预订系统的资源，如加上那部分投资，则极难计算。

2011年6月，12306网站正式上线运行。铁道部分3步逐步将G打头的高铁列车车次，D打头的动车车次，以及Z、T、K打头的直达、特快与快车等车次分批次地上网售票。完全实现所有车次都可网购的，事实上直到春节前夕才实现。

五年利益之争

事实上，从2006年实现铁路客票发售和预订系统全路联网之后，铁道部就已经将网络售票平台的搭建提上议程。但在此后长达五年时间里，此工作并无实质性进展。

铁道部高层向记者透露，因为铁道部高层利益的巨大分歧，解决方案实际上淹没在口水与利益之争中，直到2010年才有了突破与进展。

此前，清华大学Web与软件技术研究中心电子商务研究室主任、高级架构师王津在接受本报采访时曾介绍，IBM和清华大学都曾参与12306网站系统建设咨询的过程，当时向铁道部提出了网上售票系统的两个解决方案，一是IBM拥有专利的“基于Z/TPF的互联网订票引擎”，另一个是由该中心掌握自主知识产权的分布式解决方案。但最后这两个方案均未被铁道部采纳。

IBM的方案未被采用与成本过高有关。“另一个原因是出于长远安全考虑”，铁道部的高层表示，庞大的铁路网络系统采用美国公司的解决方案，难以确保其特殊时期的安全问题。至于清华拥有自主知识产权的方案为何也没有被采纳，该高层不置可否。

最终在解决方案设计招标时，申报方案的除了铁科院电子所，还有易程科技股份有限公司。

“这个招标实际上是12306网站后端系统设计招标。”铁道部高层向记者透露，由于IBM和清华大学早就被排除出了候选名单，最终的角逐落在铁科院和易程科技身上。

铁科院下属的电子所成立于1979年，从事铁路电子计算技术的专业研究，1992年电子所单独注册成立北京经纬信息技术公司，开始企业化运作。

由于铁科院电子所此前曾研制过5个版本的铁路票务系统，铁路客票研制经验充足。

易程科技成立于2006年3月份，该公司网站自称是清华大学整合所属企业优势资源组建成立的股份制公司，在铁路、航空、枢纽、城际及城市轨道交通等领域提供业务咨询、系统集成、技术产品和运营服务。

在工商登记资料中，易程科技最初经营范围只是技术进出口、货物进出口和代理进出口。如今易程早就扩大了其经营范围，并拥有了一系列的产品和解决方案。

记者调阅易程科技的工商资料获悉，易程科技股份有限公司是由清华同方威视技术股份有限公司、北京神州亿品投资有限公司、深圳华科投资有限公司、同方投资有限公司与清华同方微电子有限公司五家企业共同出资6000万组建的。五家公司所持易程股份比例分别为30%、30%、20%、15%和5%。

2007 年，股东中有三家更名，清华同方威视、北京清华同方微电子分别更名为同方威视和北京同方微电子，神州亿品投资则更名为易达通投资。资料还显示，易程科技实际上是清华同方控股。

多网运营悬念

记者无法获悉易程科技当初在方案投标时所提交的解决方案，按照其网站公布的内容，易程科技所拥有的票务系统软件似乎可以解决 12306 网站目前的所有问题。

易程科技称，其票务软件设计规模达到年旅客发送量 50 亿人次，为全球最大规模，而且还可支持高峰时段每分钟 30 000～50 000 个并发交易服务。此外还支持多端口外接。因此被外界视为"成熟方案"。

但铁道部高层对这个说法并不认同：业内同行很清楚易程科技的技术水平，以易程所做的京津城际票务系统集成项目为例，易程的系统里问题多多，有将上行车次标注成下行车，下行车反倒成了上行车的低级错误。当初铁道部信息技术中心不得不调拨了 40 个技术人员前去抢救该系统。

铁道部高层在接受记者采访时指出，目前 12306 的硬件和软件确实存在问题，但最核心的原因出于两点，其一是铁路网络的物理隔绝，以及 12306 网站的信息存在内网与外网转换滞后的问题。

铁道部高层告诉记者，12306 网站属于外网，其数据并不是直接连接自铁路客票发售和预订系统，而是存在内网与外网的数据转换。"数据交换的时间不知道是多长，听说在 10 分钟左右。"

"在互联网上，只要能提升百分之几的效率，那么网络与服务器的压力就能降低很多。"一位互联网知名技术工程师建议，12306 网站只要在关键部分进行改进，那么就能大大地提高效率。比如，12306 网站"余票查询是每 10 分钟更新一次"。这 10 分钟就是可以进行静态处理的，只要网站做好这 10 分钟，那么网络拥堵的情况就能够大大降低。

另据了解，针对全国"一张网"网上预订火车票出现的网络瘫痪状况，铁道部日前表示将会研究实施"开分店"式的多网运作。

"采取分店式运营，可以将集中处理转化成分散处理。"近邻帮公司的 CEO 田悦称，在实际操作中，可以根据区域访问量的大小，以及各个区域的访问特点，部署相应的资源。比如，有一些地区访问量很集中，而另一些地区访问量不大，那么配置的资源就可以相应增加或减少。

资料来源：21 世纪经济报道，2012-01-14。

第 13 章　设计和维护测试用例

测试用例是为了实现测试有效性而采取的一种最基本的手段。好的测试用例可以帮助测试人员更快地发现缺陷，会在测试过程中不断被重复使用。同时，在测试过程中可以通过对测试用例的组织和跟踪来完成对测试工作的量化和管理。

13.1　测试用例构成及其设计

测试用例是有效地发现软件缺陷的最小测试执行单元，是为了特定目的（如考察特定程序路径或验证是否符合特定的需求）而设计的测试数据及与之相关的测试规程的一个特定的集合。测试用例在测试中具有重要的作用，测试用例有特定的书写标准，在设计测试用例时需要考虑一系列的因素，并遵循一些基本的原则。

设计测试用例的方法很多，例如前面讨论的黑盒测试和白盒测试方法。黑盒测试方法包括等价类划分法、边界值分析方法、因果图、决策表、功能图法、正交试验法等，而白盒测试方法包括语句覆盖、条件覆盖、分支覆盖、条件-分支组合方法、基本路径覆盖等。测试用例设计方法还可以采用数据流分析、控制流分析、业务逻辑时序分析、基于程序错误的变异、基于代数运算符号和形式逻辑等方法来完成。

13.1.1　测试用例的重要性

在测试过程中需要通过执行测试用例来发现缺陷，它具有以下几个方面的作用：

(1) 有效性。测试用例是测试人员测试过程中的重要依据。我们已经知道，穷举测试是不可能的，因此，设计良好的测试用例将大大节约时间，提高测试效率。

(2) 可复用性。良好的测试用例具有重复使用的功能，使得测试过程事半功倍。不同的测试人员根据相同的测试用例所得到的输出结果是一致的，对于准确的测试用例的计划、执行和跟踪是测试的可复用性的保证。

(3) 易组织性。即使是很小的项目，也可能会有成百上千甚至更多的测试用例，测试用例可能在数月甚至几年的测试过程中被创建和使用，正确的测试计划将会很好地组织这些测试用例并提供给测试人员或者其他项目作为参考和借鉴。

(4) 可评估性。从测试的项目管理角度来说，测试用例的通过率是检验代码质量的保证。测试人员经常说代码的质量不高或者代码的质量很好，量化的标准应该是测试用例的通过率以及软件缺陷(Bug)的数目。

(5) 可管理性。从测试的人员管理的角度来说，测试用例也可以作为检验测试进度的工具之一，工作量以及跟踪/管理测试人员的工作效率的因素，适用于对新的测试人员的检验，从而更加合理地做出测试安排和计划。

因此,测试用例使得测试的成本降低,并具有可重复使用功能,也是检测测试效果的重要因素。设计良好的测试用例是测试的关键工作之一。

编写测试用例需要设计者对产品的设计、功能规格说明书、用户场景以及程序/模块的结构都有比较透彻的了解。刚开始时,测试人员只能执行别人写好的测试用例,随着测试人员的经验积累和技术的提高,掌握测试用例的设计方法和所需的知识,这时测试人员就能够独立编写测试用例。当然,请资深人员帮助审查,有助于控制测试用例的质量。

13.1.2 测试用例设计书写标准

在测试用例的编写过程中,需要遵守基本的测试用例编写标准,并参考一些测试用例设计的指南。在 ANSI/IEEE 829-1983 标准中,列出了和测试设计相关的测试用例编写规范和模板。标准模板中主要元素如下:

- 标识符(Identification):每个测试用例应该有一个唯一的标识符,它将成为所有和测试用例相关的文档/表格引用和参考的基本元素,这些文档/表格包括缺陷报告、测试任务、测试报告等。
- 测试项(Test Items):测试用例应该准确地描述所需要测试的项及其特征,测试项应该比测试设计说明中所列出的特性描述更加具体,例如,Windows 计算器应用程序测试中,测试对象是整个应用程序的用户界面,其测试项将包括该应用程序的各个界面元素的操作,例如窗口缩放、界面布局、菜单等。
- 测试环境要求:用来表征执行该测试用例需要的测试环境,一般来说,在整个测试模块里面应该包含整个的测试环境的特殊需求,而单个测试用例的测试环境需要表征该测试用例单独所需要的特殊环境需求。
- 输入标准:用来执行测试用例的输入需求。这些输入可能包括数据、文件或者操作(例如鼠标的单击、击键等)。
- 输出标准:标识按照指定的环境、条件和输入而得到的期望输出结果。如果可能的话,尽量提供适当的系统规格说明来证明期望的结果。
- 测试用例间的关联:用来标识该测试用例与其他测试用例之间的依赖关系。在测试的实际过程中,很多测试用例并不是单独存在的,它们之间可能有某种依赖关系,例如用例 A 需要在 B 的测试结果正确的前提上才被执行,此时测试人员需要在 A 的测试用例中表明对 B 的依赖性,从而保证测试用例的严谨性。

综上所述,可以使用一个数据库的表来描述测试用例的主要元素,如表 13-1 所示。

如果用数据词典的方法来表示,测试用例可以简单地表示成:测试用例={输入数据+操作步骤+期望结果},其中{}表示重复。这个式子还表明,每一个完整的测试用例不仅包含有被测程序的输入数据,而且还包括执行的步骤、预期的输出结果。

我们用一个具体例子来描述测试用例的组成结构。例如对 Windows 记事本程序进行测试,选取其中的一个测试项——文件(File)菜单栏的测试。

表 13-1 测试用例元素表示

字段名称	类型	是否必选	注释
标识符	整型	是	唯一标识该测试用例的值
测试项	字符型	是	测试的对象
测试环境要求	字符型	否	可能在整个模块里面使用相同的测试环境需求
输入标准	字符型	是	
输出标准	字符型	是	
测试用例间的关联	字符型	否	并非所有的测试用例之间都需要关联

测试对象：记事本程序文件菜单栏(测试用例标识 1000)，所包含的子测试用例描述如下：

```
|--------文件/新建(1001)
|--------文件/打开(1002)
|--------文件/保存(1003)
|--------文件/另存(1004)
|--------文件/页面设置(1005)
|--------文件/打印(1006)
|--------文件/退出(1007)
|--------菜单布局(1008)
|--------快捷键(1009)
```

选取其中的一个子测试用例"文件/退出(1007)"作为详细例子——完整的测试用例描述，如表 13-2 所示。通过这个例子，可以了解测试用例具体的描述方法和格式。通过实践，获得必要的技巧和经验，能更好地描述出完整的、良好的测试用例。

表 13-2 一个具体的测试用例

字段名称	描述
标识符	1007
测试项	记事本程序，文件菜单栏——文件/退出菜单的功能测试
测试环境要求	Windows 2000 Professional，中文版
输入标准	1. 打开 Windows 记事本程序，不输入任何字符，鼠标单击选择菜单"文件"→"退出" 2. 打开 Windows 记事本程序，输入一些字符，不保存文件，鼠标单击选择菜单"文件"→"退出" 3. 打开 Windows 记事本程序，输入一些字符，保存文件，鼠标单击选择菜单"文件"→"退出" 4. 打开一个 Windows 记事本文件(扩展名为.txt)，不做任何修改，鼠标单击选择菜单"文件"→"退出" 5. 打开一个 Windows 记事本文件，做修改后不保存，鼠标单击选择菜单"文件"→"退出"

续表

字段名称	描述
输出标准	1. 记事本未做修改,鼠标单击菜单"文件"→"退出",能正确地退出应用程序,无提示信息 2. 记事本做修改未保存或者另存,鼠标单击菜单"文件"→"退出",会提示"未定标题文件的文字已经改变,想保存文件吗?"单击"是",Windows将打开保存/另存窗口;单击"否",文件将不被保存并退出记事本程序;单击"取消"将返回记事本窗口
测试用例间的关联	1009(快捷键测试)

13.1.3 测试用例设计的考虑因素

在测试用例的编写过程中,需要考虑以下这些基本因素:

(1) 测试用例必须具有代表性、典型性。一个测试用例能基本涵盖一组特定的情形,目标明确,这可能要借助测试用例设计的有效方法和对用户使用产品的准确把握。

(2) 设计测试用例,是寻求系统设计、功能设计的弱点。测试用例需要确切地反映功能设计中可能存在的各种问题,而不要简单复制产品规格设计说明书的内容。同时,测试用例还需要按照功能规格说明书的要求进行设计,将所有可能的情况结合起来考虑。

(3) 测试用例需要考虑到正确的输入,也需要考虑错误的或者异常的输入,以及需要分析怎样使得这样的错误或者异常能够发生。例如,电子邮件地址校验的时候,不仅需要考虑到正确的电子邮件地址(如 pass@web.com)的输入,同时需要考虑错误的、不合法的(如没有@符号的输入),或者带有异常字符(单引号、斜杠、双引号等)的电子邮件地址输入,尤其是在做 Web 页面测试的时候,通常会出现一些字符转义问题而造成异常情况的发生。

(4) 用户测试用例设计,要多考虑用户实际使用场景。用户测试用例是基于用户实际的可能场景,从用户的角度来模拟程序的输入,从而针对程序来进行的测试用例。用户测试用例不仅需要考虑用户实际的环境因素,例如在 Web 程序中需要对用户的连接速度、负载进行模拟,还需要考虑各种网络连接方式的速度。在本地化软件测试时,需要尊重用户所在国家、区域的风俗,语言以及习惯用法。

13.1.4 测试用例设计的基本原则

在测试用例设计时,除了需要遵守基本的测试用例编写规范外,还需要遵循一些基本原则:

(1) 避免含糊的测试用例。含糊的测试用例给测试过程带来困难,甚至会影响测试的结果。在测试过程中,测试用例的状态是唯一的,一般是下列三种状态中一种,即:通过(Pass)、未通过(Failed)和未进行测试(Not Done)。

如果测试未通过，一般会有对应的缺陷报告与之关联；如未进行测试，则需要说明原因（测试用例条件不具备、缺乏测试环境或测试用例目前已不适用等）。因此，清晰的测试用例使测试人员在进行测试过程中不会出现模棱两可的情况，对一个具体的测试用例不会有“部分通过，部分未通过”这样的结果。如果按照某个测试用例的描述进行操作，不能找到软件中的缺陷，但软件实际存在和这个测试用例相关的错误，这样的测试用例是不合格的，将给测试人员的判断带来困难，同时也不利于测试过程的跟踪。

（2）尽量将具有相类似功能的测试用例抽象并归类。对相类似的测试用例的抽象过程非常重要，一个好测试用例应该是能代表一组同类的数据，或相似的数据处理逻辑过程。

（3）尽量避免冗长和复杂的测试用例。这样做的主要目的是保证在测试执行过程中测试用例验证结果的唯一性，从而便于跟踪和管理。在一些很长和复杂的测试用例设计过程中，需要将测试用例进行合理的分解，从而保证测试用例的准确性。在某些时候，测试用例包含很多不同类型的输入或者输出，或者测试过程的逻辑复杂而不连续，此时需要对测试用例进行分解。

设计测试用例时应该注意：

（1）基于测试需求的原则。应按照测试类别的不同要求，设计测试用例。如，单元测试依据详细设计说明集成测试依据概要设计说明，配置项测试依据软件需求规格说明系统测试依据用户需求（系统/子系统设计说明、软件开发计划等）。

（2）基于测试方法的原则。应明确所采用的测试用例设计方法。为达到不同的测试充分性要求，应采用相应的测试方法，如等价类划分、边界值分析、猜错法、因果图等方法。

（3）兼顾测试充分性和效率的原则。测试用例集应兼顾测试的充分性和测试的效率；每个测试用例的内容也应完整，具有可操作性。

（4）测试执行的可再现性原则。应保证测试用例执行的可再现性。

13.2 测试用例要素

每个测试用例应包括以下要素：

（1）名称和标识。每个测试用例应有唯一的名称和标识符。

（2）测试追踪。说明测试所依据的内容来源。如系统测试依据的是用户需求，配置项测试依据的是软件需求，集成测试和单元测试依据的是软件设计。

（3）用例说明。简要描述测试的对象、目的和所采用的测试方法。

（4）测试的初始化要求。应考虑下述初始化要求：

① 硬件配置。被测系统的硬件配置情况，包括硬件条件或电气状态。

② 软件配置。被测系统的软件配置情况，包括测试的初始条件。

③ 测试配置。测试系统的配置情况，如用于测试的模拟系统和测试工具等的配置情况。

④ 参数设置。测试开始前的设置如标志、第一断点、指针、控制参数和初始化数据等。

⑤ 其他对测试用例的特殊说明。

(5) 测试的输入。在测试用例执行中发送给被测对象的所有测试命令、数据和信号等。对于每个测试用例应提供如下内容：

① 每个测试输入的具体内容(例如确定的数值、状态或信号等)及其有效值、无效值、边界值等；

② 测试输入的来源(例如测试程序产生、磁盘文件、通过网络接收、人工键盘输入等)以及选择输入所使用的方法(例如等价类划分、边界值分析、错误推测、因果图、功能图等)；

③ 测试输入是真实的还是模拟的；

④ 测试输入的时间顺序或事件顺序。

(6) 期望的测试结果。说明测试用例执行中由被测软件所产生的期望的测试结果，即经过验证、认为正确的结果。必要时应提供中间的期望结果。期望测试结果应该有具体内容，如确定的数值、状态或信号等，不应是不确切的概念或笼统的描述。

(7) 评价测试结果的准则。判断测试用例执行中产生的中间和最后结果是否正确的准则。对于每个测试结果应根据不同情况提供如下信息：

① 实际测试结果所需的精度；

② 实际测试结果与期望结果之间的差异允许的上限、下限；

③ 时间的最大和最小间隔，或事件数目的最大和最小值；

④ 实际测试结果不确定时，再测试的条件；

⑤ 与产生测试结果有关的出错处理；

⑥ 其他准则。

(8) 操作过程。实施测试用例的执行步骤。把测试的操作过程定义为一系列按照执行顺序排列的相对独立的步骤。对于每个操作应提供：

① 每一步所需的测试操作动作、测试程序的输入、设备操作等；

② 每一步期望的测试结果；

③ 每一步的评价准则；

④ 程序终止伴随的动作或差错指示；

⑤ 获取和分析实际测试结果的过程。

(9) 前提和约束。在测试用例说明中施加的所有前提条件和约束条件，如果有特别限制、参数偏差或异常处理，应该标识出来并要说明它们对测试用例的影响。

(10) 测试终止条件说明测试正常终止和异常终止的条件。

13.3 测试用例的组织和跟踪

测试用例是为实现有效的测试服务的，将这些测试用例完整地结合到测试过程中加以使用，涉及测试用例的组织、跟踪和维护问题。

13.3.1 测试用例的属性

在整个测试设计和执行过程中，可能涉及很多的、不同类型的测试用例，这要求测试人员能有效地对这些测试用例进行组织。为了组织好测试用例，必须了解测试用例所具有的属性。不同的阶段，测试用例的属性也不同，如图 13-1 所示。基于这些属性，可以采用数据库方式更有效地管理测试用例。

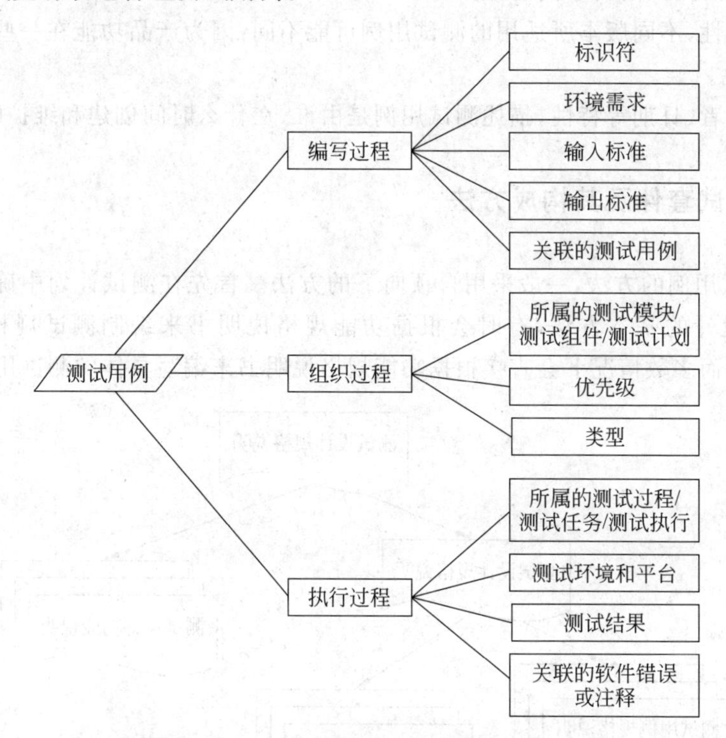

图 13-1 各个阶段所表现的测试用例属性

(1) 测试用例的编写过程：标识符、测试环境、输入标准、输出标准、关联测试用例标识。

(2) 测试用例的组织过程：所属的测试模块/测试组件/测试计划、优先级、类型等。

(3) 测试用例的执行过程：所属的测试过程/测试任务/测试执行、测试环境和平台、测试结果、关联的软件错误或注释。

其中标识符、测试环境、输入标准、输出标准等构成了测试用例的基本要素，前面已经做了介绍，而其他具体属性包括：

(1) 优先级(Priority)，优先级越高，被执行的时间越早，执行的频率越高。由最高优先级的测试用例构成基本验证测试(Basic Verification Test，BVT)，每次构建软件包时，都要被执行一遍。

(2) 目标性，包括功能性、性能、容错性、数据迁移等各方面的测试用例。

(3) 所属的范围，属于哪一个组件或模块，这种属性可以和需求、设计等联系起来，有利于整个软件开发生命周期的管理。

(4) 关联性,测试用例一般和软件产品特性相联系,通过这种关联性可以了解每个功能点是否有测试用例覆盖、有多少个测试用例覆盖,从而确定测试用例的覆盖率。

(5) 阶段性,属于单元测试、集成测试、系统测试、验收测试中的某一个阶段,这样可以针对阶段性测试任务快速构造测试用例集合,用于执行。

(6) 状态,当前是否有效。如果无效,被置于 Inactive 状态,不会被运行,只有激活(Active)状态的测试用例才被运行。

(7) 时效性,不同版本所适用的测试用例可能不同,因为产品功能在一些新版本上可能会发生变化。

(8) 所有者、日期等特性,描述测试用例是由谁、在什么时间创建和维护的。

13.3.2 测试套件及其构成方法

组织测试用例的方法,一般采用自顶向下的方法。首先在测试计划中确定测试策略和测试用例设计的基本方法,有时会根据功能规格说明书来编制测试规格说明书,如图 13-2 所示,而多数情况下会直接根据功能规格说明书来编写具体的测试用例。

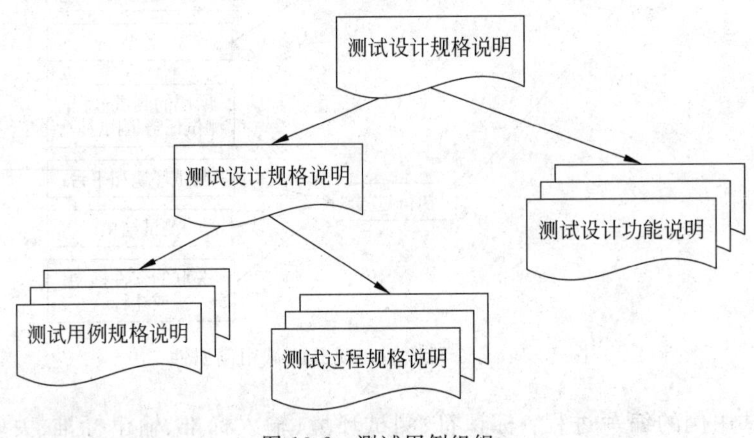

图 13-2 测试用例组织

在测试用例组织和执行过程中,还需要引入一个新概念——测试套件(test suite)。测试套件是根据特定的测试目标和任务而构造的某个测试用例的集合。这样,为完成相应的测试任务或达到某个测试目标,只要执行所构造的测试套件,使执行任务更明确、更简单,有利于测试项目的管理。测试套件可以根据测试目标、测试用例的特性和属性(优先级、层次、模块等),来选择不同的测试用例,构成满足特定的测试任务要求的测试套件,如基本功能测试套件、负面测试套件、Mac 平台兼容性测试套件等。

为构造有效的测试套件,通常使用以下几种方法来组织测试用例:

(1) 按照程序的功能模块。软件产品是由不同的功能模块构造而成的,因此,按程序的功能模块组织测试用例是一种很好的方法。将属于不同模块的测试用例组织在一起,能够很好地检查测试所覆盖的内容,实现准确的执行测试计划。

(2) 按照测试用例的类型。将不同类型的测试用例按照类型进行分类组织测试也是一种常见的方法。一个测试过程中,可以将功能/逻辑测试、压力/负载测试、异常测试、兼容性测试等具有相同类型的用例组织起来,形成每个阶段或每个测试目标所需的测试用例组或集合。

(3) 按照测试用例的优先级。和软件错误相类似,测试用例拥有不同优先级,测试人员可以按照测试过程的实际需要,定义测试用例的优先级,从而使得测试过程有层次、有主次地进行。

以上各种方式中,根据程序的功能模块进行组织是最常用的方法,同时可以将3种方式混合起来,灵活运用,例如可以先按照不同的程序功能块将测试用例分成若干个模块,再在不同的模块中划分出不同类型的测试用例,按照优先级顺序进行排列,这样,就能形成一个完整而清晰的组织框架。

如图13-3所示,体现了测试用例组织和测试过程的关系,这是基于前面的测试用例特性分析,以及如何有效地完成测试获得的。这个过程可以简单描述如下:

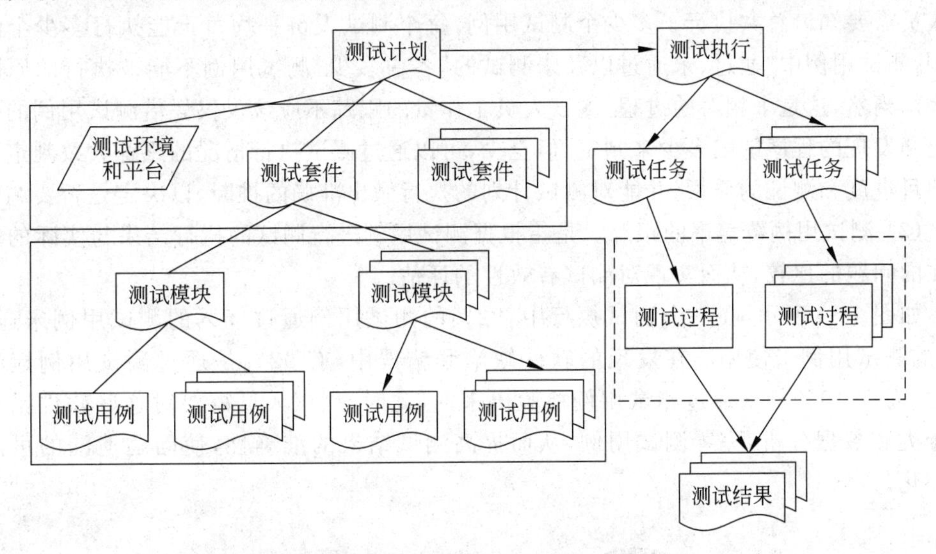

图13-3 测试用例的组织和测试过程的关系

(1) 测试模块由该模块的各种测试用例组织起来;

(2) 多个测试模块组成测试套件(测试单元);

(3) 测试套件加上所需要的测试环境和测试平台需求组成测试计划;

(4) 测试计划确定后,就可以确定相应的测试任务;

(5) 将测试任务分配给测试人员;

(6) 测试人员执行测试任务,完成测试过程,并报告测试结果。

13.3.3 跟踪测试用例

在测试执行开始之前,测试组长或测试经理应该能够回答下面一些问题:

- 整个测试计划包括哪些测试组件？
- 测试过程中有多少测试用例要执行？
- 在执行测试过程中，使用什么方法来记录测试用例的状态？
- 如何挑选出有效的测试用例来对某些模块进行重点测试？
- 上次执行的测试用例的通过率是多少？哪些是未通过的测试用例？根据这些问题，对测试执行做到事先心中有数，有利于跟踪测试用例执行的过程，控制好测试的进度和质量。

前面提到，测试过程中测试用例有3种状态：通过、未通过和未测试。根据测试执行过程中测试用例的状态，针对测试用例的执行和输出而进行跟踪，从而达到测试过程的可管理性以及完成测试有效性的评估。

跟踪测试用例，包括两个方面的内容：

(1) 测试用例执行的跟踪。良好的测试用例自身具有易组织性、可评估性和管理性，实现测试用例执行过程的跟踪可以有效地将测试过程量化。例如，在一轮测试执行中，测试人员需要知道总共执行了多少个测试用例，每个测试人员平均每天能执行多少个测试用例，测试用例中"通过、未通过以及未测试的"各占多少，测试用例不能被执行的原因是什么。当然，这是个相对的过程，测试人员工作量的跟踪不应该仅仅凭借测试用例的执行情况和发现的程序缺陷多少来判定，但至少，可以通过测试执行情况的跟踪大致判定当前的项目进度和测试的质量，并能对测试计划的执行做出准确的推断，以决定是否要调整。

(2) 测试用例覆盖率的跟踪。是指根据测试用例进行测试的执行结果与实际的软件存在的问题的比较，从而实现对测试有效性的评估。

如图13-4所示，在一个测试执行中，92%的测试用例通过，5%的测试用例未通过，3%的测试用例未使用。在发现的软件缺陷和错误中，有92%是通过测试用例检测出来的，而有10%是未通过测试用例检验出来的，此时，测试人员需要对这些软件错误进行分类和数据分析，完善测试用例，从而提高测试结果的准确性，使问题遗漏的可能性最小化。

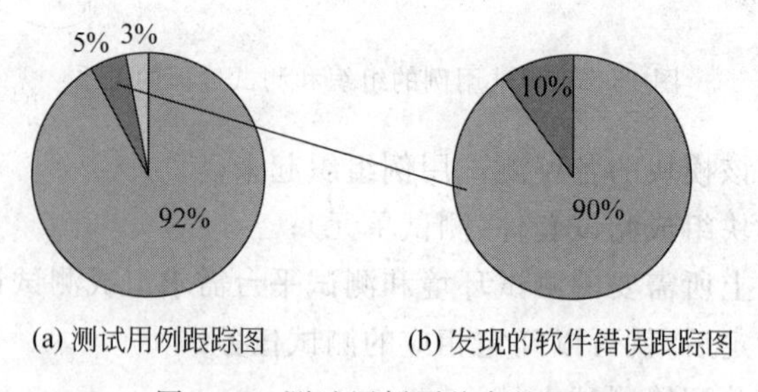

(a) 测试用例跟踪图　(b) 发现的软件错误跟踪图

图13-4　测试用例覆盖率的跟踪

图13-5是针对每个测试模块的测试用例的跟踪示意图，通过对比，不难发现，模块二和模块三的未通过率和未使用率都比较高，此时测试组长需要对这两个模块的测试用例以及测试过程进行分析，是这个模块的测试用例设计不合理，还是模块本身存在太多的软件缺陷。根据实际的数据分析，可以对这两个模块重新进行单独测试，通过纵向的数据比较，来实现软件质量的管理和改进。

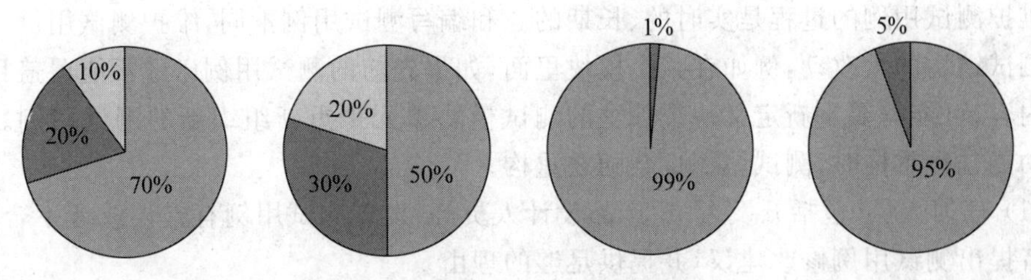

图 13-5 模块测试用例跟踪图

凭借个人的记忆来跟踪测试用例几乎是不可能的，一般会采用下列方法来跟踪测试用例：

(1) 书面文档：在小规模的测试项目中，使用书面文档记录和跟踪测试用例是可行的方法，但作为组织和搜索数据进行分析时，会遇到较大的困难。

(2) 电子表格：流行而高效的方法是使用电子表格来跟踪和记录测试的过程，通过表格列出测试用例的跟踪细节，可以直观地看到测试的结果，包括关联的缺陷，然后利用电子表格的功能比较容易进行汇总、统计分析，为测试管理和软件质量评估提供更有价值的数据。

(3) 数据库是一种理想的方式，通过基于数据库的测试用例管理系统，非常容易跟踪测试用例的执行和计算覆盖率。测试人员通过浏览器将测试的结果提交到系统中，并通过自己编写的工具生成报表、分析图等，更有效地管理和跟踪整个的测试过程。

13.3.4 维护测试用例

测试用例不是一成不变的，当一个阶段测试过程结束后，或多或少会发现一些测试用例编写得不够合理，需要完善。而同一个产品新版本测试中要尽量使用已有的测试用例，但某些原有功能已发生了变化，这时也需要去修改那些受功能变化影响的测试用例，使之具有良好的延续性。所以，测试用例的维护工作是不可缺少的。测试用例更新的可能原因见表 13-3。

表 13-3 测试用例维护情况一览表

原 因	更新时间	优先级
先前的测试用例设计不全面或者不够准确，随着测试过程的深入和对产品功能特性的更好理解，发现测试用例存在一些逻辑错误，需要纠正	测试过程中	高，需要及时更新
所发现的、严重的软件缺陷没有被目前的测试用例所覆盖	测试过程中	高，需要及时更新
新的版本中添加新功能或者原有功能的增强，要求测试用例做相应改动	测试过程前	高，需要在测试执行前更新
测试用例不规范或者描述语句错误	测试过程中	中，尽快修复，以免引起误解
旧的测试用例已经不再使用，需要删除	测试过程后	中，尽快修复，以提高测试效率

维护测试用例的过程是实时的、长期的。和编写测试用例不同,维护测试用例一般不涉及测试结构的大改动,例如在某个模块里面,如果先前的测试用例已经不能覆盖目前的测试内容,可能需要重新定义一个独立的测试模块单元来重新组织新的测试用例。但在系统功能进行重构时,测试用例也会随之重构。

(1) 任何人员(包括开发人员、产品设计人员等)发现测试用例有错误或者不合理,向编写者提出测试用例修改建议,并提供足够的理由。

(2) 测试用例编写者(修改者)根据测试用例的关联性和修改意见,对特定的测试用例进行修改。

(3) 向开发、项目组长(经理)递交修改后的测试用例。

(4) 项目组长、开发人员以及测试用例编写者进行复核后提出意见,通过后,由测试用例编写者进行最后的修改,并提供修改后的文档和修改日志。

13.3.5 测试用例的覆盖率

测试用例的覆盖率是评估测试过程以及测试计划的一个参考依据,它根据测试用例进行测试的执行结果与软件实际存在的问题进行比较,从而获得测试有效性的评估结果。例如,确定哪些测试用例是在发现缺陷之后又补充进来的,这样就可以给出测试用例的覆盖率。

如果想更科学地判断测试用例覆盖率,可以通过测试工具来监控测试用例执行的过程,然后根据获得的代码行覆盖率、分支或条件覆盖率来确定测试用例的覆盖率。需要对低覆盖率的测试用例进行数据分析,找出问题的根本原因,从而更有针对性地修改测试用例,更有效地组织测试过程。例如,通过了解哪些缺陷没有测试用例覆盖,可以针对这些缺陷添加相应的测试用例,这样就可以提高测试用例的质量。

当然,测试用例的覆盖率并非一个绝对的判定因素,它对整个测试过程起到的,是一个分析和参考的作用。

13.4 习题

请参考课文内容以及其他资料,完成下列选择题。

(1) 仅根据规格说明书描述的程序功能来设计测试用例的方法称为(　　)。

A. 白盒法　　B. 静态测试法　　C. 黑盒法　　D. 人工分析法

(2) 正向测试的测试用例用于验证被测单元的功能和性能指标是否能够兑现,而反向测试的测试用例则是要检查被测单元是否做了(　　)。

A. 应该做的事情　　B. 不该做的事情

C. 有错误的事情　　D. 有性能缺陷的事情

(3) 下面有关测试原则的说法中正确的是(　　)。

A. 测试用例应由测试的输入数据和预期的输出结果两部分组成

B. 测试用例只需选取合理的输入数据

C. 程序最好由编写该程序的程序员自己来测试

D. 使用测试用例进行测试是为了检查程序是否做了它应该做的事

(4) 以下测试用例哪一组能够满足判定-条件覆盖?( )

A. (a=2, b=0, c=6)、(a=1, b=1, c=1)

B. (a=8, b=7, c=114)、(a=33, b=50, c=32)

C. (a=29, b=20, c=25)、(a=3, b=9, c=36)

D. (a=21, b=20, c=62)、(a=22, b=40, c=24)

(5) 为了提高测试的效率,正确的做法是( )。

A. 选择发现错误可能性大的数据作为测试用例

B. 随机选取测试用例

C. 在完成程序的编码之后再制定软件的测试计划

D. 取一切可能的输入数据作为测试用例

(6) 考虑一个计算平方根的函数,其规格说明如下:

- 输入:浮点数。
- 输出:浮点数。
- 规格:当输入一个大于或等于零的浮点数时,函数输出其正的平方根并返回true;当输入一个小于0的浮点数时,函数显示输出错信息“非法输入值”并返回false。

按照规范导出法,应设计的测试用例数至少应为( )。

A. 1　　B. 2　　C. 3　　D. 4

(7) 为了提高测试的效率,正确的做法是( )。

A. 选择发现错误可能性大的数据作为测试用例

B. 随机选取测试用例

C. 在完成程序的编码之后再制定软件的测试计划

D. 取一切可能的输入数据作为测试用例

(8) 设有一段程序如下:

```
if ((a==b) and ((c==d) or (e==f))) do S1
else if ((p==q) or (s==t)) do S2
else do S3
```

满足判定-条件覆盖的要求下,最少的测试用例数目是( )。

A. 6　　B. 8　　C. 3　　D. 4

13.5 实验与思考

13.5.1 实验目的

本节“实验与思考”的目的:

(1) 熟悉软件测试用例的设计与维护的相关概念。

(2) 分析一个计算输入数字的阶乘的C程序段,画出此程序主函数的控制流程图;设计一组测试用例,使该程序所有函数的语句覆盖率和分支覆盖率均能达到100%。

(3) 分析一段用来判定用户口令的C++程序,画出此程序主函数的控制流程图;设计一组测试用例,使该程序所有函数的语句覆盖率和分支覆盖率均能达到100%。

13.5.2 工具/准备工作

在开始本实验之前,请认真阅读课程的相关内容。

需要准备一台带有浏览器、能够访问因特网的计算机。

13.5.3 实验内容与步骤

1) 以下是一个C程序段,其功能为计算输入数字的阶乘。请仔细阅读程序并完成要求。

```
#include<stdio.h>
#include<stdlib.h>
int main()
{
    int i=0;                    /*i为计数器*/
    int n;
    int factorial=1;            /*保存阶乘的结果*/
    puts("*   The program will compute   *");
    puts("*   the factorial of an integer    *");
    puts("please input the number n: ");
    scanf("%d", &n);
    if (n<0)                    /*判断输入的数是否大于或等于0*/
    {
        printf("please input an integer>=0. \n ");
        return 0;
    }
    if (n==0)                   /*0的阶乘是1*/
    {
        printf("factorial of 0 is 1. \n");
        return 0;
    }
    i=1;
    while (i<=n) {
        factorial=factorial*i;
        i++;
    }
    printf("factorial of%d is:%d. \n", n, factorial);
```

```
    getch();
    return 0;
}
```

(1) 请在一白纸上画出此程序主函数的控制流程图,并粘贴于此处(相关说明请标注于图上)。

-- 粘贴处 --

(2) 设计一组测试用例,使该程序所有函数的语句覆盖率和分支覆盖率均能达到100%。如果认为该程序的语句或分支覆盖率无法达到100%,需说明理由。

测试用例:＿＿＿＿＿＿＿＿＿＿＿＿＿＿＿＿＿＿＿＿＿＿＿＿＿＿＿＿＿＿

2) 以下是一段C++程序,用来判定用户口令。请仔细阅读程序并完成要求。

```
//              口令检验程序               //
//      文件名: password_check.cpp         //
#include<iostream.h>
#include<string.h>

//               主函数                    //
void main(void)
{
    char password[128]={ '\0' };
    cout <<"请输入您的口令: ";
    cout.flush();

    while (true) {
        cin.getline (password, 128; '\n');
        if (strlen (password)<6)          //口令长度少于6位
        {
            cout <<"您的用户口令少于6个字符!" <<endl;
            cout <<" 请重新输入: ";
            cout.flush ();
        } else {
            bool capital=false;           //检验是否有大写字母
            bool lowercase=false;         //检验是否有小写字母
            bool digit=false;             //检验是否有数字

            for (unsigned int i=0; i<strlen (password); i++) {
                if (password[i]>='A' && Password[i]<='Z')
                    capital=true;
                if (password[i]>='a' && password[i]<='z')
                    lowercase=true;
                if (password[i]>='0' && password[i]<='9')
                    digit=true;
```

```
            }

            //判断用户输入的口令中缺少哪种字符
            if (capital) {
                cout <<"您的用户口令中没有大写字母！" <<endl;
                cout <<"请重新输入：";
            } else if (lowercase) {
                cout <<"您的用户口令中没有小写字母！" <<endl;
                cout <<"请重新输入：";
            } else if (digit) {
                cout <<"您的用户口令中没有数字！" <<endl;
                cout <<"请重新输入：";
            } else {
                cout <<"您的口令满足要求！" <<endl;
                break;
            }
        }
    }
}
```

(1) 请在一白纸上画出此程序主函数的控制流程图,并粘贴于此处(相关说明请标注于图上)。

-- 粘贴处 --

(2) 设计一组测试用例,使该程序所有函数的语句覆盖率和分支覆盖率均能达到100%。如果认为该程序的语句或分支覆盖率无法达到100%,需说明理由。

测试用例：____

____

____

13.5.4 实验总结

____

____

____

____

13.5.5 实验评价（教师）

____

____

13.6 阅读与分析:关于解Bug的总结

1. 与其他应用交互的Bug

背景:一个手机音乐播放器,多媒体通常存放在手机外部存储卡上(SD card上)。所以只有当SD卡Mount到手机上时,才可以播放媒体。音乐播放器就会监听SD卡状态,当SD卡从手上卸载或弹出时,播放器会保存现场并停止播放;当SD卡重新Mount回手机时,再恢复现场和继续播放。也即当播放器收到"SD卡Eject"消息时,停止,当收到"SD卡Mount"时继续播放。播放器可以在后台播放媒体。

一个文件管理器是另外一个应用程序,可以用来编辑(如删除)SD卡上的文件。文件发生变化后,这个第三方应用会发出"SD卡Mount"这样的消息,以便告知其他应用和系统,文件发生了变化。

问题:当播放器在后台播放媒体的时候,启动文件管理器,然后随便删除一个文件(也可以是正在播放的媒体文件),这时候,播放器停止播放媒体,并且当打开播放器时,发现播放器是处于播放状态的,但是却没有声音。

分析:播放器不会没有理由地去停止正在播放的媒体。查找发现,播放器停止播放的原因有几个:用户请求停止,切换媒体时,SD卡Eject,SD卡Mount时。经过调试和跟踪日志信息,发现前面3种情况都未发生。那么问题的原因就是SD卡Mount时,进行了恢复现场的操作,导致媒体停止了。那为什么会进行恢复现场的操作呢,因为SD卡并未被Eject和Mount。进一步调试和跟踪日志发现,当文件管理器删除文件后会发出"SD卡Mount"的消息,以便告知其他应用文件发生了变化。

解决方案:当分析出了问题出现的原因,解决起来就容易了,只需要让播放器在做恢复现场的动作前多一些检测来保证,先前SD卡有Eject过,现在确实是SD卡Mount回来。否则,应该忽略这个消息。

教训:这应该是软件缺陷引起的Bug,音乐播放器本应该做这样的条件检查。音乐播放器本身的策略是没有错的,当没有其他应用程序发出这样的消息时,它是完全可以正常工作的。这是一个典型的与其他应用或模块交互时产生的Bug。

对于这类Bug,最重要的线索就是,当与其他应用一起操作时会出现问题。这个Bug比较简单,因为很明确是与文件管理器有关。但在有些关系复杂的系统中,当出现了问题时,很难搞清是表现问题的模块出了问题,还是其他模块出了问题。这就需要调试跟踪日志,以缩小范围。在调试的时候要一个一个模块地试验和排除,以缩小范围和进一点地深入调查。

2. 原因与问题离得很远的Bug

背景:一个模块专门负责处理SD卡上的多媒体文件,解析这些文件,获取它们的元信息,并存入到媒体数据库中。它是由Java和C++以JNI方式组合来实现的。Java进行上层流程控制和写入数据库操作;C++负责解析文件获取文件元信息。它们之间通过

JNI来通信。

问题：当处理一个特殊的文件时候Java的JVM(虚拟机)会异常退出(JVM abort)，并打印出一条错误信息："JNI Warning:illegal start byte 0xb1"。

分析：这是一个很严重的错误，因为它会导致JVM崩溃，进程也会被内核杀掉。唯一的线索就是JVM崩溃时打印出的一条信息"JNI Warning:illegal start byte 0xb1"。通过搜索这条消息(幸亏有所有的源代码)，发现它是由JVM内部的CheckJNI.c文件打印出来的。这个文件是JVM中比较重要的一个文件，它负责对JNI的所有参数进行合法性检查，特别是字串。因为Java中用的是Modified UTF-8编码格式，所以CheckJNI.c文件就会对所传进来的字串进行编码检查，如果字串不是一个合法的Modified UTF-8格式，就会发出警告并停止JVM。这里找到了问题所在，是因为JVM检查到了不合法的字串才导致JVM崩溃的。那么不合法的字串是从哪里来的呢？又是出现在哪个模块呢？因为系统中有无数地方在用到JNI，所以不能盲目地去查找。又由于这是在媒体扫描器扫描某个媒体时候出现的，因此主要目标锁定在媒体扫描器的JNI部分。媒体扫描器的C++部分解析多媒体文件，然后把所得到的结果(通常为字串)通过JNI传回给Java层。问题就很有可能出在这里，因为多媒体文件的信息有多种编码格式，其中元信息就有可能是非法的Modified UTF-8编码格式。经过调试跟踪，发现，确实是这里出现了问题。

解决方案：这个问题的解决方案仍不是很好，一种方法是对其进行编码转换，但这要知道字串原来的编码方式。另一种简单的方法就是在传给JNI之前做一次编码合法性检查，以过滤不合法的字串。最后，采用了后一种方式解决了这个问题。

教训：首先，系统崩溃时所给出的信息和出错时给出的信息是第一重要的线索，虽然它们可能不是问题真正的原因，但是从它们出发就可以追踪到原因。其次，错误信息，是由代码打印出来的，所以当你不知道是哪个模块出错时，可以用错误信息对源码进行局部搜索，就可以定位出模块和源码位置。最后，如果是一系列的原因导致了这一问题，那么可以在最源头解，也可以在其中的某一个环节来解，只要不会导致程序崩溃即可。

3. 空指针异常NullPointerException

背景：在C/C++/Java中空指针异常是比较常见的一类导致程序崩溃的原因。在C/C++/Java中，如果使用的指针或对象没有正确地初始化，则很容易发生NullPointerException。

问题：当发生NullPointerException的时候，程序通常会因异常而崩溃的。但通常都会打印出运行时的堆栈信息。

分析：从程序的堆栈信息，会很容易地看到发生问题的代码位置，这样就可以找到直接原因。但是这找到问题的一小部分，具体是什么导致对象为空，这就不是那么容易调查出原因了。

解决方案：对于这类问题，一开始能想到的办法就是加上对空指针的检测，如果指针或对象为空的话就不对其进行操作。但这是行不通的，这也不是正确的解决方法，最直接的问题就是，当指针为空的时候应该去做什么。如果在一个类中，在其他地方引用的时候都做了空指针检测，而这个地方没有做，那么可以仿照其他地方那样，加上空指针检测。

但假如不是这样的情况，就要好好地调查一下指针为什么会是空，而非处理空指针。但这通常都是比较困难的，因为要去追踪对象是从哪里来的，又在哪里被修改和引用，是在哪里初始化的。只有找到了真正让对象为空的原因，才能算是比较完整地解决了问题。但如果一个比较复杂的系统，引用的地方很多，且假如又涉及多线程时，则追踪起来会更加的困难。

教训：对于空指针问题，不能简单地加上一个条件。要进一步地深入去调查是什么导致了指针为空。除非，你有充足的理由去加上条件。

4. 无解的问题

案例一：

背景：有些问题是极其诡异的，而且出现的机率非常的小，但它们还是会出现，但是找不到合适的解决方案。

问题：在一个GUI系统中，在一个比较基础的类里面报出了一个NullPointerException。由于这个类会被所有涉及GUI的应用程序所使用。

分析：根据程序退出时打印出来的堆栈信息，找到了发生异常的代码位置。令人感到惊讶的是，这一行是绝不可能发生空指针的，因为它用的都是基本数据类型。上下几十行之内也是绝不可能发生NullPointer的。

解决方案：这个问题，始终没有找到解决方案。

案例二：

背景：对一个系统做大规模的随机压力测试。一个对象的类Message是一个final的类，且其重载了toString()方法，它会按如下格式打印信息："{ what＝XXX when＝XXX XXXXXX }"。

问题：在一次测试过程中，系统核心进程因异常退出，导致系统自动重启。

分析：问题的原因是在核心进程中发生了一个RuntimeException，并有一条消息："c0x44bc：This message is already in use."。从堆栈找到退出的位置的代码，发现它是程序检测到不合理的操作然后抛出的一个RuntimeException，代码如下：

```
//...
if (msg.when !=0) {
throw new RuntimeException(msg+" This message is already in use.");
}
//...
```

这里的msg是一个Message的对象。

通常来讲会调用对象的toString()方法，而toString()方法的输出又有特定的格式，所以，这里就发生了让人极其迷惑的事情。因为最终打印出来的消息跟对象的toString()有很大的差别。从日志信息来看，当前对象应该是一个char数组，而并非一个Message对象，但是在相关的上下文都无法找到这样一个char数组。

解决方案：这个问题，怀疑是对象的内存已被破坏，其内的数据已不再是对象本身。这也是一个没有解决方案的问题。

教训：这类问题是真正的难题。需要对语言和系统达到精通的人物才可能解得了。

5. 难重现的必现问题

背景：一个Gallery应用程序能够以网格形式显示很多张图片。当图片较多时，就会在左边出现滑块用来滚动屏幕。正常来讲，当打开应用时，这个滑块应处在最上面的位置。

问题：有人报告说初始打开应用时，滑块不是在最上面，而是在中部，或其他地方。而且声称这是必现的问题。

分析：但当调试的时候却怎么也无法重现这个问题。虽然这并不是一个严重的问题，但感觉这样的行为是很诡异的。在调试的过程中发现，测试人员的应用与我这边应用显示图片的顺序似乎有些不同，是正好相反的顺序。这是有一个可配置的选项在控制的，该选项设置为正序或倒序。发现测试人员当时用的倒序，而通常大多数情况下，用的都是正序(可能是因为没有人去设置这个东西，它默认的是正序)。这可能是问题产生的原因。果然，当把顺序设置为倒序的时候，滑块的位置就不会置顶了。

解决方案：找到了问题的重现规律，对于这种问题就好办了。发现，当设置为倒序的时候，代码的本意是想把滑块放在最后，但是计算时有些错误，误把一个屏幕窗口的高度当成整个文档长度了。所以，当整个文档长度超过一个屏幕时，滑块的位置就不正确了。由于把滑块放在最上端的更符合一般情况，所以就无论倒序顺序，把滑块置顶。

教训：事实上，很少问题是真正的小概率事件(Seldom)，只有当涉及多个线程的时候才会有真正Seldom的问题，因为无法确定线程的执行顺序。对于其他问题，应该是都还没有找到重现的规律。相信了这一个事实以后，就要不断地去试验和假设以重现问题。在试验的时候，也要注意细节，因为很多细节都可能是一条重要线索。最重要的是要相信问题是存在的，是可以重现的，更是可以解决的。

有一些方法技巧可以用来重现看似比较难重现的问题：

(1) 仔细询问或查看问题出现时的相关操作和日志，以确定是否漏掉了一些必要的前提条件和操作。

(2) 如果涉及与其他应用或模块交互，则要了解每个应用和模块的特性，然后做适当的假设，再去做试验。

(3) 猜测可能导致问题的原因，然后去创造这些条件，看在有这些条件的情况下，是否可以重现问题。比如，如果猜测是时间长短或文件大小导致了问题，那么就可以调大时间，用大文件来测试。如果猜测是空指针的问题，那么就可以故意创造出一个空指针等。

(4) 要相信问题是存在的，也要相信问题是可以重现的，更要相信这个问题是可以修复的。

(5) 要有耐心，不断地思考，假设，然后去验证，一次改变一个条件，一点一点地分析与验证，最终是能够重现并修改问题的。

6. 真正难重现的问题——线程问题

背景：一个手机音乐播放器支持多个播放列表，当删除播放列表的时候，如果其中有正在播放的歌曲，那么当删除这个播放列表后，是不会再继续播放。在删除过程中，如果删除到正在播放的歌曲时，会打开并播放播放列表中的下一个歌曲，直到播放列表中的所有歌曲都删除完。删除歌曲的动作是放在与播放不同的线程。

问题：有些时候，删除含有正在播放歌曲的播放列表后，当前歌曲跳到了其他播放列表继续播放。

分析：删除过程中会涉及很多个过程，停止、找到下一首、播放和删除，如果每一次都这么走的话，是不可能出现这个问题的。经过大量的调试与跟踪，最终发现，是由于停止和播放没能一次执行完，中途被打断。因为删除是在另一个线程中，因此有可能当正在执行停止的时候，TaskScheduler 切换了线程，执行了播放，从而切换到了另外的播放列表。

解决方案：找到了问题的原因，解决起来就很容易了，加上同步锁，让删除、停止和播放的每一个过程都保证不被中断，就解决了这个问题。

教训：这是一个真正的随机出现的问题，因为它是由于线程引起的。多线程带来的第一个问题就是不确定性，另外一个问题就是同步与共享的问题。如果没能很好地处理同步与共享，那么多线程会带来更多的问题，远多于它们所解决的问题。

资料来源：2012-2-28 10:48，hitlion2008，51Testing 软件测试网采编，有删改。

第14章 测试团队与测试环境

在软件测试的具体实践中，人是决定性的因素，可以说，建立、组织和管理一支优秀的测试团队是做好软件测试工作的基础；其次，测试的执行是运行在特定的测试环境上，只有建立了正确的测试环境，才能保证测试结果的正确性。

14.1 组建测试团队

要做好测试团队的组织和管理工作，会碰到下列一系列问题：

- 软件测试团队的任务是什么？
- 测试团队在开发中所占的比重有多大？
- 测试团队由哪些角色构成？
- 每个角色的要求、工作范围和责任有什么区别？
- 如何组建一支新的测试团队？怎样确定测试团队的规模？
- 优秀软件测试工程师应具备什么样的素质？
- 怎样发掘、面试和聘用优秀的测试人员？
- 测试人员的职业发展方向在哪里？如何进行培训和引导？
- 通过什么能够产生对测试人员的激励作用？
- 怎样根据现有人员合理安排工作？

14.1.1 测试团队的地位和责任

软件测试团队的最基本任务是建立测试计划、设计测试用例、执行测试、评估测试结果和递交测试报告等，此外，测试团队还要完成的其他一些任务是：阅读和审查软件功能说明书、设计文档，审查代码，与开发人员、项目经理等进行充分交流等。

1）软件测试团队的责任

事实上，单靠软件测试团队是不能保证产品质量的，也就是说，软件产品的质量不是靠测出来的，而是靠产品开发的所有人员（需求分析人员、系统设计人员、程序员、测试人员等）共同努力来获得的。这其中，软件测试人员的基本责任是：

（1）尽早并努力发现软件程序、系统或产品中所有的问题；

（2）督促开发人员尽快地解决程序中的缺陷，督促代码编写具有更好的规范性、易读性、可维护性等；

（3）帮助项目管理人员制定合理的开发计划，帮助改善开发流程、提高产品开发效率；

(4) 对问题进行分析、分类总结和跟踪,以便让项目的管理者和相关的负责人能够对产品当前的质量情况一目了然;

许多软件企业将软件测试团队和质量保证(QA)团队合在一起,或称测试小组,或称QA部门等,将它们的责任从测试团队扩张到整个质量保证领域。作为这样一个团队,具有两个基本职能,即软件测试和质量保证,因此,就拥有更多的责任,即:

(1) 在产品的整个生命周期,与项目中的相关部门(市场、设计、开发、产品配置等)合作,跟踪和分析产品中的问题,站在用户的角度对产品进行全面测试,对不足之处提出质疑。

(2) 对产品开发过程进行跟踪、审查,定义并推广流程,及时纠正流程所出现的问题,不断改进流程。

(3) 分析竞争对手的产品,了解自己产品设计的不足,提出改进的意见。

把软件测试和质量保证两项职能结合起来做,工作会更有效。软件测试为质量保证提供数据和质量评判的依据,质量保证可以指导软件测试的进行,将缺陷预防和事后检查有机结合起来,质量保证和软件测试相辅相成,达到良好的效果。

2) 测试团队的地位和其他团队的关系

在不同的公司中,开发团队的模式存在较大的差别。通过了解开发团队的构成,可以基本确定测试团队具有什么地位。

(1) 以开发为核心,测试人员是开发团队的一部分,没有形成独立的团队,如图14-1所示。

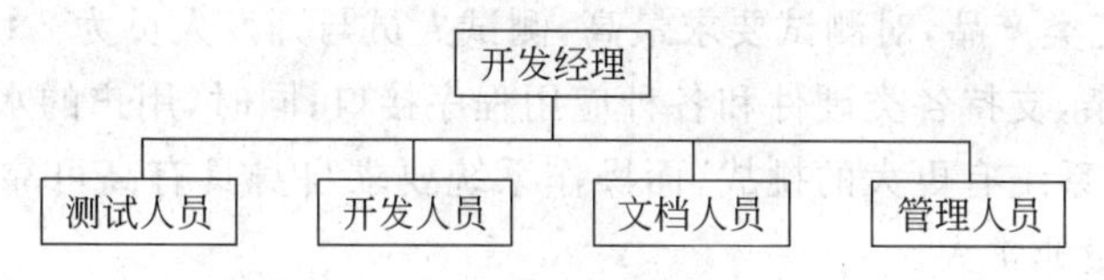

图14-1 以开发经理为核心的组织模型

(2) 以项目经理为核心,开发小组和测试小组并存,隶属于项目经理领导,如图14-2所示。

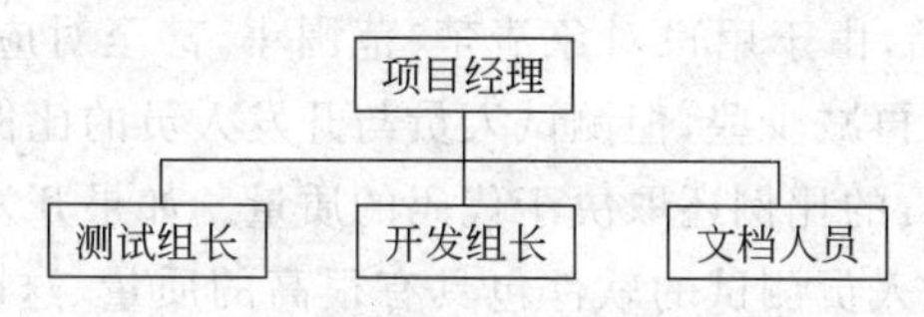

图14-2 以项目经理为核心的组织模型

(3) 项目经理、开发经理和测试经理"三足鼎立",测试团队具有独立的、权威性的地位,如图14-3所示。

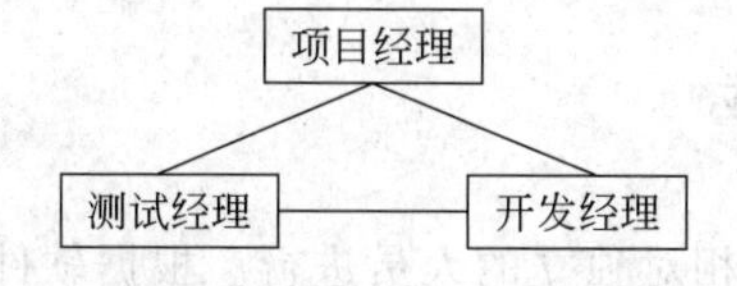

图14-3 项目经理、测试经理和开发经理三足鼎立

其次，测试小组管理具有3个方向：

(1) 向内管理，确定测试团队和测试不同岗位的工作职责、招聘团队成员、组织团队的结构、监督和激励员工；

(2) 向上管理，总结测试过程的近况，向上级提交紧急问题以引起项目管理团队关注，设定预期目标，快速而谨慎地应对方向性变化，参加公司级的管理会议，介绍测试团队的业绩和计划等；

(3) 向外管理，报告缺陷并及时和其他团队沟通，对问题报告进行分类、分析测试结果，与同级管理人员讨论测试需求和服务。

3) 测试团队的规模

如果是针对某个项目建立测试小组，规模相对比较容易确定，可以根据测试的范围来评估测试的工作量，然后就知道测试小组的人数。对于长期存在的一个测试部门，其规模的确定相对比较困难，要考虑研发部门或工程部门的预算、产品路线图、多个项目并行、重叠的影响、项目延迟等各种情况。一般在考虑各种因素的情况下，还要加上10%左右的富裕量(Buffer)。

测试团队的规模还可以从另一个角度去考虑，即在整个软件开发部门所占的比重，或相对开发人员(包括系统设计、程序设计和编程人员。虽然这样的定义并不科学，开发人员本来应该指所有参加系统或产品开发的技术人员，也就是包括产品需求分析、设计和测试人员，但目前业界普遍认可了这种用法)所占的比例。

从经验看，不同的应用，软件测试人员和软件开发人员的比例也是不同的，大致可分为：

(1) 操作系统类产品，对测试要求最高，测试人员与开发人员为2∶1。因为操作系统功能之间关系复杂，支持各类硬件和各种应用程序接口；同时，用户的水平层次千差万别，操作灵活，对操作系统有更大的挑战，而操作系统要求自身具有高可靠性。所有这些，导致其测试的工作量非常大。

(2) 应用平台、支撑系统类产品，对测试要求比较高，不仅系统本身要运行在不同的操作系统平台上，还要支持不同的应用接口和应用需求，其比例可以低一些，测试人员与开发人员的比例一般在1∶1左右。

(3) 特定应用类产品，由于用户对象清楚、范围小，甚至对应用平台或应用环境加以限制，所以测试人员可以再减少些，但测试人员与开发人员的比例一般在1∶2～1∶4。

测试人员与开发人员的比例还取决于代码的质量。如果开发人员进行充分的单元测试和集成测试，交给测试人员测试的软件包具有很高的质量，这时，软件测试人员主要集中在端到端的功能性测试、性能测试、安全性测试等，这种情况下，测试人员与开发人员的比例可以比较低。相反，代码质量差，测试人员要进行大量的功能测试，报告大量的缺陷，还不得不进行多轮回归测试，测试人员的数量自然要大得多。

14.1.2 测试团队的构成

许多软件测试活动应由相对独立的人员进行。根据软件项目的规模等级和完整性级别以及测试类别，软件测试可由不同机构组织实施。测试团队的构成从理论上说，和其规模没有多大关系。即使项目很小，测试小组就一个人，那么这个人也要同时扮演不同的角色。根据 GB/T15532－2008《计算机软件测试规范》，测试活动中人员的配备见表 14-1。

表 14-1　软件测试人员配备情况

工 作 角 色	具 体 职 责
测试项目负责人	管理监督测试项目，提供技术指导，获取适当的资源制定基线，技术协调，负责项目的安全保密和质量管理
测试分析员	确定测试计划、测试内容、测试方法、测试数据生成方法、测试（软、硬件）环境、测试工具评价测试工作的有效性
测试设计员	设计测试用例确定测试用例的优先级，建立测试环境
测试程序员	编写测试辅助软件
测试员	执行测试、记录测试结果
测试系统管理员	对测试环境和资产进行管理和维护
配置管理员	设置、管理和维护测试配置管理数据库

注 1：当软件的供方实施测试时，配置管理员由软件开发项目的配置管理员承担；当独立的测试组织实施测试时，应配备测试活动的配置管理员。
注 2：一个人可承担多个角色的工作一个角色可由多个人承担。

一般来看，一个比较健全的测试部门应该具有下列这些角色：

(1) 测试经理：人员招聘、培训、管理，资源调配、测试方法改进等；

(2) 实验室管理人员：设置、配置和维护实验室的测试环境，主要是服务器和网络环境等；

(3) 内审员：审查流程，并提出改进流程的建议；建立测试文档所需的各种模板，检查软件缺陷描述及其他测试报告的质量等；

(4) 测试组长：负责项目的管理、测试计划的制定、项目文档的审查、测试用例的设计和审查、任务的安排，和项目经理、开发组长的沟通等；

(5) 测试设计人员/资深测试工程师：负责产品设计规格说明书的审查、测试用例的设计、技术难题的解决、新人和一般测试人员的培训和指导、实际测试任务的执行；

(6) 一般(初级)测试工程师：执行测试用例和相关的测试任务。

对于比较大规模的测试团队，测试工程师分为 3 个层次：初级测试工程师、测试工程师、资深(高级)测试工程师等，同时还设立自动化测试工程师、系统测试工程师和架构工程师(Architecture)。

规模较小的测试小组可设测试组长。测试组长承担测试经理的部分责任，如参加面试工作、资源管理、团队发展等，并且要做内审员的工作，检查软件缺陷描述及其他测试报告的质量等。资深测试工程师不仅要负责设计规格说明书的审查、测试用例的设计等，还要设置测试环境，即承担实验室管理人员的责任。

14.1.3　测试人员的责任

虽然资深测试工程师和(初级)测试工程师责任不一样，但资深测试工程师能承担(初级)测试工程师所有的责任,而且都是从事于技术工作,设计测试用例、开发测试脚本和执行各种测试任务。

1) 初级测试工程师

初级测试工程师的责任比较简单,还不具备完全独立的工作能力,需要测试工程师或资深测试工程师的指导,要求比较低,主要有下列7项责任:

(1) 了解和熟悉产品的功能、特性等;

(2) 验证产品在功能、界面上是否和产品规格说明书一致;

(3) 按照要求,执行测试用例,进行功能测试、验收测试等,并能发现所暴露的问题;

(4) 清楚地描述所发现的缺陷;

(5) 使用简单的测试工具;

(6) 努力学习新技术和软件工程方法,不断提高自己的专业水平;

(7) 接受测试工程师的指导,执行主管所交代的其他工作。

2) 测试工程师

测试工程师的责任包括熟悉测试流程、测试方法和技术,参与自动化测试,具有独立的工作能力,但基本以执行测试为主,主要责任如下:

(1) 熟悉产品的功能、特性,审查产品规格说明书;

(2) 验证产品是否满足了规格说明书所描述的需求;

(3) 根据需求文档或设计文档,可以设计功能方面的测试用例;

(4) 根据测试用例,执行各种测试,发现所暴露的问题;

(5) 全面使用测试工具,包括开发测试脚本;

(6) 安装、设置简单的测试环境;

(7) 报告所发现的软件缺陷,审查和跟踪软件缺陷,直到缺陷关闭;

(8) 编制测试报告;

(9) 负责对初级测试工程师的指导,执行主管所交代的其他工作。

3) 资深测试工程师

资深测试工程师不仅具有良好的技术、产品分析能力、解决问题能力、丰富的测试工作经验,而且有较好的编程、自动化测试经验,熟悉测试流程、测试方法和技术,解决QA工作中可能遇到的各种技术问题。主要责任如下:

(1) 负责系统一个或多个模块的测试工作;

(2) 制定某个模块或某个阶段的测试计划、测试策略;

(3) 设计自动化测试框架或结构,开发测试脚本、必要的测试工具;

(4) 设计测试环境所需的系统或网络结构,安装、设置复杂的系统测试环境;

(5) 熟悉产品的功能、特性,审查产品规格说明书,并提出改进意见;

(6) 审查系统、程序设计说明书;提出对系统模块设计的改进要求;

(7) 审查代码;

(8) 验证产品是否满足了规格说明书所描述的需求;

(9) 根据需求文档或设计文档,设计复杂的测试用例,包括性能测试、故障转移测试、安全性测试等方面的测试用例;

(10) 负责执行性能测试、故障转移测试、安全性测试等；

(11) 负责对测试工程师的指导，执行主管所交代的其他工作。

4) 测试实验室管理员

测试实验室管理员主要负责建立、设置和维护测试环境，保证测试环境的稳定运行。其主要责任如下：

(1) 负责测试环境所需的网络规划和建设，维护网络的正常运行；

(2) 建立、设置和维护测试环境所需的应用服务器或软件平台；

(3) 对实验室的硬件、软件资源进行登记、分配和管理；

(4) 申请所需求的、新的硬件资源、软件资源；协助有关部门进行采购、验收；

(5) 对使用实验室的硬件、软件资源的权限进行设计和设置，保证其安全性；

(6) 安装新的测试平台、被测试的系统等；

(7) 优化测试环境，提高测试环境中网络、服务器和其他设备运行的性能。

5) 软件包构建或发布工程师(Release Engineer)

产品发布工程师在QA工作中或在整个研发部门起着重要的作用，负责测试产品的上载、打包和发布，其主要责任是：

(1) 负责源程序代码管理系统(如CVS、SourceSafe等)的建立、管理和维护；

(2) 制定Check in/Check out等相关的源代码控制规则；

(3) 文件名定义规范，建立合理的程序文件结构和存储目录结构；

(4) 为程序的编译、连接等软件包构造工作，建立自动处理文件；

(5) 检查被测试的软件包及其文件版本是否正确、有效；

(6) 负责日常的软件包构建，且确保软件包不含病毒、不缺少任何文件等；

(7) 软件包的接收、发送、存储和备份等。

6) 测试组长

测试组长一般具备资深测试工程师的能力和经验，其综合能力和技术应该在小组内是最强的。测试组长的责任偏重测试项目的计划、跟踪和管理，同时负责测试小组的团队管理和发展。其主要责任如下：

(1) 负责一个独立的测试项目，制定整个项目的测试计划、测试策略，包括风险评估、日程表安排等；

(2) 测试小组的管理或参与测试团队的管理，负责测试项目内部的资源和任务安排；

(3) 熟悉产品的功能、特性，审查产品需求定义和功能规格说明书，并提出改进意见；

(4) 实施软件测试，验证产品是否满足了规格说明书所描述的需求；并对软件问题进行跟踪分析和报告，推动测试中发现问题及时合理地解决；

(5) 编写项目的整体测试报告，保证产品质量；

(6) 对竞争者的产品进行分析，提出对软件的进一步改进的要求并且评估改进方案是否合理；

(7) 监督测试流程的执行，并将执行过程中所发现的问题反馈给测试经理或项目经理；

(8) 为团队成员提供技术指导，协助测试经理工作。

7）测试经理

测试经理（或QA经理）的主要工作是管理团队、资源和项目等各个方面。测试经理对产品的质量负全面责任，负责向公司高层反映软件开发过程中的管理问题或产品中的质量问题，使公司能全面掌握生产和质量状况。其主要责任如下：

(1) 负责整个测试团队或部门的管理，包括测试岗位的定义、组织团队结构的建立和优化、团队的建设和发展、培训活动的组织、员工的激励等；

(2) 负责一个完整产品的软件测试和质量保证等工作，包括项目组长的指定、项目的资源的安排、项目进度的跟踪、项目审查和总结等；

(3) 测试部门年度/季度计划、预算的编写、实施和评估；

(4) 促进质量文化的普及，促进开发团队的每位成员建立正确的质量观；

(5) 协助人力资源部门做好测试人员的招聘、考核等方面的工作；

(6) 定义、实施软件测试流程或整个开发周期流程，并收集、处理流程实施中所存在问题，最终不断改进流程；

(7) 审查项目的测试计划、测试策略等，包括资源调度和平衡、风险评估等；

(8) 和其他部门协调，参加多方会议审查产品需求定义和功能规格说明书，解决其中的问题；

(9) 指导测试项目组实施软件测试，并对软件问题进行跟踪分析和报告，推动测试中发现问题及时合理地解决；

(10) 审查项目的测试报告，组织产品质量的分析，提交质量分析报告；

(11) 对竞争者的产品进行深度分析，提出改进软件产品的建议或评估改进方案是否合理等。

测试工程师的一天

这里以测试工程师一天的工作为例，说明测试工程师的责任和任务。

(1) 产品构建完成之后，每日凌晨，测试编译自动开始；

(2) 如果测试编译成功，BVT(Basic Verification Test，基本验证测试)自动开始；

(3) 测试工程师早晨来上班，第一件事就是检查测试包(Test Build)与BVT结果的E-mail；

(4) 如果有BVT错误，在第一时间里分析原因，隔离错误代码并报告最高级别的缺陷(Priority 0 Bug，开发团队应于当日之内修正这类Bug)；

(5) 测试工程师接着在缺陷管理系统中检查Bug情况，验证分配给自己的、开发人员已修改的Bug；

(6) 关闭Bug，并针对该Bug修正所影响范围，执行回归测试；

(7) 验证最近开发的测试脚本执行的结果。如果其中有新的错误，报告Bug并进行调试，解决脚本中的问题；

(8) 开发新的测试规范或新的测试脚本；

(9) 使用个人所建的任务，验证自己新开发的测试脚本；

(10) 用已通过的脚本来验证所对应开发人员的、新版本的程序，尽量发现任何严重的问题；

(11) 改进与提高自动化测试系统的功能；

(12) 参与产品规格说明书、测试用例的评审会议；

(13) 复审测试同伴写的脚本和相关文档；

(14) 回答项目相关的其他各种问题。

14.1.4 测试团队的组织模型

测试团队的组织直接关系到测试团队的工作效率和生产力，其组织的方式由测试团队规模和具体任务、技术等决定。小的测试团队一般以项目来组织，对于大型测试团队的组织，一层结构难以满足管理的要求，有必要构造2～3层的组织结构，对于这种多层结构，可以归纳为两种基本类型：

1）从测试所采用的技术角度来组织

将测试团队按所涉及的计算机技术来划分，形成多个技术部门。当启动一个项目时，将其分解为不同技术的模块，从不同的技术部门抽调人员，组成动态的项目组，如图14-4所示。这种结构的优势是技术共享性比较好，有利于推动技术的发展，适合于那些技术深、产品单一的软件公司。但是，这种类型的组织结构，对项目管理有更大的挑战，项目团队的凝聚力要差些，因为项目成员来自不同的部门。

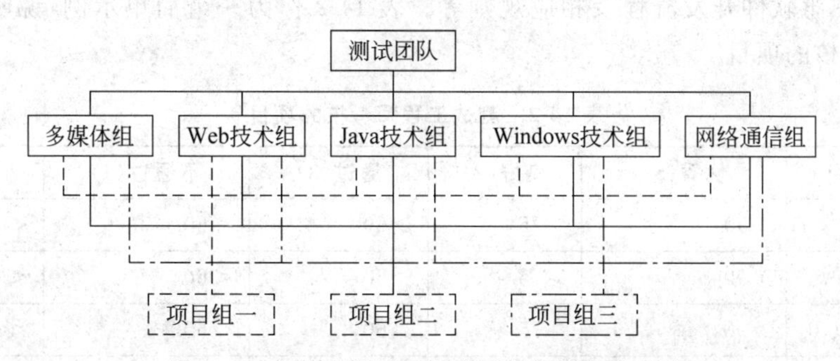

图14-4 按技术领域来组建团队的模型示意图

2）按产品线来组织

将测试团队按照公司的不同产品线进行划分。任何一个产品的开发工作，都是在某个特定产品团队内进行的，而一个产品往往包含了多个项目，项目组在产品团队内建立，不跨越多个部门，如图14-5所示。这种结构的优势是有利于产品各个模块的协调、集成，接口测试会比较充分，产品功能特性理解比较深，且有利于项目管理，项目团队的凝聚力强，但不利于技术的交流和经验共享。对于那些产品比较多、公司规模比较大的软件测试团队比较合适。

组建一支新的测试团队主要包括以下5个方面的工作：

(1) 对测试人员的要求；

(2) 测试人员的招聘；

(3) 测试人员的培训；

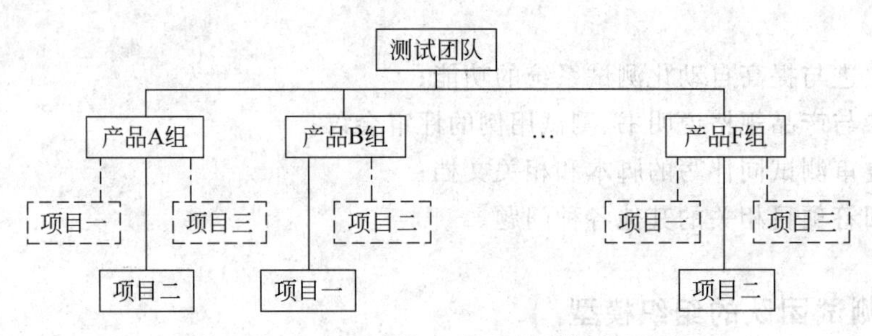

图 14-5 按产品线来组建团队的模型示意图

(4) 组建测试团队；

(5) 测试流程的建立和完善。

测试经理应拥有正确的理念，清楚对测试人员的具体要求，而这对测试人员招聘和激励、测试工作的效率和质量、测试结果的稳定性等都会有积极的影响。

通常要为新到的测试人员分配一个资深测试工程师作为其导师，指导新人的日常工作，了解新员工的进度和学习的难点，检查新人的工作(包括测试结果)、回答工作中遇到的各种问题等。这种体制能够保证统一的测试质量水平，也是向每个员工表明：任何一位成员的成功对整个小组的成功都会发挥重要的作用。

经过入职培训，新员工必须达到上岗的基本要求，如了解被测试的产品，掌握测试的基本知识，熟悉软件开发流程及相应规则等。表 14-2 作为一个简单示例，说明测试工程师一般要考核的项目。

表 14-2 测试工程师考核的项目

考核项目	优秀(5)	良好(4)	通过(3)	不通过(1)	差(－1)
公司产品	＞90	＞75	＞60	＜60	＜40
测试知识	＞90	＞75	＞60	＜60	＜40
质量管理知识	＞90	＞75	＞60	＜60	＜40
测试技术	优秀	良好	正常	不够好	差
测试用例设计	90%	80%	70%	＜70%	＜50%
测试用例执行	举一反三，覆盖边界	严格执行	符合要求	1～2个明显问题没被发现	多个明显问题没被发现
发现 Bug 的能力	95%	90%	80%	＜80%	＜60%
Bug 描述	没问题，清楚	没问题	只有小问题	描述不清楚，缺少信息	不会描述
问题分析	积极做，有效果	有效果	去做	做得少	不做
报告	高质量，及时	高质量，80%	正常，80%	质量不够好	没做
流程控制	严格遵守	遵守	基本遵守	忽略某些地方	没遵守
工作态度	热情	积极	正常	消极	恶劣

14.2 管理测试团队

为了使测试团队有一个良好的发展，不仅要在内部树立起良好的团队意识，将团队管理的普遍方法应用到管理工作之中，而且应针对软件测试团队的特点，采取一些相应的策略，包括不同的激励方法、做好知识共享和在岗培训等。

通过合理设置和优化组织结构、引入个人/团队过程模型、明确岗位责任、绩效和目标考核、开展团队活动等，全面加强测试团队的建设。

由于软件测试工作需要每个成员都有高度的责任感、全身心投入，所以必须通过良好的管理方法和一系列激励措施，在测试小组中保持高昂的士气和动力，使测试小组的成员相信，测试部门经理和更上层的经理非常重视测试团队，支持团队的工作。

通常由于不切实际的进度安排，或软件开发前期工作没做好，往往导致测试所需要的时间被严重挤压，从而造成测试人员加班加点。因此有必要帮助测试人员建立有效的、合理的工作方式，缓解进度所带来的压力。在软件测试中，常用的方法有：

- 白天创建、编辑测试脚本，在下班前启动自动测试脚本，让系统晚上自动执行测试，第二天早上拿到测试执行的结果。
- 调节个人休息时间表，保证测试每周 7 天都能执行测试，充分利用测试机器和其他资源。
- 将测试工作进行分解、细化，一部分人（2～3 人比较好，测试项目组长必须参加）可以先进入某个测试项目，设计测试计划、测试用例、建立环境等。
- 项目计划或产品功能的变化，对测试影响要比开发大，事先要对这些风险进行充分估计。在估计测试时间时，要留有余地。

提供正式和非正式的培训机会，以满足测试人员不断提高技能的需要。非正式的培训主要是通过测试团队内部的活动，达到知识共享，例如：

- 组内技术交流和讨论会，例如一周或一月一个专题，展开讨论；
- 让经验丰富或技术好的小组成员举办讲座，分享经验和最佳实践；
- 建立测试部门的小图书室或图书俱乐部，测试小组一起阅读测试方面或开发技术方面的书籍，然后在中午就餐时间或其他时间进行讨论交流。

正式培训机会是指参加外部的专业培训班、正式的测试技术研讨会、专家提供的培训课程等，也包括将专家请到公司内部所做的培训或辅导。

IEEE CSDP(Certified Software Development Professional，认证的软件开发专业人员)描述了一个资深测试工程师所要培训的内容，如下所示：

(1) 商业活动和工程经济，包括工程经济、规范、专业实践和标准；

(2) 软件需求，包括需求工程过程、需求引出、需求分析、软件需求说明书、需求确认、需求管理；

(3) 软件设计，包括软件设计理念、软件体系结构、软件设计质量分析和评估、软件设计标记和文档、软件设计策略和方法、软件设计中的人的因素、软件和系统安全；

(4) 软件实施，包括计划实施、代码设计、数据设计和管理、错误处理、源代码组织、代码文档、QA 实施、系统集成和配置、调整代码、实施工具；

(5) 软件测试，包括测试类型、测试水平、测试策略、测试设计、代码测试覆盖、说明书测试覆盖、测试执行、测试文档、测试管理；

(6) 软件维护，包括软件可维护性、软件维护过程、软件维护度量、软件维护计划、软件维护管理、软件维护文档；

(7) 软件结构管理，包括 SCM 过程管理、软件配置确认、软件配置控制、软件配置状态计算、软件配置审核、软件发布管理和递交；

(8) 软件工程管理，包括度量、组织管理和协调、初始化和范围定义、计划、软件获取、设定、风险管理、复审和评价、工程结束、后期终止活动；

(9) 软件工程过程，包括过程基础构造、过程度量、过程定义、定性的过程分析、过程执行和变更；

(10) 软件工程工具和方法，包括管理工具和方法、开发工具和方法、维护工具和方法、支持工具和方法；

(11) 软件质量，包括软件质量理念、计划 SQA 和 V&V、SQA 和 V&V 的方法、应用到 SQA 和 V&V 上的度量法。

14.3 部署测试环境

测试执行是在一定的环境下进行的，环境的设置直接影响了测试结果。所以，在测试计划阶段，就要开始考虑和设计测试环境，准备测试环境所需要的资源。

14.3.1 测试环境的定义

软件测试环境包括设计环境、实施环境和管理环境：

(1) 设计环境：编制测试计划、说明、报告及与测试有关的文件所基于的软、硬件设备和支持。在软件设计阶段，不仅要设计测试用例，绘制系统工作流程图、数据流程图等，需要一些设计工具支持，而且还有开发测试工具或测试脚本，需要集成开发环境(IDE)的支持，以及对技术讨论、沟通等必要的支持手段，如即时消息(IM)、邮件、在线会议系统等。

(2) 实施环境：对软件系统进行各项测试所基于的软、硬件设备和支持。测试实施环境包括被测软件的运行平台和用于各项测试的工具。实施环境必须尽可能地模拟真实环境，以期望能够测试出真实环境中的所有问题，同时该环境是独立的，不受开发人员调试工作的影响。通常意义上所讨论的测试环境，主要就是指软件测试的实施环境。

(3) 管理环境：管理测试资源所基于的软、硬件设备和支持。测试资源指测试活动所利用或产生的有形物质(如软件、硬件、文档)或无形财富(如人力、时间、测试操作等)。广义的测试管理环境包含测试设计环境、测试实施环境和专门的测试管理工具。例如，对 Bug 的跟踪、分析管理；对 Test case 的分类管理；对测试任务的分派、资源管理等。

测试环境贯穿了测试的各个阶段，每个阶段中测试环境对测试的影响是不一样的。

在测试的计划阶段，充分理解客户需求，掌握产品的基本特性有助于测试环境的设计，合理调度使用各种资源，申请新的测试资源，保证计划的顺利实施。如果在测试计划中规划了一个不正确的环境，直到实施的过程中才发现，将浪费大量的人力和物力取得一些无用的结果。即使只是遗漏了一些环境配置(如在一个基于手机开发的项目中遗漏了手机的上网费用)，不能及时发现、申请购买或调用，也会影响整个项目的进度。

在单元测试和集成测试阶段，大部分测试工作是由开发人员完成的。开发人员的测试环境通常为开发环境，有利于代码的调试和分析，但开发环境和产品实际运行环境的差异比较大，测试结果可能不够可靠。有这样一个例子，测试人员报告的 Bug 在开发环境中无法重现，开发人员就在测试人员的测试环境中研究，原来是环境系统的设置不同造成的，测试人员就应该分析修改系统设置是否合理。如果要求用户手工修改系统设置，或不能识别用户的系统设置，通常可以确定是缺陷。

在系统测试和验收测试阶段，测试环境必须最大限度地接近实际环境。测试人员在设计测试用例时就得写明测试环境，因为在不同的环境中预期的结果是不同的。测试中运行测试用例、报告 Bug 时有一项基本要求就是写明测试环境，以便开发人员再现 Bug，减少不必要的交流和讨论。大型的软件系统，特别是支持多平台的软件系统，往往测试环境比较复杂，而且在不同的环境下，软件的特性有差异，问题的解决方案也不同。测试环境问题的重要性应该得到充分的重视，尽量将测试环境的因素降到最小，避免因测试环境出现的问题。

14.3.2 测试环境要素

测试环境包括硬件环境和软件环境，硬件环境指测试必需的服务器、客户端、网络连接设备，以及打印机、扫描仪等辅助硬件设备所构成的环境；软件环境指被测软件运行时的操作系统、数据库及其他应用软件构成的环境。细分测试环境的 5 个要素是：软件、硬件、网络环境、数据准备、测试工具。测试工具(包括自动化测试框架)是测试环境的重要组成部分，一般还需要监控诊断的实用工具，如监控系统性能、网络流量的工具，跟踪记录出错信息、备份关键数据的工具等。

在讨论测试环境时，还要考虑测试环境的社会因素和产品特性的影响。例如，社会因素中要考虑相关的国家标准，甚至相关的法律条款等，而从产品特性的影响来看，包括产品的主要用途、用户特征、运行时间长短、负载强度等。

1) 硬件

软件测试中基本的硬件包括特定的网络设备、服务器、测试用机。为了满足密集部署服务器的需要，开始普遍使用机架式服务器(Rack Server)和刀片式服务器(Blade Server)，极大改善了服务器管理性能，使运作参数最优化，能够减少环境设置、复杂线缆、动力和散热等方面的开支，并节省机房空间，有利于日常的维护及管理。

测试用机一般为终端设备，也可以用服务器来做测试机，特别是在性能测试时，一台服务器模拟的虚拟用户要远远超过一般的 PC 台式机。

测试音频、视频等多媒体产品除了需要配备摄像头、麦克风、音箱等之外，还要选择不同类型的声卡、显示卡等。声卡、显示卡还受其驱动程序的控制，在选择驱动程序时，要考虑操作系统、型号等因素。

除了主机、声卡、显示卡等硬件之外，测试中常用的硬件设备还包括智能手机、网络设备、输入设备、输出设备和各种接口。

硬件设备多种多样，完全根据产品的需求进行选择。但选择时需要考虑其配置标准。通常一个较完善的测试环境均包括标准配置、最佳配置和最低配置等几种情况，只是根据项目的需求和条件的限制所占的比例不同。如压力测试、性能测试、容量测试应该在标准配置及最佳配置的设备上运行，而功能性测试、用户界面测试等完全可以在低配置的机器上运行。

2）网络环境

网络环境是由相关的网络设备、网络系统软件及其配置构成的综合环境，包括：

- 路由器、交换机、网线、网卡等硬件设备。
- 各种网络协议、代理、网关、防火墙、负载均衡器等配置。
- 网络工具的安装和配置，如网络限速器、带宽调度器等。

在网络环境设置中构造不同的多个子网段，不仅使服务器和客户端（或测试机）不在一个子网段中，而且客户端（或测试机）也最好分布在不同的几个子网段中。这样有利于设置防火墙、代理服务器或网关等，使测试环境更能接近真实的网络环境。

在网络部署中，防火墙和代理服务器应用普遍，已是标准配备。

3）软件

软件环境包括操作系统、网络协议和应用程序。测试工具软件也是软件环境派生出来的一部分。建立软件测试环境的原则是选择具有广泛代表性的重要操作系统和大量应用程序。在兼容性测试中，软件环境尤其重要。

(1) 常用的操作系统。如 Windows、Mac、Linux、UNIX 等系列以及嵌入式操作系统等。某些操作系统（如 Windows 7）还进一步分为 32 位、64 位版本，Mac OS X/Solaris/Linux 操作系统不仅分 32 位、64 位版本，还针对不同的主机硬件架构（x86、PowerPC、Spare、Adm64 和 Arm 等）有不同的版本。

(2) 常用的数据库管理系统。如 Oracle、SQL Server、开源数据库系统 MySQL，其他如 IBM DB2、Sybase、Informix 等。

(3) 常用的 Web 服务器。如 Apache 服务器、Oracle BEA WebLogic Server Web 应用服务器、Microsoft IIS Web 服务器等。

(4) 常见的配置。例如：

- 网络传输：ADSL、Wi-Fi、T1 或 LAN。
- 浏览器：MS IE、FireFox、Google Chrome、Opera、Safari 等。
- 在 IE 浏览器中 Disable ActiveX。
- Mac OS 或 Windows 中的 Java 虚拟机（JVM）不同版本。
- 经过或不经过代理服务器的 SSL＋HTTP 连接。
- Windows XP、Windows 7 中的非管理员用户（Normal user）。

14.3.3 数据准备

许多测试用例取决于测试数据，特别是围绕数据库系统、文件管理系统等构建的应用系统，测试的数据不仅对系统整体性能测试非常重要，对一些功能测试也是非常重要的，异常数据或大范围的数据都有助于提高测试的覆盖率。测试数据应尽可能地取得大量真实数据，无法取得真实数据时尽可能模拟出大量随机的数据。

数据准备包括数据量和真实性两个方面：

(1) 越来越多的软件产品需要处理大量的信息，不可避免地使用到数据库系统。少量数据情况下，软件产品表现出色，一旦交付使用，数据急速增长，往往一个简单的数据查询操作就可能耗费掉大量宝贵的系统资源，使产品性能急剧下降，失去可用性。

(2) 数据的真实性通常表现为正确数据和错误数据，在容错测试中对错误数据的处理和系统恢复是测试的关键。对于更为复杂的嵌入式实时软件系统，例如惯性导航系统仅有惯性平台还不够，为了产生测试数据，还必须使惯性平台按所要求的运动规律进行移动。也可以用软件来仿真外部设备，模拟真实的外围设备。

14.3.4 虚拟机的应用

许多Web应用平台的测试还需要针对操作系统和浏览器构成的组合平台进行兼容性测试，其结果要构建大量不同的测试环境。如果每种环境都用一台物理机器来安装，那么不仅需要购买很多机器，投入很大，而且还占用很大的实验室空间，每天用电量也是可观的。这时，最好的解决办法就是虚拟机方法。

在真实计算机系统中，操作系统组成中的设备驱动控制硬件资源，负责将系统指令转化成特定设备控制语言。在假设设备所有权独立的情况下形成驱动，这就使得单个计算机上不能并发运行多个操作系统。虚拟机则包含了克服该局限性的技术，引入了底层设备资源重定向交互作用，每个虚拟机由一组虚拟化设备构成，其中每个虚拟机都有对应的虚拟硬件，而不会影响高层应用层。虚拟化技术可以提供负载隔离，为所有系统运算和I/O设计的微型资源控制。通过虚拟机，客户可以在单个计算机上并发运行多个操作系统、操作系统的多个版本或实例。虚拟化技术整合空闲的系统资源，充分利用硬件资源，节约能源和空间，并能提升系统的运作效率，有利于测试环境的建立和维护。

根据统计，一些客户环境中至少有70%的服务器利用率只有20%～30%，而通过VMware可以将服务器的利用率提高到85%～95%。如果内存加大到16GB或更高，一台机器可以虚拟4～8台服务器，而原来十几台服务器的要求，现在只需要买3台甚至更少的服务器就可以了。

一台机器虽然只能虚拟4～8台服务器，但可以事先建立十几套虚拟机镜像文件，把这些镜像作为虚拟机来保存。测试时，只要花几分钟就可以装载所需的镜像文件，更换为新的测试环境，而不必为重建系统等上数小时。这在自动化测试时特别有用，每一个测试套件执行完以后，都需要恢复最初的测试环境，就要靠虚拟机镜像来创建回滚机制

(rollback)，在几分钟之内就能把系统恢复到之前的初始状态。

14.4 建立测试实验室

对于专业的测试公司或拥有专业测试队伍的公司，应建立不同的测试实验室以适应不同软件的测试需求。建立独立的测试实验室，特别是建立性能测试实验室，不仅使测试环境管理更加专业化和规范化，而且可以充分利用资源，提高测试效率，降低测试成本。

14.4.1 实验室建立的评估分析

并不是所有的软件公司都需要测试实验室。某些公司只是在特定的时期需要测试实验室；其他一些公司从来就没有过测试实验室，而是将测试工作交给专业测试公司去做。在决定是否建立实验室时需要事先评估，进行可行性分析。通常需要考虑的问题包括：

(1) 是否需要长期使用的测试设备？

(2) 是否需要特殊的环境？

(3) 是否存在安全性问题？

(4) 是否需要体积庞大的测试工具？

综合上述因素进行分析，如果确实需要测试实验室，先试着单独为测试实验室做一个预算。如果预算让人无法承受，那么就需要寻找其他的方案，如虚拟机方案，寻求供应商、政府等的外部资源，尽量使用开源软件等。如果预算还很高，可以考虑租用第三方的测试实验室，或将耗资源的性能测试和压力测试等外包出去，内部团队只负责功能测试。

14.4.2 选择和规划实验室

一旦决定建立自己的测试实验室，就需要为实验室选择场所并规划它的配置。应当考虑各种因素，例如空间尺寸、照明、布局、功能区、电源、静电、温度、湿度、消防安全等，尽可能详细绘出实验室的平面规划图，然后不断地完善规划。根据各种因素综合考虑规划一个较完美的实验室环境，让测试工作在一个舒适的环境中完成，避免因环境问题带来的困扰。

14.4.3 集成和配置测试设备

每个测试实验室都有不同的设备需求，而且任何特定设备的重要性依赖于它所支持的特定测试的重要性。假定要为公司建立一个测试实验室，首先要理出一个设备清单，然后进行预算评估，接着采购设备、集成安装。

测试环境的各要素也就是实验室配置清单的主要内容。一个完整的实验室配置清单不仅包括测试中所需的软硬件、工具、数据等，而且还包括实验室所需的其他设备，如空调、去湿机、温度/湿度计等。

14.5 建立项目的测试环境

针对某个具体项目，测试环境的要求会更明确，无论是对服务器、支撑平台软件还是对网络配置、应用软件等都需要进行具体的规划和定义，完成相应的配置，以满足具体项目的测试工作要求。

为了建立正确的测试环境，要基于下列文档和其他要求来完成测试环境的配置。

- 软件架构文档，了解系统架构设计的细节，包括服务器之间、数据通道等之间的关系。
- 部署模型，如本地部署、远程部署、网络共享部署、热部署等。
- 测试自动化架构，如何有效地支持自动化测试的实施。
- 测试数据的要求，包括数据量、负载模式等。
- 测试策略和测试方法，会影响测试环境的设计。

一般测试环境部署的实施过程可以简单归纳为下列6个步骤。

(1) 服务器、存储器的准备，包括服务器的加电测试、存储设备的连接和划分，通常通过存储管理工具实现存储划分和配置。

(2) 启动，通过系统管理工具引导操作系统，或者先安装虚拟机系统。

(3) 安装操作系统，在测试环境中，一般会直接安装系统的镜像文件，而镜像文件是由系统运行管理部门制作，因为这个部门直接负责产品实际运行的环境。

(4) 网络配置，根据测试需求，一方面将服务器配置到相应的网络环境中，另一方面，还要完成负载均衡器、防火墙或代理服务器等的配置。

(5) 安装应用系统，包括 Web 服务器、中间件、数据库和应用软件系统等。

(6) 配置并启动应用软件，并进行不断的调试，使应用软件运行环境符合设计要求。

14.6 测试环境的维护和管理

测试环境的维护和管理，不仅包括硬件设备的保养维修和软件版本的及时升级，更重要的是维护测试环境的正确性，定期检查软件和网络的配置，做好记录和跟踪，确保测试环境始终符合测试的实际要求。为了做好测试环境的维护和管理，首先要建立测试环境的管理流程和规章制度，严格的管理流程能够保证和改善测试环境的正确性、稳定性。

为了更好地做好测试环境的维护和管理，通常还会设置专门的实验室管理员，明确其责任，并建立好相应的文档及其模板，为关键的硬件设备和软件环境建立备份。

14.6.1 测试环境管理员的职责

测试环境管理员的职责包括：

- 建立和完善测试环境管理的相关制度和流程；
- 基础测试环境的搭建，包括操作系统、数据库、中间件、Web 服务器等的安装和配

置,以及相关文档的编写、存档;
- 相关资源(如路由器、数据库、Web服务器等)访问权限(包括用户名、口令等)的设定、定期更新和审查;
- 记录组成测试环境的各类设备名称、配置、IP地址、端口配置、用途以及当前状态(占用、空闲、报废等);
- 测试环境各项变更的执行及记录;
- 测试环境的备份及恢复;
- 协助项目组完成被测应用系统的部署;
- 协助IT部门完成测试环境的各类设备采购、入库等;
- 协助测试经理做好资源的分配、调度等工作。

14.6.2 测试环境管理所需的文档

测试环境管理所需的文档包括:
- 软硬件资产清单,包括厂家、品牌、型号、购买日期、入库日期、所有者、数量、关键特性指标、变更记录等;
- 关键设备(如路由器、防火墙、负载平衡设备等)和系统(操作系统、数据库管理系统、中间件等)的安装配置手册;
- 环境资源访问权限列表,及其变更记录等;
- 测试环境的备份和恢复过程文档,包括历史发生的记录(如备份时间、备份人、原因、备份文件名、备份文件来源和获取方式等)。

14.6.3 测试环境访问权限的管理

针对测试环境访问权限的管理,需要注意的是:
- 权限由测试环境管理员统一管理。为了安全起见,应在测试经理或相应的管理人员那里有一个备份;
- 为访问测试环境的每个人设置单独的用户名和口令,口令可以强制每一个月或一个季度改变一次;
- 将测试环境访问人员分类,不同类别的人有不同的访问权限。例如,开发人员只有"读"的权限,没有"修改、删除"等权限;
- 除测试环境管理员外,其他测试组成员不授予删除权限,更不要将root或Administrator的权限赋予一般的测试人员;
- 用户及权限的各项维护、变更需要记录到相应的"用户权限管理文档"中。

14.6.4 测试环境的变更管理

对测试环境的变更应当形成一个标准的流程,并保证每次变更都是可追溯的和可控的。

- 测试环境的变更一般由测试组长提出书面申请(如电子邮件),由测试环境管理员负责执行,或授予测试组长临时权限,自行处理;
- 在测试环境变更之前,应该确定一个明确的方法,能够返回到变更之前的状态;
- 测试环境的任何变更均应记入相应的文档中,包括变更申请邮件、脚本等原始文档,作为配置项进行管理。

14.6.5 测试环境的备份和恢复

对于测试人员来说,测试环境必须是可恢复的,否则将导致原有的测试用例无法执行,或者发现的缺陷无法重现。因此,应当在测试环境(特别是数据库环境)发生重大变动时进行完整的备份,例如使用 Ghost 对硬盘或某个分区进行镜像备份,以便在需要时将系统重新恢复到安全可用的状态。

另外,每次发布新的被测应用版本时,应当做好当前版本的数据库备份,为将来做版本兼容性测试(版本升级测试)时做好准备。例如,对于一些提供软件服务的应用系统,当其版本升级到一个新版本时,要验证在原来版本中产生的数据在新版本时依然有效,而新版本的数据库结构已发生了一些变化,这些数据不能在新版本中产生,否则数据是不真实的。在进行兼容性测试时,最好用已备份的数据库来恢复到原来的数据库后,再进行版本升级,然后进行测试。这种兼容性测试可能会进行多次,而且可能会在下一个版本兼容性测试中还要用到。这时,数据库的备份不仅保证了数据的真实性、完整性,还大大减少了重新准备数据的时间,提高了测试的效率。

14.7 习题

请参考课文内容以及其他资料,完成下列选择题。

(1) 下列有关软件测试设计的说法中,正确的是(　　)。

A. 测试方案应考虑是否可行、是否有效和是否能够达到预期的测试目标

B. 基于判定表的测试用例设计方法是白盒测试用例设计方法

C. 测试方案设计中可以忽略软件系统的实际使用环境

D. 测试开发不是测试用例设计的工作内容

(2) 下列关于测试团队的说法中不正确的是(　　)。

A. 建立、组织和管理一支优秀的测试团队是做好软件测试工作的基础,也是最重要的工作之一

B. 测试团队的规模一般要非常的大,哪怕再小的软件测试小组也不能一个人

C. 测试人员的基本职责是发现系统的缺陷

D. 测试组织管理就是如何以最小的成本、最高的效率在计划时间内发现系统尽可能多的和有价值的缺陷

(3) 软件测试环境包括(　　)。

A. 测试设计环境　B. 测试实施环境　C. 测试管理环境　D. 以上全部

(4) 下列哪个不是测试环境的组成要素?(　　)

A. 软硬件　B. 技术文档　C. 测试工具　D. 网络环境

(5) 下列哪项工作与软件缺陷管理和追踪无关?(　　)

A. 对缺陷应该包含的信息条目、状态分类等进行完善设计

B. 通过软件系统自动发送通知给相关开发和测试人员,使缺陷得到及时处理

C. 对测试用例的执行结果进行记录和追踪

D. 通过一些历史曲线和统计曲线来分析和预测未来的缺陷发展情况

(6) 以下哪一项不属于测试策划的内容?(　　)

A. 确定测试的充分性要求　B. 建立测试环境

C. 提出测试的基本方法　D. 制定测试计划

(7) 以下叙述中正确的是(　　)。

A. 可跟踪性分析是在整体上分析整个资源的分配策略

B. 关键性分析是标识原始需求和相应开发结果之间关系的能力

C. 接口分析必须关注3种接口:用户接口、硬件接口和软件接口

D. 评估权在软件开发的最后阶段进行,以确认产品是否符合规格说明

(8) 以下关于极限测试的说法中,正确的是(　　)。

A. 极限测试是一种针对极限编程的软件测试

B. 极限测试中所有的测试均由编码人员完成

C. 与传统的软件测试相比,极限测试是一种更严格的测试

D. 极限测试中只需要进行单元测试

14.8 实验与思考

14.8.1 实验目的

本章实验的目的:

(1) 熟悉软件测试团队建设和软件测试环境架构的相关概念与知识。

(2) 尝试规划设计一个测试项目。确定拟开展的测试类型。依据GB/T 15532—2008《计算机软件测试规范》,完成测试设计,内容包括:测试对象、测试实施方(组织和管理)、测试人员配备、测试准入条件、测试准出条件、测试技术条件、测试内容简述、测试过程简述和测试应交付文档。

14.8.2 工具/准备工作

在开始本实验之前,请回顾教科书的相关内容。

需要准备一台带有浏览器、能够访问因特网的计算机。

14.8.3 实验内容与步骤

在本实验中，我们尝试规划设计一个测试项目。请在下列测试活动中选择其中的一个测试项目：

□单元测试　　□集成测试　　□配置项测试

□系统测试　　□验收测试　　□回归测试

你将该项目命名为：________________

请依据GB/T15532—2008《计算机软件测试规范》，针对你所确定的测试项目，完成以下测试设计：

1）测试对象：________________。

2）测试实施方（组织和管理）：________________。

3）测试人员配备：请填入表14-3。

表 14-3

工作角色	具体职责
测试项目负责人	□ 需要　□ 不需要 若需要，则其具体工作职责为：________________
测试分析员	□ 需要　□ 不需要 若需要，则其具体工作职责为：________________
测试设计员	□ 需要　□ 不需要 若需要，则其具体工作职责为：________________
测试程序员	□ 需要　□ 不需要 若需要，则其具体工作职责为：________________
测试员	□ 需要　□ 不需要 若需要，则其具体工作职责为：________________
测试系统管理员	□ 需要　□ 不需要 若需要，则其具体工作职责为：________________
配置管理员	□ 需要　□ 不需要 若需要，则其具体工作职责为：________________

4）测试准入条件：

____

(1) ______________________________；
(2) ______________________________；
(3) ______________________________；
(4) ______________________________。

5）测试准出条件：

____

(1) ______________________________；
(2) ______________________________；
(3) ______________________________；
(4) ______________________________；
(5) ______________________________；
(6) ______________________________；
(7) ______________________________；
(8) ______________________________。

6）测试技术条件：

____

(1) ______________________________；
(2) ______________________________；
(3) ______________________________；
(4) ______________________________；
(5) ______________________________；
(6) ______________________________；
(7) ______________________________；
(8) ______________________________；
(9) ______________________________；
(10) ______________________________。

7）测试内容简述：

____

(1) ______________________________；
(2) ______________________________；
(3) ______________________________；
(4) ______________________________；
(5) ______________________________；
(6) ______________________________；
(7) ______________________________；

(8) ______;
(9) ______;
(10) ______。

8）测试过程简述：

______

(1) 测试策划：______

______

______。

(2) 测试设计：______

______

______。

(3) 测试执行：______

______

______。

(4) 测试总结：______

______

______。

9）测试应交付文档：

______

(1) ______;
(2) ______;
(3) ______;
(4) ______;
(5) ______。

14.8.4 实验总结

______

______

______

______

14.8.5 实验评价（教师）

______

______

14.9 阅读与分析：Google的产品质量之道

James Whittaker是Google的测试总监，曾任微软构架师，也是“实用软件测试指南”系列图书中好几本书的作者。他写了一系列的博文，介绍Google是如何进行测试的。Google把开发和测试紧密结合在一起，测试人员相对较少，每个产品在正式上线前都要经过好几个不同的版本。

Google保证产品质量的方法和很多公司不一样。Google没有一个庞大的测试部门，相反，部分测试工作委派给了开发人员。Whittaker写道：

测试和开发同时进行。编写一些代码，马上进行测试和构建。接着，编写更多的代码，继续测试。更好的是，在你编码的时候或者编码之前，就计划好你的测试。测试不是一个独立分开的过程，它是开发的一部分。质量不等同于测试；要想有高质量的产品，就要把开发和测试紧密捆绑在一起，直到不分彼此。

这是因为，Google认为要保证质量，预防胜于检查。

质量来自开发，而不是测试。为了拓宽开发环节，我们可以把测试融入开发中去。Google建立了一个超高效的增量流程，只要有一个增量被证明缺陷太多，就可以回滚这些错误。这不仅预防了很多产品级问题，还大大地减少了那些为确保消除“召回级别”缺陷而安排的测试人员的人数。

因此，在Google，测试人员不用做测试是众所周知的，他们只要“确保他们（指开发人员）有自动框架和相关流程”进行测试即可。开发人员进行必要的测试，他们对他们的代码质量负责。这其实就是强调了一点：“质量的重担落在那些负责交付正确产品的开发人员的肩上。”为了实现他们的质量哲学，Google有3种类型的工程师。

SWE或者软件工程师是传统的开发角色。SWE编写最终交付给客户的功能代码。他们编写设计文档，设计数据结构以及整体架构，花绝大部分时间编写和审查代码。SWE会编写很多测试代码，包括测试驱动设计，单元测试，以及参与到简单、中等甚至复杂的测试集成中去。SWE们对他们参与的一切的质量负责，不管是他们编写的、修复的或者是修改的。

SET或者测试软件工程师也是开发角色，只是他们专注于易测性。他们审查设计，密切关注代码质量和风险。他们重构代码，让代码更加易于测试。SET需要编写单元测试框架和自动化测试。他们的代码也会提交到SWE所工作的代码库，但是他们更加关注提高质量和测试覆盖率，而不是增加新功能或者提高性能。

TE或者测试工程师则跟SET恰恰相反。他们这个角色会把测试放在首位，而把开发放其次。很多Google的TE会花很多时间来编写模拟了实际使用场景甚至是模拟了用户的自动化脚本和代码。他们也整理SWE和SET的测试工作，解读测试结果从而驱动测试，他们也会在项目后期参与到项目中去，来强力推动项目发布。TE是产品专家，质量顾问也是风险分析员。

换句话说，SWE负责软件功能特性和它们的质量。SET提供代码支持，从而使SWE能测试这些产品特性。TE快速地测试系统或者再次检查那些被开发人员忽略的主要缺陷。并且,他们协助用户测试,还进行性能、安全以及其他类似的测试。

在公司级别,Google 有几个关注域(Focus Areas)——搜索、广告、应用程序、移动服务、操作系统等。其中有一个关注域是工程生产力(Engineering Productivity,EP),它包括了一些“横向和纵向的工程规范”,测试是其中最大的一块。EP 包括:

产品团队——为整个 Google 的所有工程师提供能提高生产力的工具,包括开源项目,比如“代码分析器、IDE、测试用例管理系统、自动测试工具、构建发布系统、版本控制系统、代码审查安排系统、缺陷数据库。”

服务团队——为任何 Google 员工提供关于可靠性,安全,国际化等领域的专业知识,包括“工具、文档、测试、发布管理、培训”等。

派遣式的工程团队——在 Google,测试人员会被借调去不同的产品团队。他们可以选择为一个团队服务很多年,但公司鼓励他们去不同的团队轮岗,从而能够“在产品知识和新鲜视野之间”保持一个良好的平衡。这些测试人员参与到产品团队中的很多不同的关注域,但是从组织关系上来说,他们汇报给 EP 管理层。这样做的理由是能够建立一个“让测试人员共享知识和信息的论坛。好的测试想法在 EP 内部很容易传播开来,从而使所有测试人员,不管他们为哪个产品服务,都能够了解到公司内最好的技术。”

这种测试策略带来的结果就是相对较少的测试人员。根据 Whittaker 的观点,这也可能是因为“我们很少尝试一次快速交付很多功能。事实上,我们的目标恰恰相反:构建一个产品的核心部分,一旦它对很多人有价值,我们就发布这个产品,随后我们收集反馈,继续迭代。”另外一个确保质量的关键元素是使用多重版本。Whittaker 以 Chrome 为例,介绍了 4 种不同的版本:

金丝雀版(Canary Channel)——还没有做好发布准备的代码;

开发版——开发人员使用的版本;

内部测试版(Test Channel)——为了准备 beta 发布的版本;

测试(beta)或者发布版——这个版本的产品可供 Google 内部或者公众使用。

产品发布以后,如果发现了一个缺陷,我们会编写一个测试,并且在所有的版本中进行验证,看看这个缺陷是不是已经在某个版本里面被修复了。

简单来说,这就是 Google 用来测试他们的产品、确保代码质量的流程和组织结构。

资料来源:作者 Abel Avram,译者 金毅,来源:InfoQ,2011-3-15。

第 15 章　软件测试自动化

软件测试是一项艰苦的工作,需要投入大量的时间和精力。据统计,软件测试会占用整个开发时间的 40%。而一些高可靠性要求的软件,测试时间甚至占到总开发时间的 60%。软件测试具有一定的重复性,测试后期所进行的回归测试和前期测试有相当部分的工作是一样的。回归测试就是验证已经实现的大部分功能,只是为了解决软件缺陷,需求变化与代码修改很少,针对代码变化所做的测试相对比较少。而为了覆盖代码改动所造成的影响需要进行大量的测试,虽然这种测试找到软件缺陷的可能性小,效率比较低,但又是必要的。此后,软件不断升级,所要做的测试重复性也很高。所有这些因素驱动着软件自动化测试的产生和发展。

软件测试自动化主要是通过所开发的软件测试工具、脚本等来实现,具有良好的可操作性、可重复性和高效率等特点。自动化测试是软件测试中提高测试效率、覆盖率和可靠性的重要测试手段。也可以说,自动化测试是软件测试不可分割的一部分。

15.1　自动化测试的原理与方法

软件测试自动化的基本结构由 6 部分组成,如图 15-1 所示。

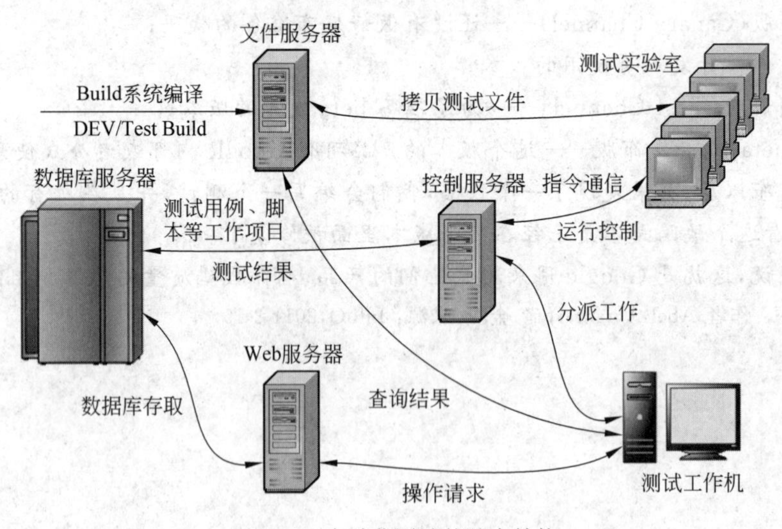

图 15-1　自动化测试的基本结构

- 存放程序软件包和测试软件包的文件服务器。在这个服务器上构建和存放这些软件包。
- 存储测试用例和测试结果的数据库服务器。可提高过程管理的质量,同时生成统计所需要的数据。

- 执行测试的运行环境。测试实验室或一组测试用的服务器、PC机。单元测试或集成测试可能单机运行,但系统测试或回归测试就可能需要多台计算机在网络上同时运行。
- 控制服务器。负责测试的执行调度。从服务器读取测试用例,向测试环境中的代理发布命令。
- Web服务器。负责显示测试结果,生成统计报表、结果曲线。作为测试指令的转接点,接收测试人员的指令,向控制服务器传送。同时,根据测试结果,自动发出电子邮件给测试或开发的相关人员。Web服务器让开发团队的成员可以方便地查询测试结果,也方便测试人员在自己的办公室运行测试。
- 客户端程序。测试人员在自己计算机上安装的程序。许多时候,需要一些特殊的软件来执行测试结果与标准输出的对比或分析工作。可能有部分输出内容不能直接对比,此时就要用程序进行处理。

理想的测试工具可以在任何一个路径位置上运行,可以到任何路径位置取得测试用例,同时也可以把测试的结果输出到任何路径位置。这样的设计,可以使不同的测试运行使用同一组测试用例且不会互相干扰,也可以灵活使用硬盘的空间,并且使备份工作易于控制。同时,软件自动测试工具必须能够有办法方便地选择测试用例库中的全部或部分内容来运行,也必须能够自由地选择被测产品或中间产品作为测试对象。

1) 代码分析

类似于高级编译系统,是一种白盒测试的自动化方法。一般针对不同的高级语言来构造分析工具,在工具中识别类、函数、对象、变量等定义规则和语法规则。在分析时对代码进行扫描,找出不符合编码规范的地方。根据某种质量模型评价代码的质量,生成系统的控制流程图和调用关系图等。为了更好地进行代码分析,可以在代码中插入一些探针,即向代码生成的可执行文件中插入一些监测代码,随时了解这些关键点、关键时刻的某个变量的值和内存堆栈状态,并可自动记录程序运行的语句和分支等覆盖情况。

2) 捕获回放

捕获和回放是一种黑盒测试的自动化方法。这种方法首先将用户的每一步操作都记录下来。记录的方式有两种:程序用户界面的像素坐标或程序显示对象的位置,以及相对应的操作、状态变化或属性变化。所有的记录转换为一种脚本语言所描述的过程,以模拟用户的操作。

回放时,将脚本语言所描述的过程转换为屏幕上的操作,然后将被测系统的输出记录下来,与预先给定的标准结果进行比较。这样可以大大减轻黑盒测试的工作量,在迭代开发的过程中,可以快速进行回归测试。

3) 脚本技术

脚本是一组测试工具执行的指令集合。脚本可以通过录制测试的操作产生,然后再做修改,这样可以减少脚本编程的工作量。当然,也可以直接用脚本语言编写脚本。测试工具脚本中可以包含数据和指令,并包括下面一些信息:

- 同步信息。确定何时进行下一个输入。
- 比较信息。比较什么?如何比较?和谁比较?

- 屏幕数据的捕获和存储。
- 从何处读取另一个数据源。
- 控制信息。

脚本技术围绕着脚本的结构设计来实现测试用例，并在建立脚本和维护脚本的代价中得到平衡，从中获得最大益处。脚本技术可以分为线性脚本、结构化脚本、共享脚本、数据驱动脚本和关键字驱动脚本等几类。除了在功能测试中模拟用户的操作，脚本技术还可以在性能测试中产生虚拟用户进行并发操作，给系统或服务器发出大量的数据和操作，以检验系统或服务器的响应速度、数据吞吐量等能力。

4）自动比较

自动测试时，预期输出是事先定义或插入脚本中的，然后在测试过程中运行脚本，将捕获的结果和预先准备的输出进行比较，从而确定测试用例是否通过。所以，自动比较在软件自动化测试中非常重要。自动比较可以对比分析屏幕或屏幕区域图像、比较窗口或窗口上控件的属性或数据、比较网页或比较文件等。

自动比较有如下几种分类：

- 静态比较和动态比较。动态比较是在测试过程中进行比较，静态比较是将结果存入数据库或文件中，然后通过另外一个独立的工具来进行结果比较。
- 简单比较和复杂比较。简单比较要求实际结果和期望结果完全相同，而复杂比较是一种智能比较，允许实际结果和期望结果有一定的差异。智能比较需要使用屏蔽搜索技术，来排除输出中预期会出现的差异部分，忽略特定的差异。
- 敏感性测试比较和健壮性测试比较。敏感性测试比较要求比较尽可能多的信息，如在执行测试用例的每一步比较整个屏幕的信息，屏幕输出中细微的变化就可能导致不匹配，使标志测试结果出错；健壮性测试只比较最少量、最需要的信息，如屏幕的最后输出。
- 比较过滤器。对实际输出结果和期望结果进行预先处理，执行过滤任务之后，再进行比较，这样可以使自动比较标准化，产生可靠的测试结果。

5）测试管理

是指对测试输入、执行过程和测试结果进行管理。除了对与手工测试共性的东西，如测试计划、测试用例、测试套件、缺陷、产品功能和特性、需求变化等实施管理外，还要对自动化测试中特有的内容进行跟踪、控制和管理。主要有测试数据文件、测试脚本代码、预期输出结果、测试日志、测试自动比较结果等。

15.2 自动化测试的限制

客观地说，单靠手工测试无法完全实现软件测试的目标，存在着一定的局限性。但自动测试并非万能，其所完成的功能也是有限的。

(1) 不能取代手工测试。不可能也不要期望将所有测试活动自动化。因为自动化测试的开销较大，下列情况可能并不适合自动化测试。

- 测试很少运行。例如一年只运行一次。

- 软件不稳定。例如，如果软件版本升级期间用户界面和功能频繁变化，则修改相应的自动化测试的开销也较大。
- 结果易于人工验证但难于甚至不可能将这类测试自动化。例如，彩色模式的合适程度、屏幕轮廓的直观效果等。
- 涉及物理交互的测试。例如，在读卡机上刷卡、某些设备的连接与断开和开关电源等。

并非所有手工测试都应该自动化。当一项测试需要频繁运行时，才需要将其自动化。好的测试策略还应包括探索性测试，此类测试最好由手工完成或至少先进行手工测试。当软件不稳定时，手工测试可以很快发现缺陷。

(2) 手工测试比自动测试发现的缺陷更多。如果某个测试用例被自动化，首先应对其正确性进行测试，这通常是手工运行测试用例。如果被测软件用某个测试用例可以发现缺陷，那么手工运行时，同样也在该点暴露缺陷。根据经验，自动测试只能发现20%的缺陷，而手工测试却可以发现80%左右的缺陷。

一旦建立自动测试套件，就可进行重复测试。一般情况下，这些测试用例以前已经运行过，因此软件在此次运行中暴露的缺陷要少得多。自动测试执行工具不是智能测试工具，而是再测试工具，即回归测试工具。

(3) 对测试质量的依赖性极大。工具只能判断实际结果和期望结果之间的区别。因此在自动化测试中，测试的艰巨任务就变成验证期望输出的正确性。通常，工具会很痛快地报告所有测试都通过，实际只是实际结果和期望结果匹配。

(4) 自动化测试不能提高有效性。自动化测试并不会比手工运行相同的测试更有效。自动化测试可以提高测试的效率，但也可能对测试的进展起反作用。

(5) 自动化测试可能会制约软件开发。自动测试比手工测试更脆弱。软件部分的改变就有可能使自动测试软件崩溃。由于设置自动化测试比手工测试开销大，并且需要维护，这可能限制了软件系统的修复或改进进度。同时，由于经济原因，对自动测试影响较大的软件修改可能受到限制。

(6) 工具本身不具备想象力。工具也是软件，只是按照指令执行。工具和测试者都可以按照指令执行一组测试，但人可以用不同的方式完成同样的任务。测试者可以用其想象力和创造力改进测试，可能背离原计划，也可能给测试增加一些附加内容。

人比测试工具优越的另一个方面是可以处理意外事件。例如网络连接中断，此时必须进行重新连接，手工测试在测试期间就可及时解决问题。而工具可以具有某些事件的处理能力，但是处理问题毕竟不如人灵活。

15.3 用脚本技术生成测试用例

从目前的研究结果来看，能够实用化的测试设计或测试输入生成的自动化技术还不成熟。在流行的测试工具中，主要是使用脚本技术来生成自动化测试用例。

15.3.1 脚本的作用、质量和编写原则

脚本实际上是一种计算机程序，是一组测试工具执行的指令集合。

录制手工脚本的测试用例可以产生线性脚本，用于回放手工测试者执行的操作。对许多测试用例执行上述操作，则对每个测试用例都产生一个脚本。假如每一个测试用例都有一个支持程序，如果有上千个测试用例，就会造成效率低下、维护开销增加等问题。

大多数工具使用比录制方式更有效和灵活的脚本语言，用来编辑录制的脚本或编写脚本，以减少一组自动化测试用例的脚本编写量。有两种方式可以减少脚本的编写量。一种方式用编程相对较少的一段脚本，执行几个测试用例的相同操作或任务，执行一个相同操作的每个测试用例都可以使用相同的脚本。另一种方式是在脚本中插入控制指令，使得工具重复使用这些指令序列而不用编写指令的多个副本。一旦编写了合理而全面的脚本集合，增加新的测试用例时就可以不用编写脚本。因此，上千个测试用例可以用上百个脚本来实现。

脚本的具体内容依赖于使用的测试工具和脚本技术。粗略的方式是尽可能录制，并对粗略生成的脚本进行重新架构和编程。对于建立脚本而言，最重要的是要关注建立及维护脚本的代价和从中获得的益处。如果脚本被大量生命周期较长的不同测试所复用，则应该保证该脚本的合理性和可维护性。如果脚本只用于一次测试，则建立脚本时就无须投入太多精力。

由于脚本是测试体系的一个关键部分，因此保证脚本的质量是非常重要的。一个好的脚本应该是易于使用和易于维护的。

15.3.2 脚本的基本结构

脚本技术围绕着脚本的结构设计来实现测试用例，可以分为线性脚本、结构化脚本、共享脚本、数据驱动脚本和关键字驱动脚本等几类。

1）线性脚本

是录制手工执行的测试用例时得到的脚本，适合于简单的、一次性的测试，多数用于脚本初始化或演示。这种脚本包含所有的击键、移动和输入数据等操作，所有录制的测试用例都可以得到完整的回放。对于线性脚本，也可以加入一些简单的指令，如时间等待和比较指令等。

线性脚本可能包括比较。在录制测试用例时，可以添加比较指令，或者回放脚本录制的输入时增加比较指令。

线性脚本的优点主要有：

- 不需要深入的工作或计划，只需录制手工任务。
- 可以快速开展自动化。
- 对实际操作可以审计跟踪。
- 用户不必是编程人员。

• 可以提供良好的软件或工具演示。

几乎任何可重复的操作都可以使用线性脚本技术自动化。可以用录制好的脚本代替操作进行演示。

对于建立长期的自动测试体系来说，线性脚本的缺点也比较突出：

• 过程繁琐。产生可行的自动测试包括比较的时间比手工测试要长2～10倍。
• 一切依赖于每次捕获的内容。
• 测试输入和比较是捆绑在脚本中的。
• 无共享或重用脚本。
• 线性脚本容易受软件变化的影响，修改代价大。
• 如果回放脚本时发生了录制脚本时没有发生的事情，则可导致整个测试失败。

2）结构化脚本

类似于结构化程序设计，具有各种逻辑结构，包括选择性结构、分支结构、循环迭代结构，而且具有函数调用功能。结构化脚本具有很好的可重用性和灵活性，所以易于维护。

所有的测试工具脚本语言均支持3种基本结构：线性结构、选择结构和迭代结构。选择控制结构使脚本具有判断功能。最普通的形式是if语句判断条件为真或假。例如，脚本检查特定消息是否显示在屏幕上，如果显示消息则继续执行，否则停止。

迭代结构可以根据需要重复一个或多个指令序列，和编程中的循环结构类似。

除控制结构外，一个脚本还可以调用另一个脚本，即将一个脚本的控制点转到另一个脚本的开始，执行完后再将控制点返回到前一个脚本。这种机制可以将较大的脚本分为几个较小的、易于管理的脚本。

结构化脚本的主要优点是健壮性好，可以对一些容易导致测试失败的特殊情况进行处理。但是脚本将变得更加复杂，而且测试数据仍然捆绑在脚本中。

3）共享脚本

是指某个脚本可以被多个测试用例使用，即脚本语言允许一个脚本调用另一个脚本。可以将线性脚本转换为共享脚本。

这种技术的思路是产生一个执行某种任务的脚本，而不同的测试要重复这个任务，当要执行这个任务时只需要在每个测试用例的适当地方调用这个脚本。这样带来两个好处：可以节省生成脚本的时间；当重复的任务发生变化时只需要修改一个脚本。

有两种共享脚本类型，一种是在不同软件应用系统的测试之间共享脚本，另一种是在同软件应用系统的测试之间共享脚本。注意与应用无关的脚本更适合长期的测试，值得花费精力建立共享脚本。

共享脚本的优点如下：

• 以较少的开销实现类似的测试。
• 维护开销低于线性脚本。
• 删除了明显的重复。
• 可以在共享脚本中增加更为智能的功能。

共享脚本的缺点如下：

• 需要跟踪更多的脚本、文档名及存储，如果管理得不好，很难找出适当的脚本。

• 对于每个测试仍需要一个特定的测试脚本，因为维护成本比较高。

• 共享脚本通常是针对被测软件的某一部分。

共享脚本需要文档化，使测试者清楚每个脚本的功能以及如何使用它们。软件文档常常不及时更新或者有错误。如果将这些问题带到了脚本的文档中，则自动化测试的成本就更高。解决这个问题的办法就是制定脚本编写规范。

4）数据驱动脚本

将测试输入存储在独立的数据文件中，而不是存储在脚本中。这样的脚本可以针对不同的数据输入实现多个测试用例。使用这种技术，可以用较小的额外开销实现许多测试用例。因为需要做的所有工作只是为每个增加的测试用例制定一个新的输入数据集合和期望结果，不需要编写更多的脚本。例如在回归测试中可以利用数据驱动脚本技术增加许多测试用例。

数据驱动技术的主要优点是数据文件的格式对于测试者而言易于处理。例如，对于复杂一些的脚本，数据文件中可以包含一些脚本运行时可以忽略的注释，使得数据文件更易于理解因而易于维护。另一种方法是使用不同格式说明测试输入，如测试者常使用电子表格软件，电子表格文件为主文件，任何修改直接对电子表格而不是数据文件。每次修改数据文件时，都从电子表格中产生。

除测试输入外，期望结果也从脚本中移出而放到数据文件中，每个期望结果直接与特定的测试输入相关联。因此，如果输入在数据文件中，其比较的结果也必定在该数据文件中。许多测试执行工具为此提供一种机制，捕获屏幕信息，并将其作为期望结果与测试最新产生的结果进行比较。

数据驱动的优点在于可以很快增加类似的测试，增加新的测试不必具有工具脚本语言的编程知识，对于后续测试无额外的脚本维护开销。其缺点在于初次建立的开销比较大，需要专业的编程人员予以支持，同时这种数据驱动方法必须易于管理，否则测试质量将不易保证。

5）关键字驱动脚本

关键字驱动脚本是数据驱动脚本的逻辑扩展。数据驱动技术的限制来自于每个测试用例执行的导航和操作必须是一样的，测试的逻辑知识建立在数据文件和控制脚本中，因此两者需要同步。然而，脚本的一些智能活动不能移到数据文件中。较为实际的方法是允许控制脚本支持广泛的测试用例，而这增加了数据文件的复杂性。

关键字驱动技术与数据驱动技术相结合，将数据文件变为测试用例的描述，用一系列关键字指定要执行的任务。控制脚本可以解释关键字，但这是在控制脚本之外完成的，要求一个附加的技术实现层。这种方式的实质是用测试文件描述测试用例，即它说明测试用例做什么，而不是如何做。关键字驱动脚本允许使用描述性方法，只需要提供测试用例的描述，便可自动生成测试用例，就像为有经验的测试者提供描述一样。

描述性方法是将被测软件的知识建立在自动化测试环境中。这种知识包含在支持脚本中：他们了解被测软件，但并不了解测试用例，因此可以独立开发测试用例。具有商业知识和测试技能的人可以将精力集中在测试文件上，而具有技术知识的人则将精力集中在支持脚本上。

关键字驱动方法的优点是显而易见的。通常这种方法所需脚本数量是随软件的规模而不是测试的数量而变化的。因此,可以不用增加脚本的数量而实现很多的测试,只需要替换基本的应用支持脚本即可。这样可大幅度减少脚本维护开销,并可加速自动测试的实现,而且可以由不会编程的人员来完成测试。同时这种自动测试方法可以用与工具和平台无关的方法来实现,因此如果改变了测试工具,也不会有失去测试用例的风险,只需要重新实现支持脚本。

可以使用测试者最习惯的形式和工具来实现测试,如文本编辑器、电子表格或字处理软件。最终目标是提供尽可能简单地进行测试输入的方法,以减少不必要的重复和琐碎。

15.4 测试执行自动化

通常我们所说的自动化测试,实际上是指测试执行和比较结果的自动化,而不是测试设计或测试输入生成的自动化。

15.4.1 前处理

在大多数测试用例中,开始测试之前要具备一些先决条件,这些先决条件是每个测试用例的一部分并在测试之前实现。在某些测试用例中,先决条件一旦建立便可一劳永逸,因为它们在测试过程中不会改变;而在另一些用例中,每次测试执行过后都需要进行恢复工作,因为先决条件在测试过程中发生了变化。所有与建立和恢复这些测试先决条件相关的工作就是前处理。

15.4.2 后处理

测试用例一旦执行将立即产生测试结果,其中包括测试的直接产物(当前结果)和副产品(如工具日志文件),涵盖范围可能很广,因此需要对这些产物进行处理,以评估测试的成败或者进行内务处理。

有些测试结果可以清除,而有一些需要保留。要保存的结果应该存放到一个公共的位置,以便对其进行分析或只是为了防止其被以后的测试改变或破坏,这就是所谓的后处理。

15.4.3 自动化测试过程

自动化测试过程的核心内容是执行测试用例。由于自动化测试是执行批量的测试用例,保证自动化测试的连续性和准确性很重要,因此要进行一系列的前期准备和后期清理工作。这些前处理和后处理任务具有以下一些典型特征:

- 数量多。有大量潜在的前处理和后处理任务要执行,其中一部分需要在每次运行测试用例时都执行。

- 成批出现。通常会有许多待处理的前处理和后处理任务在同一时刻出现。
- 类型重复。在某个特定系统上进行的诸多测试只需要简单的物理设置，因此可能只存在少数几种不同类型的前处理和后处理行为。不同测试用例之间的许多变化源自使用数据的不同。
- 容易自动化。这些任务通常是简单的函数，所以可以用一个简单的指令或命令来实现，许多复杂的函数可以缩减成用一个命令文件就可以执行的简单命令。

有了自动化的前处理和后处理过程，就可以建立一个完全自动化的测试过程。想要达到这个目标，必须将测试过程中所有需要人工干预和清理的工作全部进行自动化。

图15-2展示了自动化辅助手工测试过程和自动化测试过程的区别。在自动化测试过程中，除了选择确定要执行的测试用例和分析失败原因外，其他过程都是可以自动化开展的。而自动化辅助的手工测试过程中，设置和清除测试环境这些任务都是手工开展的，这意味着测试用例无法连续自动运行。

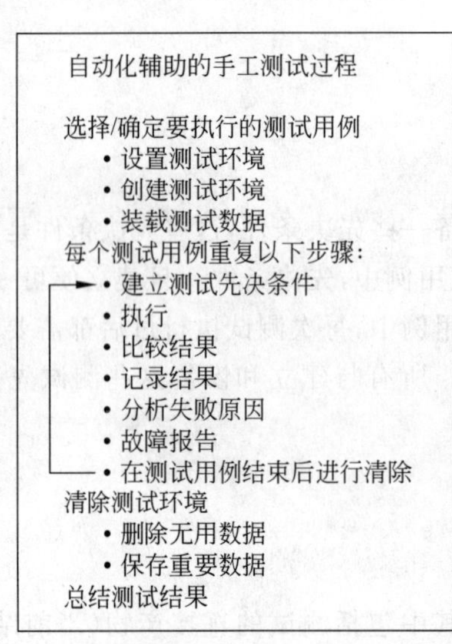

图15-2 自动化测试过程

15.5 测试结果比较自动化

比较是软件测试中自动化程度最高的任务，也常常是从中受益最多的任务。比较海量数字、屏幕输出或任何类型的列表并不是人类非常胜任的一项工作，这种工作里充斥着重复劳动和复杂任务，但却是计算机非常理想的工作内容。如果仅执行自动测试，而不进行自动比较，就不算是自动化测试。

测试验证是检验软件是否产生了正确输出的过程，是通过在测试的实际输出与预期输出之间完成一次或多次比较来实现的。在自动测试中，预期输出要么是事先准备的，要么是测试运行过程中捕获的实际输出。在后一种情况下，被捕获的输出必须由人工验证，并且作为以后自动测试运行的预期输出来保存。

自动比较的内容可能是多种类型的：文本信息、格式化数据、屏幕输出内容、电子邮件、发送到硬件设备的数据或信号、通过网络发送到其他机器和进程的信息、数据库的内容等，需要自动测试设计者在面对实际场景时根据相应测试工具的支持情况来设计自动比较机制。

通常被称为"比较器"的自动比较工具是检测两组数据异同的计算机程序。对于自动测试而言，这两组数据指的是测试运行中产生的输出和预期的输出。所有的比较器基本上都能告诉用户两组比较的数据是否相同。

当测试用例失败后，必须调查失败的原因。人们常常需要比较器提供额外的信息来帮助人们了解出现了多少差异及其差异位置等信息。较为先进的比较器可以辅助用户浏览这些差异。例如，一种交互式功能，为用户提供了并排观察两个比较文件的功能。在这种情况下，可以用某种方式突出差异，例如粗体字样或不同颜色等。在比较图像时，一些比较工具可以用不同的图形处理技术来突出差异。例如在比较两个位图图像的地方，可能产生第三个图像，即从一个图像中减去另一个图像的结果，假如第一个和第二个图像相同的话，第三个图像就会是一片空白。一些文字处理器也提供了比较文本文档的两个版本这一功能，但文字处理器可能并没有为自动测试的目的而制作最佳的比较器。

但是需要注意的是，比较器不能告诉用户测试是否失败或通过。比较器可以告诉用户是否出现了差异。当比较器没有发现意外的差异时，测试者常推断测试通过。当发现意外的差异时，则推断出测试失败的结果。但实际上，这并非一定正确。如果预期输出实际上并不正确，那么比较结果出现差异时，测试者仍将会说测试通过。

自动比较可能没有人工比较灵活。当人工执行测试时，测试者可能做更多的检验操作，可能会暴露出一些问题，而这些问题甚至使用最严格设计的特殊比较也可能会遗漏。同时自动比较只能做到将实际输出和预期输出进行比较，若预期输出中有错误，则自动比较会隐藏这个错误，而不会在实际输出中突出这一错误。此外，由人工完成的回归测试更加灵活，测试者根据对变化的理解，每次测试可以进行不同的比较，而自动测试一旦自动进行，则每次都以相同的方式精确完成相同比较。如果需要任何变化，则必须更新测试用例。

15.5.1 动态比较

动态比较就是在执行测试用例时进行的比较。测试执行工具通常包括为动态比较专门设计的比较器功能。商业测试执行工具的动态比较功能通常都很出色，特别是那些具备捕获重放功能的商业测试执行工具。

最好使动态比较按照与人工测试者基本相同的方式来检验出现在屏幕上的内容，这意味着可以检验在测试用例运行期间屏幕上的输出，尽管这些输出随后会被来自同一测试用例的后续输出所重写。也可动态比较屏幕上不可见的输出，如GUI属性等。

1) 支持和实现工具

动态比较指令必须插入到测试脚本中，这些指令告诉工具进行比较的时间和比较的内容。大多数工具可以暂停测试用例的记录，以使工具可保存当前版本作为预期输出。

无论何种情况，工具可以发出捕获屏幕或窗口的特定部分的指令，保存捕获部分当前的事例，作为预期结果。无论何时重新执行脚本，工具会自动加入指令到脚本，以便将工具捕获相同的输出与作为预期输出保存的内容进行比较。

测试工具一般不允许在记录脚本时加入检验，但可以允许在重新执行脚本的时候插入检验测试以"慢动作"的方式重新执行，当到达验证点时，测试者首先验证屏幕输出是否正确。如果该输出是可接受的，工具发出指令捕获相应的输出作为验证数据。这意味着测试的第一次是记录输入，第二次是记录动态比较指令。

对于不支持这些方法的工具，自动测试器必须编辑脚本来实现动态比较。

2）测试用例的智能化

使用动态比较有助于为测试用例融入一些智能，使测试用例根据输出采取不同的动作。例如，如果出现意外的输出，则说明测试脚本与测试的软件不一致，因此最好异常终止测试用例，而不是继续执行。这是因为当没有获得预期输出时继续执行测试用例是很浪费的。一旦测试脚本与软件不一致，任何进一步的动作都是无意义的，甚至可破坏其他测试用例使用的数据。

3）复杂性和维护费用成正比

因为动态比较涉及嵌入更多的命令或指令到测试脚本中，使得测试脚本更加复杂。因此，使用许多动态比较的测试用例需要花费更多的精力来创建，正确编写就更加困难了，会导致更高的维护费用。

屏幕输出上的许多表面的、细小的变化可以造成动态比较强调许多并不重要的差异。虽然在这种情况下，大多数测试执行工具可容易地更新预期输出，但是如果影响了许多比较，那么要花费相当的精力和时间来进行更新，这会是一项艰巨的工作。

15.5.2 执行后比较

执行后比较是在测试用例运行后执行的比较。执行后比较主要用于比较发送到屏幕以外的输出，例如已创建的文件和数据库更新过的内容。

1）支持工具

测试执行工具通常不包括对这种比较类型的直接支持，而是使用单独的一个或多个工具。例如，可以使用标准的文件比较器和过滤器来进行执行后比较，这有助于提高测试运行的性能并可实现更为精确的比较。

2）比较顺序和结构

动态比较是在出现输出时进行，而执行后比较与之不同。执行后比较完成的比较顺序和内容更具备可选择性。对任何一个测试用例，应该把比较分成两个或更多的组，只在成功完成了第一组比较，才比较第二组及后面的组。例如，先验证大体的结果，如果这些结果是失败的，则把时间花费在详细验证这些结果上也是毫无意义的。

3）主动与被动的执行后比较

可以主动地或被动地进行执行后比较。如果简单地查看测试用例执行后碰巧得到了什么，就是被动的方法。如果在运行测试用例时，有意保存感兴趣的特定结果，以后为了特殊的目的比较它们，则是主动的执行后比较方法。与动态比较相比，主动的执行后比较好处在于：

- 保存实际输出。会保留测试用例较详尽的输出记录。如果发生了测试用例失败，这些记录提供了非常有用的信息，可能为以后的审计而存档。
- 脱机比较。能够在执行完所有的测试用例后集中进行比较，执行比较的机器可以与执行测试用例的机器不同，特别是测试只在有限的时间内才能使用机器资源的情况下有用。
- 可使用不同的比较器。动态比较的效果通常受测试工具性能的限制。执行后比较可运行较为复杂的比较，所使用的工具和技术范围更加广泛。
- 可保存其他输出。捕获测试用例失败时出现的额外信息是非常有用的，这些信息可用作帮助分析错误原因。

虽然可以用主动的执行后比较代替动态比较，但是很少这样做。因为测试执行工具可以根据结果发出指令，采取不同的动作，所以一般来说，在测试用例运行过程中一旦产生输出就进行验证，要优于在测试用例运行后验证输出。

4）实现执行后比较

当测试用例需要进行一种或多种执行后比较时，通常是由不同的工具来执行。在这种情况下，测试执行工具不自动启用执行后比较器，而要用户来运行比较器。

图 15-3 显示了执行一组测试用例所必需的人工任务和自动任务。这看上去不像是有效率的自动测试。如果测试执行工具负责运行比较器，则效率会提高很多，但除非用户告诉测试执行工具去运行比较器以及如何去做。事实上，用户必须把所需指令明确地加入到测试脚本的末尾，这等于要做大量的工作。但可以使用共享的脚本来减少工作量。通过仔细规划存储实际输出和预期输出的位置，可以容易地按照一致的方式定位这些输出，以简化每个测试脚本的额外指令。

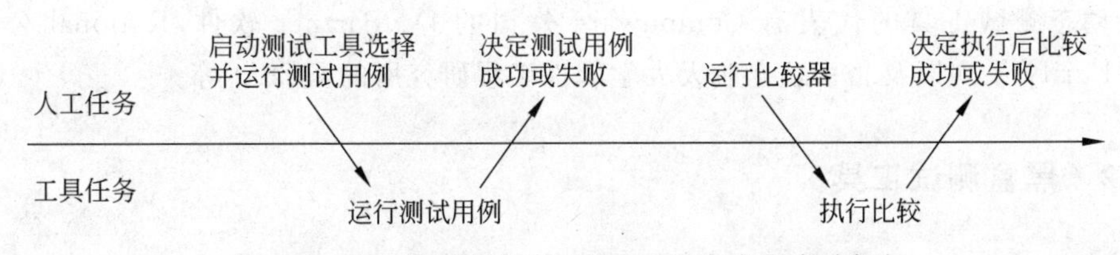

图 15-3　执行测试用例所必需的人工任务和自动任务

甚至在加入了完成执行后比较的指令后，也不可能解决全部问题，图 15-4 显示了其中的原因。测试执行工具也许能够告诉用户是否成功运行了测试用例，但是不可能告诉用户执行后比较的详尽结果。评估执行后比较的结果是人工任务。用户必须查看以下两

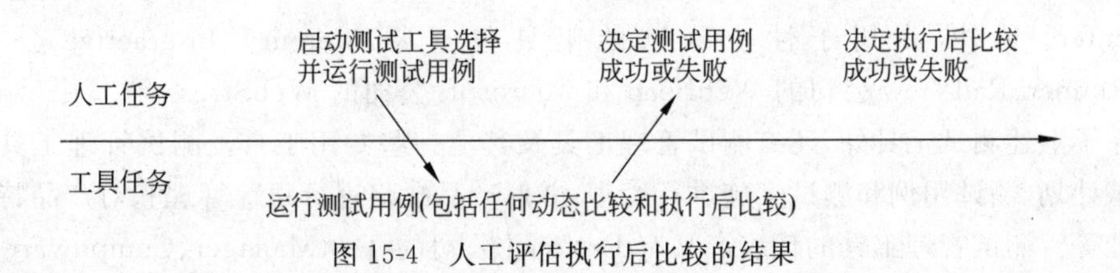

图 15-4　人工评估执行后比较的结果

方面的信息，以决定测试用例运行的最终状态：测试执行工具的日志或总结报告，还有来自比较器的输出。

用户希望得到每个测试用例的全部状态，也就是说测试是否成功，因此增加测试脚本以理解比较的结果并返回全面的测试用例状态是非常重要和关键的。

15.6 测试工具的选择

软件测试工具可以从两个不同的方面去分类。

- 根据测试方法的不同，分为白盒测试工具和黑盒测试工具。
- 根据测试的对象和目的，分为单元测试工具、功能测试工具、负载测试工具、性能测试工具和测试管理工具等。

15.6.1 白盒测试工具

白盒测试工具是针对程序代码、程序结构、对象属性、类层次等进行测试，测试中发现的缺陷可以定位到代码行、对象或变量级。根据测试工具原理的不同，又可分为静态测试工具和动态测试工具。单元测试工具多属于白盒测试工具。

- 静态测试工具对代码进行语法扫描，找出不符合编码规范的地方，根据某种质量模型评价代码的质量，生成系统的调用关系图等。静态测试工具直接对代码进行分析，不需要运行代码，也不需要对代码编译连接和生成可执行文件，其代表有Telelogic公司的Logicscope软件、PR公司的PRQA软件。
- 动态测试工具需要实际运行被测试系统，并设置探针，向代码生成的可执行文件中插入一些监测代码，掌握执行到探针处程序运行数据(对象属性和变量的值等)。动态测试工具的代表有Compuware公司的DevPartner软件，Rational公司的Purify系列以及北京航空航天大学软件工程研究所的QESat等。

15.6.2 黑盒测试工具

黑盒测试工具适用于系统功能测试和性能测试，包括功能测试工具、负载测试工具、性能测试工具等。黑盒测试工具的一般原理是利用脚本的录制回放以模拟用户的操作，然后将被测系统的输出记录下来并与预先给出的标准结果比较。黑盒测试工具可以大大减轻黑盒测试的工作量，在迭代开发的过程中，能够很好地进行回归测试。

黑盒测试工具的代表有Rational公司的TeamTest、Robot，Compuware公司的QACenter。另外，专用于性能测试的工具包括原Mercury Interactive公司的LoadRunner、RadView公司的WebLoad和Microsoft公司的WebStress等工具。

除了上述测试工具外，还有测试管理工具及其他一些专用工具。测试管理工具负责对测试计划、测试用例和测试实施进行管理，并对产品缺陷进行跟踪管理和对产品特性进行管理等。测试管理工具的代表产品有Rational公司的TestManager、Compuware公司的 TrackRecord、北京航空航天大学软件工程研究所的 QESuite 系列等。

15.6.3 选择测试工具

测试工具的选择是自动化测试的重要步骤之一。对测试工具的选择必须有一个全盘的长期考虑,分阶段逐步引入测试工具。图 15-5 展示了一个选择测试工具的流程。

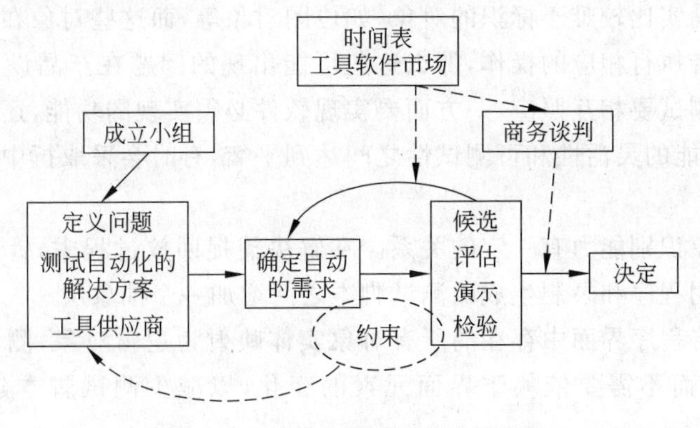

图 15-5　自动化测试工具选择流程

下面以功能测试工具为例,说明自动化测试所特有的功能需求和关键特征,这也是选择测试工具最关键的内容之一。

1) 支持脚本语言

这是最基本的要求,脚本语言具有与常用编程语言类似的语法结构,可以对已录制的脚本进行编辑修改。具体来讲,脚本语言至少应该:支持多种常用的变量和数据类型;支持各种条件逻辑、循环结构;支持函数的创建和调用。

如果所使用的脚本语言和通用语言如 Visual Basic、C 等比较接近或一致,自动化测试就成功了一半。脚本语言的功能越强大,就越能为测试开发人员提供更灵活的使用空间,而且具备一个良好的、类似于 C 语言的脚本语言结构也是很重要的,它会大大减少测试脚本的维护工作量。总之,要确认脚本语言的功能是否可以满足测试的实际需求。

2) 脚本语言是否支持外部函数库、函数的可重用

如果支持函数调用,就可以建立一套比较通用的函数库。一旦程序做了修改,只需对原脚本中的相应函数进行更改,而不用改动所有可能的脚本,从而可以节省大量工作。如果这种函数调用比较容易通过函数间的参数传递来实现,例如,对于用户登录函数,每次调用时可能都需要使用不同的用户名和口令,此时就必须通过参数的传递将相关信息在函数内部执行。

除了针对被测系统建立库函数外,一些外部函数同样能够为测试提供强大的功能,如 Windows 程序中对 DLL 文件的访问、客户机/服务器(C/S)程序中对数据库编程接口的调用等。如果能够通过命令行方式运行测试脚本,可以为测试的执行带来更大的灵活性,这样程序生成后就可以自动启动测试脚本,并且可以向一组机器发布指令,让它们同时运行不同的测试脚本。

3）对程序界面中对象的识别能力

测试工具必须能够将程序界面中的相应对象区分并识别出来，录制的测试脚本才具有良好的可读性、修改的灵活性和维护的方便性。如果只支持通过位置坐标来区分对象，问题就会比较多，程序界面稍做改变将导致原有测试脚本无法继续使用。

对于用一些比较通用的开发工具写的程序，多数测试工具都能区分和标志出程序界面中的所有元素。因此，在选择测试工具时，对开发语言的支持也是很重要的。当然程序难免会存在一些确实比较难于标识的对象，如位图对象等，而这些对象在程序中可能还要完成一些功能或者执行相应的操作，那么这些可能出现的问题在产品设计阶段就应该考虑。软件开发和测试要相互照应，一方面要实现软件必须实现的功能，还要保证软件的可测试性，为了在功能的灵活性和可测试性之间达到平衡，有时会采取折中处理方法。

4）抽象层

抽象层和对象识别能力有一定的关系。在解决捕捉回放过程中，针对程序界面存在的问题在被测应用程序和录制生成的测试脚本之间增加一个抽象层。

抽象层用于将程序界面中存在的所有对象实体映射为逻辑对象，测试就可以针对这些逻辑对象进行，而不需要依赖于界面元素的变化，以减少测试脚本建立和维护的工作量。

5）分布式测试的网络支持

一些网上应用软件，如网上会议系统、远程培训系统、聊天系统等，一般用于协同工作、相互通信等模式中，支持多用户来共同操作软件，这时对软件自动化测试有更高的要求，包括：

- 测试工具进行测试时自身传输的数据量很小，具有很强的独立性，对被测软件影响很小。
- 能按照事先设置的任务执行时间表进行，即在指定时间、指定设备上执行指定的测试任务。或者按照任务设定的先后次序、相互的依赖性进行。如一个用户要加入网络会议，只能在某个用户已经启动一个网络会议之后进行。Rational Robot 就有这样的功能。
- 当两个测试任务要同时打开一个文件时，要能保持协调或协同处理，避免出现资源竞争。

6）支持数据驱动测试

测试工具能够支持对流行的数据库（Oracle、SQL Server、MySQL、Access 等）格式文件的操作，这样有利于测试脚本的代码和数据输入分离，减少代码的编程和维护工作量，也有利于测试用例的扩充和完善。在数据驱动测试中，测试脚本通过从事先准备的数据库或文件中读取数据，在执行测试过程中将结果数据写入数据库或文件中，或直接将结果和事先保存在数据库中的预期结果值进行比较。

7）具有脚本开发良好的环境

对于可以自动执行的测试任务，通常会在上班时间将任务制定好，下班后启动任务执行，第二天上班再来检查测试执行的结果。但是经常会出现本来需要整晚执行的工作，第二天发现才执行了 5 分钟就因为程序的一些异常错误而终止了，而且这种情况经常发生。

因此，测试工具应有相对应的容错处理系统，可以自动处理一些异常情况而对系统进行复位，或者允许用户设计是否可以跳过某些错误，然后继续执行下面的任务。

其次，能提供类似软件集成开发环境中的调试功能，支持脚本单步运行、设置断点、得到变量返回结果等，可以更有效地对测试脚本的执行进行跟踪检查并迅速定位问题。

最后，测试脚本的开发也经常是多个测试工程师共同工作，需要一个团队的开发环境，对脚本代码能很好控制和管理，也可以对测试数据文件、测试脚本对象抽象层进行统一管理。这一点对大型测试项目尤其重要，有利于自动化测试管理、缩短测试开发周期并减少测试脚本的错误。

此外，其他一些功能包括：

- 图表功能。测试工具生成的结果可以通过一些统计图表来表示，这样会直观些。软件问题最终要由人进行解释，而且查看最终报告的人员不一定对测试很熟悉，因此测试工作能否生成结果报表，能够以什么形式提供报表是需要考虑的因素。
- 测试工具的集成能力。测试工具的引入是一个长期的过程，应该是伴随着测试过程改进而进行的一个持续的过程。因此，测试工具的集成能力也是必须考虑的因素，包括两个方面的意思：首先，能够和开发工具进行良好集成，其次，能够和其他测试工具进行良好集成。
- 操作系统和开发工具的兼容性。测试工具可否跨平台，是否适用于公司目前使用的开发工具，这些问题也是在选择一个测试工具时必须考虑的问题。

15.7 测试工具的主流产品

软件自动化测试实现的基础是可以通过设计特殊的程序来模拟测试人员对计算机的操作过程、操作行为，或者类似于编译系统那样对计算机程序进行检查，实现的方法主要有代码的静态和动态分析、测试过程的捕获和回放、测试脚本技术、虚拟用户技术和测试管理技术。

15.7.1 面向开发的单元测试工具

单元测试一般采用白盒测试方法，要根据程序内部的实现来完成测试，所以必须和特定的语言结合起来进行。针对语言的不同，单元测试工具也不同。而且一些开发环境，如Microsoft Visual Studio 和 Borland 公司的 JBuilder 都含有单元测试工具软件。单元测试工具可以依据不同的语言进行分类：

- 功能强大的自动化 C/C++ 单元级测试工具 Panorama C++、C++ Test、Numega。
- JUnit 是一个开发源代码的 Java 测试框架，用于编写和运行可重复的测试。

还可以根据工具的功能特点进行分类，如：

- 内存资源泄漏检查工具。Numega 中的 BounceChecker、Rational 的 Purify 等。
- 代码覆盖率检查工具。Numega 的 TrneCoverage、Rational 的 PureCoverage、TeleLogic 公司的 LogiScope。

• 代码性能检查工具。LogiScope 的 Macabe。
• 软件纠错工具。Rational Purl 等。

其中,Parasoft 公司的 C++ Test 是一个功能强大的自动化 C/C++ 单元级测试工具,可以自动测试任何 C/C++ 函数、类,可自动生成测试用例、测试驱动函数或桩函数,在自动化的环境下完成单元测试。其单元级的测试覆盖率可以达到 100%。C++ Test 能够自动检查测试代码构造、测试代码的功能性和维护代码的完整性。具有的特性有:即时测试类/函数;支持极限编程模式下的代码测试;自动建立类/函数的测试驱动程序和桩调用;自动建立和执行类/函数的测试用例;提供快速加入、执行说明和功能性测试的框架;执行自动回归测试和组件测试。

15.7.2 负载和性能测试工具

负载和性能测试工具在软件自动化测试中占据着很重要的位置。因为负载和性能测试是软件手工测试的弱项,但却是工具的强项。优秀产品主要有原 MI 公司的 LoadRunner、Compuware 的 QALoad、Rational 公司的 SQA Load、Performance 和 Visual Qualitify。

15.7.3 GUI 功能测试工具

基于 GUI 的功能测试工具在软件自动化测试中占有重要的地位。其基本原理是:将操作应用程序的各种动作和输入记录下来,包括键盘操作、鼠标单击等,生成一个脚本文件。这个脚本以后可以被回放,也就是能重复上一次操作的动作,实现自动运行和测试。在实际测试过程中,还要根据测试需求对录制的脚本进行一些必要的修改或参数添加,如选择不同的测试数据、脚本中插入检查点进行跟踪调试等。

一般来说,GUI 功能测试工具的测试过程包含下列 5 个步骤:

(1) 录制测试脚本。利用测试工具的录制功能,将测试人员的操作记录下来,并转化成相应的测试脚本。

(2) 编辑测试脚本。直接录制下来的测试脚本,一般不能直接使用,需要修改,如插入验证点、调整测试的节奏、添加注释等。

(3) 调试测试脚本。经过调试,确保执行效果满足测试用例所描述的要求。

(4) 执行。在测试机上运行测试脚本,完成事先计划的测试任务。

(5) 分析测试结果。包括图表显示、统计分析。

基于 GUI 的功能测试工具主要适合回归测试阶段。当一个应用开发基本完成后,程序界面基本定型,虽然业务的需求会频繁变化,但测试脚本的结构基本不需要改动,只需要做些小调整就可以自动运行,可大大提高测试的效率和测试的准确性。

GUI 功能测试工具的主要产品有原 MI 公司的 WinRunner、Compuware 公司的 QARun、Rational 公司的 SQA Robot 和 Microsoft 的 Visual Test Suite 等。

15.7.4 Web 应用测试工具

基于 Web 应用的测试工具主要进行链接检查、HTML 检查、Web 功能和 Web 站点安全性等各个方面的测试。主要的 Web 测试工具有原 MI 公司的 Astra 系列和 RSW 公司的 E-TestSuite，Web 系统测试工具有 WorkBench、Web Application Stress（WAS）Tool、页面链接测试工具 Link Sleuth。

1）Web Application Stress Tool

微软的 WAS 允许以不同的方式创建测试脚本，可以通过使用浏览器遍历站点来录制脚本，也可以从服务器的日志文件导入 URL，或者从一个网络内容文件夹选择一个文件。当然，也可以手工输入 URL 来创建一个新的测试脚本。

WAS 可以使用任何数量的客户端运行测试脚本，全部都由一个中央主客户端来控制。在每一个测试开始前，主客户机透明地执行以下任务：与其他所有客户机通信；把测试数据分发给所有客户端；在所有客户端同时初始化测试；从所有的客户端收集测试结果和报告。这个特性非常重要，尤其对于要测试一个拥有大量客户端的服务器集群的最大吞吐量时非常有用。除此之外，WAS 可用来模拟 Web 浏览器向任何采用 HTTP 1.0 或 1.1 标准的服务器发送请求，而不考虑服务器运行的平台。除了易用性外，WAS 还有如下的特性。

- 对于需要署名登录的网站，允许创建用户账号。
- 允许为每个用户存储 Cookies 和 Active Server Pages 的会话信息。
- 支持随机的或顺序的数据集。
- 支持带宽调节和随机延迟，以便更真实地模拟显示情形。
- 支持 SSL 协议。
- 允许 URL 分组和对每组的点击率的说明。
- 提供一个对象模型，可以通过 VBScript 处理或者通过定制编程来达到启动、结束和配置测试脚本的效果。

2）WebKing

Parasoft 公司的 WebKing 是一个独特的工具，用以帮助开发人员防止和检测多层次 Web 应用中的错误。WebKing 采用已经证明能够有效改善 C++ 和 Java 代码质量的测试技术，可以自动进行白盒、黑盒和回归测试，以及网盒测试——一种全新的针对动态网页的单元测试方法。

- WebKing 的白盒测试用例对表格对象自动生成一组用户输入，然后显示生成的目录和动态网页，分析网站的结构，找到测试的最佳路径。简单单击“Test All”按钮，WebKing 将自动测试每一个静态和动态网页，并发现其中的构造错误。同时 WebKing 的 CodeWizard 功能执行最重要的 HTML、CSS 和 JavaScript 编码标准检查，WebKing 还检查所有的链接。
- WebKing 执行黑盒测试以保证网站应用能够满足功能要求。WebKing 的路径视图显示所有潜在的路径，包括一组默认的路径。可以建立自己的测试用例以测试特定的路径。

• 独有的 RuleWizard 特性让用户使用图形脚本语言建立监视动态网页内容的规则。虽然某些动态网页的内容依赖于用户输入，RuleWizard 标识出不变的部分。CodeWizard 自动执行这些规则以保证动态网页能够符合设计要求。
• 网盒测试是为 Web 应用而特别设计的创新技术，能自动化修改、编译、分发和测试网站等生命周期活动，帮助用户建设一个发布和测试每个程序或脚本语言的基础结构。当每次修改网站时，WebKing 能够自动执行回归测试，若发现问题，会取消发布内容。当发布时，WebKing 自动显示动态页、验证页面的准确性。同时检查链接、HTML、CSS 和 JavaScript。

WebKing 的特性如下：

• 防止和检测动态网站中的错误。
• 测试一个动态网站中所有可能的路径。
• 强化 HTML、CSS 和 JavaScript 的编程标准。
• 帮助建立自动监视动态页面内容的规则。
• 检查中断的链和孤立的文件。
• 防止有错误的页面。
• 记录有关网站使用的各类文件统计信息。
• 集成各类插件和第三方工具。
• 发布网站时自动执行基本命令。

3) SOAPTest

Parasoft 公司的 SOAPTest 是一个测试 Web 服务程序的工具。通过 WSDL 自动创建的测试套件，SOAPTest 使 Web 服务的功能测试易于实现。用于服务功能的测试套件同样适用于负载测试，不但可以测试 Web 服务对并发请求的响应，而且可以确认测试负载是否导致功能问题。可以让 SOAPTest 模拟服务组件接受客户发送的适当请求，也可以把 SOAPTest 当作一个代理服务器，显示 Web 服务器和客户之间的消息。

SOAPTest 的特性如下：

• 彻底测试 SOAP 协议和 Web 服务方面的问题。
• 从 WSDL 文档中自动创建测试套件并用于客户端和服务器端测试。
• 自动 Web 服务程序功能测试、负载测试和客户测试。
• 使用 XSLT 到 SOAP 消息实现客户端和服务器端的正确事务。

15.7.5 嵌入式测试工具

嵌入式系统软件的测试相对困难，因为它的开发是用交叉编译方式进行的。在目标机(Target)上不可能有多余的空间记录测试的信息，必须实时地将测试信息通过网线/串口传到宿主机(Host)上，并实时在线地显示。因此，对源代码的插装和目标机上的信息收集与回传成为嵌入式测试工具要解决的关键问题。

• CodeTest 是 Applied Microsystems 公司的产品，是广泛应用的嵌入式软件联机测试工具。CodeTest 为追踪嵌入式应用程序、分析软件性能、测试软件的覆盖率和内存动态分配等提供了一个实时联机的高效解决方案。CodeTest 还是一个可共享的网络工具，为整个开发和测试团队带来高品质的测试手段。CodeTest 支持所有的16/32 位 CPU 和 MCU，支持总线频率高达 100MHz，可通过 PCI/VME 总线、MICTOR 插头对嵌入式系统进行联机测试，无须改动用户的 PCB，与用户系统连接方便。

- GammaRay 系列产品主要包括软件逻辑分析仪 GammaPfiler，可靠性评测工具 GammaRET 等。
- Logiscope 是 Telelogic 公司的工具套件，贯穿于软件开发、代码评审、单元测试、集成测试、系统测试以及软件维护阶段，用于代码分析、软件测试和覆盖测试。
- LynxInsure＋＋是 Lynx Real-Timesystems 公司的产品，基于 LynxOS 的应用代码检测与分析测试工具。主要包括 3 个工具：源码检测工具 Insure＋＋，可检查初级错误、API 应用中的类型和参数错误、指针和数组错误、字符串操作错误；内存检测工具 Inuse，可查找内存漏洞、检查动态内存的分配等；程序的覆盖度量工具 TCA，可提供完全的覆盖报告。
- MessageMaster 是 Elvior 公司的产品。它是测试嵌入式软件系统工具，向环境提供基于消息的接口。
- VectorCAST 是 Vector Software 公司产品。该产品由 6 个集成的部件组成，可自动生成测试代码，为主机和嵌入式环境构造可执行的测试架构。VectorCAST 测试系统由环境生成器、测试用例生成器、运行控制器、报告生成器、动态分析器和静态分析器等组件组成。使用 VectorCAST 测试系统，可以保持经常更新部件仿真模型。
- IBM Rational Test RealTime(RTRT)帮助开发人员创建测试脚本、执行测试用例和生成测试报告，包括代码覆盖分析报告、内存分析报告、性能分析报告和执行追踪报告。它还提供对被测代码进行静态分析和运行时分析功能，使嵌入式测试实现一体化的集成。Test RealTime 通过分析源代码，自动生成测试驱动(Test Driver)和桩(Test Stub)模板，通过 Target Deployment Port 技术同时支持开发机和目标机的测试。

15.7.6 软件测试管理工具

测试过程要涵盖单元测试、集成测试、系统测试、回归测试和验收测试等各个阶段，如何有效地组织管理这些不同阶段的测试尤为重要，因此，需要使用软件测试管理工具。软件测试管理工具能管理整个测试过程，从测试计划、测试设计、测试执行、测试结果到测试报告，提供一个基于中央数据库的、协同合作的环境。虽然测试人员分布在各地，但不管在何时何地都能参与整个测试过程。

软件测试管理工具主要有原 MI 公司的 TestDirector、Rational 公司的 Test Manager、Silicon Valley Networks 公司的 Test Expert 等。

1）缺陷跟踪工具

缺陷跟踪工具主要有 Rational 公司的 ClearQuest、Compuware 公司的 TrackRecord、WEBsina 公司的 BugZero 和 SilkRadar，以及著名免费软件 Bugzilla。这里以 SilkRadar 为例，对缺陷跟踪工具做一个简单的介绍。

SilkRadar 能对软件缺陷进行记录，并对缺陷处理结果状态进行自动跟踪、记录和归类处理，能够灵活满足各种业务环境和各种产品的需求。SilkRadar 提供行为驱动的工作流程，能够帮助开发人员自动完成对缺陷管理的相关处理。

- 可以记录软件测试过程中识别的测试结果以及用户报告的问题。
- 通过电子邮件通知、自动分配规则、预先定义的优先级等对问题进行分解。
- 能够按照预先设定的规则对各个缺陷状态按照其生命周期进行相应处理，迅速地将任务分派给相关人员进行处理。
- 定制处理的卡片帮助开发测试人员关注对自己最重要的信息，如每个缺陷可能造成的风险等。

SilkRadar 允许用户通过 Web 方式使用，这样有利于不同地点间甚至跨国的各个开发团队间进行的缺陷管理。在浏览器中，允许用户进行自定义链接，访问自己所关心的区域。这样用户可以在任何时刻快速找到关键信息，从而提高工作效率。

SilkRadar 提供了许多预定义的、用户定制的报表、图表以及用于有效提高表达项目状态的语汇。SilkRadar 使用统一定义的信息提高沟通效率，有助于解决缺陷管理问题。此外，可以保存并重用个人级、工作组级、公司级的各种查询条件。通过使用 SQL 语言，可以从不同数据库中提取复杂的跨产品的问题和信息。

2）MI 公司的 TestDirector

TestDirector 是一套测试管理软件。可以用它来科学地规范测试管理流程，建立起针对测试项目的测试方案和计划，消除组织机构间、地域间的障碍，让测试人员、开发人员或其他 IT 人员通过一个中央数据仓库，在不同地方就能交互测试信息。TestDirector 将测试过程流水化——从测试需求管理、测试计划、测试日程安排、测试执行到出错后的错误跟踪，仅在一个基于浏览器的应用中便可完成，而不需要每个客户端都安装一套客户端程序。

- 需求管理。程序的需求驱动整个测试过程。TestDirector 的 Web 界面简化了这些需求管理过程，以此可以验证应用软件的每一个特征或功能是否正常。通过提供一个比较直观的机制将需求和测试用例、测试结果和报告的错误联系起来，从而确保能够达到最高的测试覆盖率。即使频繁更新，仍能简单地将应用需求和相关的测试对应起来。
- 测试计划的制订。其 Test Plan Manager 指导测试人员如何将应用需求转换为具体的测试计划，组织起明确的任务和责任，并在测试计划期间为测试小组提供关键要点和 Web 界面来协调团队间的沟通。它提供了多种方式来建立完整的测试计划。

(1) 可以从草图上建立一份计划。

(2) 根据用 Requirements Manager 所定义的应用需求，通过 Test Plan Wizard 快速

生成测试计划。

(3) 如果已经将测试计划以字处理文件形式,如 Word 方式存储,可以再利用这些信息,并将它导入到 Test Plan Manager。

(4) 把各种类型的测试汇总在一个可折叠式目录树内,可以在一个目录下查询到所有的测试计划。

(5) Test Plan Manager 还能进一步完善测试设计和以文件形式描述每一个测试步骤,包括每一项测试的操作顺序、检查点和预期的结果,为每一项测试添加附件,如 Word、Excel 和 HTML,用于更详尽地记录每次测试计划。

- 人工与自动测试的结合。多数测试项目需要人工与自动测试结合。即使符合自动测试要求的工具,在大部分情况下也需要人工操作。启用一个演变性的而非变革性的自动化切换机制,能让测试人员决定哪些重复的人工测试可以转变为自动脚本以提高测试速度。TestDirector 还能简化这种转换,并可以快速启动测试设计过程。
- 安排和执行测试。一旦测试计划建立后,TestDirector 的测试实验室管理功能为测试日程制定提供一个基于 Web 的框架。其 Smart Scheduler 能根据测试计划中建立的指标对运行中的测试执行监控,出现错误时能自动分辨是系统错误还是应用错误,然后将测试切换到网络中的其他机器。或当网络中任何一台主机空闲,测试任务会安排到该主机上,可充分利用网络、机器和时间等。使用 Graphic Designer 图表设计可以快速将测试分类以满足不同的测试目的,如功能性测试、负载测试和完整性测试等。其拖动功能可简化设计和排列在多个机器上运行的测试,并可根据设定好的时间、路径或其他测试的成功与否,为连续测试制定测试执行日程。
- 缺陷管理。TestDirector 的出错管理直接贯穿于测试的全过程,从最初发现问题到修改错误,再到验证修改结果。由于同一项目组中的成员经常分布于不同的地方,TestDirector 基于浏览器的特征使用户可以随时随地查询错误跟踪情况。使用出错管理,测试人员只需进入一个 URL,就可以汇报和更新错误、过滤整理错误列表并做出趋势分析。
- 图形化和报表输出。TestDirector 常规化的图表和报告辅助对数据信息进行分析,并以标准的 HTML 或 Word 形式提供测试报告生成和发送。测试分析数据还可简便地输入到标准化的报告工具中,如 Excel、ReportSmith、CrystalReports 和其他类型的第三方工具。
- 与其他工具的集成。TestDirector 可以和 LoadRunner、WinRunner 进行有效集成,来统一管理各种测试用例、测试脚本的使用情景与测试结果。并且可以对发生问题的部分进行错误跟踪,达到与开发部门的实时交互。用 WinRunner、QuickTest、LoadTest 或 LoadRunner 来自动运行功能性或负载测试,无论成功与否,测试信息都会被自动汇集到 TestDirector 的数据存储中心。

3) 北京航空航天大学软件工程研究所的 QESuite 系列

QESuite 1.0 系列产品是一个支持 C/S 或 B/S 结构的测试过程管理工具系列。它采用国际公认的"以软件问题报告为核心、以测试计划为指导、以测试用例为驱动"的测试理念，通过测试用例和问题报告的配合使用，共同完成对软件测试过程的科学、有效管理。

其主要特点如下：

- 可支持对多个被测项目的追踪管理。QESuite 可以轻松对多个测试项目进行测试过程管理，并支持在不同测试项目之间传递和共享测试用例、软件问题报告信息。
- 可支持对测试计划的管理。QESuite 提供了详细的配置手段并提供简便的定义方式，支持对测试计划中的测试需求划分与展开、测试人员的组织、测试环境的配置和测试任务的划分等核心管理操作。
- 可支持对测试用例的全生命周期追踪和管理。QESuite 提供了完善的测试生命周期定义，可对测试用例从新建、审批到测试任务加载、测试结果的全面追踪。在提供测试用例的分类存储机制基础上，可对测试用例在不同测试任务、不同测试配置、不同测试版本和不同测试人员执行的结果进行全面记录和追踪，可有效提高测试过程管理力度与管理质量。
- 可支持对软件问题报告的全生命周期的追踪和管理。QESuite 提供了先进合理的软件问题生命周期定义，提供了 5 种软件问题状态定义，可清晰定义当前软件问题所处的状态。并提供了软件问题子状态机制，便于定位和分类软件问题的处理原因。该机制可以很好地满足软件问题报告的全生命周期追踪和管理。

15.8 习题

请参考课文内容以及其他资料，完成下列选择题。

(1) 下列有关自动测试的基本概念中，错误的是(　　)。

A. 仅有自动测试执行而无自动比较，则不算是完全自动化测试

B. 自动比较的内容可以是文本、格式化数据、电子邮件信息、数据库内容等

C. 自动比较的局限性在于自动比较可能没有人工比较灵活性高

D. 自动比较海量数据、屏幕输出等信息不是计算机能够胜任的自动工作

(2) 有关自动化测试的说法中，错误的是(　　)。

A. 自动化测试过程的核心内容是执行测试用例

B. 采用技术手段保证自动化测试的连续性和准确性很重要

C. 自动化辅助手工测试过程中，设置和清除测试环境是自动开展的

D. 自动化测试过程中，除选择测试用例和分析失败原因外，其他过程都是自动化开展的

(3) 以下有关自动化测试脚本的说法中，错误的是(　　)。

A. 数据驱动脚本将测试输入存储在脚本中

B. 线性脚本容易受软件变化的影响，且无共享和重用的脚本

C. 结构化脚本的优点是健壮性更好，可以对一些容易导致测试失败的特殊情况进行处理

D. 共享脚本的维护开销低于线性脚本

(4) 下列情况下会考虑使用自动测试的是(　　)。

A. 对软件产品的次要部件进行测试

B. 所开发的软件产品的需求不稳定

C. 需要反复执行的测试,使用不同输入数据值进行反复测试

D. 由客户方组织的验收测试

(5) 下列有关软件测试工具的说法中错误的是(　　)。

A. 静态测试工具可用于对软件需求、结构设计、详细设计和代码进行评审、走查和审查

B. 静态测试工具可对软件的复杂度分析、数据流分析、控制流分析和接口分析提供支持

C. 动态测试工具可用于软件的覆盖分析和性能分析

D. 动态测试工具不包括软件的仿真测试和变异测试

(6) 用 QESat/C 工具进行软件分析与测试时,以下说法中错误的是(　　)。

A. 白盒测试又称为程序结构测试,它主要进行程序逻辑结构的覆盖测试

B. 在进行测试之前,必须先建立以.prj 为后缀的测试项目

C. 被测源文件可放在任意目录下

D. 进行软件静态分析不必运行被测程序

(7) 软件测试的目的是(　　),通常可分为白盒测试和黑盒测试。白盒测试是根据程序的(　　)来设计测试用例,黑盒测试是根据软件的规格说明来设计测试用例。常用的黑盒测试方法有边值分析、等价类划分、错误猜测、因果图等。其中,(　　)经常与其他方法结合起来使用。软件测试的步骤主要有单元测试、集成测试和确认测试。如果一个软件作为产品被许多客户使用的话,在确认测试时通常要经过 α 测试和 β 测试的过程。其中,α 测试是(　　)进行的一种测试。在软件设计和编码时,采取(　　)等措施都有利于提高软件的可测试性。

A. ① 发现程序中的所有错误　　③ 证明程序是正确的
　② 尽可能多地发现程序中的错误　　④ 证明程序做了应做的事

B. ① 功能　② 性能　③ 内部逻辑　④ 内部数据

C. ① 边值分析　② 等价类划分　③ 错误猜测　④ 因果图

D. ① 在开发者现场由开发方的非本项目开发人员
　② 在开发者现场由用户
　③ 在用户现场由开发方的非本项目开发人员
　④ 在用户现场由用户

E. ① 不使用标准文本以外的语句,书写详细正确的文档
　② 不使用标准文本以外的语句,采用良好的程序结构
　③ 书写详细正确的文档,信息隐蔽
　④ 书写详细正确的文档,采用良好的程序结构

15.9 实验与思考

15.9.1 实验目的

本章实验的目的：

(1) 熟悉软件自动测试的原理和方法，了解何种情况下适合进行自动化测试。

(2) 结合软件生命周期，了解自动测试工具的类型以及测试步骤和自动测试用例设计基础，了解测试自动化的优点和限制。

(3) 熟悉测试工具的分类，了解主流测试工具的基本功能。

(4) 网络搜索和了解集成测试工具 Selenium 和脚本工具 AutoIt，尝试应用软件完成一定的功能，以深入体验和熟悉软件测试工具。

15.9.2 工具/准备工作

在开始本实验之前，请回顾教科书的相关内容。

需要准备一台带有浏览器、能够访问因特网的计算机。

15.9.3 实验内容与步骤

请查阅有关资料(例如教材内容和专业网站等)，结合自己的理解，尽量用自己的语言回答以下问题：

1) 在确定采用自动化测试方法后，其他非自动化测试方法是否仍然需要？如果需要，则主要用于哪些方面？

答：____

____

____

2) 基于图形用户界面 (GUI) 的自动化测试工具的基本原理是：

答：____

____

____

3) 自动化测试工具的主要特征是：

(1) ____

(2) ____

(3) ____

(4) ____

(5) ____

4）软件测试工具。

请上网搜索和浏览（例如搜索关键字是“软件测试工具”），了解软件测试自动化的应用情况，看看哪些网站在做着软件自动化测试的技术支持工作？并请在表15-1中记录搜索结果。

表15-1 软件自动化测试专业网站记录

网站名称	网址	内容描述

你在本次搜索中使用的关键词主要是：________________

____

至少找到3个主流的用于自动测试的软件工具，并作简单描述：

(1) 工具名称：________________
简单描述：________________
你的看法：________________

(2) 工具名称：________________
简单描述：________________
你的看法：________________

(3) 工具名称：________________
简单描述：________________
你的看法：________________

5）Selenium(SeleniumHQ)（见图15-6）是Thoughtworks公司的一个集成测试的强大工具，包括两个版本：Selenium-core和Selenium-rc。Selenium-core使用HTML方式来编写测试脚本，Selenium-rc使用具体的语言（例如Java）来编写测试类。

请网络搜索，了解有关Selenium的进一步信息，建议有兴趣、有条件的学生尝试使用Selenium完成一个网站主要功能的测试。

请记录：简单评述Selenium软件。

____

____

6）AutoIt(http://www.autoitscript.com/autoit3/)（见图15-7）是一款类似BASIC脚本语言的功能强大的脚本（Script）免费软件工具，它提供了一个执行Script的平台，设计用于Windows GUI中进行自动化操作，它利用模拟键盘按键、鼠标移动和窗口/控件的组合来实现自动化任务。随着其v3版本的到来，它也适合于家庭自动化和编写用以完成重复性任务的脚本。

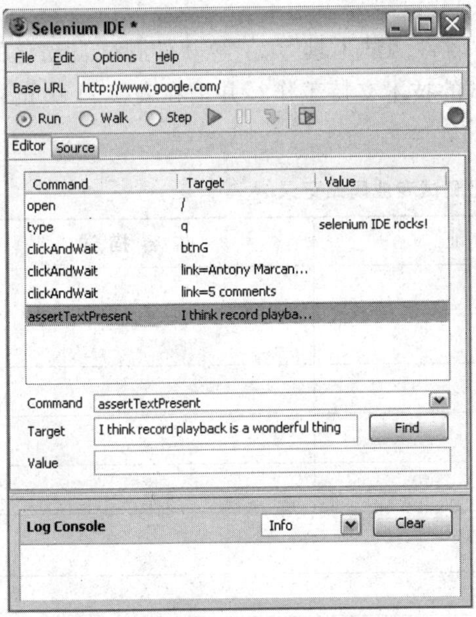

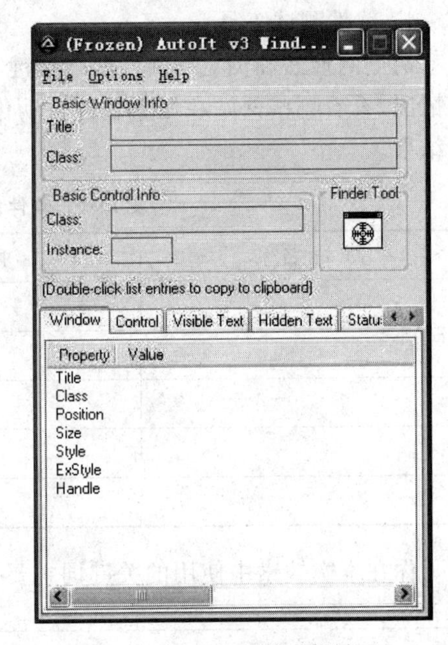

图 15-6 Selenium IDE 的运行界面

图 15-7 AutoIt 的运行界面

AutoIt 的 Script 语法类似于 VBScript，简单易学。安装 AutoIt，可以选择官方安装包，也可以选择 AutoIt 中文论坛(简称 ACN)出品的汉化增强版。

请网络搜索，了解有关 AutoIt 的进一步信息，建议有兴趣、有条件的学生尝试使用 AutoIt 以进一步熟悉 AutoIt 软件，体验免费软件及其发展。

请记录：简单评述 AutoIt 软件。

____

____

15.9.4 实验总结

____

____

____

____

15.9.5 实验评价（教师）

____

____

15.10 阅读与分析：浅谈如何提高软件项目产品的质量

在考虑如何提高产品质量前，我们需要明白什么是产品的质量，对于很多从事软件开发或者互联网开发的工程师或者项目经理来说，第一反应估计应该是“产品的质量就是产品的缺陷率”。其实真正的产品质量应该和用户满意度划上等号。考量一个产品是否满足质量要求应该就是考量一个产品是否满足用户的要求，当然这里的用户是一个逻辑上的概念，指产品的典型目标用户。

所以，要提高产品质量就是要提高产品的用户满意度。这是一个系统的工程，涵盖了产品设计、产品开发的所有阶段和方方面面。基于时间和篇幅的考虑，本文只想对软件本身的质量来进行讨论。

1）软件的质量是规划出来的，而不是测试出来

个人认为，项目的计划阶段已经决定了软件的质量。很多项目人员和项目经理一直对做软件的开发计划异常地不理解，认为在软件开发的过程中各种风险发生的可能太大，计划永远都跟不上变化。而我认为，这里的软件开发计划并不仅仅是一个时间计划。而是让项目经历在计划的过程中综合考虑项目实施的各个方面，包括范围、进度、质量、风险等，从而形成一份包括进度计划、质量保证计划和风险计划的项目管理计划。在这里根据项目的情况，这些计划可以不以书面的形式来进行体现。然而项目经理一定要经过充分的思考和规划。

为保证软件产品的质量，项目经理在这个阶段要考虑的因素包括但不限于如下各个方面。

(1) 定义项目的质量目标，这些指标包括功能指标，性能指标等。项目也可以根据公司的情况为各个研发活动定义质量目标。比如设计阶段的Bug检出率等。质量目标是基于质量保证活动都要依据目标进行建设。

(2) 项目采用的软件开发流程。采用什么样的流程取决于公司的标准流程和裁剪规范以及软件项目的难易程度。在这个研发活动中项目经理需要根据自己的经验判断项目需要的质量保证过程。比如是否需要引入单元测试，是否需要测试用例等。

(3) 项目的三要素的平衡，我们之前说过，产品的质量＝产品的用户满意度。所以对不同的产品用户的满意度是不同的，比如电信产品的质量要求和互联网产品的质量要求是不同的，项目经理需要能够根据产品的用户满意度在项目的三要素之间进行平衡。

(4) 项目的质量保证计划，这个研发活动应该是SQA的职责，但是很多企业都没有设立这个职位，在没有这个职位的时候，默认应该由项目经理来承担这个职责。项目经理要根据之前定义的项目目标来定义质量保证活动和质量保证计划。项目质量保证计划需要依据项目定义的软件开发流程，是对软件开发流程中质量活动的更详细的定义。

不管你采用的是CMM还是敏捷的软件开发，以上活动都需要进行，只不过进行的复杂程度和研发活动的交付不同罢了，最基本的要求是项目经理要在自己的脑子里面考虑过以上事情。

从管理上来说“软件的质量是规划出来的，而不是测试出来”讲的是流程。决定软件

产品质量的另外一个关键要素是人。这里的人包括了技能这个要素。在网络上关于CMM和敏捷开发的讨论层出不穷,我对它们的极端的理解是,CMM强调的是流程,流程为王,而敏捷开发更多的是强调人的作用。当然这是一个极端的理解,它们的区别主要体现在侧重点的不同上。

2) 产品是人做到的,所以产品的质量完全取决于产品的开发人员

然而对人的管理是一门艺术,要远复杂于一切流程和规范。所以这部分技巧的整理是一个难题,有点只可意会不可言传的味道。

(1) 建立团队文化。建立团队文化非常地重要,因为重要所以也比较难以建立。要提高产品的质量,首先要在团队里面建立一种负责任的团队文化,这只是其中一点,也是最重要的一点。

(2) 提高团队的技能,建立学习型组织。培养下属永远是一个Leader的主要职责,需要通过努力把团队建设成为一个学习型的组织,进而形成进取的团队文化,如何建立学习型组织请参考:

总之,如果要提高产品质量,可以从两方面下手。第一,建立一套合适的产品开发体系,可以参考IPD。第二,进行团队建设,建立高效能的团队。

资料来源:中国IT实验室 http://softtest.chinaitlab.com/。

第16章 软件测试管理

软件项目管理的目标就是使软件项目能够按照预定的成本、进度、质量顺利完成，而对软件开发过程中的成本、资源、进度、质量、风险等进行分析和控制的活动。对于软件测试项目的管理，在概念上和一般项目管理没有区别，但所管理的具体内容、采用的具体技术和工具是有所不同。软件测试项目的管理（即软件测试管理），始终将质量放在第一，所有管理工作都围绕提高产品质量而展开，防范测试中所存在的各种风险，密切跟踪和分析缺陷，最终保证在合理的成本和进度控制下，完成所有的测试工作，发布满足用户要求和期望的、可维护的、高质量的软件产品。

16.1 软件测试管理的特点

软件测试管理贯穿整个软件开发生命周期，包括测试项目启动、计划、设计、实施和结束等各个阶段的管理，其基本过程就是计划、组织和监控，而管理内容包括测试范围、资源、时间（进度）、风险、成本、质量、沟通和综合等。

软件测试管理具有以下特点：

(1) 软件测试通常难以定义清晰的工作目标，测试过程难以确定什么时候可以结束，测试过程找不到严重的缺陷并不代表软件不存在严重的缺陷等，这对软件测试的风险管理、资源估算等提出了更高的要求。

(2) 对软件测试的变化控制和预警分析要求更高。需求变化多是软件项目的最显著特点，而需求变化会导致对系统设计、程序代码等进行相应的修改，修改过程中又可能产生新的缺陷，其结果受影响最大的就是软件测试。当软件设计和编程被拖延时，该软件产品发布的时间往往不能变动，结果只能压缩测试时间。所以，测试管理需要更密切关注需求和设计的变更，及时进行预警报告。

(3) 软件测试管理要求更严格和细致。程序设计、编码等出现问题，需要有测试人员去把关。如果测试人员的责任心不高，有些严重问题没能被及时发现而漏掉，最终遗留到客户那里，可能对客户使用产品造成很大影响。

(4) 测试任务的管理难度大，比如集成测试、功能测试和验收测试等关联较大，但要求的技术不同，任务边界模糊，不容易分离。

(5) 软件测试对团队建设有更高要求。软件测试是一个技术工作，要求测试人员能够全面理解产品的功能特性，对产品各个部分能够融会贯通。同时又要求测试人员具有丰富的工作经验、良好的心理素质和责任心。所以，在软件测试管理中，在人才激励和团队管理问题上应给予高度的重视。

由此可见，软件测试管理的好坏对产品质量影响更直接而且更富有挑战性，要加强软件测试的质量管理、人力资源管理、沟通管理和风险管理等。管理软件测试项目，要制定好测试管理流程和测试规范，明确定义测试过程中各种活动、技术标准、度量指标和相应的文档模板。

软件测试管理的基本原则是：

(1) 可靠的需求。测试的需求是经各方一致同意的、可实现的并在文档中清楚地、完整地和详细地描述的。

(2) 能够适应开发过程模型。例如，当采用快速开发模型或敏捷方法时，为了能够应对需求的变化，面对频繁的软件发布，测试人员需要和开发人员同步工作，并尽力实现自动化测试。

(3) 充分测试和尽早开始测试。每次改错或变更后，不仅要测试修改的地方，而且应该进行足够的回归测试。

(4) 合理的时间表。为测试设计、执行、变更后再测试以及测试结果分析等留出足够的时间，进行周密计划，不应使用突击的办法来完成项目。

(5) 充分沟通。不仅在测试团队内部做好沟通，而且要与开发人员、产品经理、市场人员甚至客户等进行有效沟通，并采用合适的通信手段，如电话、即时消息(IM)、远程在线会议系统和电子邮件等。

(6) 基于数据库的测试管理系统，通过这个系统有效地管理测试计划、测试用例、测试任务、缺陷和测试报告等，确保及时的管理和良好的协作。

16.2 软件测试的过程管理

软件测试的过程管理贯穿于整个软件开发生命周期。从项目一开始，测试人员就应该参与进去，审查需求文档、产品规格说明书、技术设计文档和代码等，以验证是否真正符合客户需求、满足系统非功能性质量的设计需求，检查是否遵守代码的变量定义规则、是否有足够的注释行等。

软件测试的过程管理主要集中在测试项目的启动、测试计划、测试用例设计、测试执行、测试结果的审查和分析，以及开发或使用测试过程管理工具等，主要体现在如何组织、跟踪和控制这些过程。

(1) 测试项目启动：确定项目组长，组建测试团队(小组)，和开发等部门开展工作。然后，参加有关项目计划、分析和设计的会议，获得必要的需求分析、系统设计文档，以及相关产品/技术知识的培训和转移。

(2) 测试计划阶段：确定测试范围、测试策略和方法，以及对风险、日程表、资源等进行分析和估计。

(3) 测试设计阶段：制订测试的技术方案、设计测试用例、选择测试工具、开发测试脚本等，并让其他部门审查测试用例。

(4) 测试执行阶段：建立或设置相关的测试环境，准备测试数据，执行测试用例，报告、分析和跟踪所发现的软件缺陷等。测试的执行直接关系到测试的可靠性、客观性和准确性。

(5) 测试结果的审查和分析：测试结束后，对测试结果要进行整体的或综合的分析，以评估软件产品质量的当前状态，为产品的改进或发布提供依据。从管理来讲，主持好测试结果的审查和分析会议，以及编制高质量的测试报告。

16.3 软件测试的资源管理

软件测试的完成依赖于必要的资源，资源管理的目的是保证测试项目有足够的资源，同时，能充分有效地利用现有资源，进行资源的优化组合，避免资源浪费。

测试资源主要分为人力资源、系统资源(硬件和软件资源)以及环境资源。每一类资源都由4个特征来说明，即资源描述、可用性说明、需要该资源的时间以及该资源被使用的持续时间。资源的可用性必须在开发的初期就建立起来。

在进行测试项目的计划时，就要确定资源需求。其中关键是人力资源需求，而人力资源需求依赖于对测试范围和工作量的估算。估算技术主要有经验估算或专家判断、类比分析、工作结构分解(WBS)和数学建模等。通过比较、调整使用不同技术导出的估算值，更有可能得到较精确的估算。

16.3.1 工作量的估算

工作量的估算比较复杂，针对不同的应用领域、程序设计技术、编程语言等，其估算方法是不同的，具体技术包括经验法、类对法、构造性成本模型(COCOMO)、多因素估算模型、用例估算模型等，并基于一些假定而获得最终的估算结果。应用的复杂度和需求变化的频繁程度会影响工作量，对不同的阶段也要分别估算其工作量。

16.3.2 人力资源管理

在完成了测试工作量估算之后，就能够基本确定一个软件测试项目所需的人员数量，并写入测试计划中。软件测试项目所需的人员和要求在各个阶段是不同的。

(1) 在初期，也许只要测试组长介入进去，为测试项目提供总体方向、制订初步的测试计划，申请系统资源。

(2) 在测试前期，需要一些资深的测试人员，详细了解项目所涉及的业务和技术，分析和评估测试需求，设计测试用例、开发测试脚本。

(3) 在测试中期，主要是测试执行。如果测试自动化程度高，人力的投入没有明显的增加；如果测试自动化程度低，需要比较多的执行人员，他们也需要事先做好一定的准备。

(4) 在测试后期，资深的测试人员可以抽出部分时间去准备新的项目。

从经验看，人力资源的管理难度主要有3个方面：

- 资源需求的估计，依赖于工作量的估计和每个测试工程师的能力评估；
- 资源的应急处理，预留10%的资源作为人力储备；
- 资源的阶段间或多个项目间的平衡艺术。

16.3.3 测试环境资源

把建立测试环境所需要的各种软、硬件资源合称为测试环境资源，其中硬件是支持操作系统、应用系统和测试工具等运行的基本平台，软件资源包括操作系统、第三方软件产品、测试工具软件等。资源可能需要采购，这就要求尽早开始实施，有足够时间完成采购流程，并进行系统的安装、配置和调试。如果需要对系统的服务器端和客户端都要进行测试，则要分别设置不同的测试环境。如果预算允许的话，应设置备份的测试环境，最大限度地减少环境问题对测试进度的影响。

16.4 测试的进度管理

测试开始前的计划，对任务的测试需求有一个大体的认识，但深度不够，进度表可能只是一个时间上的框架，其中一定程度上是靠计划制订者的经验来把握的。随着时间的推移、测试的不断深入，对任务会有进一步的认识，对很多问题都不再停留在比较粗的估算上，测试进度表会变得越来越详细、准确。

测试的进度管理主要通过里程碑、关键路径的控制并借助工具来实现，同时充分了解进度的数量和质量的双重特性，把握好进度与质量、成本的关系。

16.4.1 测试的里程碑和关键路径

在软件测试的计划书中，会制订一个明确的日程进度表。如何对项目进行阶段划分、如何控制进度、如何控制风险等有一系列方法，但最成熟的技术是里程碑管理和关键路径的控制。

1）里程碑的定义和控制

里程碑是项目中完成阶段性工作的标志，即将一个过程性的任务用一个结论性的标志来描述任务结束的、明确的起止点，一系列的起止点就构成引导整个项目进展的里程碑。一个里程碑标志着上一个阶段结束，下一个阶段开始，也就是定义当前阶段完成的标准(退出)和下个阶段启动的条件或前提(进入)。

在测试管理进度跟踪的过程中，给予里程碑事件足够的重视，往往可以起到事半功倍的效用，只要能保证里程碑事件的按时完成，整个测试的进度也就有了保障。

2）测试的关键路径

每个测试可以事先根据各项任务的工作量估计、资源条件限制和日程安排，确定一条关键路径。关键路径是一系列能够确定计算出项目完成日期的、任务构成的日程安排线索。也就是说，当关键路径上的最后一个任务完成时，整个项目也就随之完成了；或者说，关键路径上的任何一项任务延迟，整个项目就会延期。为了确保项目如期完成，应该密切关注关键路径上的任务和为其分配的资源，这些要素将决定项目能否准时完成。

16.4.2 测试进度的特性及外在关系

任何一项工作，开始阶段的进展总是很容易看到，例如盖房子，从无到有，变化是很明显的。可是越到后来，它的进度越来越不明显。软件测试也是如此，开始测试之初，Bug比较容易发现，但测试的进展并不是按 Bug 的数量来计算的，越到后面，Bug 越来越难发现。要提高测试进度的质量，将严重的、关键的问题在第一时间发现出来，这样才不至于在最后阶段使得开发人员要对代码做大规模的变动，无法保证测试的时间，从而影响软件的质量。这就是测试项目进度的数量和质量的双重特性，在关注进度的同时要把握好这两个特性，在注重进度速度的同时，还要看进度前期的质量。

1）进度与质量的关系

测试项目管理的基本原则是在预算内、满足质量的前提下，保证按时完成项目。因此，一定程度上进度与质量存在矛盾关系，有时为保证质量进度必须放慢，有足够的时间进行测试；有时要保证进度，质量就受到一定影响或带来风险。正确处理质量与进度的关系，质量是第一位的，保证质量是前提，然后考虑资源的调度和进度的调整。

2）进度与成本的关系

软件测试受软件规格说明书修改、设计修改、代码修改等影响比较大，开发、设计发生一些改变，可能开发方面只要花很少的时间和人力资源，但测试方面不仅要验证修改的地方，还要进行相关的回归测试，测试的工作量要大得多。

16.4.3 测试进度管理的S曲线法

在软件测试管理中最重要、最基本的就是测试进度跟踪。通常，在进度压力之下，被压缩的时间通常是测试时间，容易导致实际的进度随着时间的推移，与最初制订的计划相差越来越远。如果有了正式的度量方法，这种情况就能够避免，因为在其出现之前就有可能采取了行动。下面介绍两个测试进度的管理方法：测试进度S曲线和缺陷跟踪曲线。缺陷跟踪又可以分为新发现缺陷跟踪法和累计缺陷跟踪法，而以累计缺陷跟踪法比较好。

测试进度S曲线法通过对计划中的进度、尝试的进度与实际的进度三者的对比来实现的，其采用的基本数据主要是测试用例或测试点的数量。同时，这些数据需按周统计，每周统计一次，反映在图表中。“S”的意思是，随着时间的发展，积累的数据的形状越来越像S形。

可以看到一般的测试过程中包含三个阶段：初始阶段、紧张阶段和成熟阶段，第一和第三个阶段所执行的测试数量（强度）远小于中间的第二个阶段，由此导致曲线的形状像一个扁扁的S，如图16-1所示。

图中，X 轴代表时间单位（推荐以“周”为单位），Y 轴代表当前累计的测试用例或者测试点数量，可以看到：

（1）用趋势曲线（上方实线）代表计划中的测试用例数量，该曲线是在形成了测试计

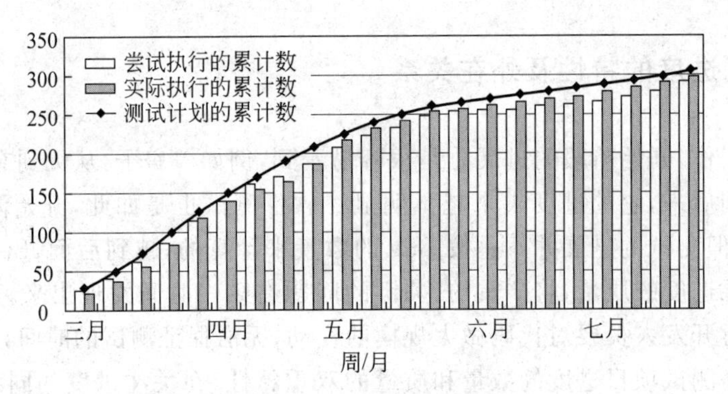

图 16-1　计划中的、尝试的与实际的进度曲线图

划之后，在实际测试执行之前事先画上的。

(2) 测试开始时，图上只有计划曲线。此后，每周添加两条柱状数据，浅色柱状数据代表当前周为止累计尝试执行的测试用例数，深色柱状数据为当前周为止累计实际执行的测试用例数。

(3) 在测试快速增长期(紧张阶段)，尝试执行的测试用例数略高于原计划，而成熟阶段执行的用例数则略低于原计划，这种情况是经常出现的。

由于测试用例的重要程度有所不同，因此，在实际测试中经常会给测试用例加上权重，使得S曲线更准确地反映测试进度(这样Y轴数据就是测试用例的加权数量)。加权后的测试用例数通常称为测试点。一旦一个严格的计划曲线放在项目组前，它将成为奋斗的动力，整个小组的视线都开始关注计划、尝试与执行之间的偏差。由此，严格的评估是S曲线的成功的基本保证，例如，人力是否足够、测试用例之间是否存在相关性等。一般而言，在计划或者尝试数与实际执行数之间存在15%～20%的偏差就需要启动应急行动来进行弥补了。

一旦计划曲线被设定，任何对计划的变更都必须经过审查。一般而言，最初的计划应作为基准，即使计划作了变更，也留作参考。该曲线与后来的计划曲线的对比显现的不同之处需要给出详尽的理由作为说明，同时也是此后制订计划的经验来源之一。

16.4.4　测试进度NOB曲线法

测试所发现的软件缺陷数量在一定程度上代表了软件的质量，通过对它的跟踪来控制进度也是一种比较现实的方法。在整个测试期间主要收集当前所有打开的(激活的)缺陷数(Number of Open Bug，NOB)，也可以将严重级别的缺陷分离出来进行控制，从而形成NOB曲线，它在一定程度上反映了软件质量和测试进度随时间发展的趋势，如图16-2所示。

NOB曲线法中最重要的是确定基线数据或典型数据，即：为测试进度设计一套计划曲线或理想曲线。在跟踪开始时，需设置好项目进度关键点(里程碑)预期的NOB限制等级，并确定NOB达到高峰的时间，NOB在测试产品发布前能否降到足够低的水平。比较理想的模式是，相对于之前发布的版本或者基线，NOB高峰期出现得更早，在发布前降

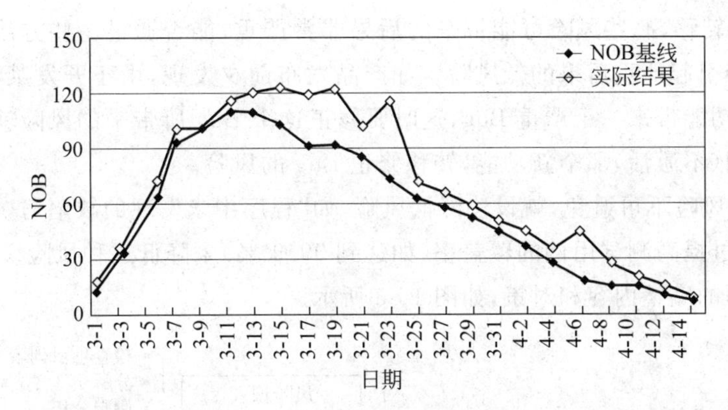

图 16-2 NOB 进度曲线示意图

到足够低并且稳定下来。

尽管 NOB 应该一直都被控制在合理的级别上，但是当功能测试的进展是最主要的开发事件时，应该关注的是测试的有效性和测试的执行，并在最大限度上鼓励缺陷的发现。过早地关注 NOB 减少，可能导致目标冲突，导致潜在的缺陷逃逸或者缺陷发现的延迟。因此，在测试紧张阶段，主要应该关注的是那些阻止测试进展的关键缺陷的纠正。当然，在测试接近完成时，就应该强烈关注 NOB 的减少，因为 NOB 曲线的后半部分尤为重要，它与质量问题密切相关。

16.5 软件测试的风险管理

测试总是存在着风险，软件测试的风险管理尤为重要，应预先重视风险的评估，并对要出现的风险有所防范。在风险管理中，首先要将风险识别出来，特别是确定哪些是可避免的风险，哪些是不可避免的风险，对可避免的风险要尽量采取措施去避免，所以风险识别是第一步，也是很重要的一步。风险识别的有效方法是建立风险项目检查表，按风险内容进行分项检查，逐项检查。然后，对识别出来的风险进行分析，主要从下列 4 个方面进行分析：

(1) 发生的可能性(风险概率)分析，建立一个尺度表示风险可能性(如极罕见、罕见、普通、可能、极可能)；

(2) 分析和描述发生的结果或风险带来的后果，即估计风险发生后对产品和测试结果的影响、造成的损失等；

(3) 确定风险评估的正确性，要对每个风险的表现、范围、时间做出尽量准确的判断；

(4) 根据损失(影响)和风险概率的乘积，来排定风险的优先队列。

为了避免、转移或降低风险，事先要做好风险管理计划，包括单个风险的处理和所有风险综合处理的管理计划。风险控制建立在风险评估的结果上，对风险的处理还要制订一些应急的、有效的处理方案，对不同类型的风险，对策也是不同的。

(1) 采取措施避免那些可以避免的风险，如可以通过事先列出要检查的所有条目，在测试环境设置好后，由其他人员按已列出条目逐条检查，避免环境配置错误。

(2) 风险转移,有些风险可能带来的后果非常严重,能否通过一些方法,将它转化为其他一些不会引起严重后果的低风险。如产品发布前夕发现,由于开发某个次要的新功能,给原有的功能带来一个严重 Bug,这时要修正这个 Bug 所带来的风险就很大,采取的对策就是关闭(不激活)那个新功能,转移修正 Bug 的风险。

(3) 有些风险不可避免,就设法降低风险,如"程序中未发现的缺陷"这种风险总是存在的,可以通过提高测试用例的覆盖率(如达到 99.9 %)来降低这种风险。

风险管理的完整内容和对策,如图 16-3 所示。

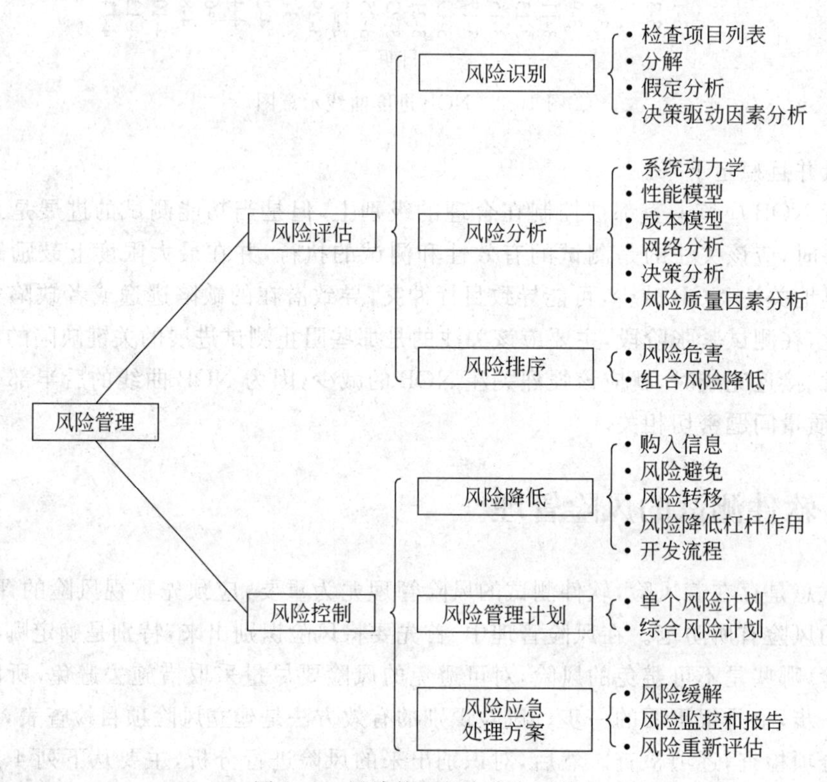

图 16-3 风险管理的内容和对策

16.6 软件测试文档的管理

软件开发过程中产生一系列文档,从项目启动前的计划书到项目结束后的总结报告,其间还有产品需求、设计文档、测试计划、测试用例和各种重要会议的会议记录等,这些文档在测试工作中具有重要作用,例如加深对需求和设计的理解,是大家达成共识的见证,也是今后沟通的桥梁、经验的积累和为将来知识传递打下基础。所以,有必要将文档管理融入测试管理中去,包括文档的分类、存储和归档管理、版本管理、模板管理、一致性管理等。

16.6.1 测试文档的分类管理

测试文件简单地分为两类,测试文档模板和测试过程中生成的文档。测试文档模板是对相应的文档内容、格式、注意事项等给出严格的要求和示范。基本的测试文档模板有测试计划模板、测试规格说明书模板、测试用例模板、测试评审报告模板和测试质量报告模板等。多数情况下都采用电子文档,通过文档管理系统进行存储和管理。

按用途划分,测试文档可以分为以下几种:

- 测试日常工作文档(流程定义、工作手册等)。
- 测试培训文档和相关技术文档。
- 测试计划、设计文档。
- 测试跟踪、审查资料。
- 测试结果分析报告或产品发布质量报告。

16.6.2 文档模板

有些测试文档是每个测试项目都必须具备的,如测试计划书、测试用例、测试项目报告、质量分析报告等。对于这些经常使用的文档类型,就可以把格式和内容统一起来,为每一种类型的文档建立相对固定的模板。模板建立之后,便于文档的管理和分类,更重要的是更好地保证文档的工作质量、提高文档编写的效率,而且不同的人阅读相同的文档时,大家理解会比较一致,因为文档模板对术语、内容条款等方面有明确的说明。

对于特定的项目,文档模板可以酌情增删其中的条目,把握好原则性和灵活性的平衡。

16.7 习题

请参考课文内容以及其他资料,完成下列选择题。

(1) 下列有关测试项目结束与定稿测试报告的说法中,正确的是(　　)。

A. 测试执行完成,测试人员向测试负责人提交测试报告后,测试项目就可以结束了

B. 对当前软件产品存在的缺陷进行逐个分析,认定剩余缺陷对产品质量无重大影响后,即可定稿测试报告

C. 审查测试全过程,检查测试计划和内容无遗漏后,即可定稿测试报告

D. 当所有测试计划内容完成,测试覆盖率达到要求以及产品质量达到定义的标准,即可定稿测试报告

(2) 有关测试过程质量控制的描述中,错误的是(　　)。

A. 测试过程中可以对测试需求进行重新获取

B. 在补充完善测试用例过程中应该进行变更控制

C. 对测试过程的度量和分析可有效提高测试效率,降低测试风险

D. 测试过程中,若相同时间间隔内发现的缺陷数量呈收敛趋势,则可结束测试

(3) 下列有关测试执行管理的描述中,错误的是(　　)。

A. 测试用例执行要求保证测试结果准确完整

B. 对测试结果的追踪应该可追溯到具体责任人

C. 测试执行完成后,并不意味着测试项目的结束

D. 检查完所有测试用例的执行结果是否完整即可结束测试执行

(4) 以下活动中,哪个不属于测试计划的内容?(　　)

A. 为测试各项活动制订一个实现可行的综合的计划

B. 确定测试过程中每个测试阶段的测试完成标准

C. 识别测试活动中各种风险,并给出风险应对措施

D. 分析测试需求,并制订测试方案

(5) 下列关于软件测试风险分析的说法中,错误的是(　　)。

A. 任何项目都存在风险,软件测试也不例外

B. 风险管理可分为风险评估和风险控制,风险评估又可分为风险识别和风险分析

C. 风险是指已经发生了的给项目成本、进度和质量带来坏的影响的事情

D. 风险识别和分析后,就可以指定对应策略和对应的风险管理计划了

(6) 软件测试过程是一个输入输出的过程,测试过程的输入需要(　　)。

A. 软件配置　　B. 测试配置　　C. 测试工具　　D. 以上全部

(7) 测试工作的整体目标是(　　)。

A. 确定测试的任务

B. 确定测试所需的各种资源和投入

C. 预见可能出现的风险和问题以指导测试的执行

D. 以上全部

(8) 不是软件测试评估的目的是(　　)。

A. 量化测试过程判定测试进行的状态

B. 决定什么时候测试可以结束

C. 保证每个阶段的测试任务得到执行

D. 为最后的测试或质量分析报告生成所需的量化数据

(9) 测试过程的四项基本活动是测试策划、测试设计、测试总结和(　　)。

A. 测试执行　　B. 测试报告　　C. 测试度量　　D. 测试需求

(10) 下列有关测试过程管理的基本原则,哪个是错误的?(　　)

A. 测试过程管理应该首先建立测试计划

B. 测试需求在测试过程中可以是模糊的、非完整的

C. 在测试任务较多的情况下,应该建立测试任务的优先级来优化处理

D. 整个测试过程应该具有良好的可测性和可跟踪性,强调以数据说话

(11) 下列哪个选项不属于测试计划要达到的目标?(　　)

A. 为测试各项活动制订一个现实可行的、综合的计划,包括每项测试活动的对象、范围、方法、进度和预期结果

B. 为项目实施建立一个组织模型并定义测试项目中每个角色的责任和工作内容

C. 为测试执行活动设计测试方案，编制测试用例

D. 确定测试需要的时间和资源，以保证其可获得性和有效性

(12) 软件测试管理包括测试过程管理、配置管理以及(　　)。

A. 测试评审管理　　B. 测试用例管理

C. 测试计划管理　　D. 测试实施管理

(13) 下列有关软件缺陷报告的编写中，哪个是错误的？(　　)

A. 一个软件缺陷报告中只应记录一个不可再划分的软件缺陷

B. 软件缺陷报告的标题应该能够最简洁表达一个软件缺陷

C. 软件缺陷报告中应提供全面的有关该软件缺陷再现的信息

D. 同一个软件缺陷可以被重复报告

(14) 下列针对软件测试过程的说法不正确的是(　　)。

A. 软件测试过程是一种抽象的过程

B. 软件测试过程用于定义软件测试的流程和方法

C. 软件测试过程决定软件的质量

D. 软件测试过程直接影响测试结果的准确性和有效性

16.8 实验与思考：课程实验总结

至此，我们顺利完成了本书有关软件测试技术的全部实验。为巩固通过实验所了解和掌握的相关知识和技术，请就所做的全部实验做一个系统的总结。由于篇幅有限，如果书中预留的空白不够，请另外附纸张粘贴在边上。

16.8.1 实验的基本内容

1) 本学期完成的软件测试技术的实验主要有(请根据实际完成的实验情况填写)：

(1) 实验1(第1章)：主要内容是：________________________________

____

____

(2) 实验2：主要内容是：____

____

____

(3) 实验3：主要内容是：____

____

____

(4) 实验4：主要内容是：____

____

____

(5) 实验5：主要内容是：______________________________

(6) 实验6：主要内容是：______________________________

(7) 实验7：主要内容是：______________________________

(8) 实验8：主要内容是：______________________________

(9) 实验9：主要内容是：______________________________

(10) 实验10：主要内容是：______________________________

(11) 实验11：主要内容是：______________________________

(12) 实验12：主要内容是：______________________________

(13) 实验13：主要内容是：______________________________

(14) 实验14：主要内容是：______________________________

(15) 实验15：主要内容是：______________________________

(16) 实验16：主要内容是：______________________________

2) 通过实验，你认为自己主要掌握的人机交互技术的知识点是：

(1) 知识点：______________________________

简述：________________

____

(2) 知识点：________________

简述：________________

____

(3) 知识点：________________

简述：________________

____

16.8.2 实验的基本评价

1) 在全部实验中，你印象最深，或者相比较而言你认为最有价值的实验是：

(1) ________________

你的理由是：________________

____

(2) ________________

你的理由是：________________

____

2) 在所有实验中，你认为应该得到加强的实验是：

(1) ________________

你的理由是：________________

____

(2) ________________

你的理由是：________________

____

3) 对于本课程的实验内容，你认为应该改进的其他意见和建议是：

____

____

16.8.3 课程学习能力测评

请根据你在本课程中的学习情况客观地对自己在人机交互技术知识方面做一个能力测评。请在表16-1的"测评结果"栏中合适的项下打"√"。

表16-1 课程学习能力测评

关键能力	评价指标	测评结果					备注
		很好	较好	一般	勉强	较差	
课程主要内容	1. 了解本课程的主要内容						
	2. 熟悉本课程的全部或者大多数基本概念,了解本课程的理论基础						
	3. 熟悉本课程的网络计算环境						
相关学科知识	1. 了解软件工程的基本知识						
	2. 了解软件项目管理的基本知识						
	3. 了解软件工程国家标准的基本知识						
测试领域知识	1. 熟悉传统应用系统测试						
	2. 熟悉面向对象应用系统测试						
	3. 熟悉Web应用系统测试						
网络学习能力	1. 了解通过网络自主学习的必要性和可行性						
	2. 掌握通过网络提高专业能力、丰富专业知识的学习方法						
自我管理能力	1. 培养自己的责任心						
	2. 掌握、管理自己的时间						
交流能力	1. 知道如何尊重他人的观点等						
	2. 能和他人有效地沟通,在团队合作中表现积极						
	3. 能获取并反馈信息						
解决问题能力	1. 学会欣赏人机界面设计的作品和运用人机交互技术课程的知识						
	2. 能发现并解决一般问题						
设计创新能力	1. 能根据现有的知识与技能创新地提出有价值的观点						
	2. 使用不同的思维方式						

说明:"很好"为5分,"较好"为4分,其余类推。全表栏目合计满分为100分,你对自己的测评总分为:________分。

16.8.4 课程实验总结

____

____

____

____

____

____

____

____

____

16.8.5 实验评价（教师）

____

____

16.9 阅读与分析：项目管理是“艺术”而不是“科学”

关于项目，唯一可以确定的就是它的不确定性，这是千真万确的，因为每个项目都是独一无二的。尽管有周密的计划，每个项目都一定会由于各种原因不能按部就班地按计划实施。

接受了这样的事实以后，你必须小心的是学习如何管理这种不确定性——这种不确定性，是你必须接受它，才能够将它处理得最好。你不妨从重新定义项目管理入手。

“项目管理是一门领导人们在不确定的条件下实现目标的艺术。”

注意，项目管理是“艺术”，而不是“科学”。处理不确定性没有教条，也没有捷径。但是，和其他艺术一样，你可以运用原则于项目管理上，也可以从专家身上学习项目管理。

体育教练在每一场比赛中处理不确定性的经验，都是项目经理学习有效管理项目的绝佳榜样。鉴于这一点，作为项目经理的你，可以看看体育教练的七个值得你学习的特质。

特质一：直面变化

首先，在一个教练的观念中，不确定性是无法选择的。对手、天气、队员的伤病、其他队伍如何应对每场比赛以及其他种种因素，都存在不确定性。每个教练都清楚，虽然事先都有精心的计划，这些不确定因素还是都存在。一个优秀的教练会预料到，由于比赛中，或某段时期中发生的事情，每个计划都将有改变。

作为项目经理,对待项目你也要有这种思想准备。当然你必须分析风险,但也要保留在必要时改变计划的权力,你甚至需要设定阶段性的停顿,决定计划是否应如期执行。实际上,如果你在项目初始就认识到不确定性的存在,并做好应对计划,一旦不确定的事情发生,你会更加有备而战。

特质二:充分研究

虽然不确定性是无法选择的,但这并不意味着教练们在比赛来临时不加准备。相反,他们在比赛前做大量的研究工件,与他们的队员看比赛录像——自己的队伍和对手以前的比赛。他们研究哪里打得好,哪里打得不好,并且需要改进。他们分析其他队伍在不同比赛中如何应对,自己的队员又是如何做的,利用这些信息决定应该练习什么,哪些方面需要整理、提高,应该如何迎战对手等。

你也应该从以往项目的教训中,分析哪些做法是有效的,哪些是无效的。同样,虽然你的对手可能不存在(尽管从组织政治的角度看你是存在对手的),你还是需要清楚了解你的利益相关者。这包括你要清楚哪些人会受到最大的冲击,什么人的影响力最大,如何和每个利益相关群体沟通。

特质三:制订计划

做了充分的研究之后,教练可以整合利用信息形成比赛的战略方针,设计打法,为队员设定具体的目标。如果目标没有达到,或者队伍没有有效地执行——不管过程中有没有调整计划——他们会在下一场比赛之前分析原因。

确定目标和战略对于你的项目同样重要。你不仅要考虑功能性目标,还要考虑表现目标(用测试的术语来说,比如产品表现,团队表现等等)。你应该从功能水平的角度、进度安排方法、团队结构及其他角度,制定如何开展项目的战略。每个项目都不尽相同,"通用"的方法是不可取的。

特质四:逐步实施

虽然体育教练制定战略和目标,甚至为具体的某场比赛做了准备,他们并不把整个比赛计划一一列出。这样做会显得很可笑,因为每场比赛都取决于赛场里的发展势态以及比赛中发生的具体情况。种种打法变成了提供多种选择的工具箱。即使计划水平非常高的教练也会根据需要调整战略和目标,保证比赛的胜利。他们会分阶段计划比赛,往往采取定时设计的方式。

你的项目也必须逐步实施,并不断地修正,利用滚动计划或者重复进程的方法处理无法事先准确预测的问题。通过定时回顾问题出现在哪里,你可以牢牢控制问题发生的范围(前提条件是重复的次数事先已设定,或者你有办法知道什么时候"游戏结束")。

你也可以使用"剧本"预演的方法。正如教练准备各种打法以备不时之需一样,你可以将能够形成备选方案的事情列成一个清单,放到你的工具箱里备用。这个清单一般情况下不是项目计划的一部分,但可以作为工作内容的一部分(比如,工作分解结构图中不能再分解的最低层次或最低可交付层次的工作),与这些工作相关的人员可以在适当的时候使用这张清单,做好每个细节。

特质五：人尽其才

你不能消除不确定性,但如果你在合适的岗位上有合适的人,你就可以降低不确定性所带来的影响。这似乎是不言而喻的,但教练们特别重视这一点,将合适的人放在合适的岗位上,而且将他们留在这些岗位上。如果一个队员在一个位置上非常出色,他们会留在这个位置上,随着不断进步,他们可以享受这个岗位中更高的薪水和荣誉。当然教练会尝试去发现潜能,但队员的潜能不可以发挥得使他们离开这些岗位,比如,他们不可能优秀到可以升到教练的水平。

作为一个项目经理,你肩负着项目成败的责任,所以你必须保证你能将合适的人放在合适的岗位上,包括负责项目管理的岗位。

随着项目的日益复杂,越来越多的组织将项目行政和协调人员列作“项目专家”或“项目总指挥”,从而使项目经理可以有更宽裕的时间管理和领导项目,专心从事沟通这项极为重要的工作。这种将项目经理转为项目组织者的做法迅速得到广泛的效仿。教练们现在也拥有很多支持人员,包括助理教练、训练师、专项教练等。

特质六：善用媒体

当你了解了教练最需要集中精力做好的事情是计划和沟通时,你就会明白为什么一个教练需要各种各样的管理支持人员。沟通不仅意味着和队员之间以及管理层的沟通,还包括与公众的沟通。因此一个教练不但要懂得如何塑造和领导一支队伍,还要懂得如何与媒体沟通。

同样,项目经理也需要集中精力做好计划和沟通。虽然不是每个项目都需要和媒体进行沟通,但大多数需要在公开的会议上和一群利益相关者进行沟通。

清楚这一点,聪明的项目经理就应该学习公关、沟通和演讲技巧。研究表明,对一个项目成功与否的评价往往只是基于沟通的频率与有效性,不管项目是否如期或者在预算内完成。借助有效的沟通与公关关系,你可以减少不确定性带来的影响。

资料来源：领测软件测试网,2011-2-29。

附录　部分习题与实验参考答案

第1章　软件测试概述

习题：

(1) B　(2) B　(3) A　(4) B　(5) D
(6) D　(7) D　(8) B　(9) B　(10) D
(11) A　(12) A：②　(12) B：①　(13) ②③④　(14) D
(15) A　(16) B　(17) D

第2章　软件质量和质量保证

习题：

(1) D　(2) C　(3) C　(4) D

第3章　软件评审技术

习题：

(1) A　(2) A　(3) C　(4) B
(5) A　(6) A　(7) C　(8) A
(9) B

实验步骤4)：

(1) 其状态图如图A-1所示，其中各节点及各支路的条件省略。

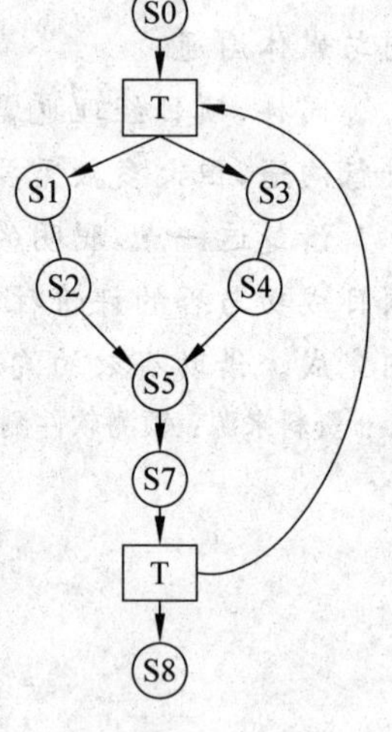

图　A-1

(2) 由状态图可以看出，程序中有2个判定节点，故该程序的环路复杂度 $V(G)=3$，所以可以确定3条独立的测试路径，即：

Path1：S0—S1—S2—S5—S7—S8
Path2：S0—S3—S4—S5—S7—S8
Path3：S0—S1—S2—S5—S7—S8—S1—S2—S5—S7—S8

第4章　软件测试策略

习题：

(1) C　(2) B　(3) D　(4) B　(5) C
(6) D　(7) C　(8) B　(9) C　(10) A
(11) D　(12) B　(13) C　(14) A：②　(14) B：①

实验步骤 2)：

(2) ① 开始—选择操作—借书—N>=10—结束

② 开始—选择操作—借书—N<10—办理借书—修改库存—结束

③ 开始—选择操作—还书—超期—罚款处理—修改记录—结束

④ 开始—选择操作—还书—未超期—修改记录—结束

⑤ 开始—选择操作—查询—返回查询内容—结束

第 5 章 测试依据和规范

习题：

(1) C	(2) C	(3) D	(4) D	(5) C
(6) B	(7) C	(8) D	(9) A	(10) B

实验步骤 5)：

(1) 根据系统的规格说明，画出状态图，见图 A-2。

其中：M1：选择“查询”请求　　M2：输入学号

M3：输入了正确的学号　　M4：输入了错误的学号

M5、M9、M13：回归首页　　M6：输入课程名

M7：输入了正确的课程名　　M8：输入了错误的课程名

M10：选择查询成绩　　M11：查询成绩成功

M12：查询成绩失败　　M14：系统询问是否继续查询

M15：用户选择“继续查询”　　M16：用户选择“结束查询”

(2) ①根据系统的规格说明，画出控制流图，见图 A-3。

②由控制流图，判定该程序的环路复杂度：$V(G)=5$。

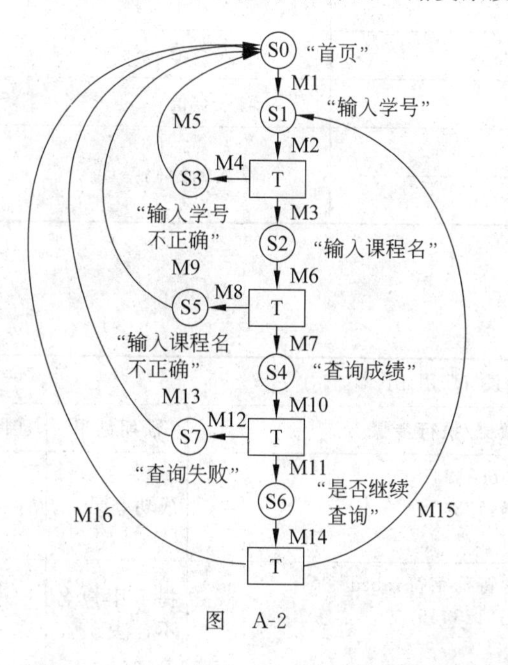

图 A-2

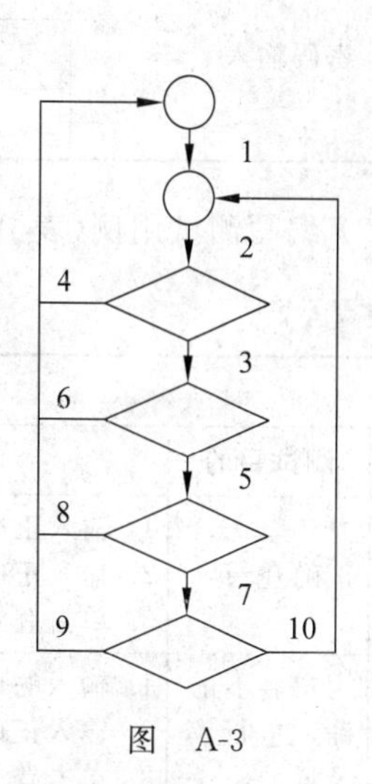

图 A-3

确定的 5 条独立的测试路径是：

Path1：1—2—4；　Path2：1—2—3—6；　Path3：1—2—3—5—8；

Path4：1—2—3—5—7—9；　Path5：1—2—3—5—7—10

第 6 章　测试传统应用系统

习题：

(1) A	(2) D	(3) D	(4) A	(5) A
(6) A	(7) A	(8) D	(9) B	(10) C
(11) A	(12) A	(13) A	(14) C	(15) A
(16) A	(17) B	(18) A	(19) C	(20) D
(21) D	(22) B	(23) B	(24) D	(25) D
(26) B	(27) B	(28) A	(29) D	(30) B
(31) D	(32) A			

实验步骤 2)：

(1) 设计等价类(表 A-1)：

表　A-1

输入条件	有效等价类	无效等价类
用户名输入	输入字母	包含特殊字符的字母组合
	输入数字	包含下划线“_”
	数字字符组合	输入数字、字母和“_”组合
	非空格键输入	输入若干空格
	非空值输入	输入空值
密码输入	非空值输入	输入空值
	输入数字	输入的密码错误
	输入特殊字符	

(2) 编写测试用例(表 A-2)：

表　A-2

测试用例				
编号	测试目的	输入数据/执行步骤	预期结果	实际结果
1	正确登录	1. 输入正确的用户名：abcd123 2. 输入正确格式的密码：123456 3. 单击登录	成功登录	
2	用户名不正确，进行登录	1. 输入的用户名中包含特殊字符：abcd%'$ 2. 输入正确格式的密码：123456 3. 单击登录	提示用户名不合法	

续表

测试用例				
编号	测试目的	输入数据/执行步骤	预期结果	实际结果
3	用户名不正确，进行登录	1. 输入的用户名中包含特殊字符：123_123 2. 输入正确格式的密码：123456 3. 单击登录	提示用户名不合法	
4	用户名不正确，进行登录	1. 输入的用户名为若干空格 2. 输入正确格式的密码：123456 3. 单击登录	提示用户名不合法	
5	用户名不正确，进行登录	1. 输入的用户名为数字、字符、下划线组合：abcd_456 2. 输入正确格式的密码：123456 3. 单击登录	提示用户名不合法	
6	用户名不正确，进行登录	1. 输入的用户名为空值 2. 输入正确格式的密码：123456 3. 单击登录	提示用户名不能为空	
7	空密码进行登录	1. 输入正确的用户名：abcd123 2. 输入的密码为空值 3. 单击登录	提示密码不能为空	
8	密码不正确进行登录	1. 输入正确的用户名：abcd123 2. 输入错误的密码：1234567890 3. 单击登录	提示密码不正确	
9	密码不正确进行登录	1. 输入正确的用户名：abcd123 2. 输入错误的密码：#%& 3. 单击登录	提示密码不正确	
10	密码不正确进行登录	1. 输入正确的用户名：abcd123 2. 输入错误的密码：abcdefgh 3. 单击登录	提示密码不正确	

实验步骤4)：

(1) 控制流程图略。

[path1] 1,2

[path2] 2,3

[path3] 2,3,4,5,22

[path4] 2,3,6,7,22

[path5] 2,3,6,8,22

[path6] 9,10,22

[path7] 11,12,22

[path8] 13,14

[path9] 13,14,15,16

[path10] 13,14,17,18,22

[path11] 13,14,8,22

[path12] 19,20,22

[path13] 19,8,22

(2) 生成测试用例，确保基本路径集中每条路径的执行：

path1：输入数据：y；输出结果：程序结束返回0

path2：输入数据：s；输出结果："s输入第二个字母"

path3：输入数据s后，输入数据a；输出结果："Saturday"

path4：输入数据 s 后，输入数据 u；输出结果："Sunday"

path5：输入数据 s 后，输入数据非 a 非 u；输出结果："data error"

path6：输入数据：f；输出结果："friday"

path7：输入数据：m；输出结果："monday"

path8：输入数据：t；输出结果："输入第二个字母"

path9：输入数据 t 后，输入数据 u；输出结果："tuesday"

path10：输入数据 t 后，输入数据 h；输出结果："thursday"

path11：输入数据 t 后，输入数据非 u 非 h；输出结果"data error"

path12：输入数据：w；输出结果："Wednesday"

path13：输入数据：defalt；输出结果："data error"

(3) 不能达到 100%。一些独立的路径，如此程序中的"输入"往往不是完全孤立的，有时候它是程序正常的控制流的一部分，这时这些路径的测试可以是另一条路径测试的一部分。

第7章　单元测试技术

习题：

(1) B　(2) D　(3) C　(4) D　(5) C

(6) C　(7) B　(8) A：②　B：⑤　C：①

D：②　E：③

实验步骤 3)：

(1) 根据题意，画出状态转换图见图 A-4。

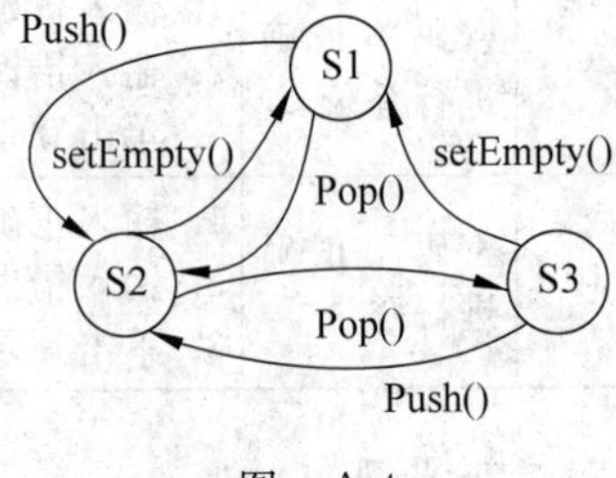

图　A-4

(2) 从图 A-4 可以看出，该图分为五格区域，所以 $V(G)=5$。

图中边数 E 为 6，节点数 N 为 3，则 $V(G)=E-N+2=6-3+2=5$。

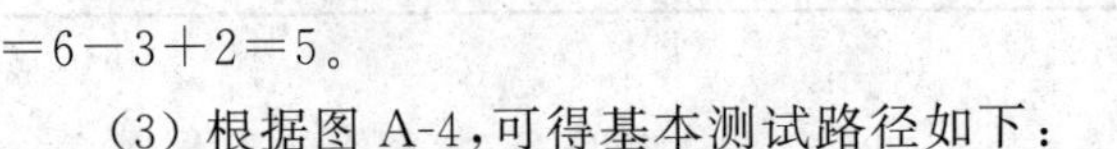

(3) 根据图 A-4，可得基本测试路径如下：

路径 1：$S1 \xrightarrow{Push()} S2 \xrightarrow{Pop()} S1$

路径 2：$S1 \xrightarrow{Push()} S2 \xrightarrow{Push()} S3 \xrightarrow{Pop()} S2 \xrightarrow[setEmpty()]{Pop()} S1$

路径 3：$S1 \xrightarrow{Push()} S2 \xrightarrow[setEmpty()]{Push()} S3 \xrightarrow{Pop()} S2 \longrightarrow S1$

路径 4：$S1 \xrightarrow{Push()} S2 \longrightarrow S1$

路径 5：$S1 \xrightarrow{Push()} S2 \xrightarrow{Push()} S3 \xrightarrow{setEmpty()} S1$

实验步骤 4)：

(1) main 函数的控制流程图见图 A-5(限于篇幅，只显示语句块，不显示具体语句)。

(2) 设计测试用例时，关键需要注意将 t 的值达到 MAX，即起码要输入 4 个 name 才行。这样当 t=MAX 才能为真，才可以执行相应的分支语句。

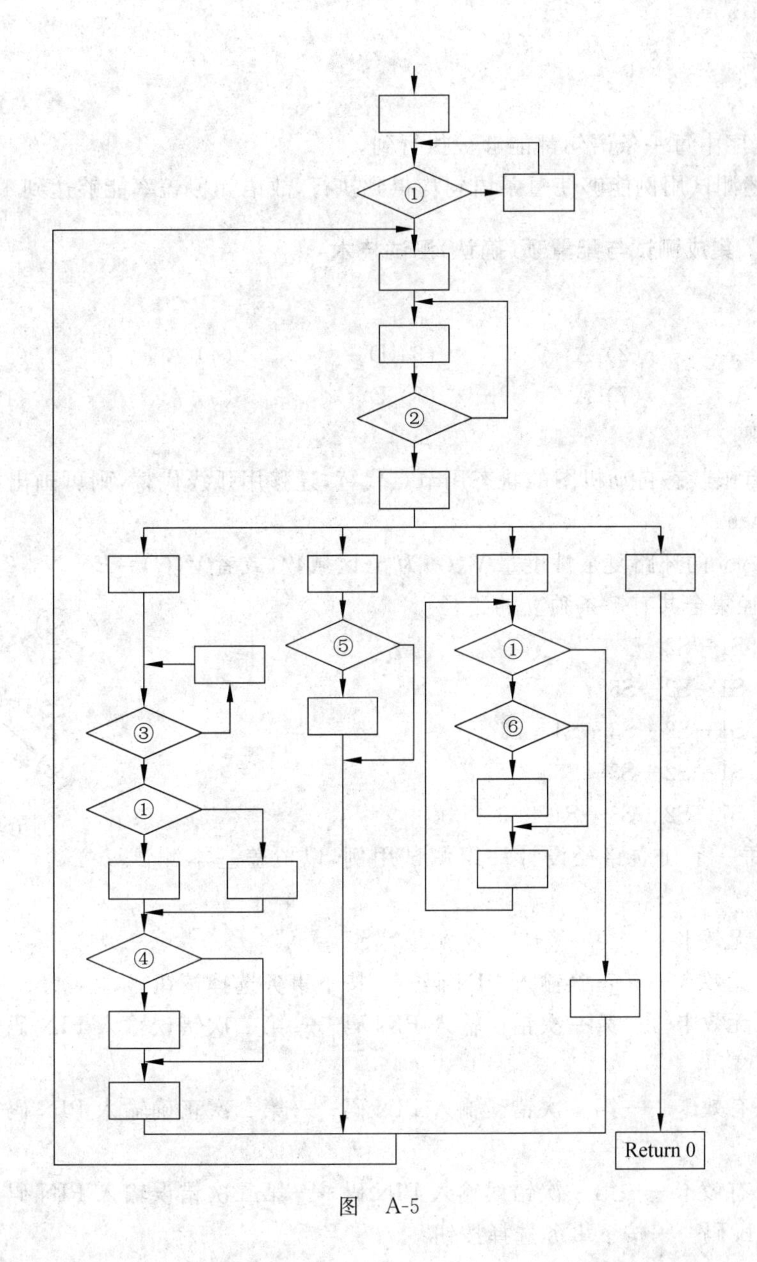

图 A-5

具体输入如下：

输入 4 个 name：

1；小明；凤凰街；南京；210000

1；小红；南京路；上海；120000

1；王明；达成路；上海；120000

1；李明；南京路；北京；100000

打算输入第 5 个：1

删除一个 name：2

小明

列出所有：　　3

退出：　　4

这样，程序中每一条语句都能够被执行到。

(3) 上述测试用例能够使每条语句均得到执行，故语句覆盖率能够达到100%。

第8章　集成测试与配置项(确认)测试技术

习题：

(1) C	(2) A	(3) D	(4) A	(5) C
(6) D	(7) A	(8) D	(9) A	(10) D

实验步骤2)：

(1) 把有限状态自动机图的状态用节点代替，迁移用弧线代替，则可画出相应的控制流图，见图A-6。

(2) 图A-6的环路复杂性度量$V(G)$为5(区域数，或者$V(G)=E-N+2$)。

基本路径集合共有5条独立的路径：

路径1：S1—S2

路径2：S1—S2—S5

路径3：S1—S2—S3—S4—S1

路径4：S1—S2—S3—S5

路径5：S1—S2—S3—S4—S5

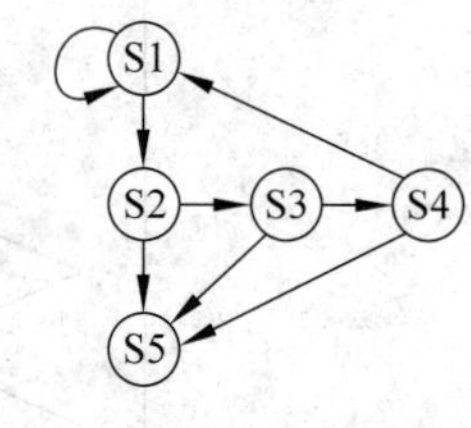

图　A-6

(3) 为每一条独立路径设计一组测试用例，以覆盖基本测试路径。

① 插入无效卡

② 插入无效卡——正确输入PIN码——按下事务选择按钮

③ 插入无效卡——第一次错误输入PIN码——第二次错误输入PIN码——第三次错误输入PIN码

④ 插入有效卡——第一次错误输入PIN码——第二次正确输入PIN码——按下事务选择按钮

⑤ 插入有效卡——第一次错误输入PIN码——第二次错误输入PIN码——第三次正确输入PIN码——按下事务选择按钮

实验步骤3)：

(1) 函数leap的流程图见图A-7；函数numdays的流程图见图A-8；函数main的流程图见图A-9(语句的具体内容已略去)。

(2) 本题的程序用来打印输入日期的第二天日期，只要根据程序中的判断语句设计出相关的测试用例，就能使得所有函数的语句覆盖率和分支覆盖率均能达到100%。

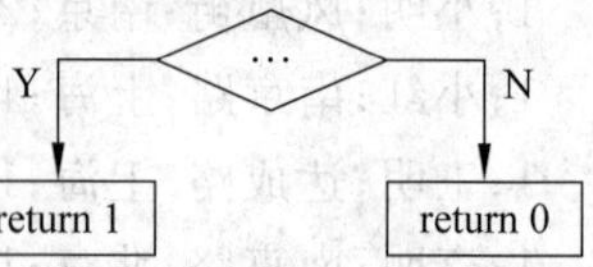

图　A-7

为了满足leap函数的语句覆盖率和分支覆盖率均能达到100%，应当设置两个测试用例，使得一个是闰年，一个不是，在这里可以取2008年和2007年。

由于 numdays 函数的判定语句是对 leap 的函数值进行判定，满足了 leap 的覆盖率要求，就能够满足 numdays 的覆盖率要求。

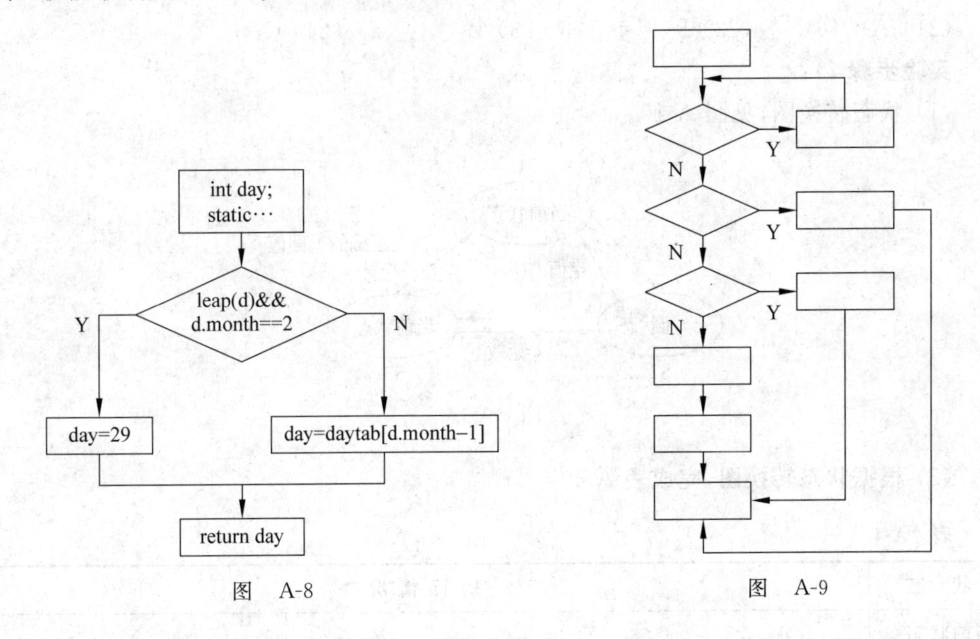

图 A-8　　图 A-9

对于 main 函数中的 while 语句，根据流程图，先使判断部分为 1，然后为 0，这样就可以达到覆盖要求。对于 while 语句之后的 if…else if…else 语句，只要能够使每个分支都执行一遍，就能达到覆盖要求。

根据以上分析，设计测试用例如表 A-3 所示。

注意，这里的第 1、2 个用例使得 leap 函数中的 return 1 和 return 0 都能执行一遍，同时 numdays 函数中的 if…else 结构两个分支也都能得到执行；第 1 个用例也能够使 while 循环体得到执行；第 2、3、4 三个测试用例刚好使 main 中的 if…else if…else 三个分支都执行一遍。

表 A-3　设计的测试用例

用例编号	年	月	日	leap	numdays	while	if…else if…else	输出结果
1	2008	2	30	1	29	1		error
2	2007	12	31	0	31	0	month=12	2008, 1, 1
3	6	10	31	0	31	0	today=numdays	6, 11, 1
4	804	4	17	0	30	0	today !=numdays	804, 4, 18

第 9 章　系统测试技术

习题：

(1) B　(2) C　(3) A　(4) D　(5) B

(6) A　(7) B　(8) C　(9) B　(10) B

(11) A　(12) D　(13) D　(14) C　(15) D
(16) D　(17) C　(18) A　(19) D　(20) A
(21) A　(22) B　(23) B　(24) C

实验步骤 2)：

(1) 状态转换图，见图 A-10。

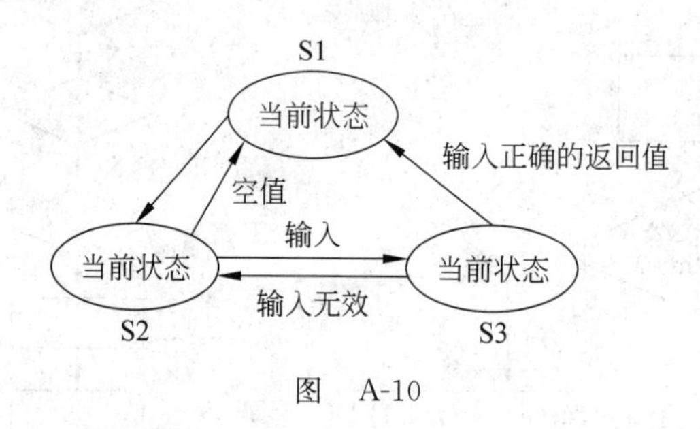

图 A-10

(2) 根据状态转换图，完成表 A-4。

表 A-4

状 态	执行情况			
当前状态	Y	Y	Y	Y
输入	Y	Y	Y	Y
下一个状态	N	Y	Y	Y
输入	N	Y	N	Y
下一个状态	N	N	Y	Y
当前状态	Y	Y	N	Y
路径	S1—S2—S1	S1—S2—S3—S2—S1	S1—S2—S3—S1	S1—S2—S3—S2—S3—S1

注：用"Y"表示执行，"N"表示不执行。

(3) 基本路径集＝Cache 复杂度＝4

设计测试用例如下：

① 输入空值，执行路径 S1—S2—S1。

② 输入 abc，空值，执行路径 S1—S2—S3—S2—S1。

③ 输入 1.23_，执行路径 S1—S2—S3—S1。

④ 输入 abc，4.56_，执行路径 S1—S2—S3—S2—S3—S1。

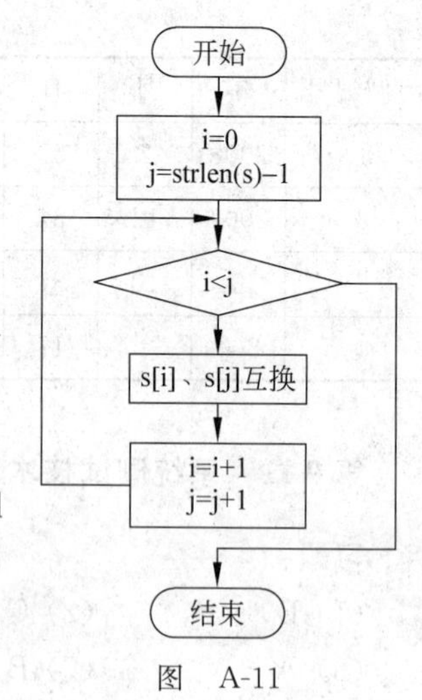

图 A-11

实验步骤 3)：

(1) void reverse(char s[ ])的流程图见图 A-11；void getHex(int number, char a[ ])的流程图见图 A-12；int main()的流程图见图 A-13。

(2) 设计测试用例：

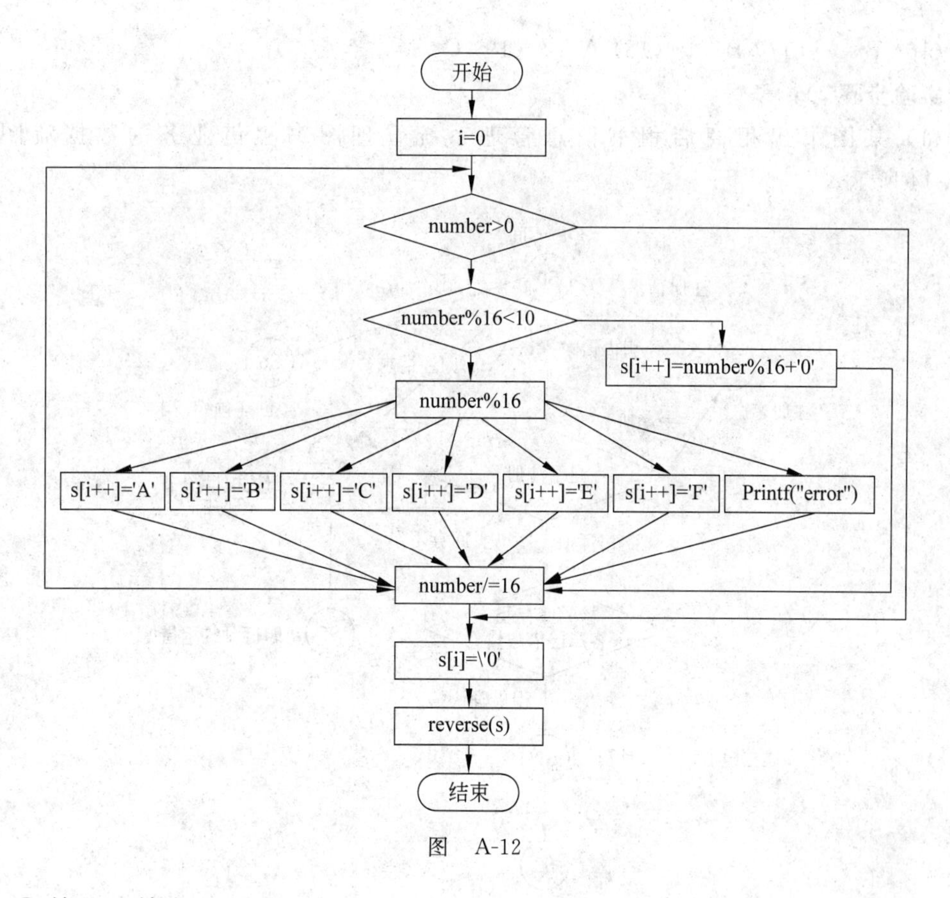

图 A-12

① 输入 0,输出 0。

② 输入 2,输出 2。

③ 输入 26,输出 A。

④ 输入 27,输出 B。

⑤ 输入 28,输出 C。

⑥ 输入 29,输出 D。

⑦ 输入 30,输出 E。

⑧ 输入 31,输出 F。

⑨ 输入 20P,输出错误。

(3) 该程序的语句覆盖率无法达到 100%,因为函数 main()中的 return 0 语句永远无法执行。

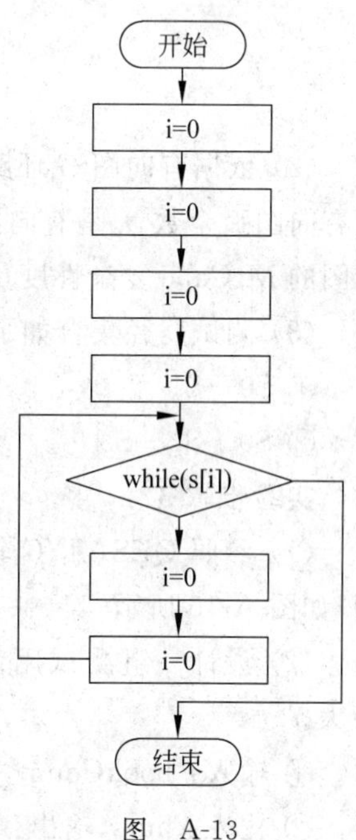

图 A-13

第 10 章 验收测试与回归测试技术

习题:

(1) B (2) D (3) C (4) D (5) B

(6) D (7) C (8) A (9) D (10) D

(11) A (12) C (13) B (14) D (15) A

(16) B　(17) B　(18) A　(19) C

实验步骤 2):

(1) 某图书出租商店租书信息管理系统管理图书租借业务的数据流图如图 A-14 所示。

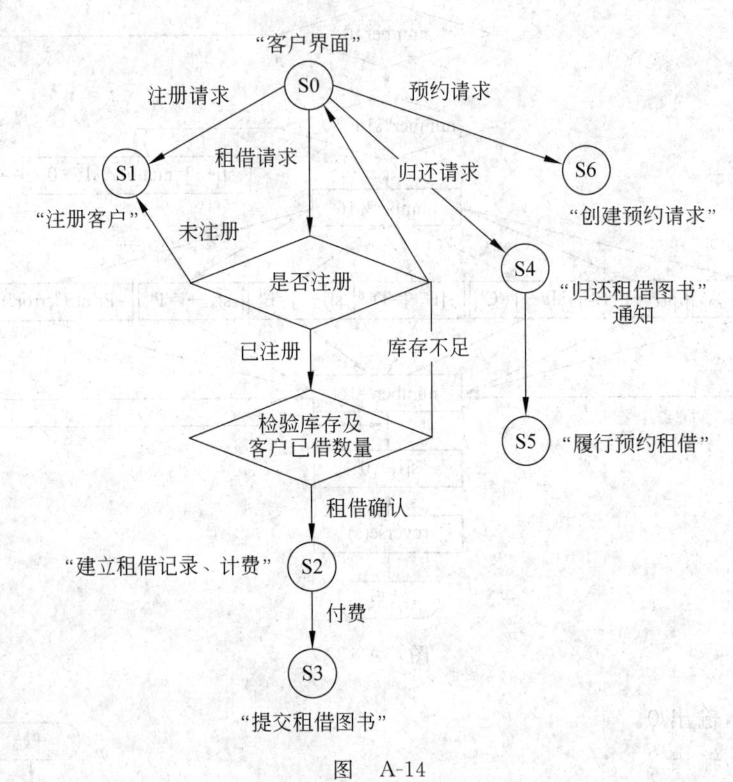

图　A-14

(2) 依据有向图 G 环路复杂性公式:$V(G)=M-N+2$,其中,$V(G)$是环路个数,m 是有向图弧个数,n 是有向图点个数。从图 A-14 可知,$V(G)=m-n+2=3$,即该程序功能图的 McCabe 复杂性度量为 3。

(3) 测试路径集合如下:

① S0—S1　　③ S0—S4—S5

② S0—S2—S3　　④ S0—S6

实验步骤 3):

(1) 参照 QESAT/C 软件分析与测试工具的规定,画出程序中所有函数的控制流程图,如图 A-15 所示。

(2) 设计一组测试用例,使该程序所有函数的语句覆盖率和分支覆盖率尽量达到最大。

① 输入:bookCount,输出:合法。

② 输入:puts,输出:常、变量标识不能用 C 语言预定义函数名。

③ 输入:5student,输出:首字符只能是字母或下划线和数字构成。

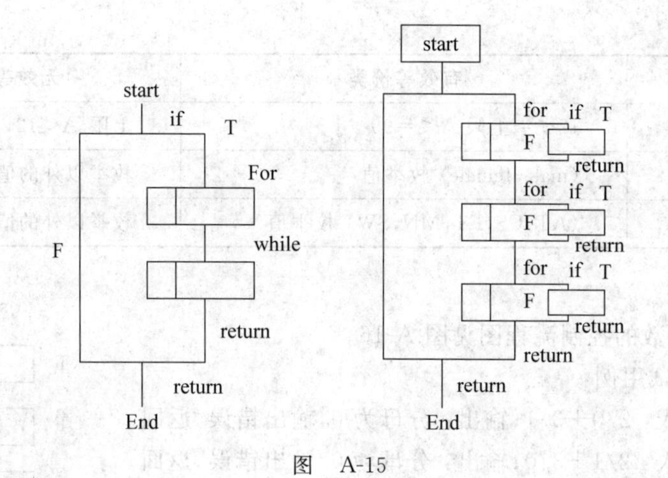

图 A-15

④ 输入：stu＋name，输出：常、变量只能由字母、下划线和数字构成。

⑤ 输入：float，输出：常、变量标识不能用C语言关键字。

⑥ 输入：putsfloatstudenrtsnamechinachineseendlishchinachinesechinachina，输出：内存不够。

⑦ 输入：stuId，输出：内存不够。

(3) 该程序的语句覆盖率或分支覆盖率均无法达到100%。因为该程序允许中间返回值。如果if条件中任意一个成立，就立即返回，那么剩下的语句就无法执行；即使所有的if条件均不成立，运行到最后，if条件成立时的语句无法执行，其覆盖率始终不能达到100%。

第11章 测试面向对象应用系统

习题：

(1) C	(2) C	(3) D	(4) C	(5) C
(6) C	(7) D	(8) D	(9) B	(10) C
(11) A	(12) B	(13) C	(14) D	(15) D
(16) D	(17) C	(18) D	(19) D	(20) B
(21) D	(22) B	(23) B	(24) A	(25) C
(26) B	(27) D	(28) B		

实验步骤2)：

(1) 该查询程序的查询条件表达式：

```
Age<=A and Sex==S and Dept==D
then 输出学生的姓名和年龄
```

(2) 用等价类测试方法给出输入条件的等价类表，填入表A-5。

表 A-5

输入条件	有效等价类	无效等价类
年龄上限 A	12<=上限 A<=99	上限 A<12，上限 A>99
性别 S	(male,female) 枚举值	枚举以外的值
系名 D	(AT,CS,ET,MN,SW) 枚举值	枚举以外的值

实验步骤 3)：

(1) main 函数的控制流程图见图 A-16。

(2) 一组测试用例：

用例 1：输入：2/0+3/1；输出：分母为 0，输出错误，返回。

用例 2：输入：2/1+3/0；输出：分母为 0，输出错误，返回。

用例 3：输入：2/1+3/1；输出：2/1+3/1=5/1，正常，返回。

用例 4：输入：3/1-2/1；输出：3/1-2/1=1/1，正常，返回。

用例 5：输入：3/1 * 2/1；输出：3/1 * 2/1=6/2，正常，返回。

用例 6：输入：3/1/2/1；输出：3/1/2/1=3/2，正常，返回。

用例 7：输入：1/5+3/5；输出：1/5+3/5=4/5，正常，返回。

用例 8：输入：2/8+6/8；输出：2/8+6/8=1/1，正常，返回。

利用上面的测试用例，即可使该程序的语句覆盖率或分支覆盖率达到 100%。

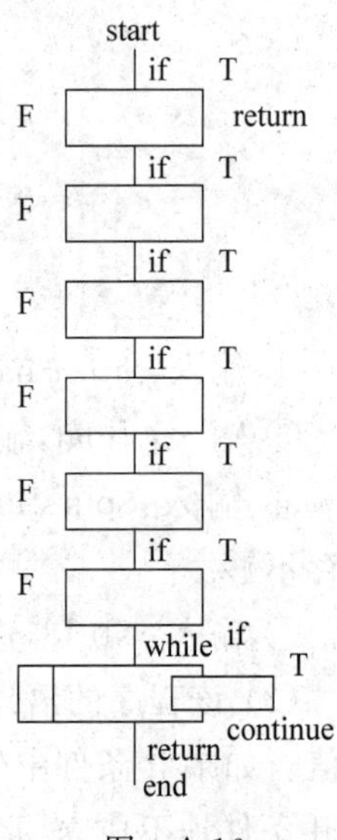

图 A-16

第 12 章 测试 Web 应用系统

习题：

(1) A (2) D (3) B (4) C (5) A
(6) C (7) A (8) C (9) B (10) A
(11) B (12) C (13) A (14) C (15) A
(16) B (17) D (18) C (19) A (20) A
(21) B (22) D

第 13 章 设计和维护测试用例

习题：

(1) C (2) B (3) A (4) A (5) A
(6) B (7) A (8) C

实验步骤 1)：

(1) 主程序的控制流程图见图 A-17。

(2) 测试用例的设计只要覆盖所有的分支情况即可，即：$N=-9,0,12$。

实验步骤 2)：

(1) 程序控制流程图见图 A-18。

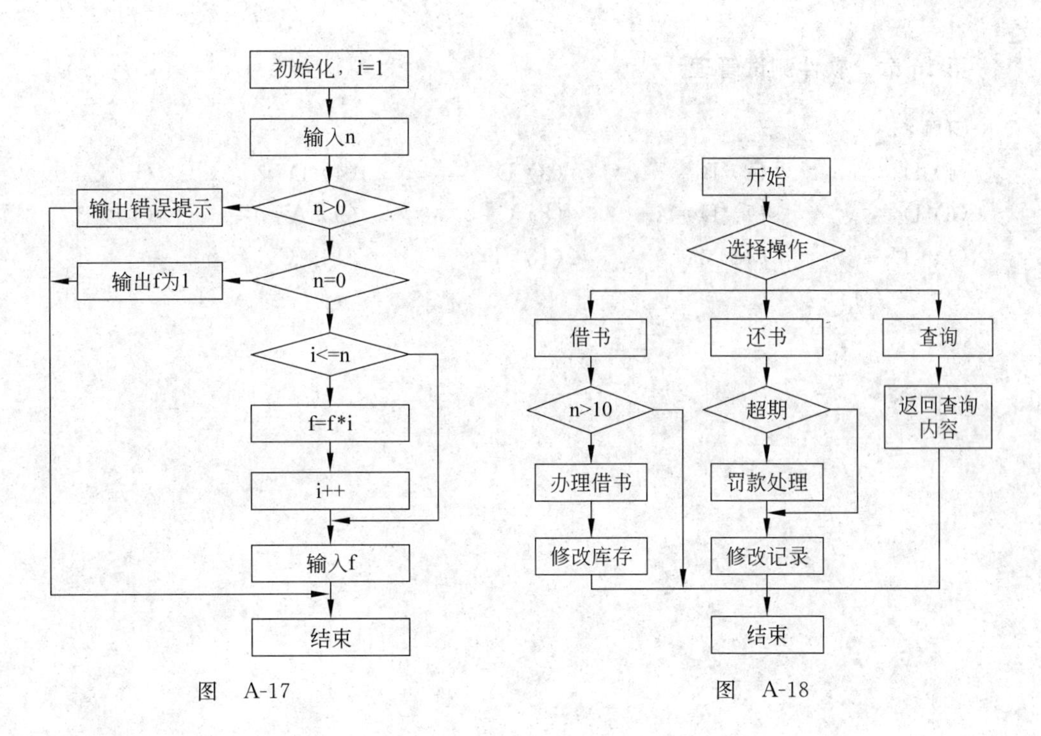

图 A-17　　　　图 A-18

(2) 测试用例设计如下：

分几种情况考虑：

第一，要满足所有条件，例如 as123CD；

第二，要都不满足条件，例如 #$%%@$&；

第三，要长度大于 6，例如 Sa1；

第四，要有错误的输入，例如空输入，cin.getline()无法获取回车符。

设计的测试用例为：as123CD；#$%%@$&；Sa1；(回车符，空输入)。

第 14 章 测试团队与测试环境

习题：

(1) A　(2) B　(3) D　(4) B　(5) C

(6) B　(7) C　(8) A

第 15 章 软件测试自动化

习题：

(1) D　(2) C　(3) A　(4) C　(5) D

(6) B　(7) A. ②　B. ③　C. ②　D. ②

E. ④

第16章 软件测试管理

习题:

(1) D	(2) D	(3) D	(4) D	(5) C
(6) D	(7) D	(8) C	(9) A	(10) B
(11) C	(12) A	(13) D	(14) C	

参考文献

[1] 国家标准 GB/T15532—2008《计算机软件测试规范》. 2008-04-11 发布,2008-09-01 实施.

[2] 朱少民. 软件测试方法和技术(第二版). 北京：清华大学出版社,2010.

[3] [美] 普雷斯曼(Roger S. Pressman). 软件工程——实践者的研究方法(第 7 版). 北京：机械工业出版社,2011.

[4] [美] 乔治·梅森大学 Paul Ammann、Jeff Offutt. 软件测试基础. 北京：机械工业出版社,2010.

[5] [英] 圣安德鲁斯大学 Ian Sommerville. 软件工程(第 9 版). 北京：机械工业出版社,2011.

[6] 教育部考试中心. 全国计算机等级考试四级教程——软件测试工程师(2010 版). 北京：高等教育出版社,2011.

[7] 全国计算机等级考试命题研究组编写. 全国计算机等级考试历年真题必练(含关键考点点评)——四级软件测试工程师(第 2 版). 北京：北京邮电大学出版社,2012.

[8] 周苏,等. 软件工程基础. 杭州：浙江科学技术出版社,2008.

[9] 周苏,等. 软件工程学教程(第四版). 北京：科学出版社,2011.

[10] 周苏,等. 人机交互界面(第二版). 北京：科学出版社,2011.

[11] 周苏,等. 项目管理与应用. 北京：中国铁道出版社,2012.

[12] 周苏,等. 软件工程学实验(修订版). 北京：科学出版社,2008.